PUBLIÉE SOUS LA DIRECTION DE

M. A. MÜNTZ

Professeur à l'Institut National Agronomique

MALADIES

DES

PLANTES AGRICOLES

ET DES

ARBRES FRUITIERS ET FORESTIERS

CAUSÉES PAR DES PARASITES VÉGÉTAUX

PAR

ED. PRILLIEUX

PROFESSEUR A L'INSTITUT NATIONAL AGRONOMIQUE

TOME SECOND

MAISON DIDOT

FIRMIN-DIDOT ET Cⁱᵉ, ÉDITEURS

IMPRIMEURS DE L'INSTITUT, 56, RUE JACOB

PARIS

1897

BIBLIOTHÈQUE DE L'ENSEIGNEMENT AGRICOLE

PRINCIPAUX RÉDACTEURS

MM.

BARON, professeur à l'École vétérinaire d'Alfort.

BERTHAULT, professeur à l'École d'Agriculture de Grignon.

BOITEL (O. ✱), inspecteur général de l'Enseignement agricole, professeur à l'Institut Agronomique, membre de la Société Nationale d'Agriculture.

CORNEVIN (✱), professeur à l'École vétérinaire de Lyon.

CORNU (O. ✱), professeur-administrateur au Muséum d'Histoire naturelle, membre de la Société Nationale d'Agriculture.

DEMONTZEY (O. ✱), administrateur des Forêts, correspondant de l'Académie des Sciences.

GAUWAIN (✱), sous-gouverneur du Crédit Foncier de France, professeur à l'Institut Agronomique.

AIMÉ GIRARD (O. ✱), professeur au Conservatoire des Arts-et-Métiers et à l'Institut Agronomique, membre de la Société Nationale d'Agriculture.

A.-CH. GIRARD (✱), professeur à l'Institut Agronomique.

GRANDEAU (O. ✱), doyen honoraire de la Faculté des Sciences de Nancy, inspecteur général des Stations Agronomiques.

LAVALARD (O. ✱), administrateur de la Compagnie Générale des Omnibus, professeur à l'Institut Agronomique, membre de la Société Nationale d'Agriculture.

LECOUTEUX (O. ✱), professeur au Conservatoire des Arts-et-Métiers et à l'Institut Agronomique, membre de la Société Nationale d'Agriculture.

LEZÉ (✱), professeur à l'École d'Agriculture de Grignon.

MUNTZ (O. ✱), professeur à l'Institut Agronomique, membre de l'Académie des Sciences et de la Société Nationale d'Agriculture.

PRILLIEUX (O. ✱), inspecteur général de l'Enseignement agricole, professeur à l'Institut Agronomique, membre de la Société Nationale d'Agriculture.

RISLER (C. ✱), directeur de l'Institut Agronomique, membre de la Société Nationale d'Agriculture.

RONNA (C. ✱), ingénieur, membre du Conseil supérieur de l'Agriculture.

ROUX (C. ✱), directeur du Laboratoire de M. Pasteur.

TISSERAND (G. O. ✱), conseiller d'État, directeur au Ministère de l'Agriculture, membre de la Société Nationale d'Agriculture.

SCHLŒSING (C. ✱), membre de l'Académie des Sciences et de la Société Nationale d'Agriculture, directeur de l'École d'application des Manufactures Nationales, professeur au Conservatoire des Arts-et-Métiers et à l'Institut Agronomique.

SCHRIBAUX (✱), professeur et directeur de la Station d'essais de semences, à l'Institut Agronomique.

TRASBOT (O. ✱), directeur de l'École vétérinaire d'Alfort, membre de l'Académie de Médecine.

TRESCA (✱), professeur à l'Institut Agronomique et à l'École Centrale, membre de la Société Nationale d'Agriculture.

VIALA, professeur à l'Institut Agronomique, membre de la Société Nationale d'Agriculture.

MALADIES

DES

PLANTES AGRICOLES

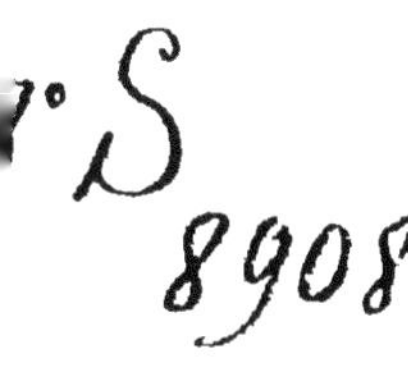

TYPOGRAPHIE FIRMIN-DIDOT ET Cⁱᵉ. — MESNIL (EURE). — 6171

BIBLIOTHÈQUE DE L'ENSEIGNEMENT AGRICOLE

PUBLIÉE SOUS LA DIRECTION DE

M. A. MÜNTZ

Professeur à l'Institut National Agronomique

MALADIES

DES

PLANTES AGRICOLES

ET DES

ARBRES FRUITIERS ET FORESTIERS

CAUSÉES PAR DES PARASITES VÉGÉTAUX

PAR

ED. PRILLIEUX

PROFESSEUR A L'INSTITUT NATIONAL AGRONOMIQUE

TOME SECOND

MAISON DIDOT

FIRMIN-DIDOT ET Cie, ÉDITEURS

IMPRIMEURS DE L'INSTITUT, 56, RUE JACOB

PARIS

1897

MALADIES
DES PLANTES AGRICOLES

ET DES ARBRES FRUITIERS ET FORESTIERS

CAUSÉES PAR DES PARASITES VÉGÉTAUX

CHAPITRE VIII

CARPOASCÉES

Tandis que, dans les Exoascées, les asques sont produites directement par le mycélium, il se forme dans les Carpoascées des sortes de fruits, des *réceptacles* composés d'hyphes dont les unes sont fertiles et produisent des asques et les autres, stériles, constituent une sorte d'enveloppe.

Ces fruits à asques peuvent dans les cas les plus simples ne contenir qu'un petit nombre d'asques (*Erysiphe*) (fig. 195) ou même un seul asque (*Podosphaera*) (fig. 210 et 211), mais le plus souvent ils en portent un grand nombre pressés les uns contre les autres, de façon à constituer une couche fertile, un hyménium d'asques comparable à l'hyménium de basides qui couvre le réceptacle des Hyménomycètes (fig. 238).

Dans cette couche hyméniale, les asques sont très

souvent entremêlés de filaments spéciaux dressés qui sont des paraphyses (fig. 239).

Les filaments stériles forment parfois autour des asques une enveloppe complète, une sorte de coque fermée de toutes parts et sans ouverture; la dissémination des spores que contiennent ces sortes de fruits ne peut avoir lieu que par la destruction de la coque dans laquelle elles sont renfermées. C'est ce qui a lieu dans les *Périsporiacées* (fig. 194).

Dans un très grand nombre de Carpoascées, les fruits creux qui enveloppent les asques et que l'on nomme périthèces ne sont pas entièrement clos comme ceux des Périsporiacées; mais sont percés au sommet d'une ouverture, d'un pore, par lequel les spores sont expulsées, ce sont les *Pyrénomycètes* (fig. 238).

Dans d'autres, le fruit formé par les filaments stériles ne constitue pas une enveloppe complète autour des asques, mais prend la forme d'une sorte de coupe plus ou moins profonde, d'une assiette, ou d'un disque dont la surface supérieure est revêtue d'un hyménium d'asques exposé librement à découvert.

Ces fruits ainsi ouverts sont aux premières phases de leur formation plus ou moins complètement fermés; leurs bords d'abord rapprochés, de façon à ne laisser qu'une petite ouverture, s'écartent peu à peu et le fruit complètement épanoui a une forme plus ou moins en disque (*Discomycètes*) (fig. 430, 436, 440), ou bien ils s'ouvrent par une longue fente qui met à découvert leur contenu (*Hystériacées*) (fig. 414 et 415).

Enfin dans les *Helvellacées* le fruit a plus ou moins la forme d'une massue dont toute la surface est couverte par un hyménium d'asques fig. 465, 467).

En outre des fruits à asques qui sont leur forme parfaite de fructification, les Carpoascées présentent souvent d'autres organes plus simples de reproduction, des conidies de formes diverses et souvent multiples qui, tantôt sont portées par des conidiophores simples ou ramifiés en forme d'arbres et produits directement par le mycélium, tantôt sont renfermés dans des sortes de fruits analogues aux périthèces.

Les conidies d'une même espèce peuvent être différentes les unes des autres; il y en a parfois de deux sortes sur un même conidiophore, comme cela a lieu pour des *Hypomyces*, où, à côté de fines conidies, on trouve de grosses spores à parois épaisses qui sont des organes de conservation, des spores durables, pouvant être comparées aux chlamydospores des Ustilaginées et aux téleutospores des Urédinées (fig. 236).

Souvent les conidies naissent sur les conidiophores à l'extrémité de fins stérigmates (fig. 230 B); d'autres fois elles naissent successivement l'une après l'autre, à la file, à l'extrémité d'un conidiophore, comme dans *l'Oidium monilioides* (forme conidienne de l'*Erysiphe graminis*), la conidie nouvelle se formant au-dessous de la précédente de façon à former un chapelet dans lequel la conidie terminale est la plus âgée (fig. 192); ou bien il peut se produire une file de conidies, dans laquelle la première conidie formée donne naissance à son sommet à une conidie plus jeune qui, de même, en forme une autre et ainsi de suite, se multipliant à peu près à la façon des levures et produisant ainsi un chapelet dont la conidie terminale est la plus jeune. Quand une conidie, au lieu de produire à son sommet une seule conidie, en forme deux, le chapelet se ramifie; c'est ce que l'on voit dans les *Cladosporium* (fig. 345). Ces conidies peuvent du reste se cloisonner et devenir multiples (*Alternaria*) (fig. 336).

Enfin il peut arriver que des conidies naissent à l'intérieur même des filaments conidiophores qui s'ouvrent à leur extrémité pour laisser s'échapper l'une après l'autre les conidies qui s'y forment successivement. C'est ce que l'on voit dans la forme conidienne (*Endoconidium*) du *Peziza temulenta* (fig. 461) et dans le *Thielavia* (fig. 217, A et B).

Les conidiophores au lieu de rester isolés s'unissent assez souvent en sortes de gerbe constituant ce que l'on nomme une forme *corémiée*, parce que cette disposition caractérisait l'ancien genre *Coremium*. Les conidiophores du *Dematophora necatrix* fournissent un exemple de cette disposition (fig. 279).

Il peut se faire aussi que les filaments conidiophores se confondent bien plus encore et forment, non plus une gerbe, mais une masse de stroma dans laquelle ils ne se distinguent pas les uns des autres et dont la surface se couvre de conidies. C'est la forme la plus simple des fruits à conidies. Leur intérieur est composé d'hyphes stériles dont l'extrémité fertile apparaît à la surface et constitue une sorte d'hyménium conidien. Les conidies des *Nectria* sont ainsi produites à la surface de coussinets de stroma (fig. 241, 242, 247).

Parfois l'hyménium conidien, au lieu d'être étendu sur la surface extérieure d'une masse de stroma, tapisse les bords de replis profonds creusés dans le stroma; c'est ce que l'on voit dans la forme conidienne (*Sphacelia*) du champignon de l'Ergot (*Claviceps purpurea*) (fig. 261, C).

Enfin il peut se produire de véritables fruits conidiens creux, fort semblables aux périthèces et dont l'intérieur est tapissé par un hyménium conidien; on leur donne le nom de *pycnides* (fig. 295). Ces pycnides, qui, au moment de la maturité sont remplies de conidies, s'ouvrent à la façon des périthèces. Ces conidies de pycnides, que l'on nomme des *pycnospores,* ont le plus souvent une enveloppe gélatineuse qui se gonfle beaucoup en absorbant de l'eau. Quand le temps est humide, la masse des pycnospores augmentant de volume ne peut plus rester contenue à l'intérieur de la pycnide; elles sont poussées à travers la petite ouverture qu'elle porte à son sommet et sortent sous la forme d'un filament entièrement composé de spores agglutinées qui bientôt se dissocient (fig. 296).

Les *Phoma,* les *Phyllosticta* si répandus sur les plantes sont les formes à pycnides de champignons carpoascés dont souvent on ne connaît pas la forme à asques.

Les spores produites dans les pycnides peuvent être de forme et de taille fort différentes. Souvent elles sont d'une extrême ténuité et on les désigne alors communément sous le nom de *spermaties* (fig. 297, B). On avait supposé que les spermaties pouvaient être des corps fécondateurs; cette hypothèse n'a pas été confirmée. Dans plusieurs cas, on a vu de ces très petits corps germer comme de véritables conidies (1). Les pycnides contenant des spermaties sont appelées des *spermogonies*. Il peut y avoir un certain avantage pour la description à distinguer par des noms différents les pycnides à très petites spores, mais il doit être bien entendu que spermogonies et pycnides sont des fruits conidiens de même nature.

On trouve souvent des spermogonies et des pycnides produites par le même mycélium. Dans les raisins attaqués par le Black-Rot, il se forme sur les grains tantôt des pycnides à spores ovoïdes ou globuleuses assez grosses qui se rapportent à l'ancien genre *Phoma,* tantôt des pycnides à spores bacillaires extrêmement ténues qui peuvent être décrites sous le nom de spermogonies (fig. 297).

(1) Max. Cornu (Reproduction des Ascomycètes, stylospores et spermaties), *Ann. des sc. nat. Bot.*, série VI, t. III, 1876.

Les diverses formes de fructification des Carpoascées se produisent d'ordinaire successivement; la forme à asques, qui est morphologiquement la plus parfaite, est celle qui apparaît la dernière. Le même mycélium peut former d'abord des conidiophores, puis des pycnides et finalement des fruits à asques. Il peut même arriver qu'une pycnide, après avoir formé et expulsé des pycnospores à l'automne, produise à son intérieur, après l'hiver, des asques qui disséminent leurs spores au printemps; la pycnide de l'année précédente s'est transformée en périthèce.

Il est bien établi, pour un certain nombre de Carpoascées, que le même mycélium peut produire des formes différentes de fructification, que des conidies, par exemple, peuvent donner naissance à un mycélium qui formera des fruits à asques ou inversement, que d'une ascospore peut naître un mycélium qui se couvrira de conidiophores ou produira des pycnides, mais il arrive souvent que le mycélium provenant d'une conidie ne produit que des conidiophores qui se chargent de semblables conidies; d'une pycnospore naît un champignon qui ne forme que des pycnides, sans que l'on sache s'il se rapporte à une forme à asques.

Quand la forme à asques est connue, c'est elle qui sert à déterminer et à nommer le champignon et on indique seulement les conidiophores, pycnides et spermogonies comme des formes accessoires; mais il y a un grand nombre d'espèces pour lesquelles on connaît seulement ces formes imparfaites que l'on décrit comme constituant des genres spéciaux et que l'on réunit en classes. Les *Hyphomycètes* sont des champignons pour lesquels on ne connaît d'autres formes de fructification que des conidiophores; les *Sphaeropsidées* des champignons qu'on ne voit produire que des pycnides. On peut considérer ces groupes comme n'ayant qu'une valeur provisoire et présumer qu'une observation plus complète permettra de rattacher beaucoup des champignons qu'on y classe à des formes d'Ascomycètes.

On ne connaît que très imparfaitement les causes qui font produire à un même mycélium tantôt une forme de fructification, tantôt une autre. L'*Uncinula* de la Vigne qui produit en Amérique des conidiophores et des périthèces, importé en Europe semble n'y avoir longtemps produit que des conidiophores d'*Oidium*, car ce n'est qu'au bout de plus de quarante-cinq ans qu'on vient d'y observer pour la première fois des périthèces pareils à ceux qu'il forme en Amérique.

Un très grand nombre de ces champignons sont successivement parasites et saprophytes. Ils se développent d'abord dans les tissus vivants et y sont parasites ; dans cette première période de leur vie ils sont stériles. Puis quand ils ont épuisé et tué les tissus de la plante nourricière dans lesquels ils se sont développés, ils continuent à y vivre, et c'est alors seulement qu'ils produisent des fructifications.

C'est ce qui a lieu par exemple pour les *Rosellinia* qui attaquent les racines de divers arbres.

PÉRISPORIACÉES

Les Périsporiacées ont des fruits à asques ou périthèces dépourvus d'ouvertures pour l'expulsion des spores et qui restent clos jusqu'au moment où leur désorganisation met ces spores en liberté.

Parmi les Périsporiacées une famille à un très grand intérêt au point de vue agricole, c'est celle des *Érysiphées*, dont plusieurs espèces sont parasites de plantes dont la culture a une importance considérable.

ÉRYSIPHÉES

Blancs.

Les Érysiphées couvrent les feuilles et les parties jeunes et vertes des plantes.

Elles y forment des taches poudreuses et blanchâtres dues surtout à ce que de leur mycélium qui s'étend sur la surface des feuilles et des jeunes pousses naissent des filaments dressés qui sont fertiles et produisent à leur extrémité de nombreuses conidies. S'égrenant facilement, et se reformant sans cesse elles forment une poussière d'un blanc plus ou moins grisâtre, dont les organes verts sont saupoudrés. On donne à cause de cela le nom de *Blanc* aux maladies causées par les Érysiphées ; elles ont entre elles une grande ressemblance d'aspect.

Le mycélium des Érysiphées est toujours superficiel, il rampe à la surface de l'épiderme, sans pénétrer dans l'intérieur des organes. Il est cependant parasite, mais c'est dans l'épiderme seul qu'il puise sa nourriture. Il y enfonce des suçoirs assez semblables à ceux que le mycélium intercellulaire des Péronosporées plonge dans les cellules du parenchyme intérieur des plantes nourricières.

Les Érysiphées produisent non seulement des conidies à l'extrémité de conidiophores non ramifiés, conidies qui naissent successivement les unes au-dessous des autres, et tantôt s'égrènent à mesure, tantôt restent liées les unes aux autres en file moniliforme, mais encore des périthèces qui, portés par le mycélium, sont superficiels. Ils se montrent sous la forme de petits globules d'abord jaunes quand ils sont jeunes, puis d'un brun-noir qui contiennent tantôt plusieurs asques, tantôt un seul, selon les genres.

Les périthèces globuleux et indéhiscents des Erysiphées portent des appendices filiformes simples ou ramifiées d'une façon très caractéristique, auxquels on applique parfois le nom de *fulcres*; ils ont servi, avec la considération du nombre des asques, à caractériser les genres divers entre lesquels on a réparti les espèces de l'ancien genre *Erysiphe*.

Tous ces champignons, sous leur forme conidienne, ont été désignés sous le nom générique d'*Oidium*; ils présentent alors entre eux une telle similitude qu'il est souvent impossible de les distinguer les uns des autres, tant qu'on ne les a pas observés sous leur forme à périthèces.

Erysiphe.

Les *Erysiphe* ont des périthèces munies d'appendices simples, filamenteux et semblables aux hyphes du mycélium.

Ils contiennent plusieurs asques et diffèrent en cela des *Sphaerotheca*, dont les périthèces ont la même apparence, mais ne contiennent qu'un seul asque.

Diverses espèces d'*Erysiphe* causent le Blanc de plantes importantes pour l'agriculture et l'horticulture.

Erysiphe graminis D. C.

Blanc des céréales.

Syn. : *Alphitomorpha communis* var. Wallr. — *Oidium monilioides* Link.

Le mycélium de ce petit champignon forme un revêtement épais, floconneux-laineux, persistant, d'abord blanc, puis d'une teinte sale, qui devient d'un gris roussâtre ; il forme des taches isolées ou recouvre une surface étendue des gaînes et des feuilles de céréales et particulièrement du Froment.

Çà et là les filaments du mycélium portent sur le côté qui repose sur l'épiderme de la feuille un petit renflement hémisphérique qui s'applique comme un crampon sur l'épiderme et d'où sort un prolongement qui perce la paroi de la cellule épidermique et se renfle en forme

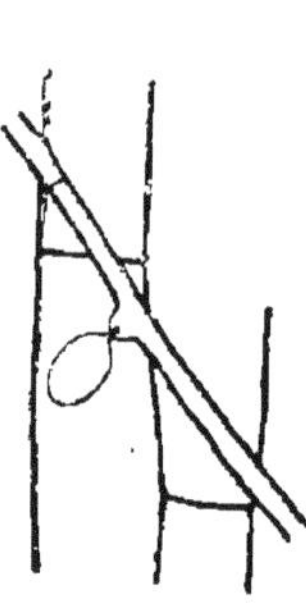

FIG. 191. — *Erysiphe graminis.*
Filament de mycélium muni d'un suçoir.
(D'après M. Wolff.)

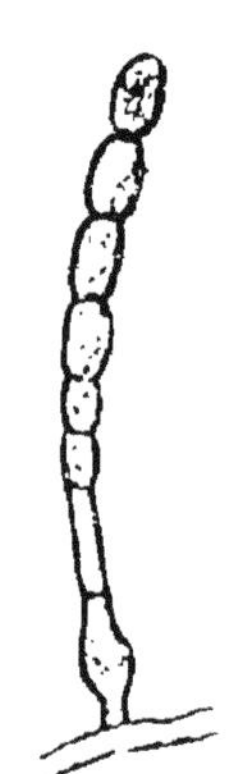

FIG. 192. — *Erysiphe graminis.*
Forme *Oidium monilioides.*

de sac à son intérieur (fig. 191). C'est le suçoir du parasite.

Perpendiculairement à la surface de l'épiderme se dressent les rameaux fertiles (fig. 192). Ils sont un peu renflés en bulbe à leur partie inférieure et portent à leur sommet une file de 6 à 8 conidies qui naissent les unes au-dessous des autres et se détachent quand elles sont mûres.

Elles germent très vite dans un milieu humide ; au bout de 10 à 16 heures, elles émettent un ou plusieurs tubes de germination dans lesquels se porte leur contenu. Si l'air est sec, la germination se produit plus lentement.

D'après les observations de M. Wolff (1), l'un des tubes de germination pénètre dans la cellule épidermique, mais il ne s'y développe pas en mycélium, comme cela a lieu pour un grand nombre de parasites; il se renfle seulement en une sorte de petite vessie qui ne prend pas d'accroissement. C'est un premier suçoir qui assure le développement ultérieur du parasite (fig. 193)..

Quand il fructifie en produisant des files de conidies, l'*Erysiphe graminis* a été décrit sous le nom d'*Oidium monilioides*. C'est sous cette forme qu'on le trouve sur les feuilles vivantes du Froment.

Lorsque leur végétation s'affaiblit, la formation des conidiophores devient plus rare et alors apparaissent les périthèces de l'*E-rysiphe graminis*. Ils commencent à se former sur des points où les

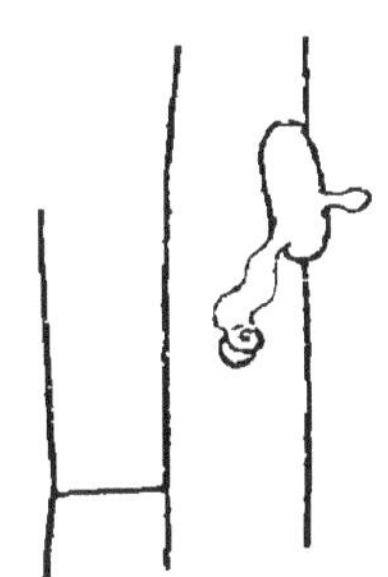

FIG. 193. — GERMINATION D'UNE SPORE D'*Oidium monilioides*.

filaments mycéliens bien enracinés par de nombreux suçoirs se croisent ou se touchent. Les tubes contigus se soudent l'un à l'autre et produisent de petits rameaux qui se contournent, se divisent par de nombreuses cloisons et produisent par la multiplication répétée des petites cellules ainsi formées un corps globuleux qui est un jeune périthèce.

La couche extérieure ou corticale renferme à son intérieur un pseudoparenchyme délicat, au milieu duquel se forment les asques. Elle grandit rapidement : ses cellules prennent une couleur brune qui devient de plus

(1) Reinold Wolff, *Beitrag zur Kenntniss der Schmarotzerpilze*, Berlin, 1875.

en plus foncée et leur paroi s'épaissit et se durcit. A complète maturité, les périthèces globuleux sont d'un brun noir. De leur partie inférieure partent des appendicules nombreux mais très courts qui sont bruns comme les cellules de l'écorce du périthèce (fig. 194).

Les périthèces sont enfoncés dans un lacis feutré de filaments sinueux et incolores, qui sont produits en grand nombre par le mycélium au moment de leur formation. Ces périthèces renferment un pseudoparenchyme incolore et des asques en nombre variant entre 8 et 16. Les asques au moment de la maturité apparente du périthèce à la fin de l'été ne contiennent pas encore de spores (fig. 195 A).

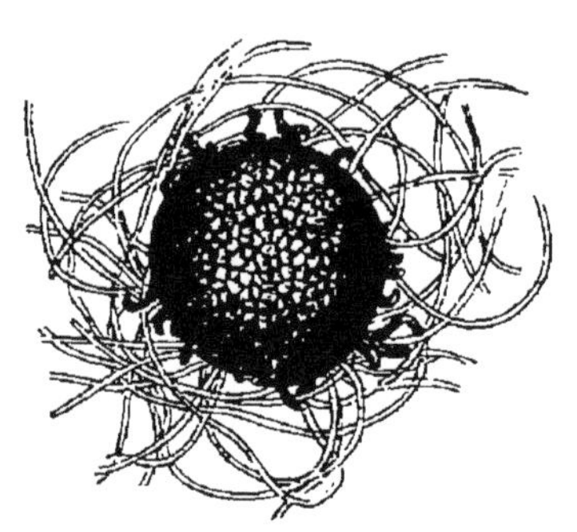

FIG. 194. — PÉRITHÈCE d'*Erysiphe graminis.*

A l'automne, la lame épaisse de tissu feutré du mycélium se détache de la surface des feuilles desséchées du Blé avec les périthèces qui y sont enfoncés. Elle tombe sur le sol ou est emportée au loin par le vent. C'est au printemps suivant seulement que les spores achèvent de se former dans les asques (fig. 195 B). Elles apparaissent au nombre de 8, le plus souvent, parfois de 4 seulement dans chaque asque. Elles sont elliptiques, incolores et lisses. Elles germent dans l'air humide comme les conidies de la forme *Oidium.*

L'*Erysiphe graminis* peut attaquer le Froment, le Seigle et l'Orge; on le trouve assez communément sur le Chiendent, le Ray-grass, le Dactyle et diverses espèces de Bromes. Il a été signalé comme causant en Amérique et particulièrement en Californie en 1877 des dégâts considérables sur les Blés. En 1885 et 1889, il s’est montré autour de Stockholm dans des champs de Blé qu’il a envahis d’une façon fort redoutable. Il eût sans doute détruit entièrement la récolte si on n’en avait pas arrêté le développement à l’aide de soufrages.

Souvent ses attaques se produisent en même temps que celles d’autres parasites et se confondent avec elles. En Bretagne, par exemple l’*Erysiphe graminis* se mon-

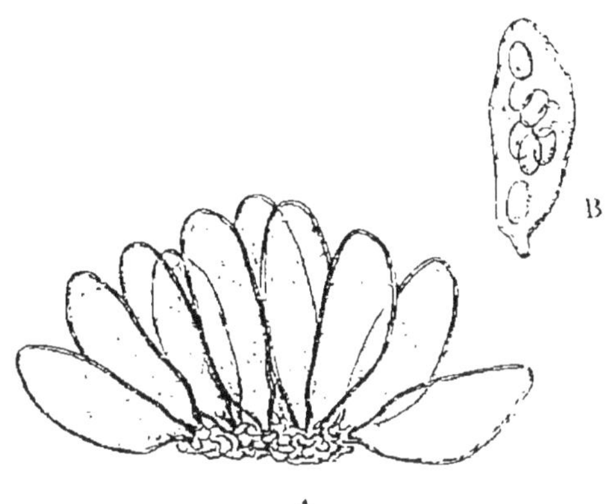

Fig. 195. — *Erysiphe graminis.*

A. Touffe d’asques contenus dans un périthèce à l’automne. B, asque contenant des spores après l’hiver.

tre assez souvent sur les Blés qui sont en même temps attaqués par la Rouille. Dans des cultures expérimentales de la ferme de l’Institut agronomique, à Joinville, il s’est multiplié avec une extrême intensité sur des Froments déjà envahis par l’Anguillule de la Nielle (*Tylenchus Tritici*), et aussi sur des Blés dont le cœur était rongé par des larves de *Cecidomyia destructor*. M. Garovaglio dit l’avoir vu ordinairement associé au *Septoria Tritici*. Dans ces divers cas, il n’était guère possible d’évaluer quelle part du dommage devait être attribuée à l’*Erysiphe graminis*.

Il est rare que ce parasite cause, en France du moins, des dégâts considérables sur les céréales. S'il prenait un développement inquiétant, on devrait, comme on l'a fait à Stockholm recourir au soufrage employé si utilement pour détruire l'*Oidium* de la Vigne.

Erysiphe communis Wallr.

Blanc des Pois, des Trèfles, etc.

Syn. : *Erysiphe Martii* Lév.—*Erysiphe Pisi* D. C. — *Alphitomorpha communis et horridula* Wallr. -- *Oidium erysiphoides* Fries.

Très souvent, dans les jardins, les planches de Pois sont dévastées par un Blanc qui anéantit la récolte;

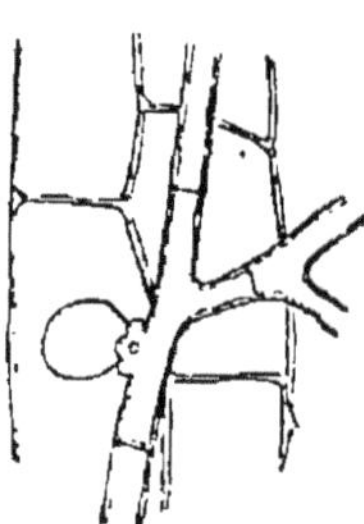

Fig. 196. — *Erysiphe communis.*
Rameau de mycélium portant un suçoir.

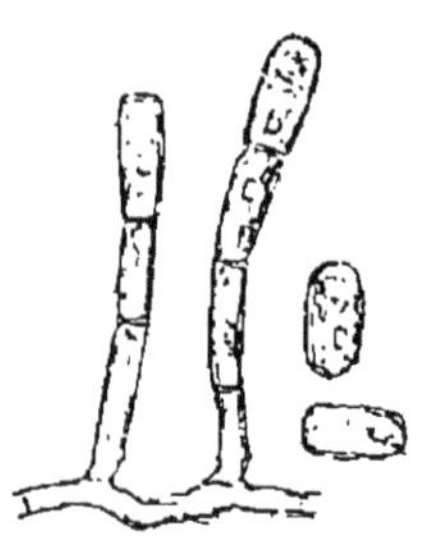

Fig. 197. — *Erysiphe communis.*
Forme *Oidium erysiphoides.*

dans les champs, les Trèfles, les Luzernes sont aussi fréquemment attaqués par le même parasite qui sous sa forme *Oidium* a reçu le nom d'*Oidium erysiphoides.*

Cet *Oidium* diffère de l'*Oidium* de l'*Erysiphe graminis* en ce que les spores qui se forment successivement à l'extrémité des conidiophores ne restent pas adhérentes en file, mais s'égrènent à mesure qu'elles sont complètement développées, de telle façon que l'on ne voit à l'extrémité d'un filament fertile qu'une seule spore d'*Oidium* (fig. 197). Le mycélium qui couvre les feuilles d'un lacis délicat de filaments blancs enfonce dans l'épiderme des suçoirs dont le crampon est lobé, mais dont la structure est fort semblable à celle des suçoirs de l'*Erysiphe graminis* (fig. 196).

Au milieu du revêtement arachnoïde qui s'étend sur les deux faces des feuilles de la plante envahie se for-

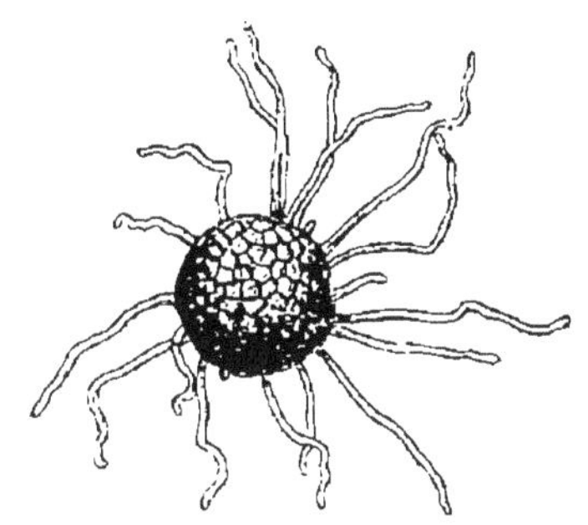

. Fig. 198. — Périthèce d'*Erysiphe communis*.

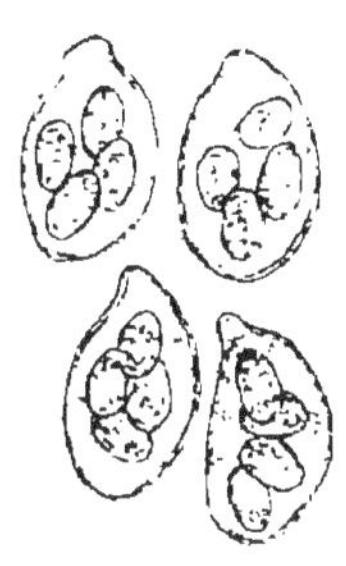

Fig. 199. — *Erysiphe communis*.

Asques contenant des spores.

ment, quand les feuilles sont épuisées et languissantes, les périthèces de l'*Erysiphe communis* (fig. 198). Ils diffèrent de ceux de l'*Erysiphe graminis* en ce qu'ils sont beaucoup plus petits. Ils sont globuleux, d'un brun presque noir et portent des appendicules beaucoup plus longs qui se mêlent aux filaments du mycélium. Ces appendicules sont blancs ou colorés en brun. Dans le premier cas, on a considéré le champignon comme formant une espèce, l'*Erysiphe Martii*, distincte, quoique très voisine de l'*Erysiphe communis*. Ce caractère de la coloration des appendicules paraît avoir peu de valeur et il semble naturel de réunir ces deux formes conformément à l'opinion de de Bary.

Les périthèces de l'*Erysiphe communis* contiennent de 4 à 8 asques globuleux ou piriformes bien plus courts que ceux de l'*Erysiphe graminis;* ils renferment chacun de 4 à 8 spores elliptiques (fig. 199).

On trouve l'*Erysiphe communis* non seulement sur les Pois et les Trèfles, mais sur les Haricots, les Lentilles, les Lupins, beaucoup de Crucifères, les Liserons, les Orties, les Millepertuis, etc.

Ce parasite est fort dangereux. Quand il attaque les fourrages comme le Trèfle ou le Sainfoin, il convient de faucher le champ au plus vite. Dans les jardins, le soufrage fait sur les Pois, dès que les premières taches de Blanc apparaissent sur les feuilles, peut sauver entièrement la récolte.

Uncinula.

Dans le genre *Uncinula*, les périthèces contenant plusieurs asques comme ceux des *Erysiphe* sont caractérisés par des appendicules simples ou fourchus, dont l'extrémité est fortement recourbée en crosse ou même tout à fait enroulée.

Plusieurs espèces d'*Uncinula* se rencontrent sur des arbres de nos pays. L'*Uncinula Bivonae* se développe sur les feuilles des Ormes; il a un mycélium arachnoïde fugace qui produit de petits périthèces contenant quatre asques.

L'*Uncinula Aceris* est très commun sur les Erables; son mycélium recouvre les feuilles entières ou y forme seulement de grandes taches blanchâtres. Il s'y produit de gros périthèces épars qui sont d'abord globuleux, puis déprimés. Ils portent de très nombreux appendicules fourchus dont les branches sont courbées en crosse à leur extrémité.

Les périthèces de l'*Erysiphe Aceris* contiennent de 8 à 12 asques.

L'*Uncinula adunca* (Wallr.) Lév. se montre sur les deux faces des feuilles des Peupliers, des Saules et des Bouleaux.

Ces divers *Uncinula* ne causent guère de dommages aux arbres qu'ils attaquent; il n'en est pas de même d'une espèce d'origine américaine qui attaque les Vignes et qui, se propageant rapidement dans tous les vignobles de l'Europe, a menacé d'une destruction complète la production vinicole de notre pays.

Uncinula americana How.

Oïdium de la Vigne.

Syn : *Uncinula spiralis* Berk. et Curt.
État conidien : *Oidium Tuckeri* Berk.

C'est dans une serre à raisins, en Angleterre, à Margate qu'apparut pour la première fois en Europe en 1845 cette maladie de la Vigne, qui quelques années après dévastait tous les vignobles. L'année suivante, le mal n'était plus confiné dans la serre de l'horticulteur Tucker, où il s'était montré d'abord, il avait envahi les serres voisines. En 1847, Berkeley constatait qu'il était produit par un petit champignon parasite qu'il rapportait au genre *Oidium* et le dédiait à Tucker qui l'avait le premier signalé (1).

En 1847, l'*Oidium Tuckeri* était signalé en France, d'abord dans les serres de M. de Rothschild à Suresnes, près de Paris; dès l'année suivante on le retrouvait non

(1) Berkeley, *Sur une nouvelle espèce d'*Oidium, O. Tuckeri, *parasite de la Vigne, in Gardn. Chron.* 1847.

plus seulement dans les serres, mais dans les vignes de Suresnes et çà et là dans les jardins sur les treilles.

En 1849, les raisins étaient malades dans tous les environs de Paris et en 1850 on signalait la maladie nouvelle dans le Bordelais, à Lunel, en Espagne et en Italie.

En 1851, elle était répandue non seulement dans toute la France, l'Italie et l'Espagne, mais en Suisse et en Hongrie et sur les bords de la Méditerranée, en Grèce, en Syrie, dans l'Asie Mineure et l'Algérie. D'année en année, de 1851 à 1854 le mal augmentait d'intensité, détruisant les raisins plus ou moins complètement et causant bien souvent la perte presque totale de la récolte. Des viticulteurs découragés arrachaient leurs vignes dans les vignobles les plus renommés comme ceux de Sauternes et les remplaçaient par des cultures moins coûteuses et donnant des produits. Les ruines se multipliaient, la panique était générale.

Heureusement des expériences faites dès 1850 dans le potager du château de Versailles par M. Duchartre, professeur à l'Institut agronomique qui venait d'être créé, lui avaient permis d'affirmer que l'on pouvait trouver dans la fleur de soufre répandue sur les Vignes un remède efficace contre la maladie causée par l'*Oidium* (1). Mais il fallut des années avant que cette précieuse découverte accueillie d'abord avec incrédulité, fût contrôlée et appliquée, d'abord par les horticulteurs sur les treilles, puis enfin en plein vignoble, et ce n'est guère qu'à partir de 1857 que le soufrage fut employé dans les vignobles du Midi, grâce aux excellentes publications et à l'active propagande de M. Henri Marès (2).

(1) Duchartre, *Rapport sur le moyen de combattre le Champignon qui attaque les Vignes. (Moniteur universel* du 9 sept. 1850; *Annales agronomiques,* cahier de février 1851, p. 173).

(2) H. Marès, *Mémoire sur la Maladie de la Vigne.* (Société agr. de l'Hérault, 1856).

Depuis ce moment le mal a toujours été en décroissant et aujourd'hui il a cessé d'être bien redoutable. Tous les viticulteurs savent qu'ils ont un remède assuré pour détruire l'*Oidium* et il n'y a que dans les années exceptionnellement défavorables que les traitements sont insuffisants pour en arrêter le développement.

On reconnaît la présence de l'*Oidium* sur les Vignes à ce que les feuilles et toutes les parties vertes sont couvertes d'un léger revêtement grisâtre terne qui exhale une odeur caractéristique de moisi. A un faible grossissement, on distingue un lacis arachnoïde de filaments blancs qui courent à la surface de l'épiderme.

Ces filaments sont un mycélium extérieur, comme celui des autres *Oidium* et *Erysiphe*, formé de tubes rameux çà et là cloisonnés et munis de petits suçoirs qui appliquent sur l'épiderme leurs dilatations lobées (fig. 200). Les cellules

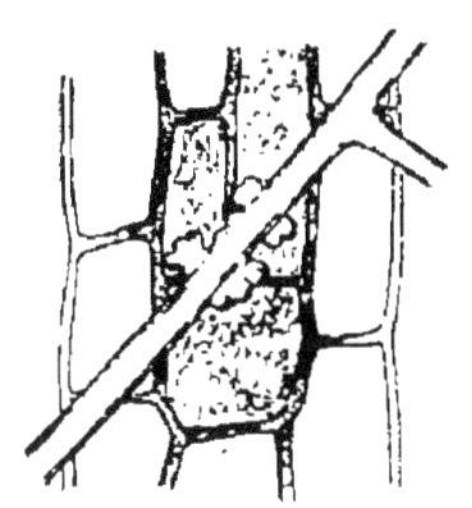

Fig. 200. — *Uncinula americana.*

Filament mycélien portant des suçoirs.

de l'épiderme de la Vigne dans lesquelles le mycélium puise sa nourriture par les suçoirs sont promptement altérées, elles brunissent; l'altération et le brunissement gagnent les cellules voisines et il se forme ainsi dans les places que couvre le mycélium de l'*Oidium* des taches brunes qui deviennent confluentes et forment par leur réunion de grandes plaques que l'on voit sur les feuilles, sur les grains et sur les pousses.

L'action de l'*Oidium* sur les vignes consiste comme celle des autres Blancs dans la destruction des cellules épidermiques, ce qui a des conséquences différemment graves selon la nature et l'âge des organes attaqués. Sur les rameaux, lorsque le mal attaque avec une grande intensité les extrémités jeunes, le bout des pousses après avoir été d'abord blanchi par l'*Oidium* devient noir, ne s'accroît plus et se dessèche sur une certaine longueur. Les pousses attaquées par l'*Oidium* s'aoûtent mal en général et sont aisément détruites par les gelées. Le plus souvent toutefois, il n'en est pas ainsi et tout le mal se borne à la production de plaques d'un noir brun qui signalent à l'arrière-saison les places qui ont été envahies par le mycélium.

Sur les feuilles, l'*Oidium* forme des plaques grisâtres dues à son mycélium ; il peut disparaître en laissant seulement des points bruns, bien visibles sur la face supérieure et sans nuire beaucoup à la végétation, mais quand les feuilles sont attaquées au moment où elles sont encore jeunes et en voie de croissance, leur développement est altéré et se fait d'une façon fort irrégulière ; elles se recoquillent et souvent se dessèchent.

C'est surtout sur les grains que l'invasion du mycélium de l'*Oidium* produit des effets funestes. S'il se développe sur les fleurs et les jeunes pistils il en produit la coulure, le dessèchement et la chute. Quand les grains sont déjà un peu plus gros au moment où le mycélium les envahit, ils peuvent ne pas sécher et continuer de croître et de grossir un peu, mais leur pellicule durcit, ne s'étend plus et ne peut suivre l'accroissement des parties intérieures dans lesquelles la multiplication et l'extension des cellules n'est pas arrêtée. La peau finit alors par éclater, le grain se fend au point bien souvent de laisser apparaître les pépins (fig. 201).

Le grain crevé, dont la chair est ainsi exposée à l'air, se dessèche ou pourrit si le temps est humide. Parfois cependant quand la crevasse n'est pas très profonde et qu'elle se produit de bonne heure, ses bords peuvent se cicatriser et le grain continuer encore de croître.

Lorsque le mycélium forme seulement une tache à la surface du grain, sans l'envahir en entier, le grain n'éclate pas. La partie tuée de la peau qui est brune et dure, distendue par l'accroissement des parties sous-jacentes, se fendille et se gerce et peut se détacher par fragments.

Sous l'influence de l'*Oidium* la récolte peut être absolument compromise; — elle a été détruite presque complètement durant plusieurs années quand on n'avait pas encore employé les traitements qui permettent maintenant d'arrêter les progrès du mal, — mais la végétation

FIG. 201. — GRAINS DE RAISIN ATTAQUÉS PAR L'*Oidium Tuckeri*.

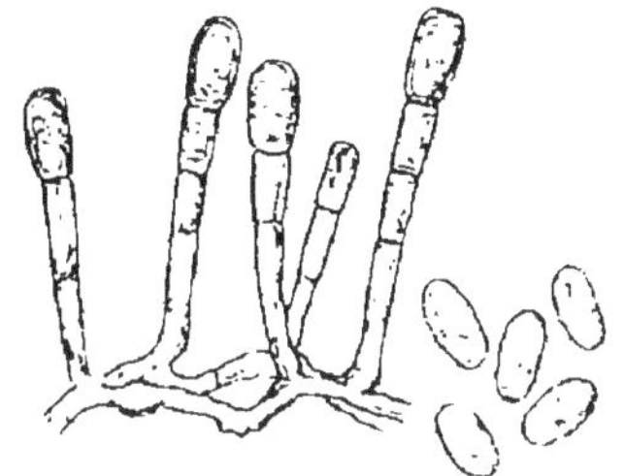

FIG. 202. — *Uncinula americana* forme *Oidium Tuckeri*.

de la Vigne n'en souffre que peu et les pieds qui ont été le plus fortement attaqués peuvent redevenir très vigoureux si la maladie ne reparaît pas.

Durant toute la période de végétation de la Vigne, depuis l'époque de la floraison jusqu'à celle de la véraison surtout, le parasite prend un développement rapide et se multiplie par les conidies qui se forment à l'extrémité de filaments conidiophores dressés; il est fort semblable aux *Oidium* des autres *Erysiphe* (fig. 202). Ses conidies qui se forment successivement se détachent d'ordinaire à mesure, de telle façon que l'on n'observe à l'extrémité du conidiophore qu'une seule conidie elliptique ou oblongue bien formée, l'article suivant du conidiophore commençant seulement à se renfler à son tour; parfois cependant on trouve un court chapelet de deux ou même de trois conidies à la file, mais cela est rare.

Les conidies sont facilement emportées par le vent, elles germent aisément dans l'air humide à une température de 25 à 30° en donnant naissance à un tube de germination qui se forme indifféremment sur un point quelconque de leur surface, s'allonge, se cloisonne et devient l'origine du mycélium qui forme bientôt une nouvelle tache de Blanc.

Une température humide et chaude à la fois comme est celle des serres est particulièrement favorable à la végétation et à la multiplication de l'*Oidium Tuckeri,* mais il se développe bien dans des climats peu humides, pourvu que la température soit comprise entre 25 et 35°.

L'identité de l'*Oidium Tuckeri* avec les formes conidiennes des Érysiphées a fait admettre que le champignon qui cause la maladie de la Vigne devait être considéré comme une Érysiphée, bien qu'on n'eût jamais observé en Europe sur les Vignes malades de périthèces d'*Erysiphe* et on l'a désigné sous le nom d'*Erysiphe Tuckeri* Berk.

On connaît la première apparition du parasite dans une serre d'Angleterre, son origine est certainement exotique.

Il y a en Amérique sur les Vignes une sorte d'Érysiphée, un *Uncinula* qui avait été nommé *Uncinula americana* par Hops et que Berkeley a décrit sous le nom d'*Uncinula spiralis.* On s'est demandé si c'est la forme à périthèces de l'*Oidium Tuckeri* qui a ravagé les vignobles d'Europe. La question a été longuement controversée. La comparaison entre les échantillons américains d'*Oidium* de la Vigne se rapportant à l'*Uncinula americana* et les échantillons européens d'*Oidium Tuckeri* ont bien montré qu'ils ne diffèrent par aucun caractère notable, mais il est aussi difficile de distinguer les uns des autres des *Oidium* appartenant à des espèces et même des genres différents.

Pourquoi ces fructifications d'*Uncinula* que l'on observe en Amérique ne se produiraient-elles pas en France? On pouvait bien supposer que la différence du climat tempéré de l'Europe et de celui de l'Amérique du Nord, où l'*Uncinula americana* apparaît sur les feuilles de Vigne à la fin de l'automne (1), au moment où surviennent les grands froids était la seule raison de l'absence des fructifications d'*Uncinula* sur nos Vignes, mais le doute devait cependant subsister. Il n'est plus permis aujourd'hui. M. Couderc (2) a observé à la fin de l'automne 1892 les périthèces d'*Uncinula* sur des Vignes soit en serre, soit à l'air libre, en divers points de la France, à Aubenas, à Valence, aux environs de Paris; nous-même, l'avons constaté.à la fin de l'année 1894 dans un jardin, à Paris même.

En serre les périthèces étaient uniformément répartis sur toutes les parties vertes qui avaient été couvertes par le mycélium , spécialement sur les pédoncules et les tiges; à l'air libre, on les trouvait toujours contre des murs; sur des pousses vigoureuses ayant végété tard à l'automne et en des points où le mycélium était condensé en amas blanchâtres et feutrés. Il est à remarquer qu'en 1892 l'été a été particulièrement chaud et la végétation s'est prolongée jusqu'à une époque très avancée de l'année. Ce sont là sans doute les conditions nécessaires au développement des périthèces de l'*Uncinula* qui n'apparaissent que tard à l'arrière-saison.

Il est donc positivement établi que le parasite de la vigne connu sous le nom d'*Oidium Tuckeri* est vérita-

(1) Viala, *Les Maladies de la Vigne 3ᵉ édit*, page 32.
(2) *Comptes rendus de l'Acad. des Sc.*, 1893.

blement l'*Uncinula americana*. Seulement il paraît rencontrer rarement en Europe les conditions convenables

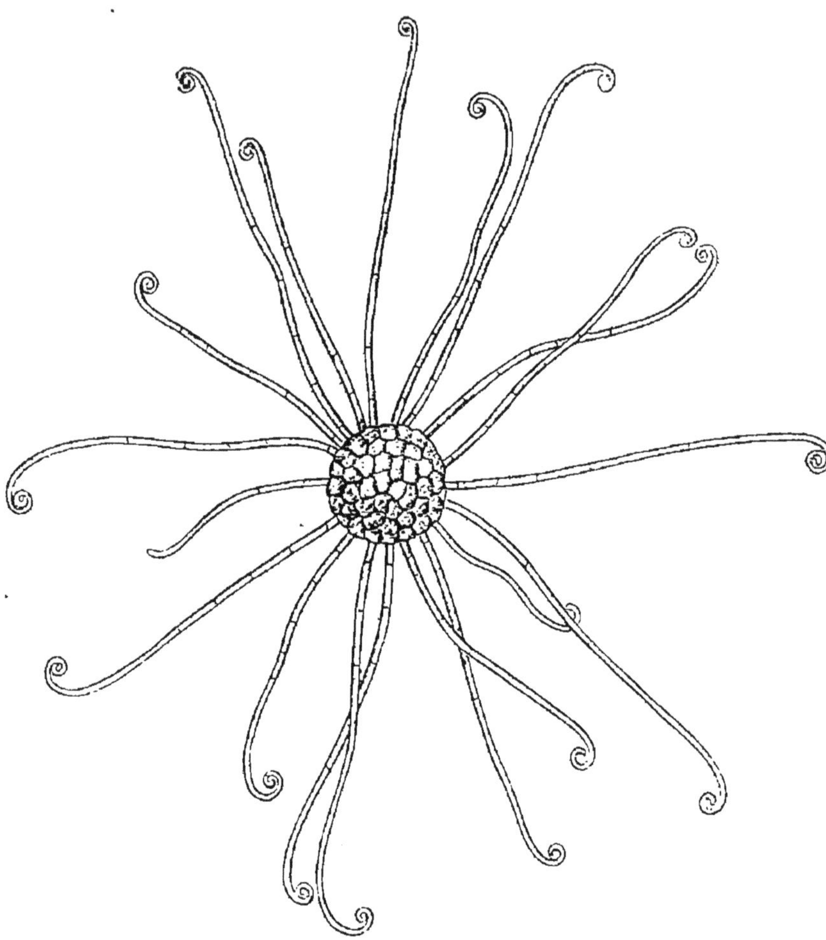

Fig. 203. — *Uncinula americana.*
Périthèce produit sur une Vigne de l'école d'agriculture de Montpellier.

pour la formation de ses périthèces, à moins que la petitesse de ses périthèces ne les ait fait échapper à l'observation, quand en réalité, ils n'avaient pas, comme on le supposait, manqué de se produire.

Ces périthèces sont, en effet, fort ténus ; ce sont de petits points noirs à peine perceptibles à l'œil nu et il est d'autant plus possible qu'ils aient échappé à l'observation qu'ils se forment tard. On ne les a observés que sur des pousses et des pédoncules de raisin laissés sur ces souches, après la chute des feuilles. Nous les avons trouvés sur des feuilles encore attachées au sarment dans un jardin, à Paris, comme nous le disions plus haut.

Les périthèces d'*Uncinula americana* (fig. 203) apparaissent sous forme de petites boules d'un jaune citron qui en mûrissant se dépriment un peu et deviennent d'un brun noirâtre. Ils portent des appendicules nombreux, longs, un peu flexueux qui sont enroulés à leur extrémité, de façon à faire un ou deux tours de spire. Ces périthèces contiennent de 4 à 8 asques piriformes ou ovoïdes-piriformes qui renferment chacun de 4 à 8, ordinairement 6 spores elliptiques allongées (fig. 204). Elles germent après l'hiver en émettant un tube comme les spores d'*Oidium*.

FIG. 204. — ASQUES D'*Uncinula americana*.

Traitement.

Quand, en 1848 et 1850, la maladie de la Vigne dont Berkeley signalait la cause dans le parasitisme de l'*Oidium Tuckeri*, se développait sur les treilles des environs de Paris et détruisait les récoltes, beaucoup d'horticulteurs, de viticulteurs et de savants de haute valeur ne voulurent pas admettre tout d'abord que ce fût bien l'*Oidium Tuckeri* qui produisait le mal. On soutint que la vigne était épuisée, qu'elle était malade par suite de mauvaise culture ; l'*Oidium* se développait sur les pieds de Vigne dépérissants, mais c'était faire fausse route que de lui attribuer les dommages dont on avait à souffrir. Le seul moyen de guérir la Vigne de la nouvelle maladie était d'améliorer sa culture. Mais d'autre part beaucoup de jardiniers, d'amateurs de jardins, de curieux, sans se préoccuper de la cause du mal s'ingéniaient à y chercher au hasard des remèdes.

On venait alors de créer à Versailles l'Institut agronomique. Le professeur de botanique de cette École, Duchartre, entreprit, avec l'aide du jardinier du potager du palais, Hardy, l'étude de la maladie et des nombreux remèdes empiriques que l'on préconisait, et il constata de la façon la plus positive que la fleur de soufre est un remède très efficace pour tuer l'*Oidium* et guérir la maladie qu'il cause; il montra qu'il est d'un emploi facile, et qu'en l'introduisant dans un soufflet on peut la répandre aisément à la surface des feuilles et des grappes malades.

Le remède était trouvé, mais il fallait convaincre les jardiniers de son efficacité et les décider à l'employer. Le soufflet à soufrer construit par un horticulteur de Montrouge, M. Gonthier, contribua à répandre autour de Paris l'emploi du soufrage. En 1852 et 1853, les Vignes de chasselas de Thommery étaient efficacement traitées, on combattait enfin avec succès la maladie.

A Ferrières, le jardinier de M. de Rothschild, M. Bergmann obtenait la préservation complète des serres à raisin en répandant la fleur de soufre sur les tuyaux de chauffage de ses serres.

Tandis que l'on commençait à lutter victorieusement contre l'*Oidium* dans les jardins, le mal envahissait tous les vignobles sans rencontrer le moindre obstacle et y causait plus de désastres que sur les treilles. Les viticulteurs ne croyaient pas que le soufrage pût être employé en grand, en plein vignoble, à la préservation des Vignes. Quelques essais isolés de traitement comme ceux que fit, dès 1852 et 1853 M. Lafforgue près de Béziers prouvaient bien que le soufrage pouvait être employé en grande culture, mais ils étaient peu connus. C'est surtout aux excellentes études de M. H. Marès sur le soufrage qui firent bien connaître aux viticulteurs du Midi les effets du soufre sur l'*Oidium*, à son active propagande et aux exemples qu'il donna, que l'on doit l'introduction de la pratique du soufrage dans la grande culture et la diminution correspondante de la maladie. A partir de 1857, l'emploi du soufre par les vignerons a rapidement progressé, et aujourd'hui le soufrage est une pratique courante. Tous les viticulteurs du Midi et du Sud-Ouest de la France, soufrent leurs Vignes chaque année, même quand l'*Oidium* n'apparaît pas, et, grâce à ces traitements préventifs, on ne voit plus qu'assez rarement cette maladie se développer dans les vignobles, de façon à y causer des dommages.

Le soufre agit peu quand la température est froide et humide, et, en outre, si des pluies fréquentes lavent les grains et emportent la poussière de soufre déposée sur la vigne les traitements sont sans action.

La destruction du parasite a lieu rapidement quand le temps est chaud. D'après les observations de M. H. Marès, quand la température varie dans la journée de 32° à 35° la désorganisation du mycélium de l'*Oidium* au contact des grains de soufre est déjà appréciable au bout de 24 heures et elle est complète en 4 ou 5 jours. Lorsque la température atteint un maximum de 42°, la destruction est complète en deux jours, mais quand la chaleur est très forte et le temps très sec au moment du soufrage on risque d'échauder les vignes. Les grains prennent par place une couleur brune et durcissent;

quand ils sont jeunes, ils peuvent se dessécher et tomber. Les feuilles aussi peuvent être grillées par un soufrage fait par une grande chaleur.

Les Vignes récemment soufrées exhalent une odeur marquée de soufre due, d'après les observations de M. Mach, à une très faible quantité d'acide sulfureux diluée dans l'air. C'est cet acide sulfureux produit à l'air quand la température est chaude, qui tue le mycélium et les spores de l'*Oidium*.

En règle générale on donne aux Vignes plusieurs soufrages successifs; le premier peu après le débourrage, quand les jeunes pousses ont environ 10 centimètres, le second au moment de la floraison. C'est le plus important de tous, il doit tout particulièrement protéger les grappes contre l'invasion de l'*Oidium*. Souvent ces deux opérations peuvent suffire, souvent aussi on doit donner un troisième traitement avant la véraison et même plusieurs traitements supplémentaires si le temps très chaud, très humide favorise exceptionnellement la croissance et la multiplication du parasite. Quand la pluie survient après le soufrage, beaucoup de la poussière de soufre étant entraînée et l'opération presque sans effets, on doit la recommencer dans de meilleures conditions.

On emploie pour le soufrage, soit la fleur de soufre qui est composée de très fins globules sphériques, soit le soufre trituré dont les particules sont anguleuses. L'intensité de l'action des poudres de soufre est en proportion de leur degré de finesse. C'est pour cette raison que la fleur de soufre est plus active que le soufre trituré, mais il y a à tenir compte du prix relatif de ces soufres. On emploie souvent dans le midi de la France sous le nom de soufre d'Apt un mélange de soufre et de plâtre finement triturés, il en faut employer des doses doubles de celles du soufre pur pour obtenir à peu près les mêmes effets. On s'en sert surtout pour les derniers soufrages et on a ainsi moins à redouter le grillage.

Le soufrage, efficace pour détruire le mycélium et les conidies de l'*Uncinula americana,* produit les mêmes effets sur les autres Érysiphées et on peut y recourir avec sûreté pour combattre tous les *Blancs* dus à des Érysiphées qui apparaissent dans les jardins et dans les cultures, sur le Rosier comme sur le Pois, sur le Melon comme sur le Houblon; le remède est pour tous le même.

Phyllactinia.

Léveillé a distingué sous le nom de *Phyllactinia* les Érysiphées dont les périthèces contenant plusieurs asques portent des appendicules en forme de poils raides et droits qui sont dilatés en vésicule à leur base.

Phyllactinia suffulta Rebent.

Blanc du Noisetier et du Frêne.

Syn.: *Erysiphe Coryli* et *Fraxini* D. C. — *Erysiphe vagans* Bivona. — *Alphitomorpha guttata* Wallr. — *Erysibe guttata* Link. — *Phyllactinia guttata* Lév.

Ce *Blanc* est fort répandu sur un grand nombre d'arbres et d'arbrisseaux. On le trouve très communément sur le Noisetier et le Frêne, mais il se développe aussi sur le Charme, le Bouleau, l'Aulne etc.

Le mycélium du *Phyllactinia suffulta* s'étend sur les deux faces des feuilles, mais il se développe ordinairement avec plus de vigueur sur la face inférieure. Il en couvre toute l'étendue ou y forme seulement des taches d'un revêtement blanc arachnoïde et fugace, sur lequel se forment, épars sur la feuille, de très gros périthèces hémisphériques d'un brun noir, un peu déprimés, qui portent des appendicules incolores en forme de soie raides et renflées à la base caractérisant le genre (fig. 2o5).

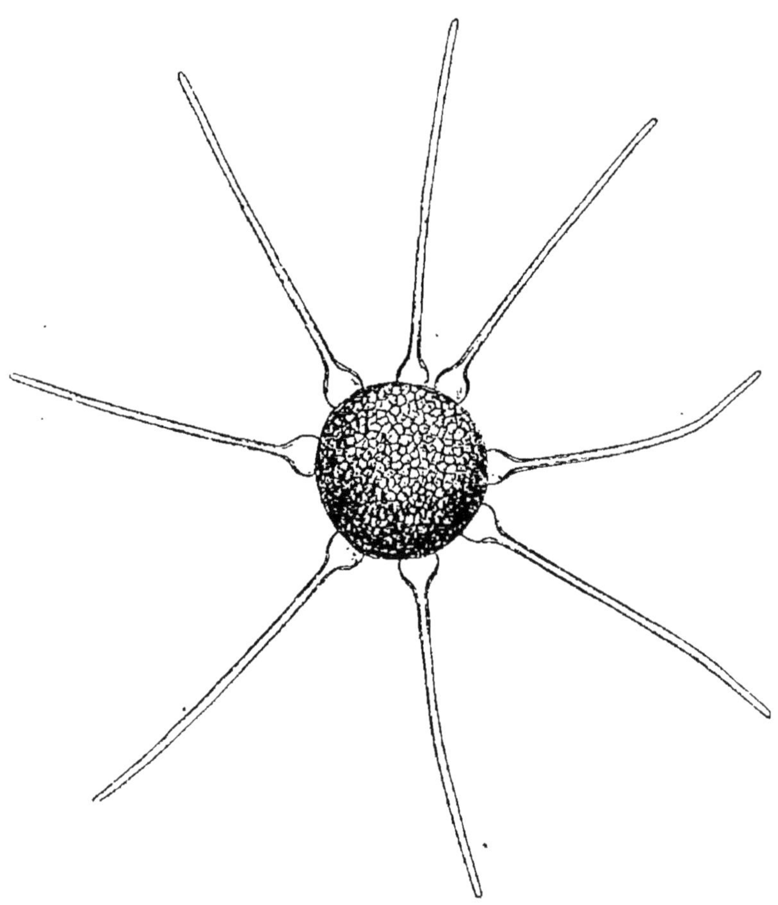

Fig. 2o5. — *Phyllactinia suffulta.*
Périthèce sur Noisetier.

Ces périthèces contiennent des asques en nombre très variable (de 4 à 20), brièvement pédicellés, à l'intérieur desquels se forment ordinairement deux, plus rarement trois spores ovoïdes de couleur jaune (fig. 206).

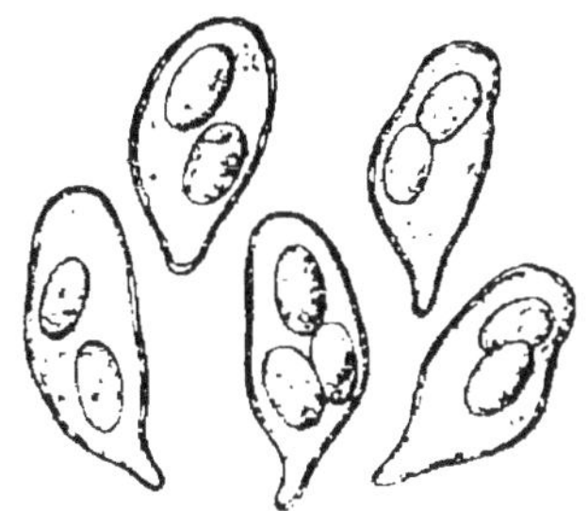

Fig. 206. — Asques de *Phyllactinia*
suffulta.

Microsphæra.

Dans les *Microsphaera,* les périthèces contenant plusieurs asques portent des appendicules terminés par de
petites touffes de ramifications dichotomes, d'aspect fort
élégant qui avaient fait donner par Léveillé à ces sortes
d'Érysiphées le nom de *Calocladia,* mais ce nom ayant
été attribué antérieurement à une algue a été changé
par Léveillé lui-même contre celui de *Microsphaera.*

Microsphæra Grossulariæ Wallr.

Blanc du Groseillier.

Syn. : *Alphitomorpha penicillata B. Grossulariae* Wallr. — *Erysibe
penicillata* var. Link. — *Erysiphe Grossulariae* de Bary.

Le Blanc du Groseillier couvre les deux faces des feuilles d'un revêtement arachnoïde d'un blanc grisâtre, au
milieu duquel se forment épars ou rapprochés en petits
groupes des périthèces globuleux portant 10 à 15 appendicules assez courts terminés par des ramifications vaguement dichotomes, dont les divisions ultimes forment

deux sortes de petites dents à peu près parallèles (fig. 207).

Ces périthèces contiennent de 4 à 8 asques ovoïdes, brièvement pédicellés et contenant 4 ou 5 spores (fig. 208).

Ce Blanc est fréquent sur les Groseilliers.

Le Blanc si commun dans les jardins sur le Chèvre-feuille est formé par une autre espèce de *Microsphaera*,

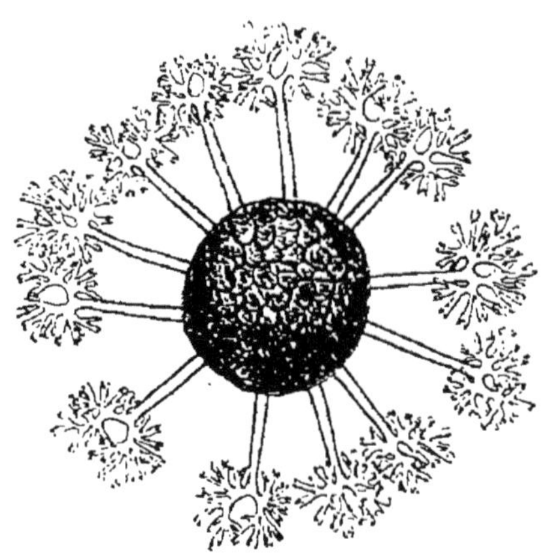

Fig. 207. — Périthèce de *Microsphaera. Grossulariae.*

Fig. 208. — Asques de *Microsphaera Grossulariae.*

le *Microsphaera Lonicerae* (D. C.) Wint. Celui de l'Épine-vinette est dû au *Microsphaera Berberidis* (D. C.) Lév.

Podosphæra.

Les *Podosphaera* sont des Érysiphées dont les périthèces portent des appendicules ramifiés dichotomiquement à leur extrémité comme ceux du *Microsphaera*, mais qui s'en distinguent en ce que ces périthèces contiennent un asque unique.

Podosphæra tridactyla (Wallr.)de Bary.

Blanc du Prunier.

Syn. : *Alphitomorpha tridactyla* Wallr. — *Erysibe tridactyla* Rbh.
— *Erysibe Baryana* Voigt. — *Podosphaera Kunzei* Lév. — *Podosphaera tridactyla* de Bary.

Le mycélium du *Podosphaera tridactyla* est peu développé, souvent à peine visible; il est étendu
sur les deux faces des feuilles, il porte çà et
là quelques-uns de ces *Oidium* que l'on
désigne sous le nom d'*Oidium erysiphoïdes* (fig. 209) et qui ne diffèrent pas de ceux
que portent beaucoup d'autres genres d'É-
rysiphées, puis de petits périthèces globuleux n'ayant pas plus de un dixième de millimètre de diamètre. Ils portent à leur
partie supérieure des appendices filiformes,
rigides, dressés peu nombreux, de 3 à 7
seulement que terminent des ramifications
dichotomes, divariquées, répétées 3 à 4 fois
et dont les divisions ultimes sont courtes, obtuses et dilatées (fig. 210).

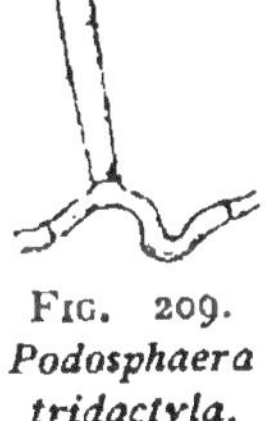

Fig. 209.
*Podosphaera
tridactyla.*
Forme *Oidium
erysiphoïdes.*

L'asque unique contenu dans le périthèce est gros, à
peu près globuleux et contient 8 spores incolores (fig.
211).

Sphærotheca.

Dans le genre *Sphaerotheca* le périthèce ne contient
qu'un asque comme celui des *Podosphaera*, mais il porte
des appendicules ressemblant à des hyphes de mycélium

comme celui des *Erysiphe*. Ce sont des *Erysiphe* à asque unique.

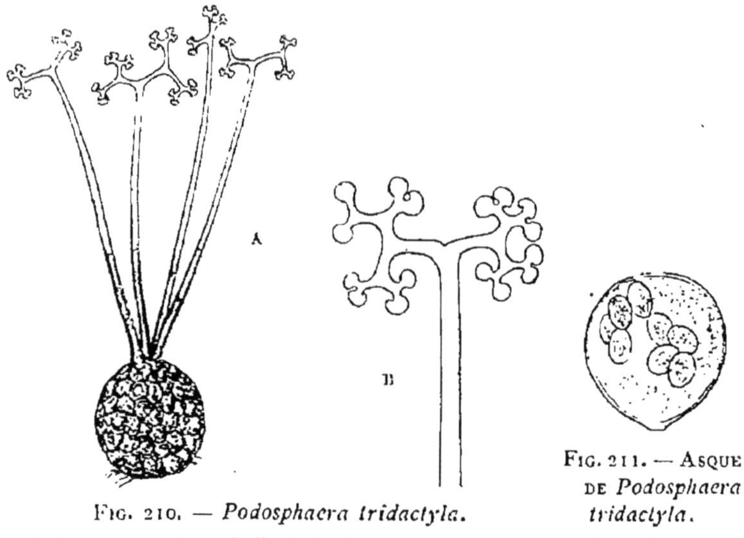

FIG. 210. — *Podosphaera tridactyla.*

FIG. 211. — ASQUE DE *Podosphaera tridactyla.*

A, Périthèce sur Abricotier. — B, Extrémité d'un appendicule plus grossi. (D'après Tulasne.)

Sphærotheca Castagnei (Lév.).

Blanc du Houblon.

SYN. : *Erysiphe Sanguisorbae, Cichoracearum, Humuli.* D. C. — *Alphitomorpha clandestina, fumosa, lamprocarpa, macularis, communis, horridula* Wallr. — *Alphitomorpha fuliginea, ferruginea, circumfusa, Humuli* Schlechtd. — *Erysibe lamprocarpa, macularis, fuliginea, communis, circumfusa, horridula* Rabenhorst.

Ce Blanc répandu sur des plantes fort diverses sur lesquelles il a été désigné sous des noms différents est particulièrement dommageable quand il attaque le Houblon; non seulement il nuit au développement et au fonctionnement normal des feuilles, mais il attaque souvent en quantité les inflorescences femelles et détruit la récolte.

Il attaque très souvent les inflorescences du *Spiraea
ulmaria* et les déforme d'une façon spéciale. Il est très
fréquent sur les Cucurbitacées, en particulier sur les Melons et les Citrouilles. Il se trouve aussi communément
sur diverses Composées, sur les Plantains, la Pimpre-
nelle, les Véroniques etc.

Le mycélium du *Sphaerotheca Castagnei* forme sur les

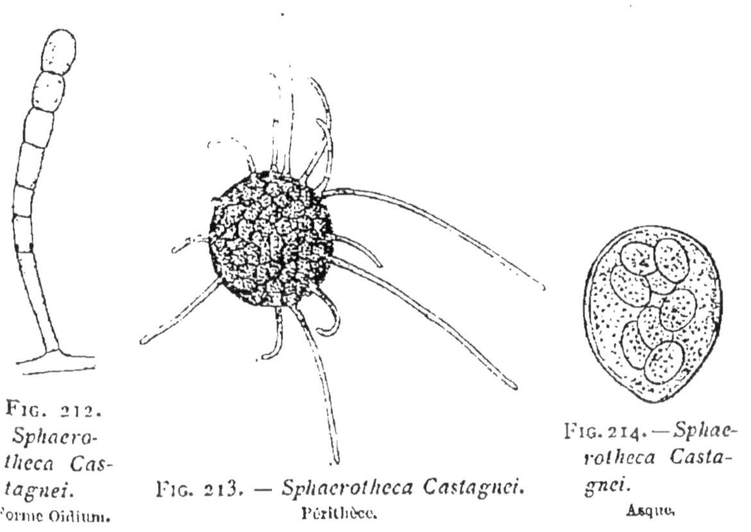

FIG. 212.
*Sphaero-
theca Cas-
tagnei.*
Forme Oidium.

FIG. 213. — *Sphaerotheca Castagnei.*
Périthèce.

FIG. 214. — *Sphae-
rotheca Casta-
gnei.*
Asque.

deux faces des feuilles du Houblon des taches arachnoï-
des. Il y produit des *Oidium* dont les spores à des degrés
divers de développement restent liées en file (fig. 212),
puis il s'y forme des périthèces épars ou rapprochés en
groupes. Ils sont petits et portent d'assez nombreux
appendicules filiformes bruns, de longueur inégale, dont
les uns se recourbent vers le haut ; les autres se mêlent
au mycélium (fig. 213).

L'asque unique que contient le périthèce est globuleux ou ovoïde, il contient 8 spores ovoïdes incolores
(fig. 214).

Sphærotheca pannosa

Blanc du Rosier et du Pêcher.

Syn. : *Alphitomorpha pannosa* Wallr. — *Erysibe pannosa* Lk.
Erysiphe pannosa Duby. — *Oidium leucoconium* Desm.

Le *Sphaerotheca* produit le Blanc du Rosier qui se
montre si souvent dans les jardins couvrant d'un épais
revêtement feutré les jeunes
pousses et les boutons des
fleurs qu'il déforme et empêche de s'épanouir. Il attaque
aussi fréquemment les Pêchers
et étend son feutrage blanc et
pulvérulent sur toute la surface des jeunes fruits dont il
arrête la croissance. Souvent
il détruit ainsi la récolte entière.

Le mycélium du *Sphaero-
theca pannosa* produit en quantité des fructifications d'*Oidium*. Elles ont été décrites

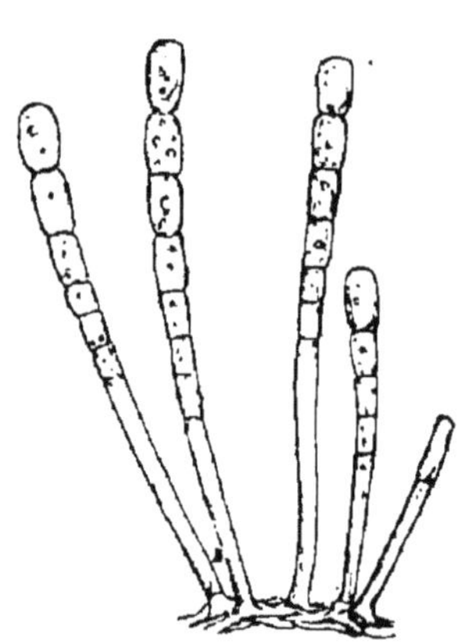

Fig. 215. — *Sphaerotheca
pannosa.*

Oidium leucoconium sur Pêcher.

par Desmazières sous le nom d'*Oidium leucoconium*
(fig. 215). Les conidiophores portent à leur extrémité
une file de spores qui se forment successivement et restent attachées les unes aux autres, parfois au nombre
de 8 à 10.

Plus tard, au milieu du mycélium feutré se forment
des petits périthèces globuleux portant des appendicules
en forme de filaments incolores, sinueux, non ramifiés,
plus courts que le diamètre du périthèce.

A l'intérieur de ce dernier se trouve un seul asque

ovoïde ou presque globuleux, mais un peu rétréci aux deux bouts et qui contient 8 spores elliptiques.

Tous ces Blancs peuvent être aussi utilement combattus que celui que produit sur la Vigne l'*Uncinula spiralis* sous sa forme ordinaire d'*Oidium Tuckeri,* par des traitements faits au moment convenable et répétés autant qu'il est nécessaire, à la fleur de soufre.

Les *Oidium* des diverses Érysiphées et tout particulièrement l'*Oidium leucoconium* du *Sphaerotheca pannosa* et celui du *Sphaerotheca Castagnei,* présentent souvent une altération fort singulière qui a été bien figurée par Tulasne.

Un des articles inférieurs de la chaîne des cellules qui deviennent des spores d'*Oidium* présente un gonflement anormal, qui brunit et se transforme en un conceptacle ovale-oblong ou globuleux, subsessile ou stipité qui est entouré par la membrane cellulaire et se remplit d'une quantité de fines spores cylindriques ou oblongues. C'est une pycnide surmontée d'ordinaire d'une file de spores d'*Oidium* avortées; elle s'ouvre à sa partie supérieure par une sorte de déchirure par où sortent les spores.

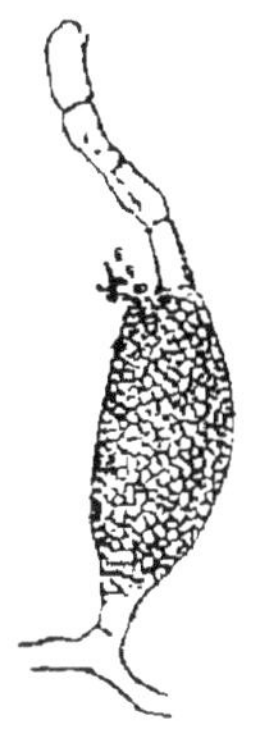

Fig. 216. — *Oidium* du *Sphaerotheca Castagnei* ENVAHI PAR LE *Cicinnobolus Cesatii.*

Tulasne considérait ces pycnides comme une troisième forme d'organe de reproduction des Érysiphées. Cette opinion a été d'abord adoptée et quand on a vu de pareilles pycnides se produire en Europe sur l'*Oidium Tuckeri* pour lequel on ne connaissait pas de périthèces, on a admis qu'elles pouvaient sans doute remplacer les fructifications ascophores.

Les observations de de Bary ont montré que cette manière de voir était erronée. Il a fait voir que ces pycnides sont des fructifications non de l'*Erysiphe*, mais d'un champignon parasite de l'*Erysiphe,* dont les hyphes pénètrent dans les filaments du mycélium et fructifient à l'intérieur des cellules de l'*Oidium* en y formant un conceptacle à paroi mince formée d'une seule couche de cellules comme sont les pycnides du *Fumago.*

Ce parasite des *Oidium* a reçu le nom de *Cicinnobolus Cesatii* (fig. 216).

PÉRISPORIÉES

Les Érysiphées forment parmi les Périsporiacées un groupe bien naturel de champignons essentiellement parasites. On réunit sous le nom de Périsporiées d'autres Périsporiacées pour la plupart saprophytes, parmi lesquelles nous devrons mentionner particulièrement des espèces du genre *Capnodium* qui, étendant sur les feuilles et les tiges de toutes sortes de plantes un mycélium d'un brun foncé, y forment un revêtement noir semblable à de la suie ou à du noir de fumée. Bien que n'étant pas parasites à vrai dire, ils causent néanmoins aux plantes qu'ils couvrent, un assez grand dommage. Mais il y a parmi les Périsporiées de véritables parasites dont le mycélium pénètre à l'intérieur de plantes cultivées et les tue. Tel est un champignon, le *Thielavia basicola*, observé en particulier par M. Zopf sur le Lupin, le Pois et diverses autres plantes.

Thielavia basicola Zopf.

Ce Champignon dont l'organisation fort curieuse a été bien observée par M. Zopf (1) attaque les racines et le

(1) W. Zopf, *Ueber die Wurzelbräune der Lupinese, eine neue Pilzkrankheit. — Zeitschr. für Pflanzen-Krankheiten,* I, p. 72 et ss.

bas de la tige des Légumineuses. C'est particulièrement sur le Lupin que M. Zopf en a suivi le développement.

Les premiers symptômes de la maladie sont le brunissement des parties souterraines du Lupin. Les racines, en même temps qu'elles se colorent en brun noirâtre se désorganisent et prennent la consistance molle des tissus végétaux qui pourrissent; quand on cherche à arracher du sol les plantes attaquées, on les déchire entre la tige et la racine.

Les plantes dont les racines commencent à s'altérer ainsi, prennent un aspect maladif, leur tige est grêle, leurs feuilles petites et jaunâtres; elles fleurissent peu et mûrissent mal leurs graines.

La même maladie des racines a été observée par M. Zopf sur diverses espèces de Lupins, sur le *Trigonella cœrulea, l'Onobrychis cristagalli*, le Pois cultivé, et aussi sur le *Senecio elegans,* dans le Jardin botanique de Berlin. Elle présentait sur toutes ces plantes les mêmes caractères.

Le mycélium du parasite pénètre profondément dans le tissu des racines et de la partie hypocotylée de la tige; ses filaments percent la membrane des cellules de l'écorce, les remplissent de leurs ramifications et les tuent, réduisant ainsi le parenchyme cortical en une masse brunâtre; puis l'altération pénètre plus profondément, gagnant le liber, le cambium et même les rayons médullaires du bois dont les cellules sont envahies et tuées.

Les fructifications du *Thielavia* sont multiples : des formes conidiennes se montrent principalement à la surface de l'écorce, des périthèces se développent dans les couches extérieures du parenchyme cortical.

Les conidies sont de deux sortes, les unes incolores, les autres brunes (fig. 217).

Les conidies incolores sont produites à l'intérieur même de tubes fertiles ou conidiophores (A, B, C). Ceux-ci, un peu plus larges et plus ou moins courbés à leur partie inférieure sont formés de plusieurs cellules :

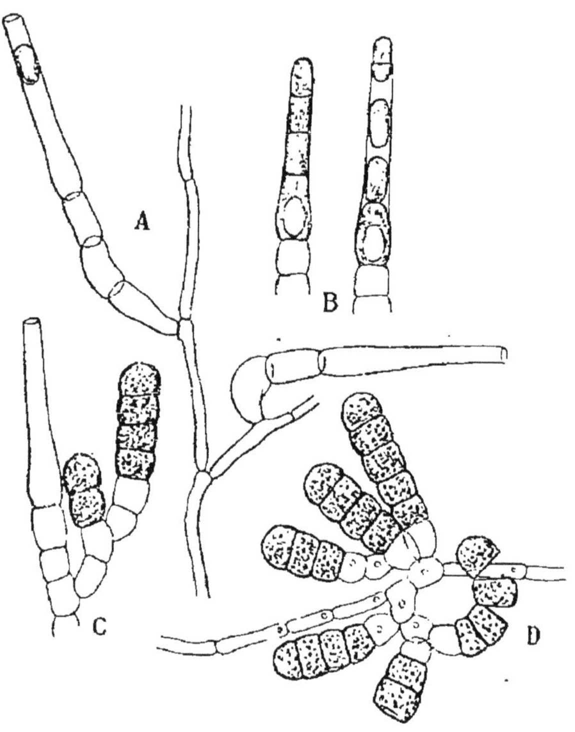

FIG. 217. — *Thielavia basicola.*

A. Rameau portant des tubes fertiles. — B. Tubes fertiles produisant des endoconidies. — C. Rameau portant un tube fertile et des files de chlamydospores. — D. Rameau portant des files de chlamydospores s'égrenant. (D'après M. Zopf.)

celles de la base sont courtes et larges, la dernière est cylindrique. C'est dans l'intérieur de celle-ci que se forment les conidies incolores au nombre de 3 à 5. Elles sont expulsées successivement; elles glissent dans le tube où elles sont nées et sortent par une ouverture qui se produit à son extrémité.

C'est une disposition singulière et peu commune :
on en connaît cependant quelques exemples. C'est en
raison d'un pareil mode de formation des conidies qu'a
été créé le genre *Endoconidium,* forme conidienne du
Stromatinia temulenta (voir page 453).

La seconde forme de fructification conidienne du
Thielavia est fort différente (C. D.) Sur les ramifications
du mycélium se forme un court support composé de
quelques cellules inco-
lores et courtes qui
portent chacune une
file de 3 à 6 conidies
larges et courtes, à pa-
rois épaisses et brunes
qui unies les unes aux
autres rappellent assez
dans leur ensemble l'ap-
parence des téleutos-
pores de *Phragmi-*
dium, mais elles se sé-
parent les unes des au-
tres à maturité et la

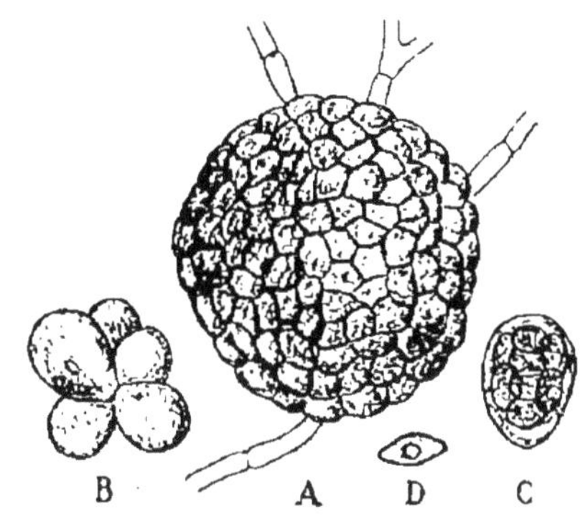

FIG. 218 . — *Thielavia basicola.*

A, Périthèce ; B, Groupe de jeunes asques ; C, Asque
jeune isolé ; D, Spore mûre.

file s'égrène. Ce sont des chlamydospores, les conidies
hivernantes de *Thielavia*. Elles ont été décrites comme
espèces particulières du genre *Helminthosporium* sous
le nom d'*Helminthosporium fragile* Sorokine (1).

Ces chlamydospores se forment en si grand nombre
sur les racines malades, qu'elles couvrent leur surface
d'une couche pulvérulente brune.

Les périthèces qui apparaissent au milieu des téleutospores sont fort petits (fig. 218). Ils ne naissent qu'après
que la production des conidies incolores a cessé et que

(1) *Hedwigia* 1876, p. 113.

les chlamydospores brunes sont déjà fort abondantes. Leur paroi d'abord incolore et mince devient brunâtre et dure : elle est de forme globuleuse et entièrement close (A). A l'intérieur de ces petits fruits se trouvent des asques ovoïdes (B, C) contenant chacun 8 spores brunâtres, en forme de citron (D). Ces ascospores sont mises en liberté seulement par la destruction de la paroi friable du périthèce.

Capnodium.

Fumagine. — Morphée. — Noir.

On voit souvent les feuilles et les jeunes rameaux des arbres et des arbustes les plus divers se couvrir d'une sorte de croûte noire, souvent épaisse, pulvérulente, laineuse ou veloutée que l'on a très naturellement comparée à un dépôt de suie ou de noir de fumée en lui donnant le nom de Fumagine. Très commune dans le midi de la France sur les Oliviers et les Orangers, on l'a aussi appelée la Morphée, dénomination empruntée à l'ancienne médecine qui désignait ainsi une maladie de peau, ou le Noir.

Ce revêtement noir des plantes est tout à fait superficiel; il est formé par le mycélium extrêmement polymorphe de champignons dont les cellules ne pénètrent jamais ni dans l'épiderme ni à travers les stomates dans les tissus sous-jacents. La Fumagine ne se montre cependant que sur les parties vivantes des plantes; elle y vit soit de matières qui sont sécrétées par l'épiderme qu'elle recouvre, soit, et c'est de beaucoup le cas le plus fréquent de la liqueur sucrée que projettent les pucerons et les Kermès. Il est d'observation constante que tous les Oliviers qui se couvrent de noir, ce qui est si fréquent, sont toujours aussi attaqués par les Kermès. Il en est de même des Orangers, de telle façon qu'il est fort difficile d'établir quelle est la part de l'insecte et celle du revêtement noir dans le dommage que l'on attribue d'ordinaire à la Morphée.

Le Saule est fréquemment couvert de Fumagine. C'est sur le Fumagine du Saule qu'ont porté les études les plus complètes qui aient été faites sur ces sortes de champignons qui n'étaient d'abord connus que sous leurs formes végétatives et conidiennes et que l'on désignait sous les noms de *Cladosporium Fumago* Fries et Link, de *Fumago vagans* Persoon ou *Fumago foliorum*, de *Torula*, d'*Antennaria*, etc. Tulasne a montré que la Fumagine du Saule, le *Fumago salicina* Tul., possède en outre de diverses formes de conidies, des fruits conidiens qu'il a décrits comme pycnides et spermogonies et des fruits ascophores ou périthèces qui avaient été déjà observés par Montagne et d'après lesquels il avait établi le nouveau genre *Capnodium;* mais Montagne dans les caractères qu'il en a donnés a certainement confondu les uns avec les autres tous les conceptacles, attribuant aux périthèces des formes que présentent seules les pycnides et les spermogonies.

Cette confusion a toujours régné depuis. Berkeley et Desmazières (1) qui ont étudié particulièrement le genre *Capnodium* et ont cherché à en caractériser un certain nombre d'espèces ont aussi considéré comme périthèces et décrit comme tels des fruits en forme de corne, simples ou rameux qui ne sont que des pycnides.

La plupart du temps, les Fumagines si répandues sur des plantes fort diverses ne portent pas de fruits. Leur mycélium qui forme une croûte noire reste à l'état sté-

______

(1) Berkeley et Desmazières *Moulds refered... to Fumago. — Journ. of the Hort. Soc. of London,* t. IV (1849).

rile ou bien il ne produit qu'une certaine sorte de fruits ; lui-même présente des aspects très variables. Il est donc très difficile de déterminer des espèces distinctes de Fumagine ; tantôt on les a réunies en une espèce unique, le *Fumago vagans* de Persoon ; tantôt on a admis des espèces différentes selon les plantes sur lesquelles elles se développent.

La rareté des échantillons bien fructifiés dans les collections, la variété des formes de fruits que peuvent produire les Fumagines n'ont pas permis jusqu'ici de déterminer sûrement des espèces dont toutes les formes ne sont pas connues. Des observations suivies durant les diverses saisons sur des plantes couvertes de noir présenteraient beaucoup d'intérêt.

Nous prendrons d'abord pour type l'espèce la mieux connue, celle qui produit la Fumagine du Saule.

Capnodium salicinum Mntgn.
Fumagine du Saule.

Syn. : *Fumago salicina* Tul. — *Fumago vagans* Pers., *pro parte.* — *Fumago Persicae* Turpin. — *Cladosporium Fumago* Lk. — *Torula Fumago* Chevalier.

Le revêtement noir formé par les filaments bruns qui constituent le mycélium proprement dit et les cellules de couleur foncée, simples ou multiples, isolées ou réunies en amas qui en proviennent repose sur une sorte de pellicule très fine qui adhère au support vivant comme une couche gommeuse et parfois s'en sépare par fragments quand elle est desséchée et que la surface qu'elle recouvre est lisse.

Cette fine membrane est composée de très petites cellules globuleuses entremêlées parfois de quelques filaments sinueux très déliés, plus ou moins fréquemment cloisonnés. Ces très petites cellules qui n'ont pas plus de 2 à 3 μ de diamètre contiennent une matière d'apparence oléagineuse, pâle; elles ont des parois plus ou moins gélifiées et adhèrent peu les unes aux autres. Elles proviennent de très minces filaments moniliformes, sortes de rhizoïdes naissant des cellules brunes à parois assez épaisses et colorées du mycélium proprement dit qu'elles fixent sur la surface de l'épiderme que couvre la Fumagine. Les éléments gélifiés et dissociés de cette mince couche deviennent peu visibles à la fin de l'été et souvent ils ne sont plus perceptibles sur les échantillons de Fumagine qui portent des fruits. C'est pour cela que son existence a pu être mise en doute par M. Farlow (1) dans son étude sur le Noir de l'Olivier.

Au-dessus de cette couche de petites cellules pâles s'étend le mycélium proprement dit, formé tantôt de filaments bruns, cylindriques, ayant environ de 5 à 8 μ d'épaisseur le plus souvent, mais extrêmement variables, divisés par des cloisons transversales plus ou moins rapprochées, tantôt de chapelets à articles ovoïdes allongés ou presque globuleux et moniliformes. Souvent des articles ovoïdes se divisent par une ou plusieurs cloisons transversales tout en restant liés en file; parfois certains d'entre eux grossissent beaucoup et au cloisonnement transversal s'ajoute un cloisonnement longitudinal qui transforme la cellule primitive en un corps ovoïde cloisonné. Dans ce cas surtout, la file des chapelets s'égrène et les cellules se dissocient. Les cellules isolées se cloisonnant dans tous les sens et se multipliant par gemmation dans toutes les directions forment des pe-

_____

(1) Farlow, *On a disease of Olive and Orange trees occurring in California in the spring and summer of* 1875. *Bulletin of the Bussy Institution,* 1876, p. 413.

lotes ou de petits sclérotes qui atteignent 5o μ et plus de diamètre (fig. 219).

Toutes ces cellules ont des parois assez épaisses, colorées en brun foncé et contiennent des gouttelettes

Fig. 219. — *Capnodium salicinum.*
Touffe de fructifications de diverses sortes.

d'huile à leur intérieur. Leur surface extérieure se gélifie; les filaments dans un milieu humide sont entourés comme d'une gaîne de mucilage qui peut les fixer eux-mêmes directement et sans l'intervention de la couche hyaline à la surface de l'épiderme des feuilles et des jeunes tiges.

Les cellules des filaments, des chapelets et des amas de cellules peuvent propager la Fumagine. Chacune d'elles peut émettre un filament qui se cloisonne, devient un chapelet de cellules et reproduit toutes ces formes variées de mycélium. On a bien pu considérer ces cellules isolées comme des conidies ; quand il se présente sous forme de chapelet, le champignon de la Fumagine a été décrit comme *Torula* ou comme *Antennaria;* sous forme de pelotes de cellules il a été rapporté à l'ancien genre *Coniothecium*. Entre les cellules isolées et divisées seulement par une cloison transversale et les amas de cellules de la forme *Coniothecium*, on trouve tous les passages imaginables.

En certaines places, on voit les cellules amassées en pelottes ou en masses de stroma émettre des filaments qui, au lieu de ramper à la surface de l'épiderme, se dressent en forme de poils minces, raides et à peu près cylindriques et portent à leur extrémité une cellule ovoïde d'abord simple, puis cloisonnée transversalement, qui se détache très facilement, tombe à la surface de la couche de Fumagine et ne peut plus être distinguée des cellules isolées provenant des filaments rampants. Ces filaments dressés terminés par une conidie simple ou cloisonnée se rapportent à la forme *Cladosporium*. On a décrit comme espèce spéciale le *Cladosporium Fumago*.

En outre les filaments du *Capnodium salicinum* produisent parfois (fig. 219 à gauche et fig. 220) des groupes étoilés de cellules qui peuvent être rapportées au genre *Triposporium*. A l'extrémité de quelques cellules formant pédicelles se trouve une cellule terminale un peu renflée portant le plus souvent 3 cellules courtes arrondies qui se prolongent chacune en une autre cellule pointue de façon à former une sorte d'étoile à 3 branches qui se détache et germe, chacune des branches s'allongeant en un tube qui devient un filament mycélien.

Cette forme *Triposporium* n'est pas très commune dans le *Capnodium salicinium*. Tulasne ne l'a pas observée; elle est beaucoup plus fréquente, plus grande, plus visible dans le Noir de l'Oranger qui est certainement différent de la Fumagine du Saule. M. Frank l'a observée sur le noir du Tilleul qu'il rapporte au *Capnodium Tiliae* (Fuckel) Sacc. ou au *Capnodium Persooni* Berk et Desm. J'ai observé aussi des formes semblables dans le *Capnodium elongatum*. Les *Triposporium* doivent donc être considérées comme des formes conidiennes des Fumagines.

Fig. 220. — *Capnodium salicinium*, CONIDIES DE LA FORME *Triposporium*.

Grâce à toutes ces sortes de conidies la Fumagine du Saule peut se reproduire et se multiplier sans former aucune espèce de fruit; parfois, cependant elle présente aussi des conceptacles de diverses sortes qui ont été très bien décrits et figurés par Tulasne (1), sous les désignations de pycnides, de spermogonies et de périthèces et comme un même échantillon peut contenir à la fois toutes ces formes il n'est pas douteux qu'elles appartiennent bien toutes à une seule et même espèce.

Les pycnides et les spermogonies sont tout à fait semblables; elles ne diffèrent que par la forme des spores qu'elles contiennent, brunes, septées et assez grosses dans les premières, très petites, hyalines et bacillaires dans les secondes. Ces deux sortes de fruits sont extrêmement allongées en forme de cornes, irrégulièrement cylindriques,

____

(1) *Selecta fungorum Carpologia,* t. 1, p. 279 et ss. Tab. XXXIV.

un peu amincies au sommet, parfois un peu renflées en fuseau vers le milieu ou près de la partie inférieure ou bien assez épaissies à la base pour pouvoir être décrites comme coniques. Ces conceptacles sont entièrement fermés jusqu'au moment de la maturité; ils s'ouvrent alors pour permettre l'émission des spores qui se forment à leur intérieur. La paroi de ces conceptacles colorée en brun assez foncé est formée de cellules allongées surtout dans les parties minces : elles sont plus courtes dans les parties plus renflées.

Les conceptacles à spores hyalines et bacillaires s'ouvrent par décollement des cellules en un tube nettement coupé. Ceux qui contiennent des spores brunes oblongues et triseptées laissent sortir au delà du tube formé par la couche externe de la paroi, les cellules décollées et un peu gélifiées de la couche interne qui forment autour de l'orifice du conceptacle une couronne de dents pointues incolores.

Parfois ces conceptacles sont bifurqués et peuvent émettre par un côté des spores hyalines et bacillaires et par l'autre des spores brunes et septées.

Souvent elles portent à leur surface quelques filaments semblables à ceux du mycélium.

Entremêlés à ces conceptacles qui sont des fruits conidiens on trouve çà et là de véritables périthèces contenant des asques. Montagne les a observés le premier mais il ne les a pas nettement distingués des conceptacles en corne et a confondu les caractères des uns et des autres dans la description qu'il a donnée du genre *Capnodium*.

Les véritables périthèces du *Capnodium salicinum* sont plus gros et plus courts que les pycnides : ils ont une forme presque cylindrique; mais loin d'être comme elles un peu effilées au sommet, ils sont au contraire plus épais et renflés en massue par leur partie supérieure

qui contient la cavité où sont renfermés les asques.
(fig. 221 A). On peut les considérer comme des périthèces
globuleux portés par un support cylindrique. Ils sont
clos et s’ouvrent par déchirement de la paroi. A leur
intérieur se trouvent des asques ovoïdes, claviformes,
larges, hyalins, déliquescents, contenant 6 à 8 spores
brunes divisées par 3 cloisons en compartiments dont
l’un, situé dans le milieu de la spore, est le plus souvent partagé par une cloison longitudinale (fig. 221 B).

Les fruits ascophores mûrissent en petit nombre à la fin d’octobre et en novembre, la plupart seulement dans le cours de l’hiver et au printemps; on les trouve principalement sur les rameaux que le *Capnodium* recouvre de son épais revêtement noir.

Ces fruits, pycnides en corne et périthèces en massue, ne se rencontrant qu’assez rarement sur les plantes couvertes de

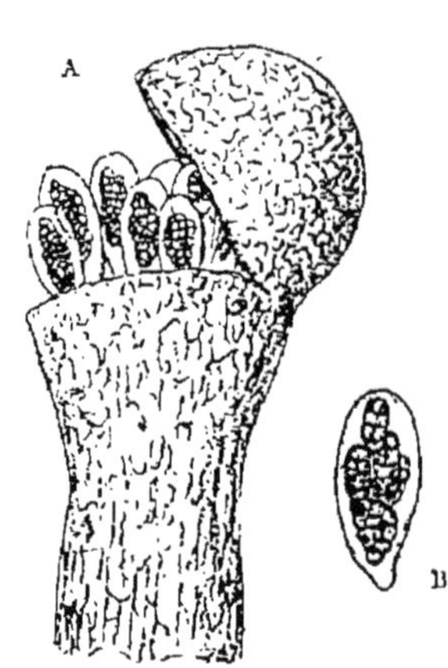

FIG. 221. — *Capnodium salicinum.*

A, Périthèce ouvert contenant les asques. — B, Asque renfermant les spores, plus grossi.

Fumagine et, d’autre part, les caractères que présente le mycélium étant extrêmement variables, ce n’est qu’hypothétiquement que l’on a rapporté au *Capnodium salicinum* la plupart des Fumagines que l’on voit se développer sur des plantes autres que le Saule : Mûrier, Figuier, Vigne, Houblon, etc. La question restera indécise tant que l’on n’aura pas observé les diverses formes de fructification des Fumagines sur chaque espèce de plante.

Capnodium elæophilum.

Noir de l'Olivier.

Syn : *Antennaria elaeophila* Montg. — *Torula Oleae* Castagne.
— *Fumago salicina* Tul. *pro parte.*

Ce n'est pas sans beaucoup d'hésitation et même sans
conserver quelque doute que je me décide à indiquer ici
comme espèce spéciale le Noir de l'Olivier qu'avec Tulasne, M. Farlow et M. Roze (1), ont considéré comme
ne différant pas du *Capnodium salicinum.*

Montagne (2) en 1849, décrivait le Noir de l'Olivier
sous le nom d'*Antennaria elaeophila* comme présentant
au milieu d'un mycélium de couleur très foncée, composé
de filaments entremêlés formés d'articles le plus souvent
oblongs et en chapelet, surtout vers les extrémités, de
petits conceptacles ovoïdes à spores hyalines, oblongues
et ovoïdes. De tels conceptacles n'ont jamais été observés sur le *Capnodium salicinum.*

Le mycélium de la Fumagine de l'Olivier, bien que
présentant peut-être d'une façon plus marquée et plus
générale que celui du *Capnodium salicinum* l'aspect
moniliforme, n'en saurait être nettement distingué ; il
présente de même et en quantité des masses agglomérées
de cellules de la forme *Coniothecium* (fig. 222).

Les conceptacles signalés par Montagne sont globuleux ou ovoïdes ; leur diamètre est d'environ 4 à 5 centièmes de millimètre. Ils laissent échapper de fines
spores hyalines, ovoïdes, ayant environ 4 μ de long sur
2 μ de large.

(1) Roze *Contribution à l'étude de la Fumagine. Bull. soc. botan.*, séance
du 25 janvier 1867, t. XIV.

(2) Montagne, *Plantes cell. Ann. des Sc. Nat. Bot.*, série III, t. XII, 1849,
p. 304.

Ces conceptacles ont été observés et figurés par M. Farlow dans son Étude sur la Fumagine de l'Olivier et de l'Oranger ; mais il a pensé que dans un groupe

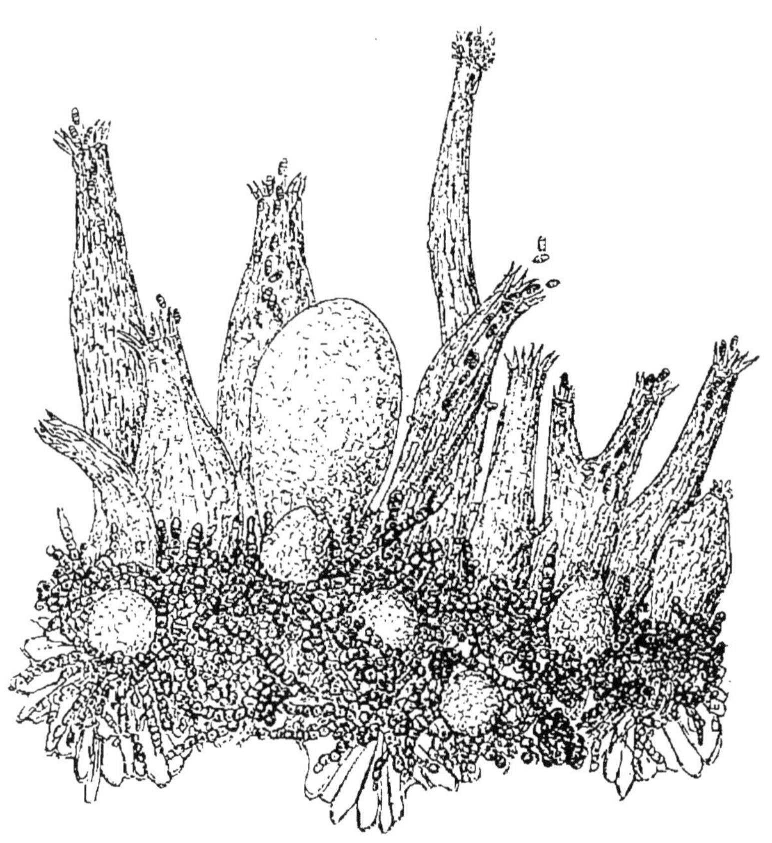

Fig. 222. — *Capnodium elacophilum.*
Touffe présentant des fructifications de diverses sortes.

de champignons, où toutes les formes sont si variables, il n'y a pas de raison suffisante pour les distinguer des spermogonies allongées, linéaires ou en forme de corne du *Capnodium salicinum.*

Il a observé d'autres conceptacles allongés qu'il considère comme identiques aux pycnides contenant des spores brunes, oblongues et cloisonnées qui ont été figurées par Tulasne pour le *Capnodium salicinum*.

Ces conceptacles allongés à spores brunes et triseptées sont souvent aussi communs que les petits conceptacles globuleux; je les ai vus sur un échantillon authentique de l'*Antennaria elaeophila* de Montagne dans l'Herbier du Muséum de Paris. Ils sont fort variables de longueur et de largeur; il m'a paru cependant que le plus souvent ils sont moins allongés, plus épais et plus renflés à la partie inférieure que les pycnides de la Fumagine du Saule. Les spores brunes et triseptées qu'ils émettent ont la même forme oblongue et à bien peu près la même taille; cependant elles m'ont paru en général un peu plus grandes. Tandis que je trouvais pour les pycnospores du *Capnodium salicinum* de 10 à 12 μ de long sur 4 μ de large, celles de la Fumagine de l'Olivier mesuraient de 12 à 13 μ de long sur 5 à 6 μ de large. C'est une bien faible différence et à laquelle on ne peut guère attribuer de valeur.

En outre de ces conceptacles, les seuls qui aient été observés jusqu'ici à ma connaissance pour le Noir de l'Olivier, j'ai vu d'autres fruits allongés, linéaires, fort semblables aux spermogonies du *Capnodium salicinum* et émettant des spores hyalines, oblongues, bacillaires, plus allongées et plus minces que celles des conceptacles globuleux et mesurant de 6 à 8 μ sur 1 à 1,5 μ. Bien qu'assez semblables aux spermaties du *Capnodium salicinum*, elles sont un peu plus grosses, car ces dernières ne m'ont pas paru dépasser 4 μ sur moins de 1/2 μ. J'ai observé aussi quelques périthèces ovoïdesclaviformes, lisses et ressemblant tout à fait extérieurement à ceux du *Capnodium salicinum*, mais ils n'étaient pas mûrs.

Le Noir de l'Olivier présente donc les formes de fructification décrites et figurées par Tulasne pour le *Capnodium salicinum* et, à part quelques très légères différences, elles semblent à peu près identiques; mais il produit en outre des conceptacles globuleux qui paraissent manquer à la Fumagine du Saule.

Le Noir de l'Olivier, très répandu dans le midi de la France et en Algérie, est considéré par les agriculteurs comme causant de très graves dommages; il est certain que les Oliviers couverts de Morphée sont languissants et ne portent pas de récolte; mais on peut constater que tous les arbres sur lesquels cette maladie se développe sont couverts aussi de Kermès et il n'est pas douteux que la plus grande partie des dégâts attribués à l'action de la Fumagine sont en réalité causés par les piqûres de Kermès. Quand un hiver rigoureux tue en Provence les Kermès, il fait par suite disparaître la Fumagine, qui n'est cependant pas tuée par le froid, mais qui manque de l'aliment qu'elle trouvait dans le liquide sucré sécrété par les insectes.

Les remèdes directs que l'on a employés pour débarrasser les Oliviers de la Morphée n'ont donné que des résultats peu satisfaisants. Comme la moindre parcelle du revêtement noir qui couvre les arbres peut servir à reproduire la Fumagine sur les feuilles quand elles sont couvertes de liquide sucré, il faudrait avant tout détruire les Kermès qui le produisent, ce qui dans la pratique est fort difficile.

En Algérie, on a pratiqué avec succès cependant l'émondage énergique des Oliviers couverts de Kermès et de Noir. Les jeunes pousses se développent régulièrement et portent fruit. La taille suivie d'un traitement insecticide peut ainsi être employée dans certains cas d'une manière avantageuse contre la Fumagine.

Capnodium Citri Penzig.
Noir de l'Oranger.

Syn. : *Meliola Citri* Sacc. — *Meliola Penzigi* Sacc. — *Meliola Camelliae* Sacc. — *Fumago Camelliae* Cattaneo. — *Morphea Hespiridi* Roze.

M. Farlow, qui a étudié comparativement le Noir de l'Olivier et celui du Citronnier, les a considérés comme identiques. Je crois qu'en réalité le Noir de l'Olivier peut bien envahir aussi l'Oranger, mais ce dernier arbre peut être aussi couvert par une autre Fumagine rapportée au genre *Meliola*, parce que ses périthèces sont globuleux. Il me semble beaucoup plus naturel de la rattacher au genre *Capnodium*, dont les caractères doivent être revisés, car les périthèces allongés, pointus en forme de corne qu'on lui attribue depuis Montagne ne sont pas de véritables périthèces. Les asques, dans les espèces où on a observé des périthèces sont courts, renflés et arrondis au sommet, comme ceux du *Capnodium salicinum*. Dans le Noir de l'Oranger ils sont tout à fait globuleux.

Le *Capnodium Citri* présente des formes de fructification aussi variées que le *Capnodium salicinum* (fig. 223).

Son mycélium forme un feutrage fort épais qui recouvre les feuilles, les jeunes rameaux et même les fruits. Il est composé de gros filaments noirs, formés de cellules ordinairement cylindriques mais aussi parfois globuleuses et disposées en chapelet s'entrecroisant et se dressant au dessus d'un revêtement de filaments plus minces, plus pâles qui forment une mince pellicule appliquée sur l'épiderme de l'Oranger. On voit par places des amas de cellules agglomérées en petits corps arrondis de couleur foncée semblables à ceux de la forme *Coniothecium* du

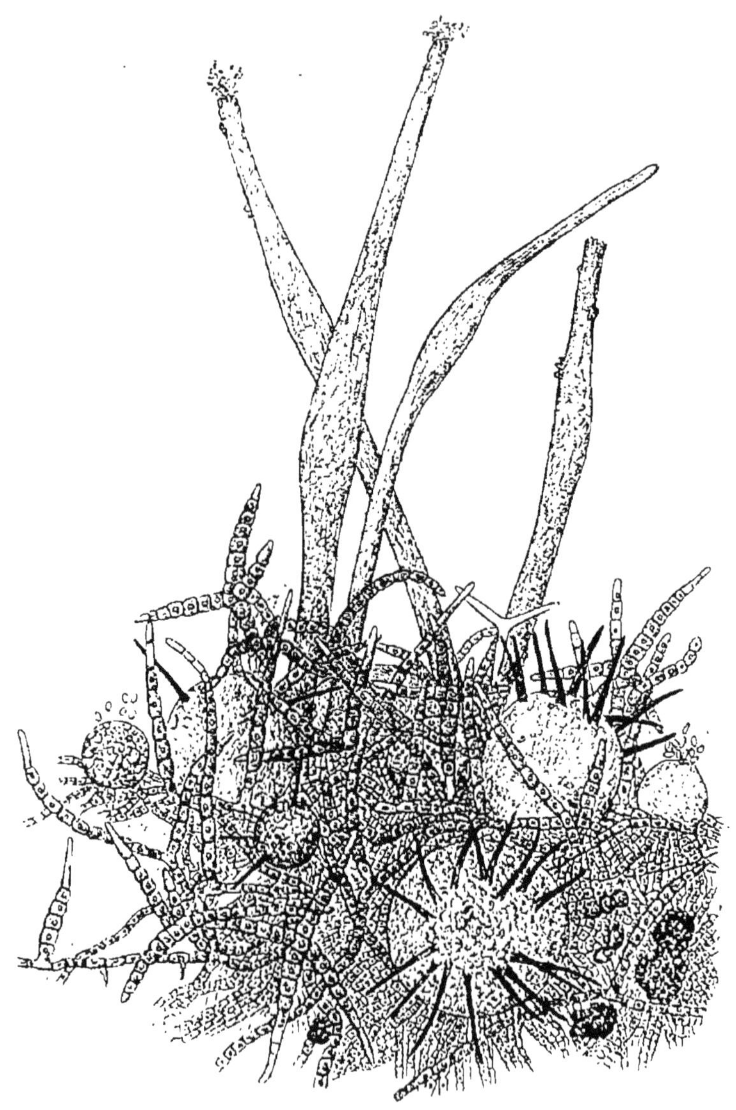

FIG. 223. — *Capnodium Citri.*
Touffe présentant des fructifications de diverses sortes.

Capnodium salicinum. Les ramifications en étoiles à 3 ou 4 branches de la forme *Triposporium* sont nombreuses et très grandes; on les voit fréquemment détachées de leur support et germant en produisant de toutes leurs cellules de petits tubes ayant l'aspect de rhizoïdes.

Les fruits sont de plusieurs sortes. On en trouve souvent de très allongés, hauts d'environ 1/2 millimètre, s'élevant perpendiculairement de masses de cellules formant un stroma, dans lequel leur base est implantée. Ils sont très minces et effilés à la partie inférieure et au sommet et plus ou moins renflés en fuseau vers leur partie médiane. Ils émettent de très petites spores hyalines bacillaires : ce sont des spermogonies.

D'autres fruits sont globuleux; les uns gros, les autres beaucoup plus petits et tantôt lisses, tantôt portant un plus ou moins grand nombre de longs piquants très noirs. A côté de conceptacles lisses, on en trouve qui portent un ou deux piquants et d'autres qui en ont une quinzaine disposés en une ou deux rangées circulaires irrégulières sur leur partie supérieure. J'ai vu de si nombreux passages entre les conceptacles lisses et les conceptacles munis de piquants que je ne puis admettre la séparation de la Fumagine de l'Oranger en deux espèces d'après ce caractère.

Les gros conceptacles globuleux lisses ou couverts de piquants sont des périthèces; ils contiennent des asques oblongs-claviformes dont la paroi se gélifie et qui contiennent chacun 8 spores distribuées irrégulièrement en deux amas (fig. 224 A). Ces spores d'un brun jaunâtre sont elliptiques-claviformes; elles sont divisées transversalement par 5, plus rarement 6 cloisons (fig. 224 B). Leur taille est d'environ 20 μ de long sur 5 à 6 de large. D'autres conceptacles également globuleux et les uns lisses, les autres portant des piquants en plus ou moins grand nombre, mais de plus petite taille que les périthèces sont des pycnides. Tandis que le diamètre des périthèces est de 12 à 15 centièmes de millimètres, celui des pycnides est seulement de 5. Ces pycnides contiennent des pycnospores ovoïdes, ayant environ 5 à 6 μ de long sur 3 à 4 μ de large.

M. Roze avait proposé de donner à ces Fumagines à périthèces globuleux le nom de *Morphea* et il en distinguait deux espèces sur l'Oranger et le Citronnier, le *Morphea Citri*, à périthèces lisses et le *Morphea Hesperidi* à périthèces portant des piquants (1). Depuis, M. Cattaneo (2) a décrit et clairement figuré sous le nom de *Fumago Camelliae*, cette dernière espèce qu'il a cru devoir aussi séparer du *Fumago Citri* à cause des piquants que portent ses périthèces. Il m'a paru que ce caractère était trop variable pour justifier la distinction de ces deux espèces.

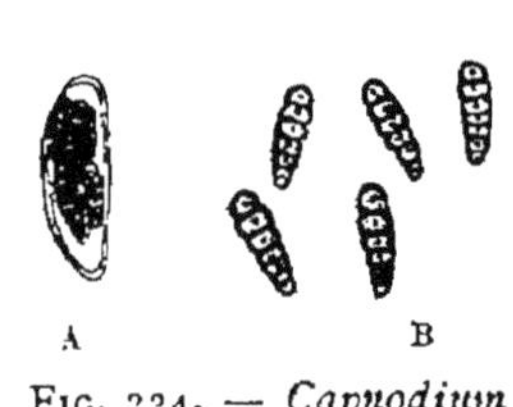

FIG. 224. — *Capnodium Citri.*

A, Asque contenant des spores.
B, Spores plus grossies.

Il me paraît du reste à peu près certain que l'Oranger porte plusieurs des espèces de Fumagines et que celle de l'Olivier se développe parfois sur lui, mais les différences qu'il peut y avoir entre le mycélium des deux espèces ne sont pas assez nettes pour que l'on puisse être sûr d'éviter de les confondre quand les Fumagines sont à l'état stérile.

A part deux espèces de Fumagines qui vivent l'une

<hr>

(1) Roze, *Contribution à l'étude de la Fumagine.* Bull. de la soc. botan. séance du 25 janvier 1867 (t. XIV.)

(2) Cattaneo, *Sui Microfite che producono la malattia delle piante volgarmente conosciuta col nome di Nero, Fumagine o Morfea.* (Archivio del laboratorio di botanica crittogamica presso la R. Università di Pavia, vol. II et III, 1879 p. 228 et ss.

sur la Bruyère (*Capnodium ericophilum*), l'autre sur les Cistes (*Capnodium cistophilum*) et dont il n'y a pas lieu de parler ici, les périthèces des autres espèces n'ont pas été observés. Je crois que l'on peut néanmoins considérer comme une espèce de *Capnodium* différente du *Capnodium salicinum* la Fumagine du Noisetier et du Chêne.

Capnodium elongatum Berk. et Desm.
Fumagine du Noisetier et du Chêne.

Polychaeton Avellanae Pers. — *Polychaeton quercinum* Pers.

La Fumagine du Chêne recouvre les feuilles et les jeunes branches de cet arbre d'un revêtement velouté fort épais. Le mycélium qui s'étend sur l'épiderme ne présente pas de particularité qui puisse faire distinguer cette Fumagine de celle du Saule, mais il porte des conceptacles d'une forme et d'une taille très différentes. Ces conceptacles, qui ne sont pas des périthèces comme on l'avait supposé à tort, sont allongés, cylindriques et atténués au sommet en un bec filiforme; ils viennent en touffes, sont souvent très ramifiés et portent latéralement de nombreuses petites branches (fig. 225 A).

Le bec filiforme qui termine les rameaux de ces conceptacles laisse échapper par son extrémité de fines spores bacillaires (fig. 225 C). Ils sont donc analogues aux spermogonies du *Capnodium salicinum;* mais ils en diffèrent beaucoup non seulement par leur forme, mais par leur taille. Tandis que les spermogonies du *Capnodium salicinum* ont 3 dixièmes de millimètre de hauteur celle du *Capnodium quercinum* en ont de 14 à 15 (cf. fig. 225 A et B).

C'est la seule forme connue de fructifications de la Fumagine du Chêne. On l'a décrite à tort comme périthèce.

Fig. 225. — *Capnodium quercinum.*

A, Aspect d'une touffe de conceptacles (spermogonies) de *Capnodium quercinum*. — B, Conceptacle de même nature du *Capnodium salicinum* au même grossissement. — C, Extrémité d'un des conceptacles figurés en A, plus grossie émettant de très fines spores hyalines (spormaties).

Il me semble bien difficile de distinguer la Fumagine
du Chêne de celle du Noisetier, le *Polychaeton Avellanae*
Pers. le *Capnodium elongatum* de Berk et Desm. L'un
et l'autre ont des spermogonies cylindriques rameuses
et atténuées au sommet en un col effilé. Mais tous les
conceptacles qui naissent en touffes ne sont pas ainsi
effilés, il y en a qui sont arrondis au sommet; ceux-là sont

FIG. 226. — *Capnodium elongatum.*
Aspect d'une touffe de conceptacles (spermogonies et pycnides).

non des spermogonies, mais des pycnides qui émettent
des spores brunes oblongues et triseptées fort semblables
à celles du *Capnodium salicinum* (fig. 226 et 227). Le
Noir du Noisetier présente ordinairement en quantité
des filaments dressés de *Cladosporium* et des amas de
cellules de la forme *Coniothecium.* J'y ai observé aussi
la forme *Triposporium.*

Le Noir du Tilleul a été rapporté à un *Capnodium
Persooni* et au *Capnodium Tiliae.* Toutes ces espèces
sont fort mal connues; elles ont des conceptacles allongés

qui ont été à tort considérés comme des périthèces. M. Frank a observé sur le Noir du Tilleul la forme *Triposporium* (1); selon Fuckel, le Noir du Tilleul pro-

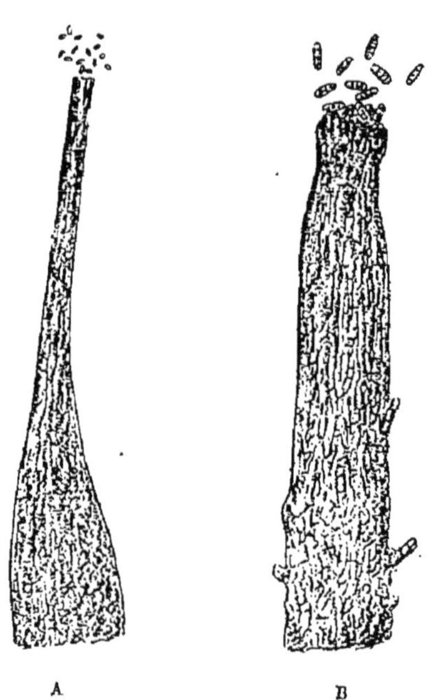

FIG. 227. — *Capnodium elongatum.*

A, Extrémité très grossie d'une spermogonie. — B, Extrémité d'une pycnide émettant des spores brunes, triseptées, au même grossissement.

duit en hiver sur les rameaux tombés des périthèces contenant des asques à 16 spores.

Toutes ces espèces de Fumagine sont très imparfaitement connues et il serait très intéressant d'observer la série des formes de fructifications qu'elles peuvent produire.

(1) *Die Krankheit. d. Pflanzen*, 2ᵉ éd., p. 276.

CHAPITRE IX

PYRÉNOMYCÈTES

Les Pyrénomycètes ont des périthèces petits, peu visibles, ordinairement globuleux ou en forme de bouteille que l'on a comparés à de petites noix. Ce sont de petits fruits creux, dont la paroi est formée de pseudoparenchyme et qui contiennent à leur intérieur les asques souvent entremêlés de paraphyses naissant du fond et du pourtour de la cavité. Ces périthèces diffèrent de ceux des Périsporiacées en ce qu'ils ont au sommet une ouverture, un pore par lequel les spores sont expulsées sans déchirement de la paroi du fruit. Souvent le périthèce globuleux est surmonté d'une pointe saillante ou d'un bec creux plus ou moins long qui est une sorte de tube à l'extrémité duquel est l'ouverture par où sortent les spores. Les asques ordinairement en forme de massue se gonflent et s'allongent considérablement en absorbant de l'eau quand le temps est humide. Souvent ils s'engagent les uns après les autres dans le canal dont l'extrémité est ouverte et de là lancent leurs spores; puis, aussitôt qu'ils se sont vidés, ils se contractent, se raccourcissent et laissent la place à d'autres. D'autres fois ils se gélifient complètement à l'intérieur des périthèces qu'ils remplissent d'une masse gélatineuse dans laquelle sont enfoncées les spores.

Les périthèces sont souvent portés isolément sur le mycélium des champignons; on dit dans ce cas qu'ils ont des fruits simples. Dans certains genres il en est autrement, les périthèces se forment les uns près des autres, réunis d'une façon plus ou moins intime par un stroma qui tantôt constitue seulement une épaisse croûte, tantôt se gonfle en coussinet ou en une masse globuleuse, tantôt constitue un corps plus ou moins renflé au sommet et rétréci à la partie inférieure, de façon que la masse de pseudoparenchyme dans laquelle sont enfoncés les périthèces est supporté par un pied en forme de colonne. Dans ces cas divers on dit que ces Pyrénomycètes ont des fruits composés.

En outre des fruits à asques, les Pyrénomycètes ont souvent des fructifications accessoires, conidies portées par des filaments fertiles de mycélium ou naissant à la surface de masses saillantes de pseudoparenchyme, comme on le voit chez les *Nectria*, ou enfermées dans des fruits fort semblables souvent aux fruits ascophores et qui sont des pycnides, bien que souvent dans les descriptions on les désigne encore à cause de leur apparence extérieure du nom de périthèces.

Le nombre d'espèces dans lesquelles on connaît toute cette série de formes de fructifications qui se succèdent, les conidies apparaissant les premières, les fruits ascophores les derniers, est encore relativement fort restreint. Il est une très grande quantité de Champignons, au contraire, que l'on peut supposer par analogie être des Pyrénomycètes, mais dont on n'a pas observé la forme à asques qui peut seule les caractériser. Ce n'est que par hypothèse qu'on les considère comme des Pyrénomycètes incomplets et on décrit les formes conidiennes comme *Hyphomycètes*, les formes à pycnides comme *Sphaerioïdées* ou *Mélanconiées*.

Un très grand nombre de Pyrénomycètes vivent en parasites sur les plantes, y produisent des maladies, causent leur mort et continuent ensuite de vivre sur les organes qu'ils ont tués jusqu'à ce qu'ils y fructifient.

On peut diviser les Pyrénomycètes en trois groupes :

1° Les Hypocréacées dont les périthèces, charnus et non durs, sont de couleur vive et claire. Souvent ils sont unis par un stroma de façon à constituer un fruit composé.

2° Les Sphaeriacées qui ont des périthèces durs et de couleur foncée ou noire. Ils sont souvent entourés d'un stroma, mais ils sont toujours très nettement limités et séparés du tissu qui les enveloppe.

3° Les Dothidéacées, sortes de Sphaeriacées dont les périthèces se confondent avec le stroma qui les entoure et ne sont que des cavités sans parois propres, creusées dans le tissu du stroma.

HYPOCRÉACÉES

Plusieurs Hypocréacées produisent de graves altérations de végétaux cultivés et sont la cause de maladies redoutées des horticulteurs et des agriculteurs.

Beaucoup de ces champignons forment à la surface des tissus dans lesquels s'étend leur mycélium des masses de stroma sur lesquelles ou dans lesquelles s'organisent leurs périthèces : mais il en est chez qui les périthèces comme les autres formes de fructification se forment directement sur le mycélium filamenteux.

Tels sont, par exemple, les *Hypomyces,* champignons parasites d'autres champignons. Une espèce qui se développe dans les caves où on cultive en grand le Champignon de couche autour de Paris y a causé des ravages considérables.

Hypomyces. Mycogone.
Maladie des Champignons de couche.

Les champignons, Agarics, Bolets, Morilles, Pezizes, etc. peuvent être envahis par des champignons parasites qui portent des fructifications de diverses sortes et ont par suite reçu des noms différents, selon qu'ils produisent des petites conidies, des chlamydospores ou des périthèces. Sous leur forme parfaite, quand ils produisent des périthèces, ils ont reçu le nom de *Hypomyces*. Ces périthèces sont de petits corps de couleur jaunâtre, globuleux, prolongés au sommet en un bec court et droit, à parois minces et presque charnues et qui contiennent à leur intérieur des asques non entremêlées de paraphyses (fig. 228).

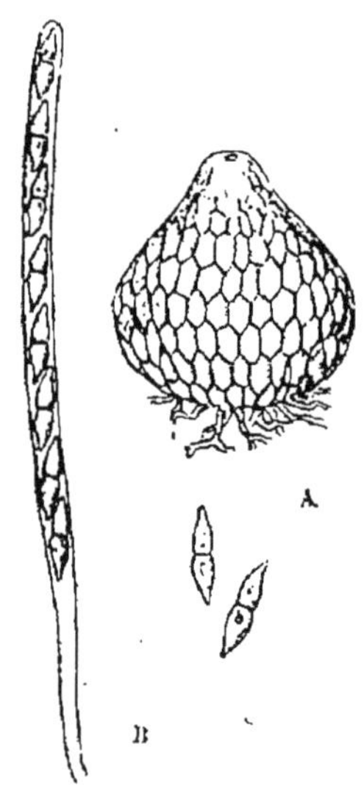

FIG. 228. — *Hypomyces ochraceus.*

A, Périthèce. — B, Asque contenant 8 spores. — C, Spores isolées (d'après M. Cooke).

Les *Hypomyces* peuvent produire non seulement des conidies très petites, très nombreuses, incolores, simples ou septées, mais aussi de grosses spores durables diversement colorées, à parois épaisses et souvent couvertes de saillies qui naissent soit à l'extrémité, soit sur le trajet d'un filament de mycélium et que l'on désigne sous le nom de *chlamydospores.*

Pour plusieurs espèces d'*Hypomyces*, on ne connaît que les formes accessoires de fructification, petites conidies ou chlamydospores. Mais, bien que la forme parfaite à périthèces n'ait pas encore été observée, on n'hésite pas cependant à rapporter les parasites de Champignon au genre *Hypomyces*.

C'est ce qui a lieu pour le parasite qui produit une maladie assez commune des Champignons de couche, maladie qui a causé dans les environs de Paris en particulier des pertes considérables.

Hypomyces perniciosus Magnus. — Mycogone perniciosa.
Maladie de la Mole.

Dans les galeries infectées des carrières de pierre calcaire où on construit les couches, on voit beaucoup de Champignons grossir d'une façon tout à fait irrégulière. Ils se gonflent, se boursouflent et se déforment au point de n'être plus que des masses irrégulièrement arrondies qui peuvent atteindre une taille relativement énorme. Dans bien des cas, on n'y distingue plus rien d'un chapeau porté par un pied (fig. 229).

Ces masses monstrueuses, couvertes par places d'une moisissure blanche, pourrissent aisément; elles ne peuvent être d'aucun usage; on les dit même vénéneuses. Les cultivateurs de champignons des environs de Paris les désignent sous le nom *moles*.

C'est à la pénétration du mycélium d'un parasite qu'on doit attribuer la production de ces moles; ce mycélium en se développant dans les tissus du Champignon de couche en voie de croissance en excite irrégulièrement le développement et l'altère profondément.

Le velouté pulvérulent, blanc puis roux, qui couvre

les moles est formé de filaments chargés de fructifications de deux sortes, fort différentes les unes des autres, bien qu'appartenant également au parasite.

Tantôt les filaments fructifères qui se dressent à la surface des moles portent à différentes hauteurs des verticilles de branches terminées chacune par une petite conidie incolore, oblongue-cylindrique, plus ou moins allongée et quelquefois divisée en deux par une cloison transversale : c'est la forme *Verticillium*. Tantôt ils se

Fig. 229. — Champignons de couche déformés par la maladie de la Mole.

chargent de grosses spores globuleuses, à parois épaisses et échinulées, d'environ 23 à 24 μ, portées chacune au sommet d'une vésicule produite par l'extrémité renflée en boule de leur support (fig. 230). Ces spores restent toujours adhérentes à la boule transparente qui les porte et elles se détachent ensemble d'une seule pièce de l'extrémité du filament au moment de la maturité, (fig. 230, C), ce sont des chlamydospores. Sous cette forme le champignon peut être rapporté au genre *Mycogone*, mais c'est bien le même qui porte des fines fructifications de *Verticillium*. On peut trouver tantôt l'une tantôt l'autre forme particulièrement développée, mais on peut aussi rencontrer les deux sortes de fructifications, conidies et chlamydospores, réunies sur un même filament comme on le voit sur la fig. 230 B, où un filament, chargé à sa partie inférieure de fructifications de *Mycogone*, porte des rameaux de *Verticillium* et est terminé par une chlamydospore de *Mycogone*.

Ce *Mycogone* parasite des Champignons de couche est voisin du *Mycogone rosea*, mais en diffère par sa couleur, non pas rose mais seulement fauve pâle. Peut-être ne diffère-t-il pas du *Mycogone alba* Pers. (1). M. Magnus (2) l'a regardé comme une espèce nouvelle et l'a appelé *Mycogone perniciosa*, forme à chlamydospores de l'*Hypomyces perniciosus*, dont l'existence est néanmoins hypothétique, car la forme *Hypomyces* à périthèces, n'a pas encore été observée.

Auprès de Vienne (Autriche), M. Stapf (3) a observé une maladie analogue, sinon identique, des Champignons cultivés. Il l'a attribuée à

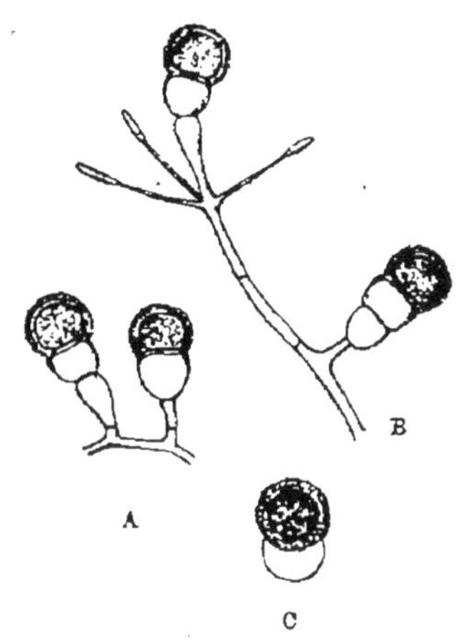

Fig. 230. — Formes conidiennes de l'*Hypomyces perniciosus*.

A, Rameau portant 4 spores de *Mycogone perniciosa*. — B, Rameau portant à la fois des spores de la forme *Mycogone* et des conidies de *Verticillium*. — C. Spore de *Mycogone* détachée de son support.

l'*Hypomyces ochraceus* Pers.; mais il n'a jamais observé que la forme *Verticillium*, qu'il a identifiée au *Verticillium agaricinum* Corda et des sclérotes semblables à

(1) Prillieux, *Sur une maladie des Champignons de couche. Bull. de la Société mycologique*, séance du 11 février 1892 et Société botanique séance du 11 mars 1892.

(2) Magnus, *Einige Beobachtungen über pilzige Feinde der Champignon-culturen. Botanisches Centralblatt*, 1888, n° 26.

(3) *Bulletin de la Soc. d'horticulture de France* n° de mai (*Verhandl. d k. k. zool. bot. Gesellsch. in. Wien*, 1889).

ceux qui ont été décrits pour l'*Hypomyces ochraceus* par Tulasne.

Les champignons envahis par ce *Verticillium* languissaient, leur croissance se ralentissait beaucoup ou s'arrêtait, au point qu'on les voyait rarement atteindre plus de 3 centimètres de hauteur. Cette description répond mal à celle des moles des environs de Paris. Il est probable qu'il s'agit de deux maladies différentes produites par des champignons de même genre, mais non de même espèce.

Les cultivateurs de Champignons ont autour de Paris la déplorable habitude de laisser pourrir sur le sol des galeries les moles qu'ils enlèvent des couches. Ces moles sont couvertes d'une quantité incalculable de spores de *Verticillium* et de *Mycogone*. Il est bien évident qu'en agissant ainsi on contribue puissamment à propager le dangereux parasite. On pourrait certainement diminuer considérablement les chances d'infection des jeunes Champignons encore sains en recueillant avec précaution les moles dès qu'on en découvre sur la couche et en les portant hors des galeries pour les détruire, soit en les brûlant, soit en les enfouissant simplement dans le sol.

Quand les galeries sont extrêmement infectées, la culture du Champignon y devient impossible et on les abandonne pendant plusieurs années. MM. Costantin et Dufour(1) ont proposé de les désinfecter soit en y brûlant de la fleur de soufre, soit en y pulvérisant des solutions antiseptiques énergiques comme des solutions de lysol.

(1) Costantin et Dufour, *Recherches sur la destruction du champignon parasite produisant la Mole, maladie du Champignon de couche.* (*Bull. de la Soc. botan.*, séance du 11 mars 1892.)

Sphæroderma damnosum Sacc.
Maladie du Blé de Sardaigne (1).

MM. Saccardo et Berlèse ont étudié récemment une maladie du Froment jusqu'alors inconnue et qui a été signalée en Sardaigne par M. Sante Cettolini, directeur de l'école de viticulture de Cagliari. Ils ont reconnu qu'elle est due à un champignon parasite assez voisin des *Hypomyces*, à un *Sphaeroderma* nouveau, qui a. été nommé par M. Saccardo *Sphaeroderma damnosum*, à cause des dégâts qu'il a causés.

Les pieds de Blé attaqués n'atteignent pas la taille normale ; ils sont sensiblement plus grêles que les pieds sains, les épis qu'ils portent restent courts et mûrissent mal ; le plus souvent les épis sont tout à fait vides, le grain ne s'y forme pas et la récolte est nulle.

A la base des chaumes malades se montrent des productions mycéliennes plus ou moins développées qui laissent à leur place des taches diffuses brunâtres, particulièrement visibles aux nœuds inférieurs.

Entre les gaînes et la tige s'étend une lame feutrée, blanche, plus ou moins épaisse, parfois réduite à un lacis délicat de filaments lâchement entrecroisés et sur laquelle se forment assez fréquemment de très petits corps arrondis de couleur brune qui sont des périthèces. On voit au microscope que leur ostiole très peu saillant porte une touffe de poils incolores, raides, dressés et légèrement divergents.

Le tissu de ces périthèces est mou et celluleux, peu serré ; ils sont d'un jaune doré.

A l'intérieur de ces périthèces sont contenus des asques

______
(1) Saccardo e Berlèse, *Una nuova Malattia del Frumento. Rivista di Patologia vegetale*, anno IV, 1895.

en forme de massue très courte ou de poire renversée (obpiriformes), non entremêlés de paraphyses. Chacun d'eux contient 8 spores en forme de citron court, ayant de 18 à 20 μ de long, sur 10 à 12 μ de large; ces spores sont lisses, d'abord incolores, puis d'une couleur olive foncé (fig. 231).

La paroi des asques se gélifie aisément et les spores

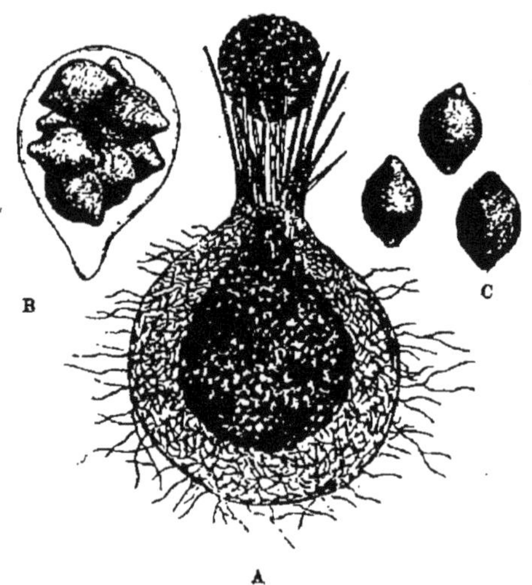

Fig. 231. — *Sphaeroderma damnosum.*

A, Périthèce émettant des spores mûres. — B, Asque contenant 8 spores. — C, 3 spores isolées
(d'après M. Berlèse).

encore groupées par 8 sortent par l'ostiole et vont se fixer au milieu des poils qui l'entourent; elles forment là une petite boule noirâtre, facilement visible à un faible grossissement.

Outre cette forme de fructification qui caractérise le *Sphaeroderma damnosum,* ce champignon présente une forme conidienne qui se montre plus tôt et se développe dans la période la plus active de la maladie. Elle produit alors très rapidement un nombre extrêmement considérable de conidies qui germent aussitôt et propagent très activement le mal. Cette forme se rapporte au genre *Fusarium*.

En plaçant un morceau de la paille attaquée dans un milieu humide, à une température d'environ 20°, on active le développement du mycélium blanc contenu dans les tissus. Au bout de deux jours déjà, les morceaux de chaume sont couverts d'une couche blanche cotonneuse plus abondante au niveau des nœuds et aux extrémités coupées. Les jours suivants, cette couche mycélienne s'épaissit et prend, surtout aux endroits où elle est au contact du chaume, une teinte légèrement rosée. Au bout de dix jours le mycélium commence à se flétrir et l'on voit apparaître alors bien nettement de petits amas d'un blanc rosé, délicats, un peu mous, que

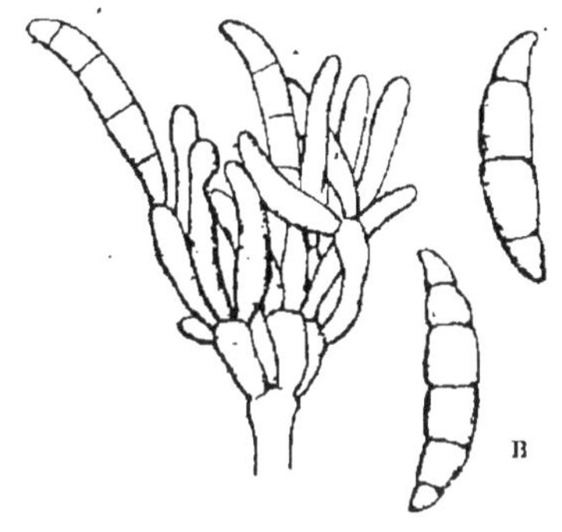

FIG. 232.— *Sphaeroderma damnosum.*

A, Forme conidienne (*Fusarium*), rameau conidiophore et conidies à divers états de développement. — B, 2 conidies, l'une 3-septée, l'autre 5-septée. (D'après M. Berlèse.)

le microscope montre formés de conidies fusiformes, souvent courbées en faucille surtout aux extrémités qui sont pointues. Elles sont divisées par 3 ou 5 cloisons transversales (fig. 232).

Des cultures expérimentales ont permis à MM. Saccardo et Berlèse d'établir avec une certitude absolue que la forme *Fusarium* et la forme *Sphaeroderma* qui lui succède appartiennent bien à un seul et même champignon.

La maladie qu'il a produite en Sardaigne a causé dans certains terrains calcaires au voisinage de Cagliari des dégâts énormes, à ce que rapporte M. Cettolini. Le mal a été signalé aussi, paraît-il, dans l'intérieur de l'île sur l'Orge et sur l'Avoine.

Nectria.

Chancres et nécroses des arbres.

Le genre *Nectria* comprend des champignons saprophytes et parasites des arbres, qui ont des formes diverses de fructifications, mais dont les périthèces de couleur claire, ordinairement rouge naissent en grand nombre à la surface des parties mortes des branches, sur un stroma en forme de coussinet ou de mamelon émergeant au travers de l'écorce crevassée.

Avant la formation des périthèces, le stroma se couvre de conidies qui forment à sa surface un revêtement pulvérulent, le plus souvent blanchâtre ou rosé. Cette forme conidienne des *Nectria* a été rapportée au genre *Tubercularia*.

Nectria ditissima Tul.

Chancre du Poirier, du Pommier, du Hêtre, etc.

Syn : État conidien. *Tubercularia crassostipitata* Fuck. — *Tubercularia minor* Link, sec. Tulasne.

Les chancres qui rongent les branches des Pommiers et des Poiriers causent parfois dans les jardins fruitiers de très grands dommages. Les arboriculteurs considèrent à juste titre le Chancre comme l'une des plus fréquentes et des plus redoutables maladies des arbres fruitiers.

On a beaucoup discuté sur la cause des chancres, et de celui du Pommier en particulier. Il y en a certainement de plusieurs sortes. Le Puceron lanigère produit

des chancres qui endommagent fort les pommiers; on
peut les reconnaître aisément au duvet blanc dont sont
couverts les insectes qui s'y abritent. Il en est d'autres
dont on peut attribuer l'origine au gel, mais dans la
plupart des cas, c'est le *Nectria ditissima* qui en est la
cause immédiate.

Les chancres sont des plaies de l'écorce qui ne se
cicatrisent pas. Dans le milieu, les tissus y sont morts
et desséchés; sur les bords, il se forme bien des bourrelets
de cicatrice, mais ils sont rongés et détruits successivement et le chancre s'étend toujours.

Dans les chancres dus au *Nectria ditissima*, on voit
sur leurs bords souvent en quantité considérable, de très
petits points d'un rouge corail qui sont les périthèces
du parasite.

On a longtemps considéré le *Nectria ditissima* comme
un saprophyte inoffensif, vivant sur le bois mort et se
montrant sur les écorces tuées d'une façon quelconque,
et non comme un véritable parasite pénétrant dans les
tissus encore vivants, les tuant et produisant ainsi les
chancres. La question a été tranchée directement par
l'expérience faite par M. Gœthe qui, en semant des spores
de *Nectria ditissima* sur une plaie faite dans l'écorce
de Pommiers, de Poiriers et de Hêtres, a fait naître des
chancres sur les places ainsi artificiellement infectées (1).

Le premier phénomène qui traduit extérieurement le
commencement de la formation d'un chancre est l'altération de l'écorce qui sur le point infecté se déprime,
brunit et meurt. La place ainsi tuée grandit en s'étendant sur les bords, surtout dans le sens de la longueur

(1) Gœthe, *Weitere Mittheilungen über den Krebs der Apfelbaüme.
Deutsche Garten-Monatschrift herausgegeb.*, von Dr Bolle, 1888. heft 2.
p. 76 et s.

de la branche. Autour du point central se marquent des lignes concentriques qui deviennent des fissures pénétrant profondément dans l'écorce; puis l'écorce crevassée se détache par lambeaux et laisse apparaître une plaie qui se creuse de plus en plus. Sur les bords, le tissu encore sain se gonfle et tend à former un bourrelet, mais il est corrodé à mesure qu'il se développe; il se fissure et se dessèche et le chancre grandit et s'étend (fig. 233). Il apparaît d'abord sur un côté de la pousse; tant qu'il n'est que latéral, il gêne bien la végétation, mais il ne tue pas la branche; mais quand, en s'étendant, il en gagne tout le pourtour et que ses bords se rejoignent, il forme alors autour de la pousse un anneau complet et toute la partie située au-dessus est forcément frappée de mort.

Cela n'a lieu d'ordinaire que sur les rameaux d'assez petites dimensions; sur les grosses branches, les chancres peuvent difficilement s'étendre au point d'en embrasser tout le pourtour, mais la lente corrosion dont ils sont le siège entrave notablement la circulation de la sève, qui ne peut passer que par la partie demeurée saine du bois. Les arbres rongés par les chancres languissent, se couvrent de branches mortes et ne produisent plus de fruits.

Si on examine au microscope une coupe de tissu de l'écorce auprès d'un chancre, à la limite de la partie morte et de la partie vivante, on voit en quantité des filaments de mycélium qui s'étendent entre les cellules et envoient aussi des ramifications à l'intérieur de celles-ci. Ils y prennent même un tel développement qu'ils y forment des amas de stroma (fig. 234).

On trouve ce mycélium non pas seulement dans l'écorce; il pénètre même dans le corps ligneux par les rayons médullaires et on peut l'observer à l'intérieur des vaisseaux et des cellules du parenchyme ligneux (fig. 235). Cependant le corps ligneux n'est jamais envahi profondément, il n'est altéré et coloré en brun que sur une épaisseur de quelques millimètres au-dessous d'un chancre.

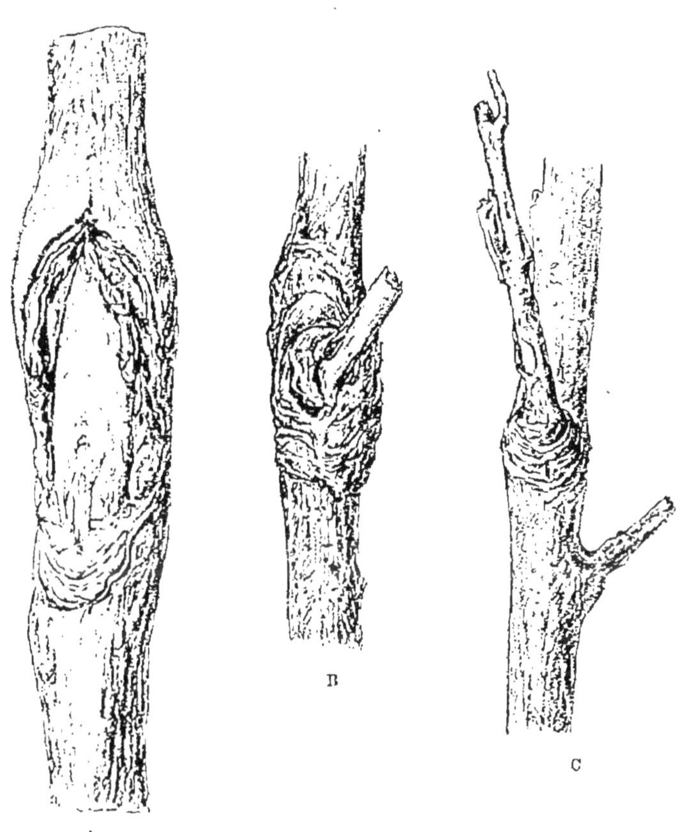

FIG. 233. — CHANCRE DU POMMIER.

A, Chancre ayant détruit tous les tissus sur un côté du rameau et mettant le bois à nu. — B, Chancre produit autour d'une petite pousse morte. — C, Chancre portant encore en son milieu la jeune pousse qui a été pincée et par laquelle le *Nectria* a pénétré dans le rameau.

Dans les parties qui ont été tuées par le mycélium parasite l'année précédente, et à la périphérie des chancres, le mycélium s'est multiplié au milieu des tissus désorganisés, de façon à former çà et là des amas de pseudoparenchyme qui, en grossissant, crèvent l'écorce ; ils apparaissent au dehors sous forme de coussi-

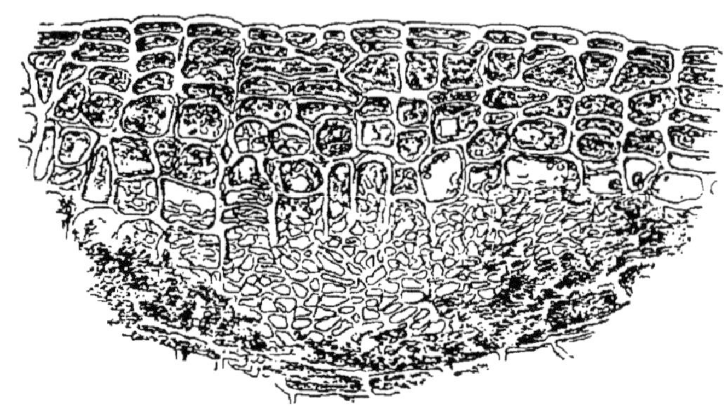

Fig. 234. — Coupe de l'écorce d'un Pommier attaqué par le *Nectria ditissima.*

(D'après M. Gœthe.)

nets arrondis qui se couvrent de conidies. On a donné à ces fructifications le nom de *Tubercularia minor* ou de *Tubercularia crassostipitata* Fuck. Il s'en montre des quantités surtout sur les chancres jeunes, quand le temps est humide (fig. 236).

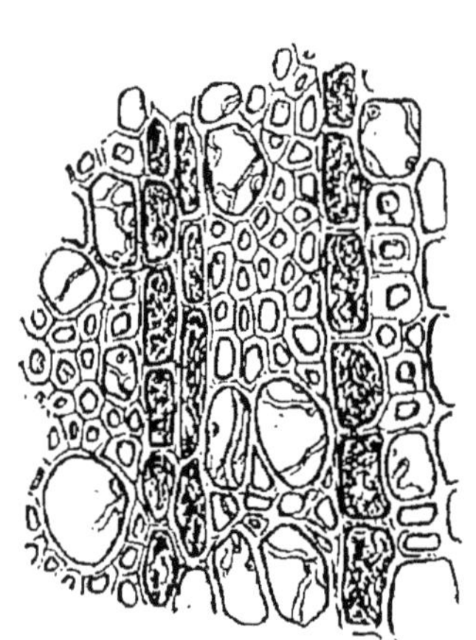

Fig. 235. — Coupe du bois d'un Pommier attaqué par le *Nectria ditissima.*

(D'après M. Gœthe.)

Les conidies sont portées à l'extrémité de fines basides qui couvrent la surface de ces masses de stroma ; elles sont de formes variables. Il y en a de grandes, à peu près cylindriques ou un peu courbées, obtuses aux deux extrémités et divisées par des

cloisons transversales en 5, 6 et jusqu'à 8 compartiments et aussi de petites qui sont ovales, oblongues,

Fic. 236. — *Nectria ditissima*.

A, Coussinet de stroma crevant l'écorce d'un Pommier ; il porte à gauche des conidies et à droite
un jeune périthèce.— B, Petites conidies, les unes simples, les autres septées portées par de fines
basides.

non cloisonnées et droites; tandis que les grandes ont
de 60 à 70 μ. de long sur 5 à 7 μ. de large ; les petites
n'ont que 6 μ. de long
sur 3 1/2 μ. de large.
Néanmoins entre les
plus grandes divisées
par de nombreuses
cloisons et les petites
qui restent unicellu-
laires, on observe tou-
tes les transitions.

Les plus grandes
germent par des tubes
de germination qui
peuvent être en aussi
grand nombre que la
conidie a de compar-
timents (fig. 237). Ces

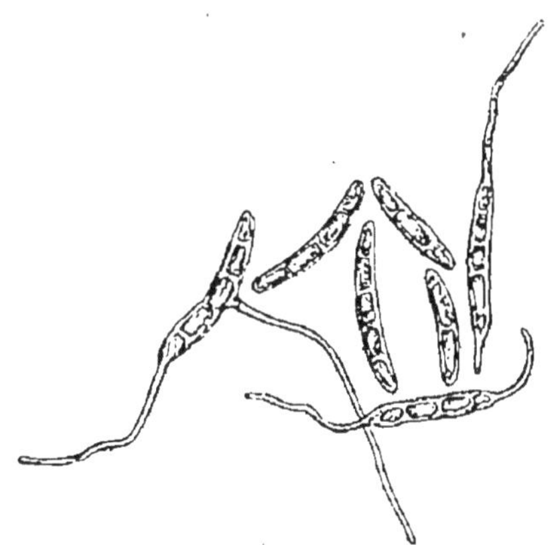

Fig. 237. — Conidies septées de *Nectria
ditissima* en germination.

(D'après M. Gœthe.)

tubes s'allongent et se ramifient : ils peuvent produire

alors, selon les observations de M. Hartig, des conidies secondaires cylindriques, comme on l'a observé aussi sur d'autres espèces de *Nectria*.

Les petites conidies unicellulaires germent aussi en produisant un tube de germination, mais d'après les observations de M. R. Hartig elles s'unissent plusieurs ensemble comme font les sporidies des Ustilaginées.

Après avoir produit des myriades de conidies, le coussinet de stroma donne naissance à des périthèces d'un rouge vif que l'on voit apparaître souvent en grand nombre sur les bords des chancres. Bien qu'ils soient fort petits, on les distingue assez aisément à l'œil nu, à cause de leur couleur brillante. Ils sont globuleux ou ovoïdes ; leur sommet est un peu aminci en papille, leur surface est lisse et leur couleur d'un rouge corail (fig. 238). A leur intérieur sont des asques claviformes ou cylindriques ; ils sont entremêlés de paraphyses formées d'une file de cellules claviformes se terminant par un ou deux filaments cylindriques (fig. 239). Les spores contenues au nombre de 8 dans ces asques sont ovales-oblongues, un peu pointues par les extrémités et séparées en deux par une cloison médiane.

Les ascospores germent comme les conidies en donnant naissance à des tubes de germination qui se ramifient (fig. 240). Les unes et les autres servent également à la propagation du parasite. Semées sur des plaies, elles produisent de même l'infection des arbres et y font naître des chancres.

Ce n'est le plus souvent que par des blessures que les filaments de germination de ces spores pénètrent dans l'intérieur des branches. Cependant M. Gœthe a constaté que dans un milieu extrêmement humide ils peuvent s'introduire aussi dans l'écorce à travers les lenticelles. C'est là, du reste, un cas tout exceptionnel. Pour les

Pommiers et les Poiriers qui sont soumis à la taille et au pincement, c'est d'ordinaire par les surfaces mises à nu par l'amputation que l'infection se produit. Bien souvent au milieu d'un chancre, on voit le tronçon d'une petite pousse qui a été pincée et par où les filaments de germination des spores du *Nectria* ont pénétré dans la

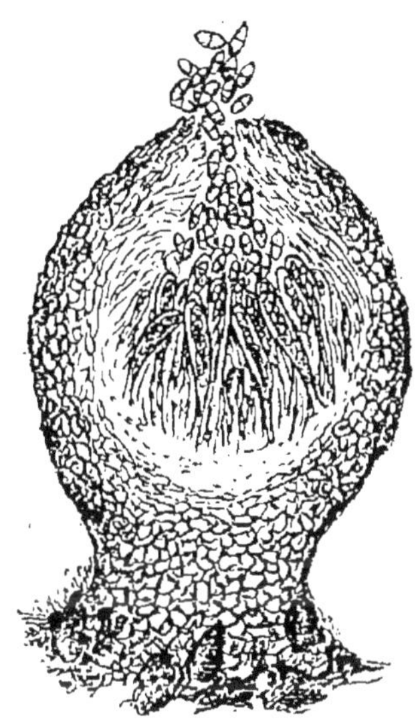

FIG. 238. — *Nectria ditissima*,
Coupe longitudinale d'un périthèce.
(D'après M. Gœthe.)

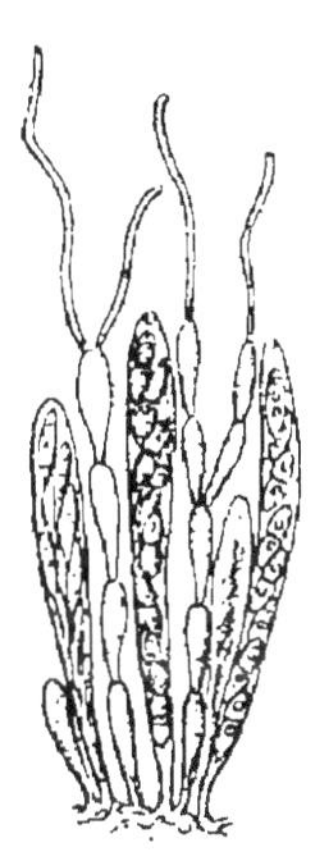

FIG. 239. — *Nectria ditissima*.
Asques et paraphyses.
(D'après M. R. Hartig.)

tige. Les bourgeons tués par le gel et les déchirures des écorces produites par le froid peuvent aussi servir à la pénétration des tubes de germination des spores de *Nec-tria*. Il en est de même des plaies causées par le Puceron lanigère.

La même espèce de *Nectria* produit des chancres, non seulement sur le Pommier et le Poirier mais aussi, fort souvent, sur le Hêtre et parfois sur divers autres arbres forestiers : Charme, Chêne, Frêne, Platane, Érable et Tilleul. M. Gœthe a infecté des Pommiers avec des spores du *Nectria ditissima* du Hêtre et des Hêtres avec celles du *Nectria* du Pommier. Conidies et ascospores ont dans les deux cas produit également des chancres.

En plusieurs points de l'Est de la France des peuplements de Hêtre sont dévastés par le *Nectria ditissima*.

Il est bien difficile de détruire le *Nectria*, surtout sur les arbres forestiers. On peut toutefois recommander d'abattre autant que possible par les élagages les branches portant des chancres qui se couvrent de fructifications de *Nectria* et de les brûler, et il sera toujours fort utile de protéger toutes les plaies en les recouvrant soigneusement de goudron de houille.

Fig. 240. — Asco-spore de *Nectria ditissima* GERMANT. (D'après M. Gœthe).

Pour les arbres fruitiers, il convient d'enlever d'abord soigneusement à l'aide d'un instrument toutes les parties du bois qui sont attaquées et colorées en brun au-dessous et autour du chancre; puis les places mises à vif qui semblent saines, mais peuvent encore contenir des filaments de mycélium de *Nectria*, seront bien humectées avec une solution concentrée de sulfate de fer que l'on rend plus corrosive encore en y ajoutant un peu d'acide sulfurique. Ce mode de traitement employé depuis bien des années avec succès pour l'Anthracnose des Vignes servira efficacement aussi à guérir les chancres des Pommiers et des Poiriers.

Nectria cucurbitula Fries.
Maladie de l'Écorce de l'Épicéa.

Syn. : *Sphaeria cucurbitula* Rode.

Une autre espèce de *Nectria*, le *Nectria cucurbitula,* produit une maladie de l'écorce de l'Épicéa qui parfois cause des dégâts importants (1).

Comme le *Nectria ditissima,* le parasite de l'écorce de l'Épicéa ne peut infecter l'arbre qu'en pénétrant par une blessure, et c'est seulement quand les Épicéas ont eu leurs jeunes pousses déchirées par des grêlons ou rongées par des chenilles que le *Nectria* envahit les branches d'une façon assez générale pour causer le dessèchement du sommet et la mort de beaucoup d'arbres.

Les essais d'infection réussissent aussi bien avec les conidies qu'avec les ascospores; elles germent dans la résine qui s'écoule de la blessure. Le tube de germination qui sort de la spore pénètre à travers le parenchyme de l'écorce jusque dans le liber, où le parasite trouve une abondante nourriture et se développe activement pendant la période de repos de la végétation, c'est-à-dire jusqu'au mois de mai, moment où la couche cambiale redevient active.

La partie de l'écorce tuée par le *Nectria* se dessèche dès le commencement de l'été, quand elle est exposée au vent et au soleil, le dessèchement gagne le bois et l'extrémité de la tige meurt. On peut voir des jeunes peuplements d'Épicéas se dessécher ainsi au sommet, sans que l'on trouve aucune fructification de *Nectria* sur leur écorce. Mais si cette écorce dans laquelle se cache

(1) R. Hartig, *Der Fichtenrindenpilz, Untersuchungen aus d. forstbotan Institut zu München,* 1880, p. 68 et ss., pl. V.

le mycélium du *Nectria* est maintenue à l'humidité, on voit les fructifications se former et apparaître bientôt. Des ramifications des filaments de mycélium qui ont envahi le liber se multiplient dans les couches inférieures de l'écorce, de façon à former une masse de pseudo-parenchyme qui en se développant presse contre la couche

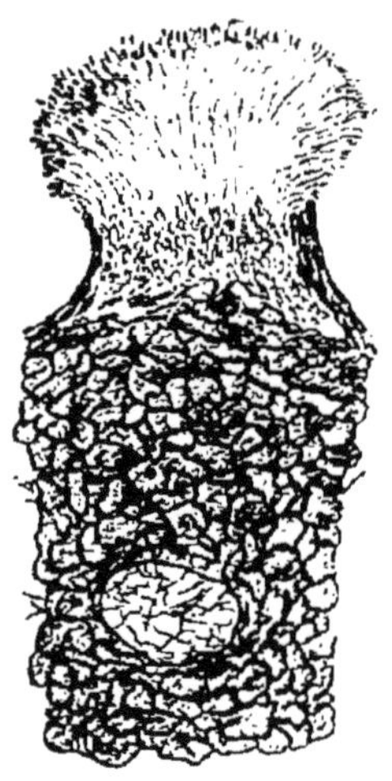

FIG. 241. — *Nectria cucurbitula.*

Coussinet de stroma couvert de conidies sortant de l'écorce. — Au milieu du tissu mort, on voit un canal résinifère traversé par de nombreux filaments de mycélium. (D'après M. Rob. Hartig.)

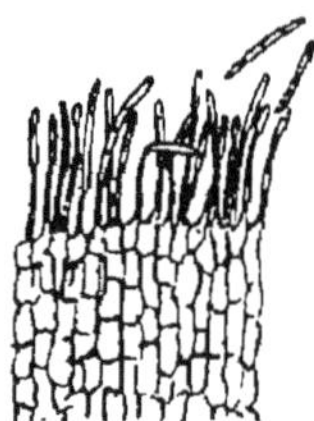

FIG. 242. — *Nectria cucurbitula.*

Coupe plus grossie de la partie supérieure du coussinet portant les conidies. (D'après M. R. Hartig.)

corticale et la fait éclater : c'est le stroma qui apparaît à travers le tissu déchiré (fig. 241). Sur sa surface, ce stroma se couvre de petites basides portant chacune à son extrémité une conidie cylindrique, un peu courbe, simple ou divisée par des cloisons transversales en 4 ou 5 compartiments (fig. 242), et aussi de filaments très longs, ramifiés, qui portent à l'extrémité de leurs branches de pareilles conidies.

Un peu plus tard apparaissent sur le même stroma

les périthèces qui sont globuleux-ovoïdes, avec une petite papille au sommet (fig. 243). Ils sont lisses, d'un rouge vif et quelquefois jaunâtre. A leur intérieur, ils contiennent des asques à 8 spores (fig. 244), elliptiques, divisées en deux par une cloison peu visible. Les paraphyses sont nombreuses, très ramifiées, très transparentes; elles se gélifient et se dissolvent de bonne heure.

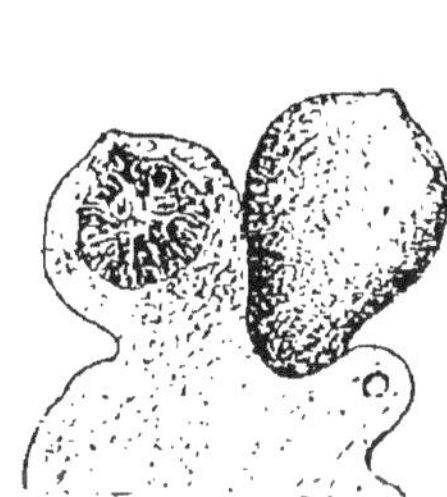

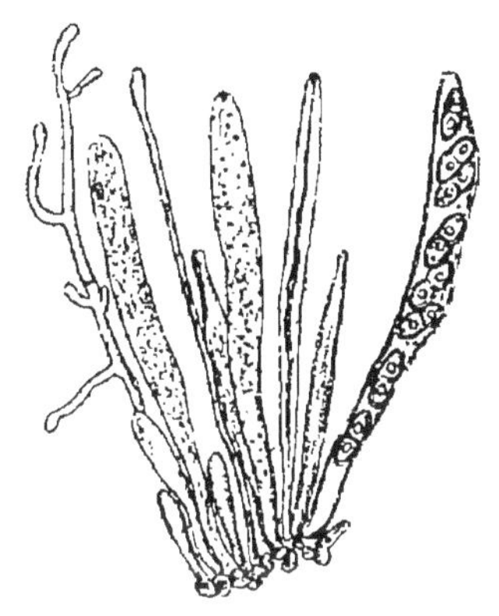

Fig. 243. — Périthèces de *Nectria cucurbitula.*

A gauche, un périthèce coupé longitudinalement; au milieu un périthèce entier vu extérieurement; à droite, un rudiment de périthèce non développé (d'après M. R. Hartig).

Fig. 244. — *Nectria cucurbitula.*

Asques à divers degrés de formation entremêlés de paraphyses; à droite un asque mûr contenant des spores; à gauche, des asques jeunes et entre eux des asques vidés (d'après M. R. Hartig).

Les ascospores sont répandues quand le temps est humide et doux en hiver ou au premier printemps; elles produisent l'infection quand elles germent sur un point qui a été rongé par une chenille. Le dommage causé par l'insecte serait très faible s'il n'était aggravé par la pénétration du mycélium du *Nectria.*

Malgré les frais que nécessite l'opération de l'élagage des bois, on doit conseiller d'enlever les branches du sommet qui sont tuées par le *Nectria cucurbitula* et sur lesquelles le parasite produit ses fructifications. On peut ainsi entraver le développement du mal.

Nectria cinnabarina Rode.
Nécrose du bois.

Ce *Nectria* est extrêmement répandu et vit en saprophyte sur presque tous les bois morts, mais on a reconnu qu'il vit aussi en parasite sur divers arbres tels que le Marronnier d'Inde, le Tilleul et l'Érable, l'Ailante, etc. J'en ai suivi les progrès sur un jeune Mûrier qu'il a tué en quelques années.

Le *Nectria cinnabarina* est un parasite de blessure comme le *Nectria ditissima* et le *Nectria cucurbitula*, mais son mode de vie diffère de celui de ces deux espèces en ce que son mycélium s'étend non pas dans l'écorce et la couche libérienne, mais dans le bois même. C'est essentiellement un parasite du corps ligneux comme les Polypores. Ses hyphes pénètrent dans les vaisseaux et dans tous les éléments du bois; il y détruit les grains d'amidon. Dans l'Érable, il laisse comme résidu dans les cellules ligneuses une matière verdâtre qui donne une couleur noirâtre au bois qu'il tue, tandis que le cambium et les tissus de l'écorce sont encore sains. Dans le Tilleul, le bois nécrosé est d'un brun clair.

Le bois envahi et corrodé par le mycélium du *Nectria cinnabarina* ne peut plus servir au passage de la sève; les feuilles se dessèchent et tombent prématurément et l'écorce qui couvre le bois mort meurt à son tour. Puis la nécrose gagne les parties inférieures qui étaient encore saines s'avançant progressivement d'année en année jusqu'à ce que la mort finisse par envahir l'arbre entier.

M. Mayr (1) a démontré expérimentalement le parasitisme du *Nectria cinnabarina* sur l'Érable, le Tilleul et le Marronnier d'Inde en infectant avec des spores de ce *Nectria* des plaies pénétrant à travers l'écorce jusqu'au bois, ou des coupes transversales soit de rameaux, soit de racines et aussi en intro-

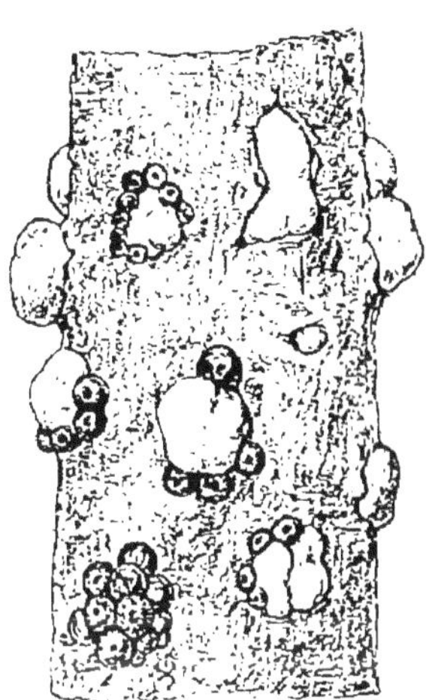

FIG. 245. — *Nectria cinnabarina.*
Rameau portant des coussinets fertiles de stroma, les uns portant uniquement des conidies (forme *Tubercularia*), les autres produisant aussi des périthèces de *Nectria*

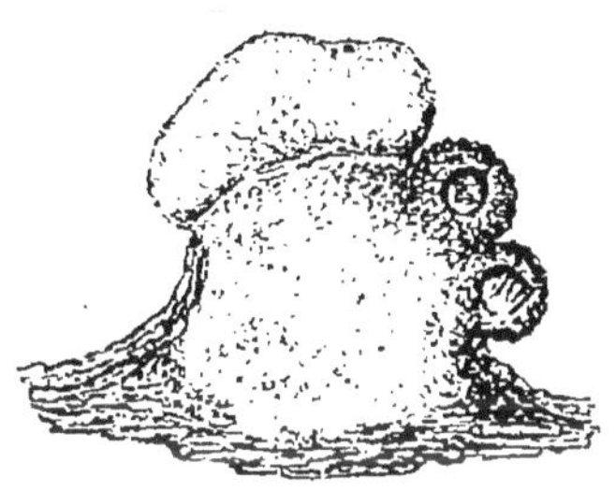

FIG. 246. — *Nectria cinnabarina.*
Coupe longitudinale d'un coussinet de stroma fertile, portant à sa partie supérieure une masse épaisse formée de filaments conidiophores et sur le côté deux périthèces de *Nectria* (d'après Tulasne).

duisant dans le bois sain un petit fragment de bois nécrosé contenant du mycélium. Dans tous les cas, le bois sain a été bientôt envahi. A l'automne ou au printemps suivant, on voit apparaître à travers l'écorce morte des coussinets de stroma qui se couvrent de conidies. C'est la forme, si commune sur les branches mortes de toutes sortes d'arbres, que l'on a désignées sous le nom de *Tubercularia vulgaris* (fig. 245).

(1) H. Mayr, *Ueber den Parasitismus von* Nectria cinnabarina, *in Unters. a d. forstl. Inst.* B. III, 1882.

Ces coussinets de forme semi-globuleuse ou élevée en colonne courte et tronquée, toujours obtus et d'épaisseur variable ont environ de 1 à 2 millimètres de diamètre (fig. 246). Ils naissent en grand nombre dans le voisinage les uns des autres mais séparés le plus souvent; parfois cependant plusieurs coussinets contigus se réunissent par

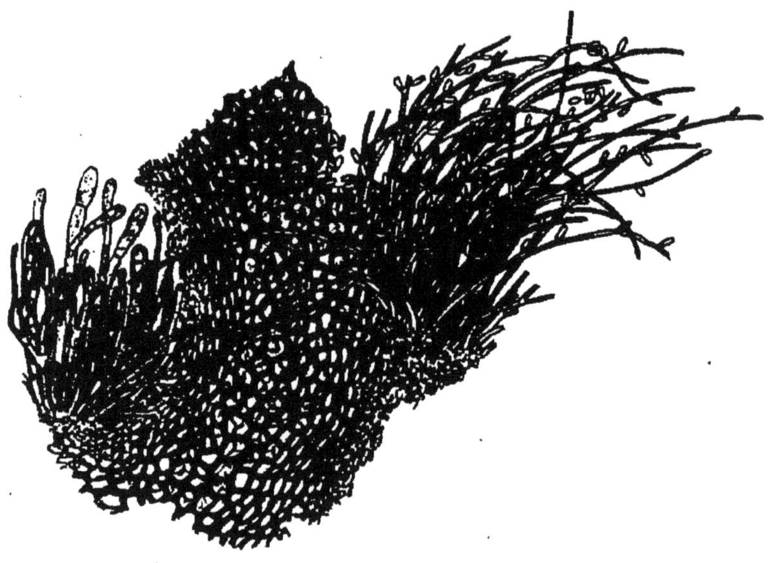

Fig. 247. — *Nectria cinnabarina.*

Coupe longitudinale très grossie d'une partie de coussinet de stroma portant à droite les filaments conidiophores et à gauche un fragment de périthèce jeune, contenant des paraphyses et un asque rempli de spores bien formées (d'après Tulasne).

les bords et leur ensemble constitue une forme allongée irrégulière; ils sont couverts de myriades de conidies agglutinées en une croûte de couleur rose ou rouge pâle que la pluie délaye et emporte.

La masse de ces coussinets est formée d'un parenchyme solide composé de cellules polygonales; celles de la surface se prolongent en longs filaments fertiles qui portent latéralement et à leur extrémité de petites conidies oblongues-elliptiques ou cylindriques dont la largeur ne dépasse guère celle des filaments (fig. 247).

Ces petites conidies germent facilement : elles se gonflent et émettent des tubes de germination (fig. 248 A.).

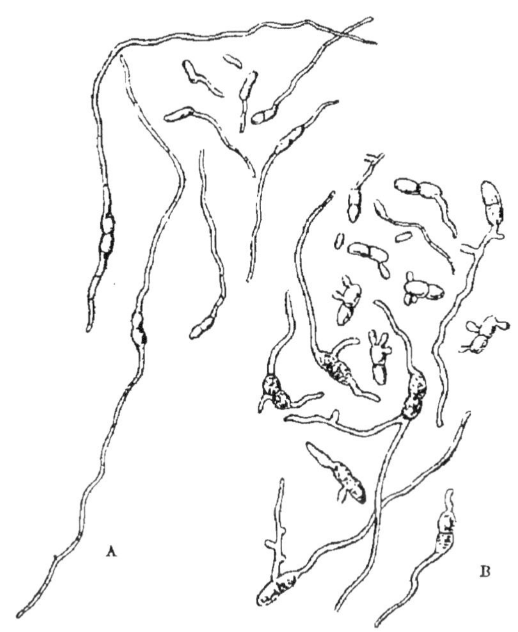

Fig. 248. — *Nectria cinnabarina.*

A, Conidies de la forme *Tubercularia* germant. — B, Ascospores de la forme *Nectria* germant, les unes en produisant des conidies secondaires, les autres en émettant des tubes de germination (d'après Tulasne).

On voit aussi des coussinets semblables qui crèvent l'écorce, mais ne portent pas de filaments conidiophores. Les uns et les autres peuvent produire ensuite des périthèces de *Nectria*.

Les périthèces du *Nectria cinnabarina* sont globuleux, un peu ombiliqués et couverts de petites saillies mamelonnées qui donnent à leur surface un aspect granuleux.

Ce caractère les distingue nettement de ceux des *Nectria ditissima* et *cucurbitula* qui sont lisses. Ils sont d'un beau rouge vif. Ils sont remplis d'asques entremêlés de paraphyses. Ces dernières, linéaires, un peu renflées en massue, rameuses, articulées se fondent et disparaissent à la maturité (fig. 247).

Les asques sont oblongs, claviformes, atténués inférieurement en un support filiforme plus ou moins long.

Ils contiennent chacun 8 spores linéaires, cylindriques ou ovales-oblongues, divisées en deux par une cloison transversale (fig. 247).

A la maturité, les spores sont englobées dans la masse gélatineuse que forment les asques et les paraphyses gélifiées (fig. 249). Elles peuvent être expulsées de l'intérieur

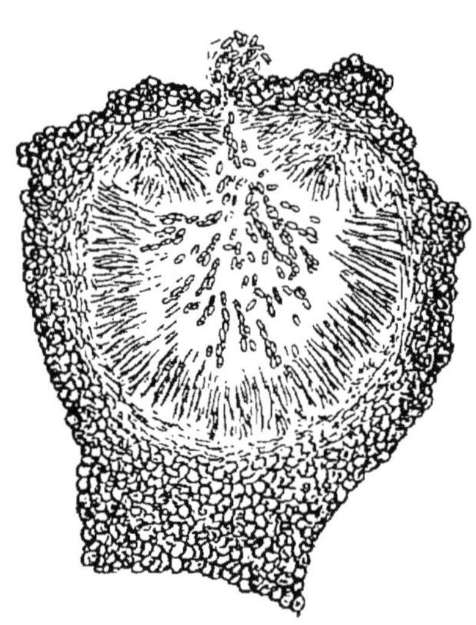

Fig. 249. — Coupe d'un périthèce de *Nectria cinnabarina*.

des périthèces sous forme de fils.

Ces ascospores, placées dans des conditions convenables, germent en produisant soit des filaments de germination comme les conidies (fig. 248, A), soit des conidies secondaires (fig. 248, B).

La forme conidienne de *Tubercularia* est la plus fréquente. On la voit se montrer très communément sur les branches mortes de presque tous les arbres et arbustes de nos pays; très souvent elle s'y montre seule. Les périthèces du *Nectria cinnabarina* qui apparaissent plus tard, sont mûrs et versent au dehors leurs spores en automne ou en hiver.

L'*Hypomyces* nous a fourni un exemple d'Hypocréacée sans stroma où les fructifications naissent d'un mycélium filamenteux, les *Nectria* d'Hypocréacées ayant un stroma à la surface duquel naissent les fructifications. Dans le genre *Polystigma* les périthèces se forment non plus à la surface, mais à l'intérieur du stroma.

Polystigma.

Les *Polystigma* sont des champignons parasites des feuilles. Ils y produisent des taches de couleur claire, rouge orangé ou jaunâtre, dans lesquelles le tissu de la feuille est envahi par le mycélium coloré du champignon, qui forme là un stroma dans lequel se développent de nombreux conceptacles; ceux-ci, s'ouvrent à l'extérieur chacun par un petit pore qui apparaît comme un point sur la surface de la tache. De là le nom de *Polystigma* (*Polys* nombreux et *stigmê* point). Deux espèces attaquent fréquemment le feuillage de nos arbres fruitiers.

Polystigma rubrum (Pers.) D. C.
Taches des feuilles du Prunier.

Syn. : *Xyloma rubrum* Pers. — *Dothidea rubra* (Pers.) Fr.
État spermogon. : *Libertella rubra* Bonorden. — *Polystigmina rubar* Sacc.

Ce *Polystigma* est parasite du Prunier. Les feuilles des arbres attaqués par ce champignon se couvrent dans les mois de mai et de juin de taches d'un rouge de feu qui sont apparentes sur les deux faces, mais sont plus nettement marquées sur la face inférieure, où elles ont un aspect cireux. Sur celle-ci, on distingue plus ou moins aisément une quantité de très petits points correspondant chacun à l'orifice d'un conceptacle globuleux qui se développe au milieu du tissu charnu de la tache.

La tache est un peu plus épaisse que la partie verte et intacte de la feuille; sa surface est un peu bombée. Le tissu de la feuille a été envahi par le mycélium du parasite qui s'y est multiplié de façon à former au milieu du parenchyme un stroma qui l'a désorganisé; en se développant entre chacune des cellules, il les sépare les unes des autres, les comprime et les détruit. Celles qui conservent leur forme se remplissent peu à peu d'une matière brune très réfringente. La coloration rouge de la tache est due au tissu du champignon dont les cellules contiennent une matière huileuse d'un rouge orangé.

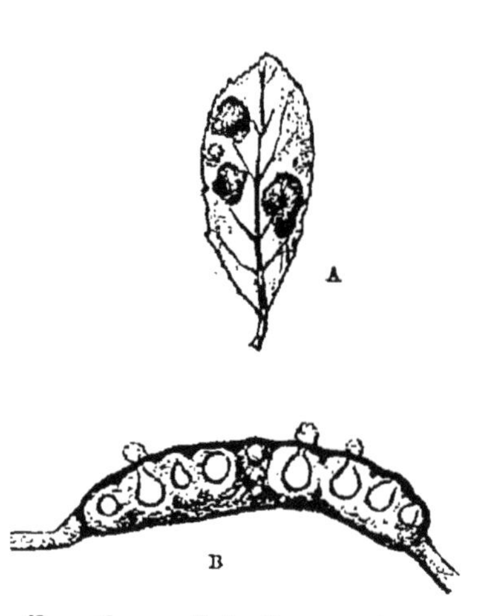

Fig. 250. — *Polystigma rubrum.*
A, Aspect d'une feuille attaquée. — B, Coupe passant par la tache renflée (un peu grossie) (d'après Tulasne).

Sur une coupe faite à travers une tache, on voit, dans l'intérieur du stroma qui occupe tout l'espace, d'un épiderme à l'autre, de nombreux conceptacles globuleux, à parois épaisses et rouges et qui ont environ un dixième de millimètre de diamètre (fig. 250 et 251).

Ils sont remplis de ces sortes de conidies très fines et très déliées que l'on a décrites sous le nom de spermaties. Ce sont de petits corps filiformes, amincis à leur extrémité et courbés en crochet par ce bout effilé. Elles naissent sur toute la surface intérieure de la paroi du conceptacle, portées sur leur extrémité relativement plus épaisse.

A la maturité, ces myriades de petites spores sont expulsées par le petit trou par où le conceptacle débouche au dehors, sous forme d'une matière cireuse rosée qui s'étend à la surface de la tache orangée sur la face inférieure de la feuille.

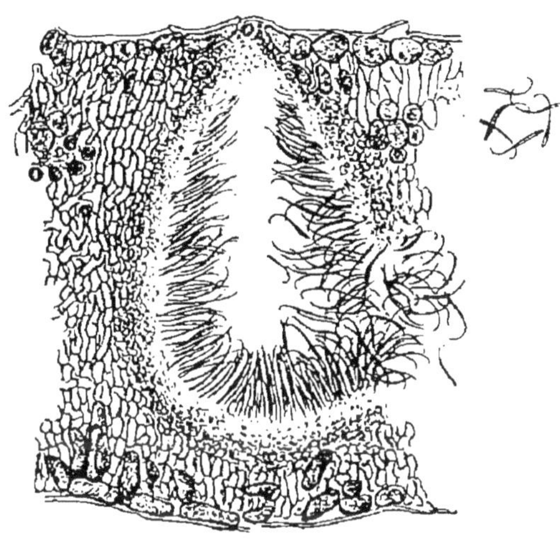

Fig. 251. — *Polystigma rubrum.*

Coupe passant par un conceptacle rempli de spermaties filiformes courbées en crochet au sommet à droite, spermaties isolées (d'après Tulasne).

Cette forme à spermogonies du *Polystigma rubrum* est le *Libertella rubra* Bon.

Les feuilles du Prunier envahies pendant l'été par ce parasite sont épuisées par lui et la végétation de l'arbre en subit un affaiblissement marqué.

La forme à asques qui présente les caractères du genre *Polystigma* se développe seulement à la fin de l'hiver sur les feuilles mortes et tombées sur le sol.

Dans le tissu des taches qui après avoir bruni, sont

devenues noirâtres et ont une consistance dure et friable, s'organisent des périthèces globuleux au fond desquels naissent des asques allongées en forme de massue (fig. 252).

En février ou en mars commence à leur intérieur la production des spores. Elles sont simples, elliptiques et obtuses par les deux bouts. Il y en a 8 par asque.

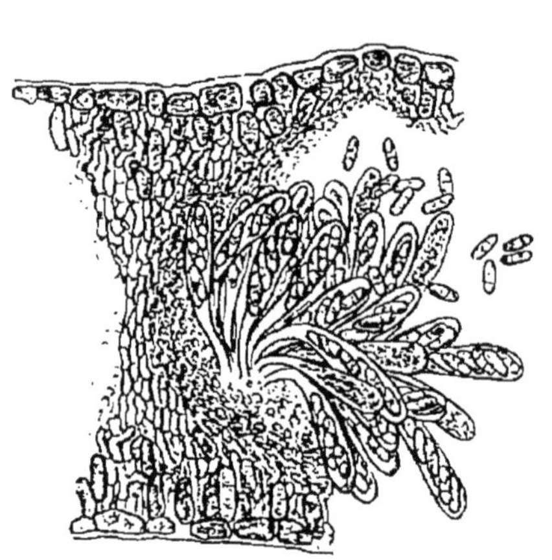

Fig. 252. — *Polystigma rubrum.*

Coupe à travers un périthèce contenu dans le stroma de la tache renflée de la feuille après l'hiver. Les asques renferment des spores mûres. (D'après Tulasne.)

Elles germent facilement dans l'eau; déjà au bout de six heures elles émettent un tube de germination qui après s'être un peu allongé, se dilate à son extrémité. Le plasma de la spore va s'amasser dans cette dilatation du tube de germination qui s'isole par une cloison et que l'on peut regarder comme une spore secondaire. Il ne reste plus alors de la spore primitive qu'une mince enveloppe vide.

Si la spore a été déposée sur une jeune feuille de Prunier, cette extrémité dilatée du tube de germination s'applique sur l'épiderme et émet au bout de quelques jours un fin tube qui traverse la paroi de la cellule épidermique en y perçant un petit trou rond et pénètre dans son intérieur (fig. 253). Là, il croît et se ramifie et devient bientôt un mycélium dont les ramifications s'étendent entre les cellules du parenchyme de la feuille et produisent en se développant en stroma les taches rouges caractéristiques que l'on voit tout l'été sur les arbres.

Ce sont donc les feuilles mortes et tombées sur le sol, qui propagent l'année suivante la maladie vers le mois de mai, au moment où les jeunes feuilles se développent,

Il résulte de cela que l'on devra conseiller d'amasser en tas au commencement de l'hiver les feuilles tombées au pied des arbres attaqués et de les brûler pour mettre obstacle à la propagation du mal.

Polystigma ochraceum
(Wahl.) Sacc.

Taches des feuilles de l'Amandier.

Syn. : *Sphaeria ochracea* Wahlenb. — *Polystigma fulvum* C.

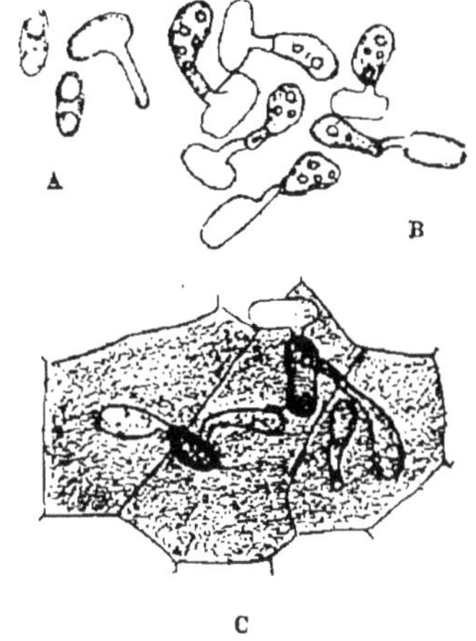

Fig. 253. — *Polystigma rubrum.*

Germination des ascospores.

A, Spores mûres dont une germe. — B, Spores ayant produit chacune une spore secondaire. — C, Pénétration du tube de germination d'une spore secondaire dans l'épiderme d'une feuille de Prunier.

Ce *Polystigma* dont l'organisation ressemble beaucoup à celle du *P. rubrum* attaque les Amandiers. On voit très souvent en Provence et dans le Languedoc, où les Amandiers sont cultivés communément dans les champs et le long des chemins, tout le feuillage de ces arbres criblé de taches orangées produites par ce parasite. Les feuilles attaquées se détachent et tombent prématurément.

Les taches orangées des feuilles des Amandiers sont formées comme les taches rouge-feu des feuilles des Pruniers par le mycélium coloré du parasite, mais la matière colorante du *Polystigma fulvum* est d'une nuance moins intense.

Le stroma contenu dans les taches des feuilles de l'Amandier produit à son intérieur, comme celui des taches du Prunier, des conceptacles remplis de fines spermaties filiformes et plus tard, quand les taches ont noirci, sur les feuilles tombées sur le sol, des périthèces dans lesquels se forment des ascospores. Mais l'évolution du *Polystigma fulvum* est plus précoce que celle du *P. rubrum;* la formation des asques commence à s'y produire dès l'automne, tandis que sur les feuilles du Prunier, ils n'apparaissent qu'après l'hiver.

Pour l'Amandier, comme pour le Prunier, on doit recommander d'amasser en tas les feuilles tachées et de les brûler.

Epichloe typhina (Pers.) Tul.

La Quenouille des graminées de prairies.

Syn : *Sphaeria typhina* Pers. (*Dothidea* Fr. *Cordyceps* Fr. *Claviceps* Bail; *Hypocrea* Berk. *Typhodium* Link. *Polystigma* D. C.)
État conidiophore : *Sphacelia typhina* Sacc.

L'*Epichloe typhina* est un champignon parasite des feuilles et des tiges des graminées qu'il entoure d'un épais stroma qui donne à la plante attaquée un aspect singulier rappelant un peu l'inflorescence de *Typha* ou Quenouille des marais.

L'*Epichloe typhina* se montre fréquemment sur les principales graminées des prairies : *Phleum pratense, Dactylis glomerata* (fig. 254 A), *Holcus lanatus* (fig. 254 B), *Agrostis vulgaris, Anthoxantum odoratum,* etc.

Les herbes attaquées avant l'époque de leur floraison présentent sur la gaîne de leur feuille supérieure, à l'inté-

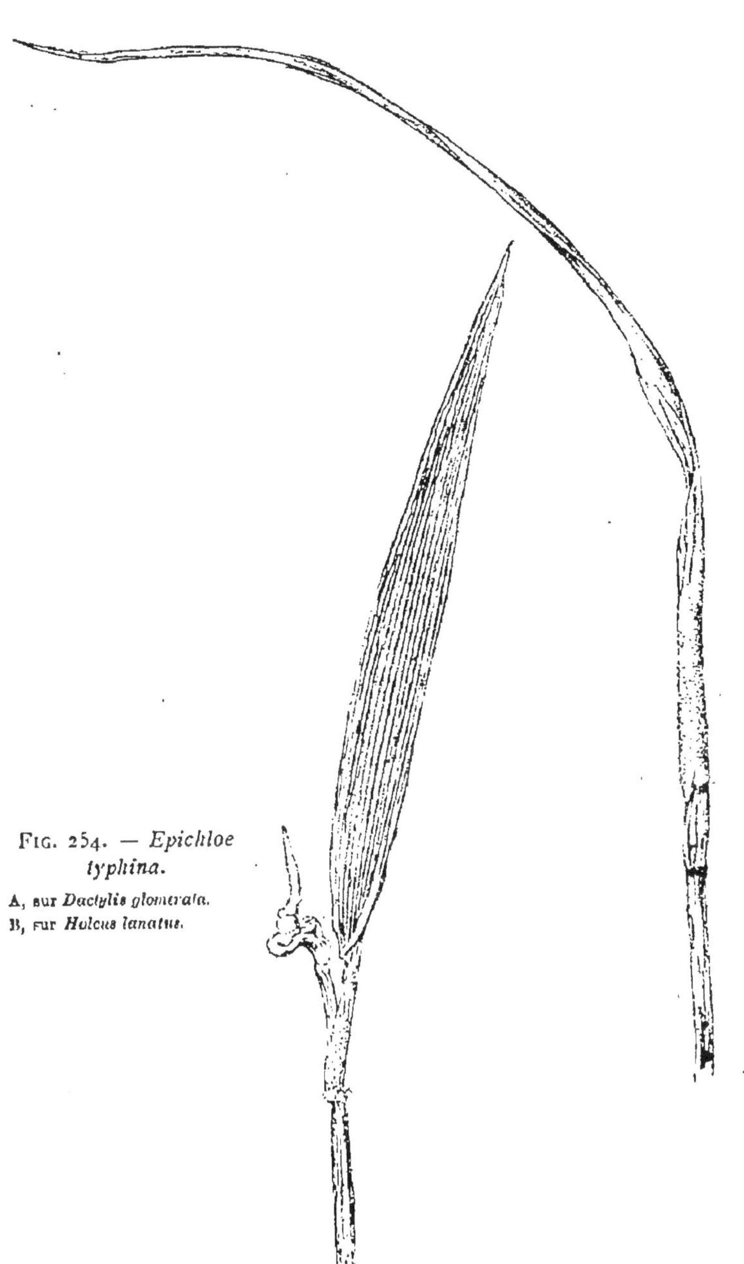

Fig. 254. — *Epichloe typhina*.

A, sur *Dactylis glomerata*.
B, sur *Holcus lanatus*.

rieur de laquelle est encore cachée l'inflorescence, un revêtement qui, d'abord blanchâtre, devient peu à peu d'un jaune d'or et finalement brunit.

Quand il est d'un jaune brillant, il est assez épais, charnu et couvert de petits mamelons pressés les uns contre les autres. Chaque mamelon est le sommet d'un des nombreux périthèces, qui se sont développés dans l'é-

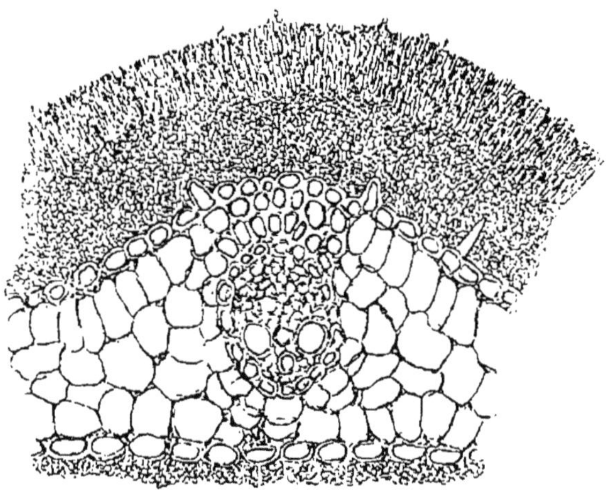

Fig. 255. — *Epichloe typhina.*

Coupe faite sur une feuille d'*Holcus lanatus* montrant le stroma d'*Epichloe typhina* portant à sa partie supérieure un velouté de filaments fertiles serrés les uns contre les autres et produisant à leur extrémité de très fines conidies.

paisseur de la couche de stroma dont est revêtue la feuille.

Le mycélium de l'*Epichloe typhina* n'est pas seulement ainsi extérieur à la plante qu'il couvre; il pénètre le tissu de la feuille, se glisse entre les cellules, les perce, les détruit, et y forme au milieu du parenchyme des lacunes irrégulières qu'il remplit (fig. 255). Il se développe même en dedans de la gaîne et va former à l'intérieur du tuyau où sont les jeunes feuilles et l'inflorescence rudimentaire une masse de stroma qui les enveloppe. La feuille dont la gaîne est attaquée ne grandit plus et d'ordinaire l'extrémité de la tige qu'elle recouvre est aussi arrêtée dans sa croissance, se déforme et cesse de végéter.

La couche qui recouvre la gaîne est formée par le mycélium sorti du parenchyme intérieur de la graminée, ce mycélium passe entre les cellules de l'épiderme qu'il

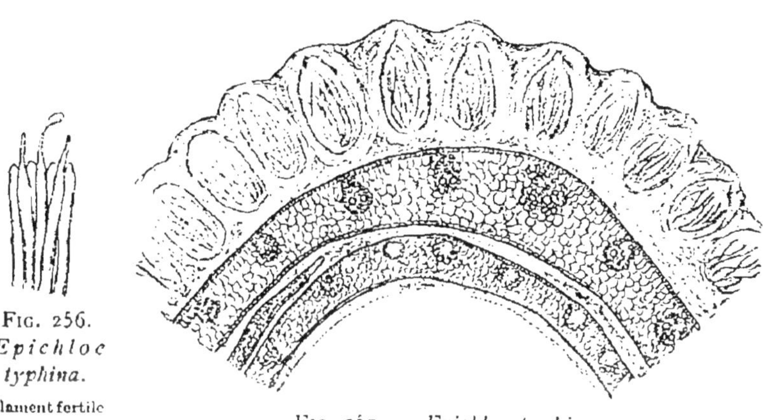

FIG. 256.
*Epichloe
typhina.*

Filament fertile portant à son extrémité une conidie (très grossie).

FIG. 257. — *Epichloe typhina.*

Coupe d'une feuille de *Dactylis glomerata* recouverte par le stroma de l'*Epichloe typhina*, dans lequel se sont formés de nombreux périthèces serrés les uns contre les autres.

dissocie et va s'étendre en une couche épaisse de pseudo-parenchyme composé dans sa partie inférieure d'éléments courts, tandis que ceux de la partie superficielle s'allongent dans le sens perpendiculaire à la surface. La surface du tube de stroma qui recouvre la gaîne, quand il est encore de couleur blanche, est ainsi formée (fig. 255) par des filaments fort ténus pressés les uns contre les autres. Ces filaments sont fertiles et portent à leur extrémité de très petites conidies à peu près ovoïdes, d'environ 3 à 4 μ. de large, sur 5 à 6 μ. de long.

Malgré leur extrême ténuité ces conidies germent assez

facilement aussitôt qu'elles sont détachées de leur support.

Quand leur production a cessé, il se forme dans l'intérieur du stroma de nombreux petits périthèces pressés les uns contre les autres (fig. 257). C'est alors que le revêtement de la gaîne passe du blanc au jaune d'or. Chacun de ces petits périthèces est à peu près ovoïde, son sommet fait saillie à la surface et donne à la couche jaune un aspect granuleux. A leur intérieur se trouve une grosse touffe d'asques étroits, allongés, à peu près cylindriques, à sommet tronqué qui partent du fond du périthèce (fig. 258). Ils contiennent chacun 8 spores filiformes, très fines, qui restent agglomérées en faisceau quand

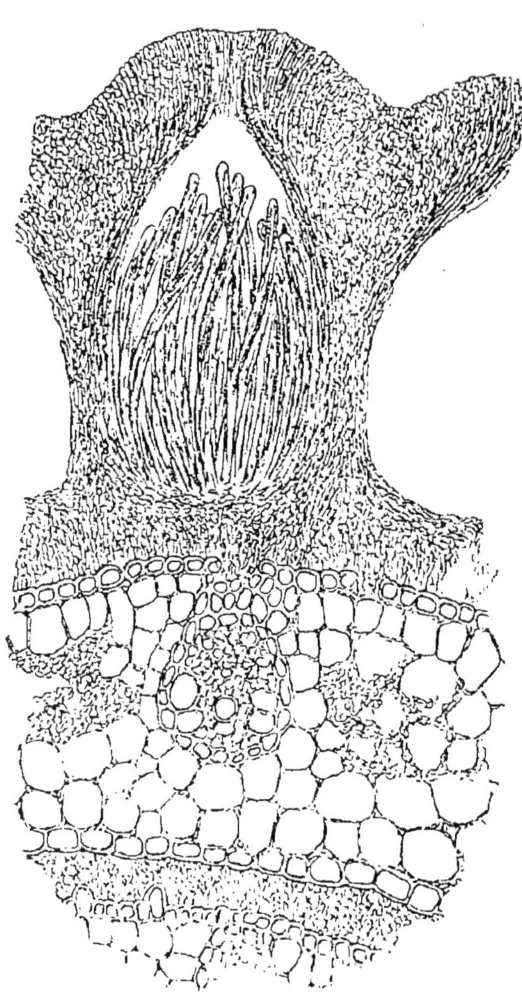

Fig. 258. — *Epichloe typhina*.

Un fragment de la figure précédente plus grossi et montrant un périthèce contenant des asques mûrs.

l'asque qui les contenait se gélifie. Elles sont expulsées par le sommet du périthèce avec toute la masse gélatineuse dans laquelle elles sont englobées (fig. 259).

L'*Epichloe typhina* arrêtant la végétation des herbes qu'il attaque et faisant avorter les inflorescences peut, quand il se développe en quantité, causer un dommage appréciable. M. Kühn a vu dans une prairie (1) formée de Fléole et de Trèfle une véritable épidémie d'*Epichloe typhina*. Un tiers des pieds de *Phleum* étaient attaqués.

Une observation, qui toutefois devrait être contrôlée, peut faire penser que l'usage d'un foin dans lequel se trouveraient de nombreuses graminées envahies par l'*Epichloe typhina* ne serait pas sans inconvénient pour les animaux auxquels on le donnerait comme nourriture.

Dans une propriété des environs de Paris un cheval recevant du foin provenant d'une pelouse du jardin se mit à tousser. On lui donna du foin d'une autre provenance, la toux cessa. On le remit au régime du premier fourrage la toux recommença. Ce foin examiné à l'Institut agronomique avait été bien récolté et avait bonne odeur, mais il contenait en quantité de l'*Anthoxanthum odoratum* couvert d'*Epichloe typhina*. Une observation semblable a été faite dans l'Anjou.

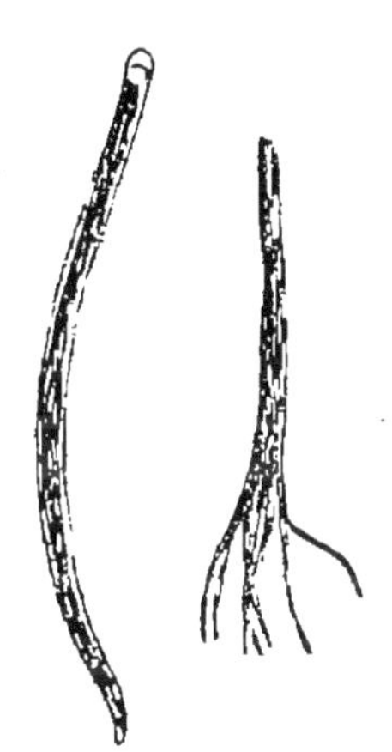

Fig. 259. — *Epichloe typhina.*

Asque contenant des spores filiformes mises en liberté par la gélification de l'asque.

Claviceps purpurea (Fr.) Tul.
Ergot.

Syn. : *Sphaeria purpurea* Fr. — État quiescent : *Sclerotium clavus* D. C. — État conidien : *Sphacelia segetum* Lév.

On a donné le nom d'Ergot par comparaison à l'ergot

(1) *Zeitschrift des landw. Centralver. der Prov. Sachsen,* 1870, n° 12.

du coq à des corps d'un noir violet qui se produisent à la place des grains dans l'épi de diverses céréales et tout spécialement du Seigle. Ces corps allongés et un peu courbes atteignent une taille bien plus grande que celle des grains normaux et dépassant de beaucoup les bales. (fig. 260 A.)

On a depuis longtemps remarqué ces excroissances sortant du milieu des fleurs du Seigle et, les regardant comme des grains malades et dégénérés, on a souvent nommé l'Ergot du Seigle, Seigle cornu. On en a connu les propriétés toxiques et on l'a employé en médecine bien avant de soupçonner qu'il n'était autre chose qu'une forme d'un champignon parasite des graminées sur lesquelles on l'observait.

A   B

FIG. 260. — ERGOT DU SEIGLE.

A, Ergot dans une fleur de Seigle. — B, Sommet de l'Ergot de la fig. A plus grossi (d'après Tulasne).

Les ergots mêlés aux grains de Seigle ont causé autrefois en France, à diverses reprises, dans plusieurs provinces et particulièrement en Sologne et dans le Maine, où on ne se nourrissait que de pain de Seigle, des épidémies terribles.

Dans un mémoire publié par les soins de la Société royale d'agriculture du Mans en 1770, un médecin de cette ville, Vétillard, décrit les caractères du mal terrible produit par le Seigle ergoté, en vue d'engager les habitants du Maine et particulièrement les meuniers et les cultivateurs à se bien garder de laisser empoisonner par de l'ergot la farine dont ils font usage.

Cette maladie essentiellement caractérisée par la gangrène des extrémités attaque les hommes et les animaux qui mangent de l'ergot. « L'ergot, dit Vétillard, a fait « périr dans la Sologne sept à huit mille personnes dans « un petit espace de temps; » et il cite en particulier un exemple observé dans le Maine pour montrer quelles sont les suites épouvantables de la consommation de l'ergot. C'est un triste tableau de la vie des paysans de l'arrondissement de La Flèche à la fin du siècle dernier.

« Un pauvre homme de Noyen voyant un fermier « cribler son Seigle lui demanda la permission d'enlever « le rebut pour faire du pain : le fermier lui représenta « que ce pain pourrait lui être préjudiciable : mais le be- « soin l'emporta sur la crainte, le pauvre homme fit « moudre ces criblures composées d'ergot pour la plus « grande partie ; il forma du pain de cette farine ; dans « l'espace d'un mois cet infortuné, sa femme et deux de « ses enfants périrent misérablement; un troisième, qui « était à la mamelle et qui avait mangé de la bouillie de « cette farine échappa à la mort. Il existe encore, ajoute « Vétillard, mais quelle triste existence, sourd, muet et « privé des deux jambes.

« Un cochon ayant été nourri de ce Seigle ergoté a « péri au bout de deux mois après avoir perdu les quatre « jambes et les deux oreilles. Deux canards nourris « de Seigle ergoté ont également péri après avoir perdu « l'usage de leurs jambes. »

Dans ces dernières années, on a signalé une épidémie de gangrène sèche sur les troupeaux nourris dans les prairies de l'Amérique du Nord, dont les herbes étaient couvertes d'ergot.

Les accidents terribles causés par l'ergot si fréquents jadis sont devenus heureusement fort rares en France, grâce aux soins plus grands donnés à la culture, à la diminution de l'ignorance et de la pauvreté et au moindre usage que l'on fait aujourd'hui du Seigle pour l'alimentation.

L'Ergot peut se former dans diverses céréales et n'est pas extrêmement rare sur le Froment et même l'Orge dans certains pays, mais c'est cependant presque toujours sur le Seigle seulement qu'on le trouve en grande quantité dans les cultures.

C'est au moment de la floraison du Seigle qu'il commence à se former. Il est alors peu apparent et fort malaisé à trouver. Ce n'est que quand l'ergot se montre déjà hors des bales qu'on l'aperçoit à distance en parcourant un champ ; mais il y a une remarque que l'on peut faire, c'est que très souvent il y a, au voisinage d'un pied de Seigle dont l'épi est visiblement ergoté, d'autres pieds plus petits et moins avancés qui sont attaqués aussi, mais où l'Ergot commence seulement à se former. On peut ainsi trouver parfois un assez grand nombre d'ergots en voie de formation sur les petits épis tardifs qui commencent seulement à fleurir.

Les épis ergotés, avant que le mal soit bien apparent, présentent un caractère qui permet de les reconnaître ; ils laissent suinter un liquide sirupeux qui leur donne un aspect vernissé et qui tombe en gouttes du milieu des enveloppes florales, c'est ce qu'on a nommé le miélat du Seigle. Ce liquide d'abord limpide et incolore devient jaunâtre et visqueux ; il a une saveur douce et sucrée et une odeur assez pénétrante, d'abord miellée, puis désagréable et fétide. La formation de ce liquide est intimement liée aux premiers débuts de la formation de l'Ergot.

Avant même qu'entre les bales apparaisse la substance visqueuse, on peut voir s'étendre à la surface du pistil du Seigle encore en voie de développement un tissu blanc et mou qui forme d'abord une couche très mince s'éle-

vant du fond de la fleur autour de l'ovaire naissant. Elle
en pénètre les parties extérieures et le détruit d'ordinaire
plus ou moins complètement. Suivant le degré de développement où se trouve l'ovaire du Seigle au moment
où il est envahi et le degré d'atrophie où il est réduit,
l'ovule y manque absolument ou y prend une forme imparfaite, mais reconnaissable.

La masse fongueuse blanche et tendre qui pénètre les
parois du pistil du Seigle, d'où le miélat va s'écouler et
où un ergot va naître, a été décrite par Léveillé sous le
nom de *Sphacelia* (fig. 261 A). Au microscope, c'est un
lacis d'hyphes de champignon étroitement feutrés. Si on
coupe transversalement un jeune grain de Seigle dont
la Sphacélie a pris possession, on voit qu'elle en a envahi
tout l'extérieur et y forme des masses d'épaisseur variable et qu'elle n'a laissé intacte que la couche la plus
profonde, l'endocarpe. La surface de la Sphacélie est
inégale ; elle est marquée d'une multitude de sillons sinueux et creusée intérieurement d'un grand nombre de
cavités irrégulières, formées pour la plupart par des replis qui ont une issue au dehors (fig. 261 B). Toute cette
surface aussi bien sur les lignes saillantes que dans les
enfoncements est revêtue d'un velouté formé des extrémités fertiles des rameaux du mycélium, dont l'entrelacement constitue la masse de la Sphacélie. Ces filaments
fertiles serrés les uns contre les autres et formant ainsi
une sorte d'hyménium produisent à leur extrémité de
fines conidies ovoïdes remplies d'un plasma granuleux
(fig. 261 C). Ces conidies se détachent avec une extrême
facilité de l'extrémité de leur support et se trouvent en
quantité prodigieuse dans le liquide visqueux qui s'a-
masse entre les bales de la fleur et auquel on a donné le
nom de *miélat*.

Ce miélat du Seigle n'a rien de commun que le nom

avec le miélat que l'on voit si souvent sur les plantes dont les feuilles sont attaquées par les pucerons. Il n'est pas, non plus, comme l'a supposé Bonorden, sécrété par

FIG. 261. — ERGOT DU SEIGLE, FORME *Sphacelia.*

A, Jeune pistil du Seigle attaqué par le champignon de l'Ergot, sous la forme *Sphacelia.* — B, Coupe transversale de ce pistil un peu plus grossie. — C, Partie de la figure B, à un très fort grossissement. (D'après Tulasne.)

les nectaires de la fleur du Seigle surexcités par l'irritation causée par l'invasion du parasite, ni sécrété comme l'a pensé Meyen, par la paroi du jeune pistil, mais bien par les filaments mêmes du mycélium du parasite qui occupe le fond de la fleur.

La sécrétion du liquide augmente en même temps que le tissu de la Sphacélie se développe et ce n'est que quand elle a atteint toute sa croissance qu'au moment où la formation de l'Ergot proprement dit, c'est-à-dire du sclérote commence, que l'écoulement tarit. Le tissu de la Sphacélie se flétrit alors, se ratatine et se dessèche.

La sécrétion du miélat du Seigle paraît assez comparable aux pleurs du *Merulius lacrymans* et au liquide que produit en quantité le mycélium du *Peziza sclerotiorum* qui envahit si rapidement et détruit en quelques jours les Carottes et les autres racines que l'on conserve en cave pendant l'hiver, quand il commence à y former des sclérotes. Ces sclérotes naissants sont couverts de gouttelettes brillantes. La matière ainsi sécrétée par le mycélium sert à corroder et à désorganiser les tissus des racines dans lesquelles il se propage avec une rapidité effrayante. Le rôle du liquide sécrété par la Sphacélie de l'Ergot est tout autre, il sert au transport et à la dissémination de ses conidies. La sécrétion du liquide visqueux par les hyphes correspond à la production des conidies. Les premières gouttes seules sont claires et ne contiennent que peu de conidies, bientôt tout le suc sécrété en est tellement rempli qu'il est nécessaire de l'étendre d'eau pour pouvoir les y distinguer. Ce miélat se dissout très bien dans l'eau quand il vient d'être excrété et on obtient une liqueur opaline qui, au bout de 24 heures, présente une quantité de conidies commençant à germer.

M. Kühn (1) a étudié la germination de ces petits corps. Dans l'eau ou à l'air humide, elle commence déjà à se manifester au bout de 6 heures. Les conidies

(1) Julius Kühn, *Mittheilungen aus dem physiolog. Laborator. und Versuchstat. des landwirthschaftl. Instituts der Universität Halle*, Heft 1, Halle, 1863.

émettent un ou deux tubes de germination qui peuvent se ramifier (fig. 262).

Quand on fait germer ces conidies en les laissant plusieurs jours dans une atmosphère humide, on peut voir se former à l'extrémité des tubes de germination qu'elles produisent ou de leurs ramifications des conidies secondaires qui peuvent demeurer à l'état de vie latente sans périr et qui sont encore capables de produire l'infection si elles sont portées sur une fleur de Seigle, dans des conditions convenables.

Les spores contenues en quantité prodigieuse dans le suc visqueux qui coule des fleurs envahies par la Sphacélie sont portées dans les autres fleurs le plus souvent sans doute par les nombreux insectes qui sont très friands du miélat du Seigle. MM. Bonorden en 1858, Kühn en 1863, Roze en 1870 ont fort bien réussi à infecter artificiellement des épis de Seigle sains, en y portant du suc sécrété dans un autre épi dont le développement avait été plus précoce. Huit jours après l'opération, les épis infectés exsudaient à leur tour le suc visqueux et avaient leur jeune ovaire envahi par la Sphacélie.

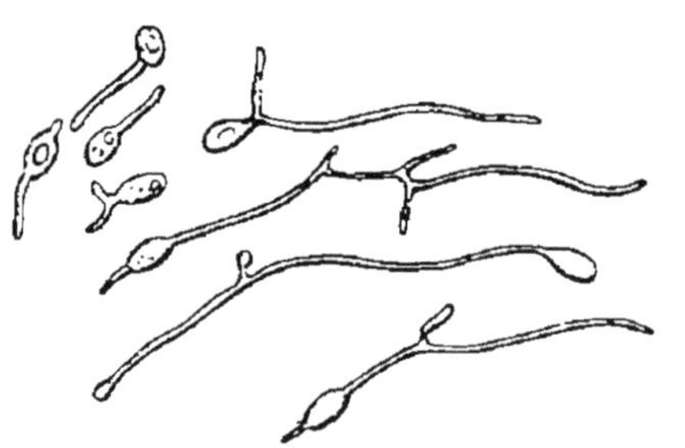

FIG. 262. — ERGOT DU SEIGLE.
Conidies de la forme *Sphacelia* germant, à un très fort grossissement (d'après M. Kühn).

Tandis que le développement de la Sphacélie qui a une tendance à s'élever dans la paroi de l'ovaire s'achève et que de sa surface se détachent des myriades de conidies, un phénomène nouveau se produit à sa partie inférieure. Les filaments de son mycélium s'y multiplient et s'y ramifient beaucoup, en se contournant et se serrant les uns contre les autres. Ils se divisent en même temps par des cloisons transversales, de façon à constituer un corps celluleux compact, qui n'est autre que le rudiment de l'Ergot. Pendant que la structure du tissu du champignon subit ainsi une transformation essentielle, que ses filaments s'épaississent et se remplissent de nombreuses gouttelettes d'huile, il se forme autour de la surface de la petite masse une couche corticale composée de filaments qui se disposent parallèlement, ne s'épaississent pas, ne se remplissent pas de gouttes d'huile, mais prennent une couleur d'abord rougeâtre, puis violette. Cette coloration commence à la base du corps et se propage en remontant vers le haut à mesure que la transformation des filaments du mycélium en Ergot s'avance, de telle façon que la coloration est intense à la partie inférieure, tandis que la partie supérieure, en voie de formation, est à peine grisâtre.

Le jeune Ergot est ainsi à son origine revêtu du tissu de la Sphacélie; il se forme dans son intérieur, mais en grandissant, il l'élève et finit par la porter à son sommet avec les débris de l'ovaire du Seigle qu'elle enserre.

Quand le jeune Ergot atteint sa taille définitive, la multiplication et la transformation des filaments de mycélium en tissu de sclérote s'arrête et l'Ergot formé se sépare de la Sphacélie en achevant de se limiter à son sommet par la couche corticale colorée en noir violet.

Pendant que l'Ergot se constitue ainsi, la Sphacélie cesse peu à peu de produire des conidies et d'excréter le liquide visqueux; elle se dessèche et se racornit au point de ne plus être représentée que par une sorte de petite coiffe qui couronne le sommet de l'Ergot entièrement développé et s'en détache même plus tard le plus souvent.

Complètement formé, l'Ergot de Seigle est un corps d'environ 2 à 3 centimètres de longueur sur 2 à 3 millimètres de largeur, oblong-linéaire ou légèrement fusiforme, ordinairement trigone à angles obtus, émoussé aux extrémités et plus ou moins arqué avec un sillon longitudinal du côté concave. Sa surface, d'un violet foncé le plus souvent, est quelquefois plus pâle et seulement grisâtre ; elle est raboteuse et souvent fendillée. Intérieurement il est d'un blanc mat, d'une texture homogène et compacte ; il a à peu près la consistance de la corne, mais assez fragile.

L'Ergot du Blé et celui de l'Orge sont plus courts, plus gros et plus obtus que celui du Seigle.

Ces Ergots sont des sclérotes, c'est-à-dire des tubercules d'un champignon, qui après être resté un certain temps à l'état de vie latente, peut sortir de son engourdissement, végéter de nouveau, se développer et fructifier sous une forme différente.

C'est Tulasne (1) qui a le premier montré que l'Ergot des céréales est capable d'un développement ultérieur, quand on le place dans des conditions convenables et qu'il donne alors naissance à une Hypocréacée à fruit composé, le *Claviceps purpurea.*

Les Ergots de la dernière récolte sont seuls capables de produire des fructifications de *Claviceps;* ceux de deux ans ont perdu la propriété de revenir à la vie.

Pour faire naître en culture le *Claviceps* de l'Ergot, on peut opérer de la façon suivante : remplir des terrines de terre de jardin bien criblée jusqu'à 4 centimètres du bord, recouvrir cette terre d'une légère couche de sable siliceux fin, y placer les ergots en grand nombre et re-

---

(1) L. R. Tulasne, *Mémoire sur l'Ergot des Glumacées. Ann. des sc. nat. Bot. 3e série, t. 20 (1853).*

couvrir les terrines de lames de verre. De rares bassi-
nages suffisent pour maintenir dans les terrines une
humidité suffisante et on les laisse l'hiver exposées à la
température extérieure.

Des semis faits dans les premiers jours de novembre
commencent à donner des *Claviceps* dès le mois de Janvier et continuent à en produire jusqu'au mois de mai,
c'est-à-dire jusqu'au moment de la floraison des Seigles.
Plantés en février en pleine terre, par M. Kühn, des Ergot de Seigle ont produit leurs premiers Claviceps au
commencement de juin et ont continué à en donner
jusqu'à la fin de juillet.

Les premiers indices de la végétation de l'Ergot se
manifestent par la production, à leur surface, en certains
points, de petites fentes qui convergent en étoile. C'est
la couche corticale qui se rompt pour laisser saillir des
sortes de mamelons formés d'une substance homogène
et blanchâtre. Ces mamelons grossissent ; pendant qu'ils
se développent, ils excrètent des gouttelettes d'un liquide
limpide et en même temps les cellules du tissu intérieur
de l'Ergot perdant leur cohérence, s'amincissent et se vident de leur contenu huileux.

Ces corps arrondis, qui grandissent ainsi aux dépens
du sclérote, s'élèvent peu à peu sur une tige cylindrique
d'un diamètre moindre que le leur. Ils se colorent d'une
teinte d'abord jaunâtre qui devient ensuite plus ou
moins purpurine. Presque dès son apparition le stipe est
d'une couleur rouge-violette, plus intense à sa base qu'à
sa partie supérieure (fig. 263 et 264 A).

La tête globuleuse est séparée du stipe par une sorte
de repli circulaire formant sillon ; elle atteint, quand elle
est parvenue à son complet développement un diamètre
de 3 à 4 millimètres. Le stipe tantôt droit, tantôt plus
ou moins flexueux, a environ 2 millimètres de diamètre

et une longueur variant entre 15 et 25 millimètres.

La surface des capitules globuleux est semée d'une multitude de petites éminences équidistantes, souvent à peine saillantes et correspondant à l'ostiole d'autant de petits périthèces qui sont placés près les uns des autres, enfoncés dans le tissu de la partie extérieure de la tête sphérique, comme ceux de l'*Epichloe typhina* et des *Polystigma rubrum* dans leur stroma.

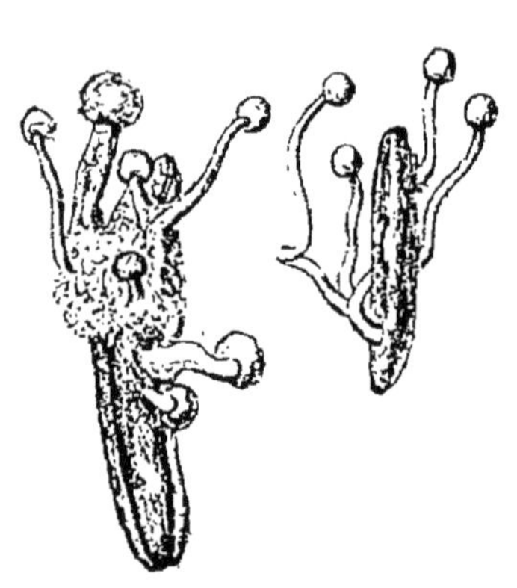

Ces périthèces ovales-acuminés (fig. 264 B) contiennent des asques allongés, étroits, linéaires, se terminant inférieurement en un support filiforme; ils ont de 12 à 15 centièmes de millimètre de long et sont entremêlés de paraphyses linéaires et légèrement épaissies à leur sommet. Chacun de ces asques contient à son intérieur un faisceau de huit spores filiformes (fig. 264 C et D).

FIG. 263. — ERGOT DU SEIGLE.

Ergots portant des fructifications de *Clariceps purpurea*. (D'après Talasne.)

Quand on place sous le microscope une coupe d'un capitule mûr et qu'on ajoute de l'eau à la préparation, on voit les asques sortir des périthèces en quantité et émettre leurs spores.

Ces ascospores sont capables de germer et d'infecter les fleurs du Seigle, aussi bien que les conidies de la Sphacélie.

M. Kühn a observé leur mode de germination. Si on met de ces spores en suspension dans une goutte d'eau, sur une lame de verre dans une atmosphère humide, on voit qu'au bout de 24 heures elles commencent à germer.

Filiformes et très ténues, elles se gonflent d'abord d'une façon marquée et, en même temps, des points clairs forte-

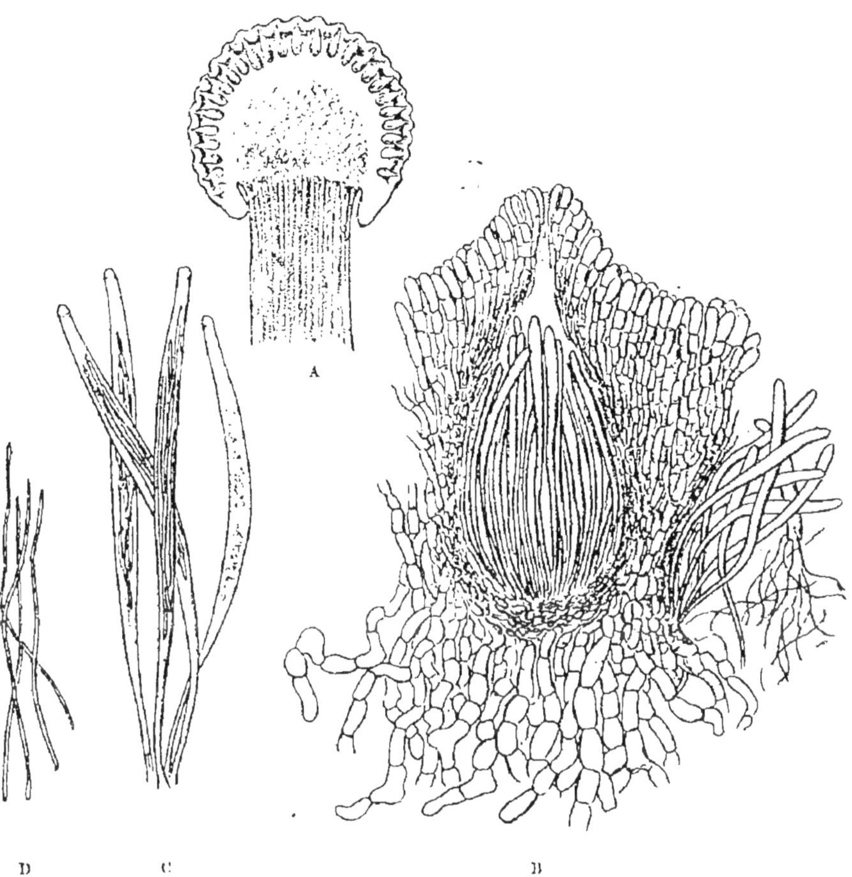

Fig. 264. — *Claviceps purpurea.*

A, Tête de *Claviceps purpurea.* — B, Portion de la figure précédente plus grossie pour montrer un périthèce contenant une touffe d'asques. — C, Asques contenant des spores. — D, Spores isolées. (D'après Tulasne.)

ment réfringents se montrent isolés dans leur longueur; puis, çà et là, en certains points de sa longueur, se produisent des renflements arrondis au nombre de 2, 3, 4 ou même plus, tantôt près tantôt loin les uns des autres. Ces renflements deviennent bientôt le point de départ d'autant de ramifications qui se montrent bien développées 36 heures après le commencement de la germination (fig. 265).

Ces ascospores de *Claviceps purpurea* germent dans les fleurs de Seigle et y produisent l'infection dont la première manifestation est la formation de la Sphacélie et l'exsudation du miélat qui l'accompagne. M. Kühn a obtenu expérimentalement cette infection des ovaires du Seigle en mettant des tranches fines d'un capitule mûr de *Claviceps* dans le fond de fleurs ouvertes, tout en ayant bien soin de ne pas les blesser et en maintenant les épis à l'humidité. Il opéra ainsi sur 6 fleurs distantes les unes des autres sur un épi de Seigle

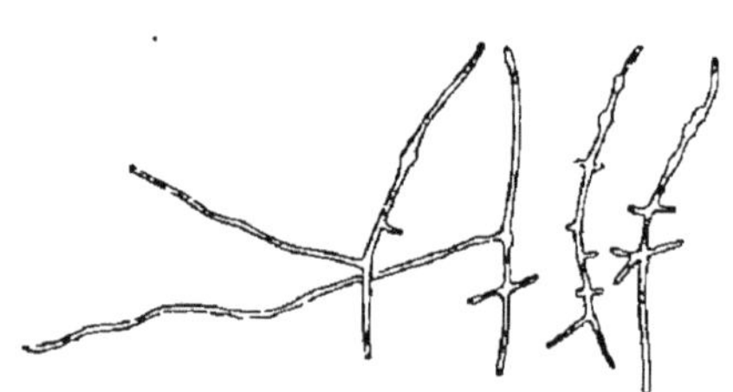

FIG. 265. — SPORES DE *Claviceps purpurea* GERMANT.
(D'après M. Kühn.)

le 9 juin au soir; dans la matinée du 20 juin, il vit les gouttelettes visqueuses se montrer entre les bales de 5 de ces fleurs; sur une seulement l'infection ne s'était pas produite.

Le premier jour, le liquide était clair et ne contenait que très peu de conidies; le 22, il en était rempli et bientôt cinq gros Ergots se formaient sur l'épi.

Ainsi le champignon qui a pour sclérote l'Ergot peut envahir le Seigle sous deux formes différentes. Les ascospores du *Claviceps,* comme les conidies du *Sphacelia,* produisent sur le pistil de la fleur de Seigle où elles germent les mêmes phénomènes : production de *Sphacelia* accompagnée de miélat, puis apparition des Ergots.

La connaissance des phases diverses de la vie du

champignon de l'Ergot permet de juger ce que l'on peut faire d'utile pour en entraver la propagation.

Il est bien évident, tout d'abord, que le sulfatage des semences est tout à fait inutile pour cela, bien qu'on l'ait souvent recommandé, puisque ce n'est pas la jeune plante qui est infectée au moment de la germination, comme cela a lieu pour les maladies charbonneuses, mais la fleur même, vers le moment de l'anthèse.

Ce que l'on doit prescrire avant tout, c'est de récolter les sclérotes, les Ergots, quand ils sont bien visibles dans les épis, avant la moisson, de peur qu'ils ne tombent dans le champ quand on fauche le Seigle, puis après le battage quand on les a séparés du bon grain avec les criblures. On les vendra aux pharmaciens ou on les détruira par le feu. Secs, ils brûlent facilement.

Si au voisinage des champs de céréales on aperçoit des Ergots sur les graminées sauvages, il faudra les faucher le plus tôt possible, pour éviter que les insectes qu'attire leur miélat ne portent les conidies de leur Sphacélie sur les épis plus tardifs des céréales.

Il est établi que le miélat des épis de Seigle qui fleurissent les premiers sert à l'infection des épis des pieds plus chétifs et dont le développement est plus tardif; cela explique bien pourquoi les plants faibles et retardés dans leur croissance sont, comme on l'a souvent remarqué, attaqués par l'Ergot en plus grand nombre que les plants bien vigoureux. On devra donc chercher par une bonne culture à assurer la végétation la plus régulière possible des céréales; en obtenant une floraison bien uniforme, on mettra par cela même obstacle à la propagation de l'Ergot.

SPHÆRIACÉES

Les Sphæriacées sont des Pyrénomycètes à périthèces noirs, petits, peu visibles, qui vivent soit en saprophytes, soit en parasites. Les Sphæriacées forment la grande majorité des Pyrénomycètes, et sans doute, un très grand nombre de champignons saprophytes ou parasites que l'on décrit comme Hyphomycètes, Mélanconiées ou Sphærioïdées peuvent être considérés comme des Sphæriacées qui ne possèdent ou dont on ne connaît que des formes accessoires.

Bien des Sphæriacées dont on a pu étudier le développement ont, en effet, montré que la forme de fructification qui est caractéristique, celle où les spores sont produites à l'intérieur de fruits ascophores ou véritables périthèces, est précédée soit de formes ayant des fruits conidiens à conidies relativement assez grosses ou très ténues (pycnides ou spermogonies), soit de formes présentant des conidiophores filamenteux simples ou ramifiés.

Des Sphæriacées causant souvent aux plantes cultivées des dommages d'une importance considérable fournissent bien des exemples de ce polymorphisme.

Rosellinia.
Rhizoctone ou Pourridié.

On a désigné sous le nom de *Rhizoctone* des champignons parasites qui se développent sur les racines des plantes, pénètrent dans leur intérieur et les tuent, entraînant ainsi comme conséquence fatale la mort de la plante entière. La pourriture des racines des Vignes et des arbres fruitiers causée par des champignons parasites

a depuis longtemps reçu des cultivateurs du midi de la
France le nom de *Pourridié*. Le nom de *Rhizoctone* a
été donné à des champignons parasites dont on ne connaissait pas de formes de fructification. Leur système
végétatif très développé, grâce auquel ils passent dans le
sol d'une racine à l'autre; des sclérotes, sortes de tubercules qui leur permettent de vivre d'une vie latente quand
les conditions extérieures sont défavorables à leur développement et d'attendre le moment propice où ils se développeront activement, caractérisent seuls le genre *Rhizoctonia* qui n'est que provisoire. Quand une Rhizoctone
fructifie on la rapporte à un genre déterminé. Il est
avéré que plusieurs doivent ainsi être rapportées à un
genre de Sphæriacées qui a reçu de de Notaris le nom de
Rosellinia.

Les *Rosellinia* sont des Sphæriacées dont les périthèces globuleux et noirs naissent dans une couche de
filaments mycéliens, du milieu de laquelle ils sortent; ils
contiennent des asques entremêlés de longues paraphyses; à leur intérieur se trouvent 8 spores brunes ou
noires à la maturité.

Rosellinia quercina R. Hartig.
Rhizoctone ou Pourridié du Chêne.

La Rhizoctone du Chêne a été le sujet d'une étude
très complète de M. Rob. Hartig qui a suivi les phases
de son développement et a montré qu'elle (1) devait être
rapportée à une espèce nouvelle de *Rosellinia*.

La maladie attaque les jeunes plants de Chêne de un à
trois ans et ne fait de ravages que dans les pépinières où les

(1) R. Hartig. *Die Eichenwürzeltödter*, Rosellinia quercina. (*Untersuchungen aus d. forstb. Institut zu München*), 1880, et *Lehrbuch der Baumkrankheiten*, 2ᵉ éd. 1889.

racines des jeunes plants se touchent et s'entremêlent, la maladie se propageant alors aisément des uns aux autres.

Les jeunes pieds attaqués pâlissent et se dessèchent en commençant par les feuilles supérieures qui entourent le bourgeon terminal, puis les feuilles inférieures se dessèchent à leur tour et la plante meurt. Le mal gagne de proche en proche, surtout quand la température est humide et chaude et il peut anéantir rapidement tout un ensemencement.

Quand on arrache un plant présentant les premiers symptômes de la maladie, on voit que sa racine est profondément altérée; souvent son extrémité est tout à fait pourrie; ses tissus sont tout au moins mourants et colorés en brun (fig. 266). Sa surface est couverte d'un lacis formé par les filaments de la Rhizoctone. Ce sont des hyphes cloisonnées, ramifiées à angle aigu; elles s'anastomosent assez souvent lorsqu'elles se croisent ou bien qu'elles s'étendent parallèlement les

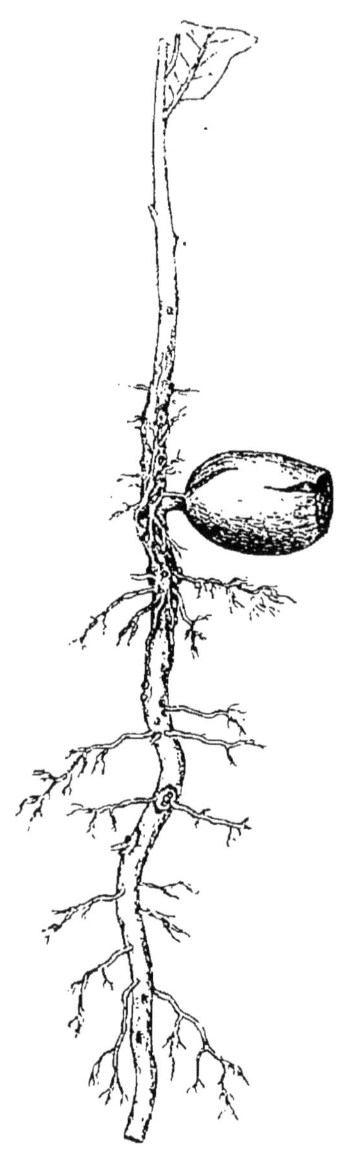

Fig. 266. — Jeune plant de chêne attaqué par le *Rosellinia quercina*.

(D'après M. R. Hartig).

unes aux autres pour former des cordons de la grosseur
d'un fil. Ces cordons se ramifient et s'unissent en réseau
à larges mailles, soit sur le sol, soit sur les racines
(fig. 267); d'abord blancs, ils brunissent au bout d'une
dizaine de jours et s'allongent, soit sous terre autour
des racines dans l'intérieur
desquelles ils pénètrent, soit
à la surface du sol. Dans de
bonnes conditions de végétation, leur longueur peut
augmenter de 10 centimètres
dans l'espace de 20 jours.

La chaleur et l'humidité
favorisent singulièrement la
croissance de ces filaments
de Rhizoctone. C'est dans
les mois de juin, juillet et
août, après les pluies, que
leur végétation est le plus
rapide. A l'automne, ils s'en-
gourdissent et passent à l'é-
tat de vie latente, pour ne recommencer à végéter qu'au
mois de mai suivant, de façon
à causer, à partir du mois de
juin, des dégâts considérables.

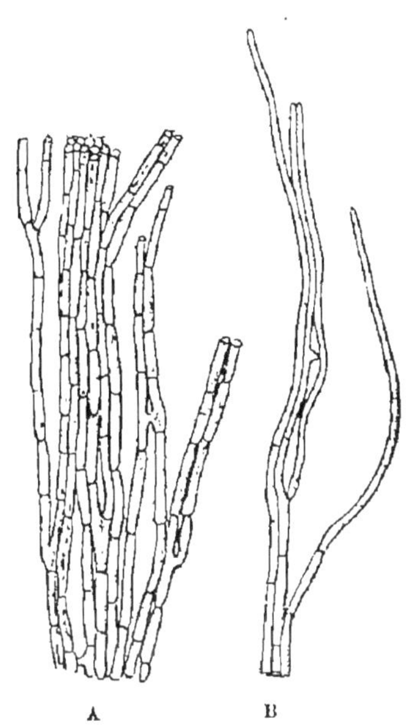

Fig. 267. — *Rosellinia quercina.*
A, Filaments de mycélium jeunes et encore
blancs. — B, Filaments mycéliens plus âgés
et bruns.

Quand un des fins cordons de Rhizoctone en voie de
croissance rencontre une racine jeune, soit l'extrémité du
pivot qui n'est pas encore protégé par une lame de périderme, soit une radicelle latérale, il y pénètre aisément;
ses hyphes traversent les parois des cellules vivantes du
parenchyme cortical et forment à leur intérieur, en se
gonflant et se divisant en articles courts, une masse de

pseudoparenchyme à éléments polyédriques que l'on peut regarder comme une sorte de sclérote diffus, dans lequel s'amassent de grosses gouttes d'huile et qui demeure à l'état de vie latente.

Les hyphes pénètrent en outre jusque dans la partie profonde de l'écorce et même dans les vaisseaux et le parenchyme ligneux du bois qu'elles détruisent et remplissent d'un feutrage blanc. En moins de 15 jours, à l'humidité, il ne reste plus d'une racine envahie par la Rhizoctone qu'un tube d'écorce dont tout l'intérieur est détruit.

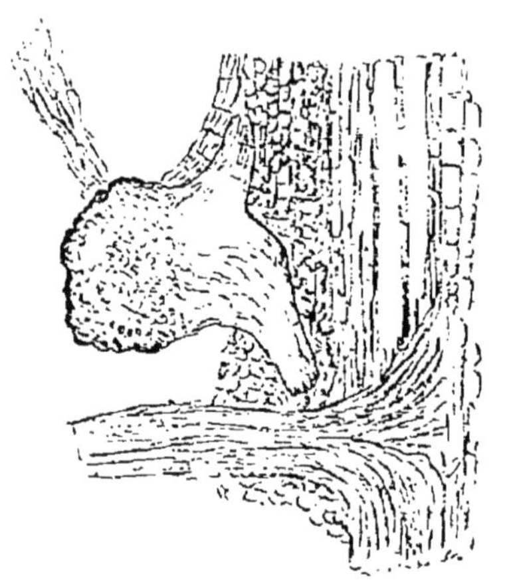

Fig. 268. — *Rosellinia quercina.*
Sclérote formé près d'une radicule morte émettant des prolongements sous le périderme et a l'intérieur de l'écorce.

(D'après M. R. Hartig.)

Quand les filaments de Rhizoctone atteignent une racine déjà couverte de périderme, ils s'étendent et se ramifient à sa surface et y forment, surtout sur les points où se trouvait une fine radicelle et où, par suite, le cylindre de liège est percé, des pelotons gros comme une tête d'épingle qui sont de véritables petits sclérotes (fig. 268). Leur surface extérieure durcit et se colore en noir.

Par leur autre face qui est appliquée à la surface de la racine, ces petits corps globuleux produisent, si la température favorise leur croissance, des saillies charnues en forme de coins (fig. 268) qui s'introduisent entre le périderme et le parenchyme cortical de la racine ou même s'enfoncent dans ce parenchyme jusqu'à gagner la région cambiale. Si les conditions extérieures sont défavorables, ces sclérotes peuvent demeurer à l'état de vie latente, mais quand la température devient assez élevée et le sol assez humide, les coins charnus s'allongeant en paquets d'hyphes, pénètrent dans tous les tissus de la racine et les détruisent.

Quand les plants sont plus âgés et déjà morts, les filaments qui s'étendent à leur surface ne sont plus blancs, mais bruns, et les petits sclérotes noirs se montrent en grande quantité, non seulement sur le pivot, mais aussi sur les parties inférieures de la tige. Dans un milieu humide, ils germent à l'air par leur surface extérieure (fig. 269); leur couche corticale noire se fend par places et laisse sortir des touffes d'hyphes, qui s'allongent en filaments de mycélium pour former une lame feutrée, à la surface de la tige et de la racine sur le sol et des cordons de Rhizoctone.

.Fig. 269.
Rosellinia quercina.

Sclérote, formé sur une racine germant en émettant à l'air des touffes de filaments. (D'après M. R. Hartig.)

Les hyphes de la Rhizoctone qui pénètrent dans la couche superficielle de l'écorce y forment également entre les lames de périderme de sclérotes qui sont limités seulement par une fine lamelle de liège. Il peut s'en produire ainsi plusieurs les uns au-dessous des autres dans l'épaisseur de la couche du périderme.

Quand le temps favorise la végétation du *Rosellinia* les cellules du pseudoparenchyme, dont sont formés ces sclérotes, émettent des filaments incolores très fins qui produisent à l'intérieur de ces corps une sorte de tissu médullaire. Peu à peu, le tissu des sclérotes se transforme en filaments qui s'allongent dans toutes les directions.

Les cordons de Rhizoctone sont très sensibles à la sécheresse; elle les détruit très facilement; la conserva-

tion du parasite est alors assurée seulement par les sclérotes qui lui permettent de traverser sans dommage une
période qui sans cela serait mortelle pour lui.

M. Hartig a reconnu que la Rhizoctone du Chêne
produit des fructifications de deux sortes, des filaments
fructifères portant des conidies et des périthèces ascospores.

Fig. 270.
*Rosellinia
quercina.*

Filament coni-
diophore. (D'a-
près M. R. Har-
tig.)

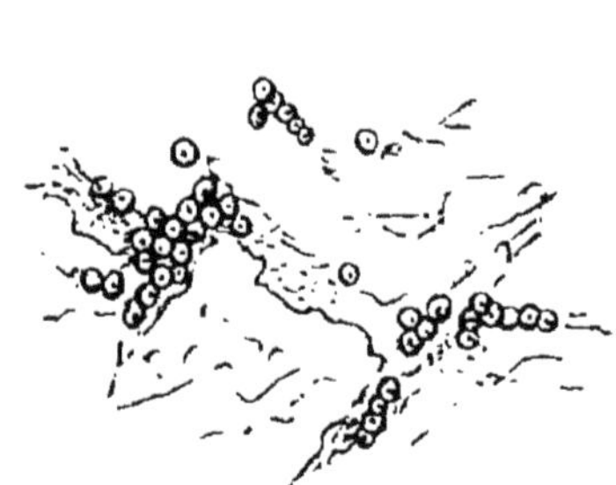

Fig. 271. — *Rosellinia quercina.*

Périthèces formés dans le mycélium couvrant
le sol. (D'après M. R. Hartig.)

Les conidiophores sont des filaments assez semblables
à ceux du mycélium, mais qui, au lieu de ramper à la
surface du sol, se redressent et portent dans leur partie
supérieure plusieurs verticilles de courts rameaux fructifères. Ces rameaux produisent à leur extrémité des conidies simples, incolores, courtement cylindriques, qui
se détachent très facilement (fig. 270); chaque rameau
en produit plusieurs.

Les périthèces du *Rosellinia quercina* se forment
dans les lacis de filaments de la Rhizoctone qui couvrent
le sol (fig. 271) ou les racines et la base de la tige des

plants de Chêne, d'une sorte de peau feutrée d'un gris sale et d'une épaisseur de 1 à 2 millimètres (fig. 272).

Ce sont de petits corps globuleux noirs présentant à leur sommet une petite saillie correspondant au point où ils sont ouverts. Leur paroi est dure et friable (fig. 273, A).

A l'intérieur se trouvent des asques entremêlés de très longues paraphyses septées, à parois minces, qui atteignent plus du double de la longueur des asques. Les paraphyses se forment avant les asques; elles remplissent déjà l'intérieur du périthèce quand les asques apparaissent entre elles (fig. 273, B).

Ces asques, d'abord cylindriques, puis un peu renflés en massue, sont remplis d'un liquide finement granuleux, où bientôt se forment les spores au nombre de huit par asque. Elles sont pointues aux deux extrémités en forme de fuseau très court,

Fig. 272. — *Rosellinia quercina.*

Périthèces formés dans le mycélium que recouvre le bas d'une tige d'un revêtement floconneux. (D'après M. R. Hartig.)

très faiblement courbé. Normalement elles sont disposées dans l'asque en une seule série, mais bien souvent elles s'amassent plusieurs l'une contre l'autre, à la même hauteur, vers l'extrémité de l'asque. Quand elles sont parvenues à maturité, ces spores sont d'un brun très foncé, elles ont 3o μ de long sur 10 μ de large.

Le sommet de l'asque présente une disposition très singulière que l'on retrouve dans d'autres espèces de *Rosellinia*. Il s'épaissit en ne laissant dans l'axe de l'asque qu'un très fin canal. Cet épaississement fait saillie

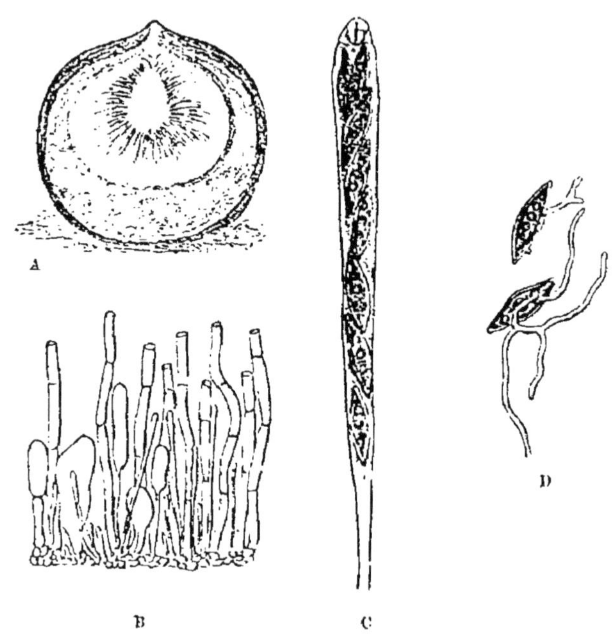

FIG. 273. — *Rosellinia quercina.*

A, Périthèce. — B, Jeunes asques naissant entre la base de longues paraphyses. — C, Asque mûre plus grossie. — D, Spores germant. (D'après M. R. Hartig.)

dans l'intérieur de l'asque et forme une sorte de bouchon traversé dans sa longueur par le canalicule extrêmement ténu. Il se colore en bleu par l'iode.

Placés dans l'eau, les asques se gonflent, leurs parois se gélifient très facilement et disparaissent.

M. Hartig a vu les ascospores du *Rosellinia quercina* semées en octobre germer au bout de vingt-quatre heures.

Leur épispore se fend longitudinalement sur le côté de la spore qui est le plus court (fig. 273 D). La fente occupe un tiers de sa longueur. De chacune de ses extrémités naît un tube de germination qui se ramifie et en se développant produit la Rhizoctone.

Ce Pourridié du Chêne n'a été jusqu'ici signalé que dans les pépinières forestières. Aussitôt qu'on le voit apparaître sur un point, comme on sait qu'il se propage souterrainement de proche en proche, se répandant dans le sol autour des racines infectées, on doit, non seulement enlever et détruire les pieds mourants et morts, mais pratiquer au delà, à 30 centimètres des derniers pieds dont la racine est attaquée, un fossé dont on rejette la terre sur la place infectée, afin d'empêcher que le mycélium de la Rhizoctone qui peut se trouver à la surface du sol n'y produise des fructifications.

Rosellinia aquila (Fr.) de Not.
Rhizoctone ou Pourridié du Mûrier.

Syn. *Sphaeria aquila* Fr.
État conidien : *Trichosporium fuscum* Sacc. — *Sporotrichum fuscum* Link.

Le *Rosellinia aquila* attaque les racines d'un grand nombre d'arbres tels que le Chêne, non pas seulement quand il a de un à trois ans comme le *Rosellinia quercina*, mais quand il a atteint déjà une grande taille, l'Aubépine, le Bouleau, le Mûrier, etc. C'est principalement sur le Mûrier qu'il a été étudié et on a pu constater qu'il y cause de graves dommages. C'est l'un des parasites qui en tuant les racines de cet arbre produit ce que l'on a nommé la *Maladie des racines* du Mûrier (1).

Le mycélium du *Rosellinia aquila,* qui est l'une des Rhizoctones du Mûrier, forme à la surface des racines qu'il attaque et tue, des plaques d'un blanc pur peu étendues. Sortant à travers les nombreuses solutions de continuité de l'écorce sous forme de petites houppes, il s'étend en rayonnant autour de son point de départ et forme ainsi ce revêtement cotonneux blanc, d'une épaisseur assez faible.

Quand on transporte dans un milieu saturé d'humidité un fragment de racine attaqué par ce mycélium, on le voit se développer d'une façon luxuriante et former un duvet d'une blancheur parfaite qui peut atteindre 1 centimètre d'épaisseur. Si on place un de ces morceaux de racine sur du sable humide dans un cristallisoir couvert d'une plaque de verre, on voit le mycélium s'étaler sur le sol et s'étendre même sur les parois du vase. Il prend alors souvent l'aspect de cordonnets blancs, floconneux, dont le diamètre ne dépasse pas 2 millimètres.

L'intensité et la rapidité de la croissance de ce mycélium varient avec la température; celle de 15 à 20° est la plus avantageuse quand, du reste, il est tenu dans un milieu confiné et saturé d'humidité.

Après une période de végétation active dont la durée est assez variable, la masse floconneuse se flétrit peu à peu et prend une teinte d'un jaune grisâtre qui devient progressivement gris foncé et noirâtre; elle constitue alors des amas ayant l'apparence de plaques ou de rubans à contours mal arrêtés.

---

(1) Prillieux et Delacroix, *Maladies du Mûrier, Ann. de l'Institut national agronomique,* t. XIII, 1893.

Si dans les expériences, les conditions de température et d'humidité deviennent désavantageuses, le développement du mycélium s'arrête, pour reprendre lorsqu'elles redeviennent normales et avec une production nouvelle de mycélium blanc floconneux. Le fait peut se reproduire un certain nombre de fois.

Le mycélium qui s'est progressivement condensé forme sur la racine une croûte constituée par un stroma assez lâche, noirâtre extérieurement, d'un blanc plus ou moins pur à l'intérieur. Dans la racine, il pénètre sous l'écorce et forme à la place du cambium une plaque blanchâtre qui ne tarde pas à brunir un peu. Ce mycélium ainsi condensé peut demeurer très longtemps à l'état de vie latente et reprendre une vie active quand les conditions redeviennent favorables à sa végétation. M. Berlèse (1) a vu le mycélium renaître sur un fragment de racine resté deux ans en herbier.

Le mycélium floconneux blanc est formé de filaments transparents, ramifiés et cloisonnés, de grosseur fort inégale, les gros troncs atteignent un diamètre de 5 à 6 μ, tandis que les dernières ramifications n'ont que de 1,5 à 3 μ de large.

Quand le mycélium s'agglomère en cordons ou en plaques, il change de couleur. Les parois des filaments deviennent jaunâtres, puis progressivement plus foncées jusqu'à passer au brun assez intense. En même temps la paroi des filaments et leurs cloisons s'épaississent Les filaments accolés les uns aux autres s'unissent parfois par des anastomoses latérales.

A l'intérieur de la racine les éléments du parenchyme cortical qui sont tués les premiers se montrent dis-

---

(1) Berlèse, *Rapporti tra Dematophora e Rosellinia*. Rivista di Patologia vegetale, vol. I, 1892.

sociés et infiltrés par les hyphes de la Rhizoctone. Le cambium et le liber mou formés de cellules à parois minces sont vite corrodés par les sécrétions du mycélium et disparaissent bientôt entièrement. Elles sont remplacées par un pseudoparenchyme assez analogue par sa structure au stroma noirâtre extérieur, mais alors d'une couleur plus claire et qui peut être comparé aux sclérotes intra-corticaux du *Rosellinia quercina*.

Le bois à son tour est envahi, les rayons médullaires particulièrement; les filaments mycéliens, d'abord hyalins et très ténus, brunissent et épaississent leur paroi quand les tissus où ils ont pénétré sont morts et altérés.

Après que le mycélium a formé sur la racine dont il corrode les tissus une croûte noirâtre, la végétation du parasite semble cesser complètement, puis après une période d'arrêt qui peut être courte, si l'humidité est persistante, la couche de stroma noirâtre recommence à végéter. Elle se couvre d'un fin velouté de couleur olivâtre formant de petites masses rapprochées, légèrement proéminentes, qui ne tardent pas à se rejoindre et à se confondre.

Au bout de quelque temps, ce velouté prend une nuance gris clair. Si on le touche alors du doigt, il y dépose une poussière grise qui est formée par les conidies du *Rosellinia aquila*. Le velouté est dû à des touffes serrées, des filaments ramifiés qui portent les conidies sur leurs dernières ramifications (fig. 274).

Les conidiophores du *Rosellinia aquila* diffèrent assez notablement de ceux du *Rosellinia quercina*, où les rameaux fructifères sont courts et naissent par verticille. Ce sont des filaments bruns, cloisonnés, qui se ramifient en se bifurquant ou se trifurquant à angle aigu un grand nombre de fois. Les branches sont d'une teinte de plus en plus claire à mesure qu'elles se ramifient;

les dernières ramules sont à peu près incolores; elles sont un peu sinueuses et portent un très grand nombre

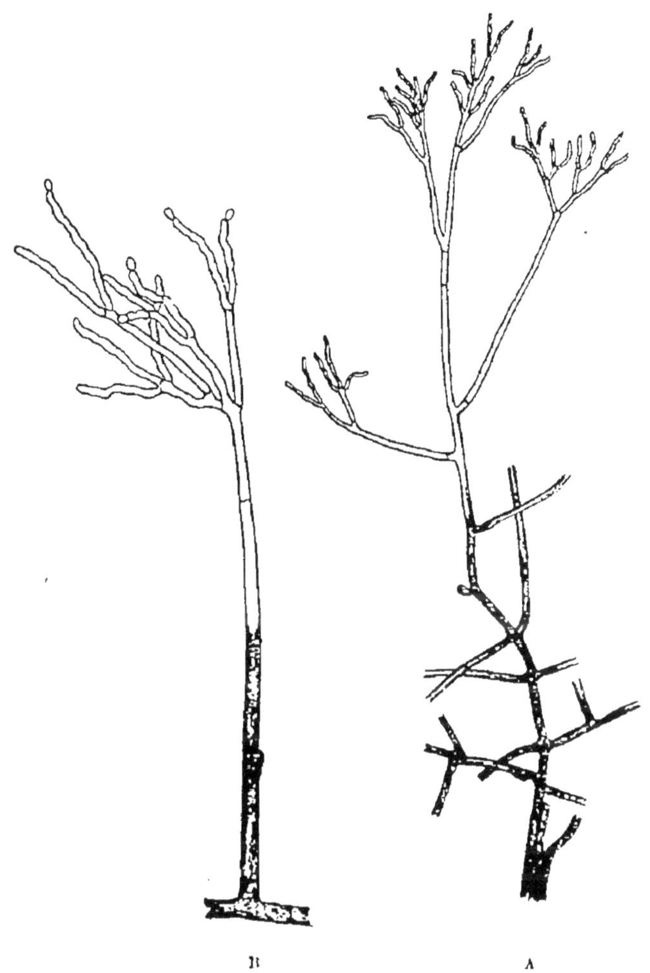

FIG. 274. — *Rosellinia aquila*.

A, Mycélium et arbre conidiophore. — B, Rameau conidiophore plus grossi.

de fines aspérités qui servent de point d'attache aux conidies qui sont ovoïdes, très faiblement colorées, et ont une longueur de 7 à 10 μ. de long et une largeur de 6 à 7 μ.

Cette forme conidienne du *Rosellinia aquila* a été décrite comme espèce spéciale par Link sous le nom de *Sporotrichum fuscum*. C'est le *Trichosporium fuscum* de Saccardo.

C'est au milieu du velouté formé par les touffes serrées de ces filaments conidiophores que naissent les périthèces de *Rosellinia aquila* (fig. 275). Ils sont noirs ou

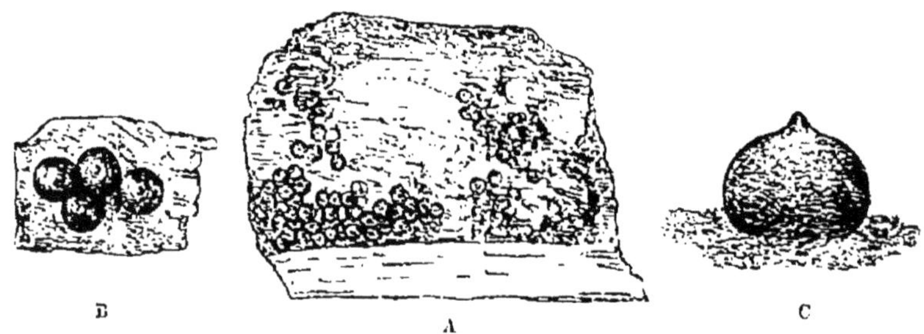

Fig. 275. — *Rosellinia aquila.*

A, Périthèces naissant au milieu du velouté formé par les conidiophores. — B, Les mêmes un peu grossis. — C, Périthèce plus grossi, vu de profil.

d'un brun très foncé, globuleux et terminés à leur sommet par une papille saillante. Ils apparaissent, la plupart du temps, naissant par groupes de la surface du stroma et sont à leur début presque entièrement couverts par les filaments du milieu desquels ils se dégagent. Quand ils sont complètement développés, assez souvent on ne trouve plus de filaments à leur base.

En général, quand les périthèces sont visibles, la forme conidienne a cessé de foisonner. Dans quelques cas cependant, les conidies et les périthèces bien développés coexistent, mais c'est là un fait exceptionnel qui, sans doute, est dû à des conditions de végétation spéciales.

Les périthèces contiennent des asques entremêlées de

paraphyses (fig. 276) au milieu desquelles ils se sont développés. Ces paraphyses sont un peu plus longues que les asques ; elles mesurent de 170 à 180 µ de long sur 1µ,25 à 1µ,75 seulement de large. Les asques mûrs, atténués par leur base en un long pédicelle, ont de 155 à 170 µ de long sur 10 µ de large.

Les spores y sont disposées obliquement en une seule série occupant la partie large de l'asque.

Ces spores, qui sont d'abord hyalines avec deux grosses gouttelettes, brunissent en mûrissant et deviennent fuligineuses. Mûres, elles sont d'un brun foncé et ne contiennent souvent qu'une gouttelette. Elles sont ovales, atténuées aux deux extrémités et ont une face un peu plus bombée que l'autre, comme les spores de *Rosellinia quercina.*

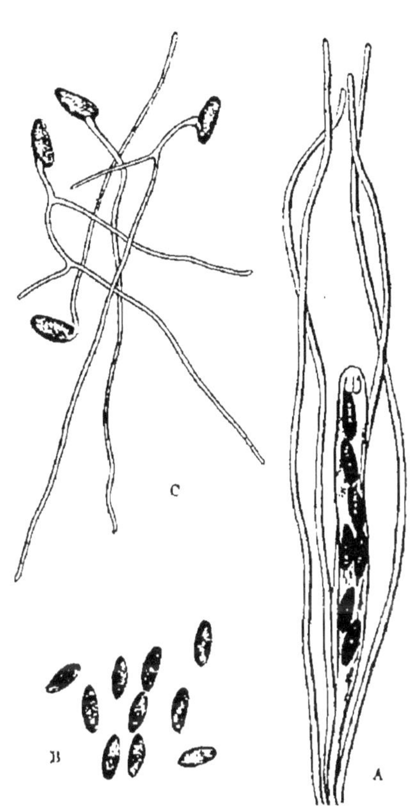

Fig. 276. — *Rosellinia aquila.*
A, Asque et paraphyses. — B, Spores libres. — C, Spores germant.

L'extrémité des asques présente un épaississement pareil à celui que M. Rob. Hartig a observé chez le *Rosellinia quercina.* Il forme une sorte de bouchon qui bleuit par l'iode et qui est traversé dans sa longueur par un très fin canal. M. Frank a observé dans le *Gnomonia erythrostoma,* une disposition qui paraît fort analogue; il lui attribue un rôle très important dans la projection des spores. Ce bouchon d'une nature différente du reste de la paroi de l'asque, comme le montre la réaction de l'iode, serait formé d'une matière élastique constituant ainsi une sorte de sphincter.

La partie interne de la paroi de l'asque se gélifie rapidement et se gonfle à l'humidité. Selon M. Frank, l'asque grandirait alors beaucoup sous cette pression intérieure et s'engagerait dans l'ostiole du périthèce, d'où les spores sont projetées par la contraction du sphincter. Sous le microscope, les asques placés dans l'eau se fondent en gelée et disparaissent laissant les spores et le bouchon libres sur le porte-objet.

Le *Rosellinia aquila* attaque sous sa forme Rhizoctone le collet de l'arbre et les racines superficielles. Il fructifie seulement sur les parties mortes. La forme conidienne apparaît quelquefois sur les racines du Mûrier mortes l'année précédente; les périthèces se montrent plus tard, souvent sur des troncs de Mûrier morts depuis plusieurs années.

La conséquence de la destruction des racines du Mûrier par le *Rosellinia aquila* est la mort plus ou moins lointaine de l'arbre. Tantôt les branches se dessèchent et meurent les unes après les autres, l'arbre dépérit et la mort survient au bout de trois ou quatre ans : c'est ce qu'on observe le plus souvent dans les sols secs. L'évolution de la maladie est d'autant plus lente que le sol est moins humide ou, en d'autres termes, que la végétation du parasite qui la produit est moins active.

D'autres fois, au contraire, la mort est très rapide. L'année précédente, le Mûrier paraissait bien portant; au premier printemps les bourgeons se développent normalement; tout à coup les feuilles avant d'avoir atteint leur taille normale jaunissent et se dessèchent sur les branches tout en restant attachées à l'arbre. Quelquefois, sept à huit jours suffisent pour qu'un Mûrier se dessèche ainsi sur pied. On dit qu'il meurt de la *maladie des racines*. C'est particulièrement dans les terres d'alluvion fraîches qu'on voit la maladie sévir avec une telle intensité. L'humidité a en effet une influence considérable sur la rapidité avec laquelle le mycélium croît et amène la mort des racines.

Divers parasites des racines autres que le *Rosellinia aquila* font de même périr les Mûriers. Tel est l'*Armillaria mellea*, tel est aussi une autre Rhizoctone très répandue et très redoutable, qui a avec le *Rosellinia aquila* des analogies frappantes et qui est la cause du plus dangereux Pourridié de la Vigne, le *Dematophora necatrix*.

Dematophora necatrix R. Hartig.

Pourridié de la Vigne et des arbres fruitiers.

SYN. : *Rosellinia necatrix* Berlese.

Parmi les divers champignons parasites qui attaquent les racines des plantes et les tuent, il n'en est peut-être pas de plus répandu et de plus dangereux que celui que M. R. Hartig a fait connaître sous le nom de *Dematophora necatrix*.

C'est presque toujours seulement à l'état stérile, à l'état de Rhizoctone, qu'on l'observe sur les parties souterraines, non pas seulement de la Vigne, mais de toutes sortes d'arbres, Chêne, Érable, Figuier, Mûrier, Pêcher, etc., et même de plantes annuelles comme la Fève, la Jacinthe, la Pivoine, etc. Ce n'est, en effet, que quand les plantes qu'il attaque sont mortes, que quand son mycélium vit en saprophyte sur les parties souterraines qu'il a tuées, qu'il commence à produire des fructifications.

Le plus souvent le mycélium du *Dematophora necatrix* forme sur la surface des racines ou du bas de la tige un revêtement floconneux d'un blanc pur qui peut s'étendre en lames feutrées sur le sol humide ou s'allonger en forme de cordons reliant les masses blanches les unes aux autres. Cette sorte d'ouate blanche peut changer de couleur et devenir d'un gris fauve et brunâtre. Entre ce mycélium et celui du *Rosellinia aquila* la ressemblance extérieure est à peu près complète.

On a parfois confondu les cordons bruns du mycélium du *Dematophora* avec les Rhizomorphes de l'*Armillaria mellea;* ils s'en distinguent bien cependant, même par leur aspect; ils ne présentent jamais en vieillissant l'apparence de cordelettes rigides et d'un noir brillant du Rhizomorphe de l'*Armillaria* et restent toujours un peu cotonneux à leur surface, surtout s'ils sont secs; en outre, les ramifications qu'ils émettent n'ont pas la tendance qu'ont celles du Rhizomorphe à se disposer perpendiculairement à l'axe du cordon d'où elles émanent.

Du reste, l'examen microscopique du mycélium du *Dematophora* fournit le moyen le plus sûr de le distinguer de celui du *Rosellinia aquila* et de celui de l'*Armillaria mellea*. Les hyphes du mycélium floconneux du *Dematophora necatrix* sont de taille assez inégale, les uns sont fins, droits ou légèrement flexueux et peu ramifiés, à calibre régulier et à membrane épaisse, les

autres, plus gros, à cloisons souvent assez rapprochées, présentent souvent au niveau des cloisons des dilatations en forme de poire qui sont tout à fait ca-
ractéristiques (fig. 277) et qui peuvent atteindre 5 ou 6 fois le diamètre du filament.

Le mycélium blanc du *Dematophora* prend au bout de quelque temps une teinte grisâtre : les hyphes qu'on y voit présentent aussi et plus net-
tement que les filaments

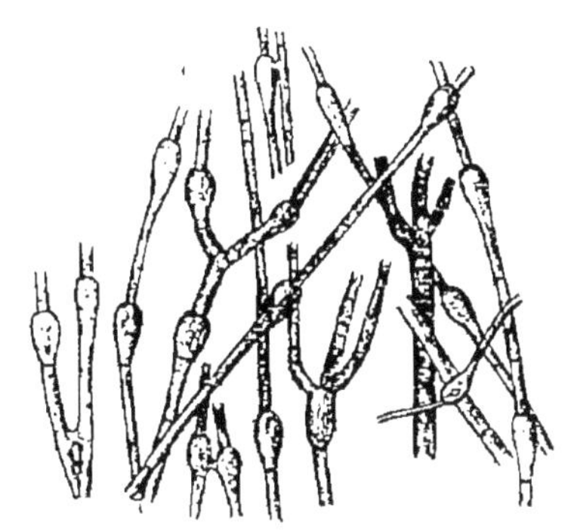

Fig. 277. — *Dematophora necatrix*.
Filaments mycéliens.

blancs de ces renflements en forme de poire. Cette particularité permet de les distinguer de ceux du *Rosellinia aquila* qui ne présentent pas de pareils renflements ; ils sont en outre en moyenne un peu plus gros et peuvent atteindre un diamètre de 7 à 8 μ.

M. Viala assure que les renflements piriformes des hyphes du *Dematophora* peuvent s'isoler et se transformer en chlamydospores, lorsque le mycélium est plongé dans l'eau et soustrait ainsi à l'action de l'air exté-
rieur (1). Le plasma s'y accumule et le reste du filament se flétrit en même temps que la chlamydospore grossit et s'enveloppe d'une membrane épaisse.

La structure des cordons blancs ne diffère pas nota-
blement de celle des lames floconneuses ou feutrées. Le centre des cordons est formé des plus petits filaments disposés parallèlement et qui ne présentent qu'exceptionnellement de légers renflements en poire ; le pourtour

<hr>

(1) P. Viala, *Monographie du Pourridié*, thèse de Paris. Masson, 1891.

est occupé par des filaments plus larges, qui, blancs au début, prennent ensuite une teinte brune. Ces cordons sont floconneux à l'extérieur; les flocons bruns qui les couvrent sont formés par des filaments renflés en poire au niveau des cloisons. En outre, très souvent, ces filaments qui se dirigent parallèlement les uns aux autres communiquent par des brides transversales qui les unissent entre eux (fig. 277). Ces cordons cylindriques ou un peu aplatis s'étendent sur l'écorce des racines, rampent dans les crevasses et s'épanouissent en lames quand ils pénètrent dans son intérieur jusqu'au liber. Ils y forment un feutrage assez analogue à celui des rhizomorphes sous-corticaux de l'*Armillaria mellea,* mais ce feutrage est dans le cas présent moins dense, l'enveloppe noire n'a pas le même caractère anatomique et présente au moins quand elle est jeune, les renflements caractéristiques du *Dematophora.* Ces cordons se dirigent dans tous les sens, se ramifient dans l'écorce et dans le bois et ils y émettent par toute leur surface des filaments qui rampent entre les éléments anatomiques et pénètrent à leur intérieur. Ils y produisent des altérations se manifestant par la production d'une matière gommeuse brune qui remplit les vaisseaux et les cellules et par la gélification et la dissolution des couches d'épaississement des parois des fibres. Dans les tissus cellulaires particulièrement, ils peuvent former des amas à la place des groupes de cellules détruites.

Ces filaments, qui envahissent ainsi les différents éléments anatomiques du bois, présentent de temps en temps de ces renflements en poire qui caractérisent les hyphes du *Dematophora.*

Dans les racines âgées et depuis longtemps envahies, ces cordons mycéliens internes viennent souvent s'épanouir à la surface en houppes floconneuses blanches

qui s'étendent dans le sol et foisonnent dans l'air humide,
ou bien ils forment des amas de stroma brun, sorte
de sclérotes, sur lesquels naissent le plus souvent les
conidiophores.

Ces sclérotes se montrent d'ordinaire à la surface
des racines ou du bas de la tige, apparaissant à travers
l'écorce, dans laquelle ils sont implantés par leur
base. Ce sont de petits corps durs, irrégulièrement sphériques, le plus souvent disposés en séries longitudinales
et serrés les uns contre les autres, de façon à former une
petite masse mamelonnée de 2 à 5 millimètres. Ils ne
sont jamais tout à fait superficiels; ils ne sont pas
produits par le mycélium floconneux extérieur, mais par
le mycélium de l'intérieur des tissus et se montrent d'ordinaire en face des rayons médullaires; de là, leur position ordinaire en files longitudinales. Il se forme parfois
aussi de semblables sclérotes à l'intérieur de l'écorce
dans le liber et dans la couche génératrice. Ils sont
constitués par du pseudoparenchyme qui se colore à
l'extérieur en brun très foncé.

La forme conidienne du *Dematophora necatrix* se
présente extérieurement en touffes d'un fin gazon gris
foncé, dont chaque brin d'un demi à un millimètre de
haut, est blanchâtre à l'extrémité. On ne le voit jamais
apparaître que sur des plantes mortes déjà depuis un
certain temps, quand le mycélium a cessé d'y vivre en
parasite.

Les conidiophores se montrent ordinairement au
collet des plantes. Ils se développent le plus souvent
sur les sclérotes, mais ils peuvent aussi se produire sur
le mycélium floconneux et, d'une façon générale, à la
surface de toutes les parties des plantes attaquées
(fig. 278).

Ces conidiophores apparaissent aux yeux comme des

soies raides d'un brun noir surmontées d'un petit bouton blanc ou d'une sorte de houppe formée de ramifications fructifères chargées de conidies. La base des conidiophores est dilatée. Ils sont formés d'une touffe de filaments rigides, bruns, à membrane assez épaisse, qui, réunis en faisceau, suivent une marche parallèle en se serrant les uns contre les autres, mais sans se souder. Leur extrémité supérieure, qui est plus jeune, est moins colorée. Les filaments constituants de cette hampe conidiophore se séparent et s'étalent en branches, rameaux et ramules qui forment la petite houppe blanche qui s'épanouit au sommet de la hampe (fig. 279).

Les ramifications ultimes vont en s'amincissant à leur extrémité, qui est incolore. Elles sont peu à peu sinueuses ou bosselées et portent successivement chacune de 15 à 20 conidies qui se détachent très aisément.

Ces conidiophores présentent une très grande ressemblance avec ceux du *Rosellinia aquila*, avec cette différence que le conidiophore dans cette dernière espèce est constitué par un seul filament ramifié, tandis que dans le *Dematophora necatrix* il est formé par la réunion d'un certain nombre d'hyphes dressées verticalement et qui se séparent

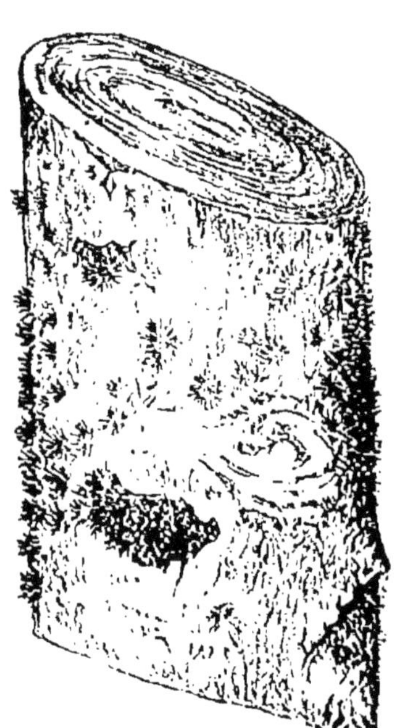

Fig. 278. — Racine de mûrier portant des touffes de filaments conidiophores de *Dematophora necatrix*.

seulement par leur extrémité ramifiée et conidifère.

Cette fructification conidienne du *Dematophora necatrix* doit être considérée comme un Hyphomycète agrégé de la forme *Graphium*.

Ses conidies sont plus petites que cel-

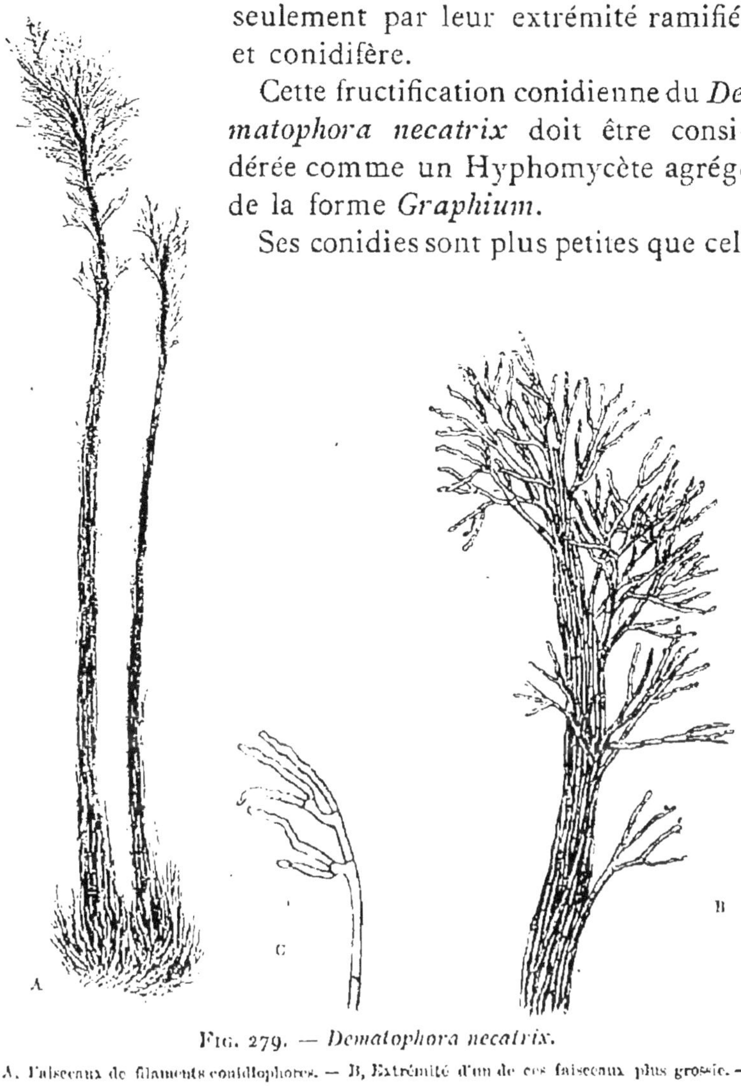

Fig. 279. — *Dematophora necatrix.*

A, Faisceaux de filaments conidiophores. — B, Extrémité d'un de ces faisceaux plus grossie. — C, Un rameau conidiophore encore plus grossi.

les du *Rosellinia aquila*, leur taille n'est que de 2 à 3 μ. Elles sont ovoïdes et incolores.

Elles germent dans de l'eau de pluie au bout de 3 à

4 jours par une température de 25° à 3o°, en donnant naissance à un filament de germination qui se ramifie (1) et produit le mycélium floconneux blanc.

On observe rarement ces conidies dans la nature. Les plantes tuées par le *Dematophora* sont le plus souvent arrachées avant qu'elles aient pu se produire.

Ce sont les seules fructifications du *Dematophora necatrix* qui aient été observées par M. Rob. Hartig; mais depuis, M. Viala qui a conservé longtemps en observation dans son laboratoire de l'École d'agriculture de Montpellier des vignes tuées par le *Dematophora* a vu s'y développer, au bout de 8 années, des pycnides et des périthèces qu'il a décrits comme formes ultimes de fructification du *Dematophora necatrix*.

D'après ses descriptions, les pycnides se produisent à l'intérieur des sclérotes qui se sont formés à l'intérieur de l'écorce. La condition de leur apparition est la diminution de l'humidité du milieu, tandis que la température reste entre 8° et 15° au plus. Dans la plupart des cas observés les pycnides se sont formées de 4 à 7 mois après la formation des sclérotes. En général il se produit une seule pycnide dans chaque sclérote. Leur enveloppe est d'un noir très foncé; elles sont globuleuses et d'après les observations de M. Viala dépourvues d'ostiole et entièrement closes.

La cavité de ces pycnides est tapissée de toutes parts par un tissu délicat portant des supports courts et assez larges, au sommet desquels s'insèrent des spores oblongues tantôt simples, tantôt divisées par une ou deux cloisons.

Les périthèces que seul jusqu'ici M. Viala a pu aussi voir et figurer, naissent d'après son observation au bas

<hr>

(1) Viala, *Monographie du Pourridié*, pl. III, f. 20.

des vieilles souches mortes, au milieu des gazons de conidiophores; les mêmes amas de mycélium brun portent les uns et les autres. Ce sont des conditions toutes semblables à celles dans lesquelles se forment les périthèces du *Rosellinia aquila*.

Les périthèces du *Dematophora* sont, d'après la description de M. Viala, à peu près

Fig. 280. — Périthèce de *Dematophora necatrix* entouré de conidiophores.

(D'après M. Viala.)

sphériques, un peu allongés et très faiblement déprimés. Jeunes, ils sont d'un brun clair; en mûrissant, ils deviennent d'un brun foncé. On les voit souvent entourés de touffes de conidiophores (fig. 280). Ils sont durs, cassants et restent toujours entièrement clos. Selon M. Viala, ils n'ont pas d'ostioles comme les périthèces de *Rosellinia*, et, à son avis, ils ne doivent pas, à cause de cela, être placées parmi les Sphæriacées, mais bien à côté des Tubéracées. A l'intérieur et sur le pourtour du périthèce naissent de nombreux filaments que M. Viala décrit comme formant un tissu filamenteux analogue au gléba des Tubéracées. Il me paraît difficile de n'y pas voir des paraphyes très longues et très minces, au milieu desquelles naissent les asques.

Fig. 281. — Asques et paraphyses de *Dematophora necatrix*.

(D'après M. Viala.)

Les asques sont pédicellés, filiformes-allongés. Leur sommet présente une disposition particulière que M. Viala a signalée en disant qu'ils sont surmontés d'une chambre à air isolée par une paroi épaisse (fig. 89). L'aspect de la partie terminale des asques de *Dematophora* telle que l'a figurée M. Viala et qui est reproduite (fig. 281) rappelle à la pensée l'épaississement en forme de bouchon bleuissant par l'iode que l'on trouve dans les *Rosellinia quercina* et *aquila*.

Asques et paraphyses se résolvent en une masse gélatineuse, dans laquelle sont noyées les spores.

Ces spores au nombre de 8 par asque sont disposées en une file longitudinale. Elles sont en forme de navette un peu arquée, plus bombée sur une des faces et d'un brun noir, elles ressemblent beaucoup à celles du *Rosellinia aquila*. Leur longueur moyenne est de 40 μ.; leur diamètre moyen au centre de 7 μ.

Bien que le manque d'ostiole au périthèce ait paru à M. Viala justifier le rapprochement du *Dematophora* du groupe des Tubéracées et la création d'une famille spéciale des Dématophorées, le *Dematophora necatrix* présente par tous les autres caractères une si grande analogie avec les *Rosellinia aquila* et *quercina*, qu'il ne paraît guère possible de l'écarter de ce genre. Du reste, l'existence d'une ostiole peut avoir été méconnue, car M. Viala n'a eu à sa disposition pour l'étude qu'un très petit nombre de périthèces, et nul autre observateur n'a pu jusqu'ici en étudier après lui. Il est donc permis, avec M. Berlèse (1) de soupçonner que des observations ultérieures justifieront le changement du nom de *Dematophora necatrix* en celui de *Rosellinia necatrix*.

Le Pourridié produit par le *Dematophora necatrix* cause de grands ravages dans les Vignes, surtout quand elles sont dans un sol humide qui favorise particulièrement la croissance du mycélium hors de la plante dans le sol et l'infection des plants voisins.

____

(1) Berlèse, *op. cit.*, p. 127.

Sur les Mûriers, confondu avec le *Rosellinia aquila,* il produit de même, selon les conditions de sa végétation, des formes plus ou moins graves de la *maladie des racines.* Il cause aussi la mort des arbres fruitiers, dont il attaque les racines sans qu'on ait trouvé jusqu'ici de moyen efficace de le combattre. Les traitements par le sulfure de carbone qui ont été recommandés, sont sans action sur le mycélium du *Dematohpora.* On devra arracher les pieds attaqués, extraire autant que possible tous les débris de racine, les accumuler dans le trou d'arrachage, y ajouter quelque menu bois et les brûler, la chaleur étant le moyen le plus efficace de détruire les filaments de Rhizoctone qui restent dans le sol.

Il conviendra en outre d'assainir le sol, car l'humidité est la condition qui favorise le plus le développement de tous les Pourridiés.

Une autre espèce de *Dematophora* a été découverte par M. Viala dans les vignobles à sol sablonneux de la région du midi de la France. Il lui a donné le nom de *Dematophora glomerata;* il n'en a pas observé la forme à périthèces. Les conidiophores du *Dematophora glomerata* n'ont pas leurs branches fructifères ramifiées déjetées et étalées comme celles du *Dematophora necatrix,* les branches chargées de conidies sont au contraire agglomérées sur la hampe cylindrique, qu'elles revêtent d'une couche épaisse et continue.

Le *Dematophora glomerata* produit des sclérotes fort différents de ceux du *D. necatrix;* ils ne naissent pas sur la plante attaquée, mais sur le mycélium.

Comme le *Dematophora necatrix,* le *D. glomerata* cause la mort des Vignes qu'il attaque. Il se développe plus lentement et son action est moins intense. Mais il paraît pouvoir végéter assez activement dans des milieux moins humides et par suite les travaux de drainage et d'assainissement qui arrêtent les progrès du Pourridié dû soit à l'*Armillaria mellea*, soit au *Dematophora necatrix*, ne semblent pas avoir beaucoup d'influence sur la marche du Pourridié produit par le *Dematophora glomerata*.

D'après une observation de M. Prunet (1) le sable humide dans lequel on stratifie les boutures et greffes-boutures de Vigne peuvent servir à propager le *Dematophora glomerata*. Il l'a vu se développer dans le sud-ouest de la France sur des fragments de racines et des rameaux de Vigne que l'on avait mis en stratification dans une cave avec du sable qui servait depuis plusieurs années à la stratification de boutures et de greffes-boutures et recevait même des plants racinés. Le Pourridié ainsi produit s'était établi dans une pépinière et sur plusieurs points d'un vignoble.

Rhizoctonia violacea (D. C.) Tul.
Mort du Safran. Rhizoctone de la Luzerne.

Syn : *Rhizoctonia Crocorum, Medicaginis D. C.*

La maladie des Safrans, connue sous le nom de Mort dans le Gâtinais, a été étudiée il y a plus d'un siècle et demi par Duhamel du Monceau (2) avec une sûreté et une exactitude admirables.

Frappé du caractère contagieux du mal qui, de proche en proche gagne les bulbes sains plantés au voisinage de ceux qui sont malades, Duhamel fit fouiller le sol dans les points où il y avait des bulbes attaqués et il en

(1) Prunet, *Sur un nouveau mode de propagation du Pourridié de la Vigne*. Compt. Rend. de l'Acad. des sc. 1893, II, p. 562 et Revue générale de Botanique. I, IV. 1894.

(2) *Explication physique d'une maladie qui fait périr plusieurs plantes dans le Gastinois et particulièrement le Safran*, par M. Duhamel. (Mémoires de l'Académie des Sciences, 1728.)

trouva dans trois si-
tuations différentes,
à proportion du pro-
grès que la maladie
avait fait sur eux.

« Ceux du centre
« de la place infectée
« étaient entièrement
« détruits, ils ne con-
« tenaient qu'une
« substance terreuse
« noirâtre excepté
« que dans le milieu
« de leur cavité on
« voyait, dans la plu-
« part, le squelette de

Fig. 282. — *Rhizoctonia violacea.*

Bulbe de Safran tué par la Rhizoctone violette et portant à sa surface deux tubercules veloutés et des cordons byssoïdes qui se répandent dans le sol.

« l'oignon ou plutôt ses principales fibres desséchées et
« dénuées de leur substance charnue.

« Ceux du milieu renfermaient encore quelques débris
« de l'oignon mais entièrement décorporés et tout à fait
« semblables à de la bouillie. »

« Enfin les oignons de la circonférence n'étaient que
« peu altérés, mais ils portaient sur leurs téguments des
« filaments violets et des corps charnus veloutés à l'exté-
« rieur et d'un rouge brun que l'on trouvait surtout
« nombreux et bien développés sur les oignons déjà très
« altérés ou dans le sol autour d'eux. »

Tels sont bien à grands traits les caractères de la maladie de la Mort du Safran. Les filaments violets sont
ceux d'une Rhizoctone dont on ne connaît pas les fructifications, les corps charnus et veloutés qui ne dépassent
pas la grosseur d'une aveline en sont de gros sclérotes
(fig. 282). Cette Rhizoctone, parasite sur le Safran dont elle
cause la mort, attaque aussi beaucoup d'autres plantes;

Duhamel avait déjà reconnu qu'elle peut vivre sur les racines de l'Yèble, de l'Arrête-bœuf et sur les bulbes de Muscari. On la voit souvent auprès de Pithiviers attaquer les Pommes de terre et les Asperges plantées dans des champs qui avaient été cultivés en Safran; la Carotte sauvage et bien d'autres plantes se développant spontanément dans les champs en peuvent être atteintes. Il paraît certain aussi que la Rhizoctone de la Luzerne, celle du Trèfle, de la Betterave etc., ne diffèrent pas spécifiquement de celle du Safran. C'est donc avec grande raison que Tulasne a réuni toutes les Rhizoctones à mycélium violet qu'on trouve sur la Luzerne, sur l'Asperge, sur la Pomme de terre, sur la Carotte, sur la Betterave ou sur le Safran sous le nom *Rhizoctonia violacea*, nom provisoire que l'on emploiera jusqu'à ce qu'on ait constaté avec sûreté la production de fructifications sur cette Rhizoctone.

On doit, dans l'étude de la Rhizoctone violette, distinguer d'une part les filaments qui forment le mycélium et de l'autre les sclérotes qui sont de deux sortes : les uns, gros et veloutés sont les corps tubéroïdes de Duhamel; les autres, petits, lisses, de couleur foncée, ont été comparés à des périthèces de Sphæriacée par Tulasne, qui les a aussi désignés sous le nom de *corps miliaires*.

Sur le Safran, le mycélium filamenteux forme une couche feutrée qui s'étend sur les tuniques des oignons, les pénètre et les réunit souvent toutes ensemble, ou bien des cordons plus ou moins épais qui partant des oignons malades s'étendent dans diverses directions. Ces cordons s'anastomosent souvent les uns aux autres et produisent dans les points où ils se réunissent, des corps tubéroïdes. Ils n'ont pas de partie corticale comme les rhizomorphes et sont formés uniquement d'écheveaux de filaments pareils à ceux qui en s'entrecroisant, produi-

sent la couche feutrée qui couvre les tuniques d'un revêtement violet. Ce sont (fig. 283, A), des tubes cylindriques
d'un diamètre bien égal, cloisonnés de distance en distance, ordinairement assez peu sinueux et présentant
des ramifications qui le plus souvent se séparent à angle
droit du filament d'où elles naissent.

Outre cette forme du mycélium qui est la plus ordi-

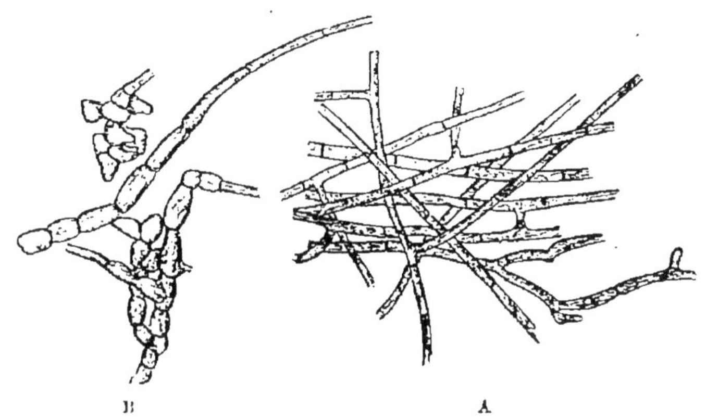

FIG. 283. — *Rhizoctonia violacea.*

A. Filaments ordinaires du mycélium de la Rhizoctone. — B, Filaments mycéliens renflés établis-
sant la transition entre les filaments minces et cylindriques et les cellules courtes des corps
tubéreux.

naire, on voit se produire en certaines places, là où les
cordons s'anastomosent, soit dans le sol, soit sur les oignons, des rameaux qui ont tout autre caractère. Non seulement ils sont d'un diamètre notablement plus gros, mais
ils sont formés d'articles qui se renflent à leur milieu, ce
sont des files de cellules ovoïdes (fig. 283, B). Entre ces
deux formes si dissemblables, on peut du reste trouver
toutes les transitions. Ce sont les filaments renflés en
cellules qui s'entremêlant et se soudant les unes aux autres, forment ces amas de stroma que l'on a nommés les
corps tubéroïdes.

Tous les filaments quelle que soit leur forme, sont

blancs au moment où ils se développent et se colorent ensuite en violet et en rouge brun.

Les corps tubéroïdes sont composés de cellules plus courtes encore que celles des gros filaments qui les avoisinent et de forme un peu irrégulière. Les cellules de la surface de ces corps se continuent en files de cellules ovoïdes qui se prolongent en tubes et produisent ainsi la couche veloutée qui recouvre ces corps.

Outre les corps tubéroïdes, la Rhizoctone violette pro-

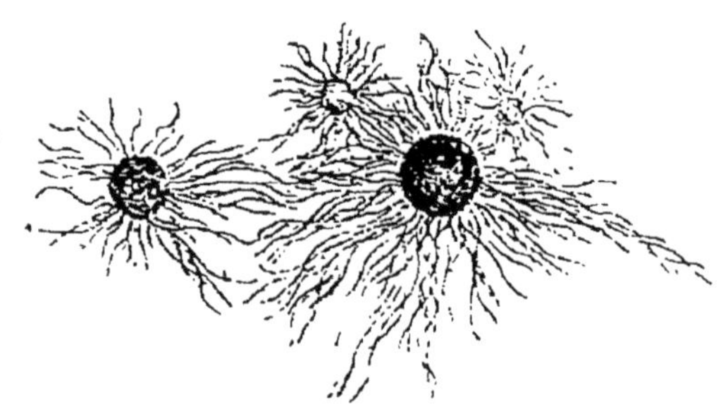

Fig. 284. — *Rhizoctonia violacea.*
Petits sclérotes ou corps miliaires et filaments mycéliens s'étendant
sur une tunique de bulbe de Safran.

duit d'autres corps beaucoup plus petits que l'on peut appeler également sclérotes : ce sont les corps miliaires du Tulasne (fig. 284). Ils se présentent comme des points de couleur foncée réunis en grand nombre sur les tuniques des bulbes couvertes de filaments violets.

Ils sont plus ou moins gros, il y en a de forts petits et on en peut facilement observer aux divers états de leur formation. Parvenus à leur état définitif, ils ont une surface dure et sont de couleur brune foncée; plus jeunes, ils sont charnus et de couleur claire d'abord blanche puis violacée. On peut alors s'assurer qu'ils sont bien produits par l'enroulement des filaments tubuleux du mycélium; sinueux et pelotonnés à la base du petit corps, ces filaments s'entremêlent d'abord sans suivre une direction déterminée, puis ils semblent s'orienter et se dirigent vers le sommet du petit mamelon charnu. Quand ces petits corps nés sur la face interne d'une tunique se trouvent dans la partie où elle est immédiatement appliquée à la surface du bulbe, en face d'une des dépressions coniques, au fond desquelles sont placées isolément les stomates, ils s'y logent, le remplissent et prennent en se moulant sur sa surface une forme conique, d'abord hémisphérique ou obtuse, rappelant celle des périthèces de beaucoup de Sphéries. Cet aspect a fait soupçonner qu'ils étaient des organes de reproduction restés imparfaits. En fait, ils n'ont rien de commun avec de véritables périthèces mais jouent néanmoins un rôle fort important. En comblant de leur tissu la dépression au fond de laquelle est un stomate, ils ne s'opposent pas seulement aux fonctions de celui-ci comme le pensait Tulasne, mais les filaments dont ils se composent s'allongent au delà de son sommet et pénètrent dans le bulbe à travers l'ouverture du stomate qui se trouve vis-à-vis. Ils se glissent d'abord le long de la surface du bulbe en désorganisant les cellules de l'épiderme dont les parois latérales se détruisent et qui se trouve bientôt réduit à une mince pellicule cuticularisée que l'on distingue encore, quand, au dessous, la chair de l'oignon est réduite en bouillie. Puis, les filaments entrant en plus grand nombre, déchirent le stomate trop étroit et la pellicule épidermique, et c'est alors par une large ouverture qu'ils pénètrent à travers la cuticule dans le corps de l'oignon où ils s'épanouissent.

Sous leur action, les cellules entre lesquelles ils s'allongent se décollent et se séparent entièrement les unes des autres; à leur intérieur la fécule se résorbe progressivement (fig. 285), il se forme une matière opaque d'un jaune pâle et toute la chair de l'oignon se change en une matière pultacée et blanchâtre, la décomposition gagnant rapidement de l'extérieur à l'intérieur à mesure que les filaments du mycélium pénètrent plus avant. A l'intérieur du bulbe ces filaments restent toujours incolores et peu ramifiés.

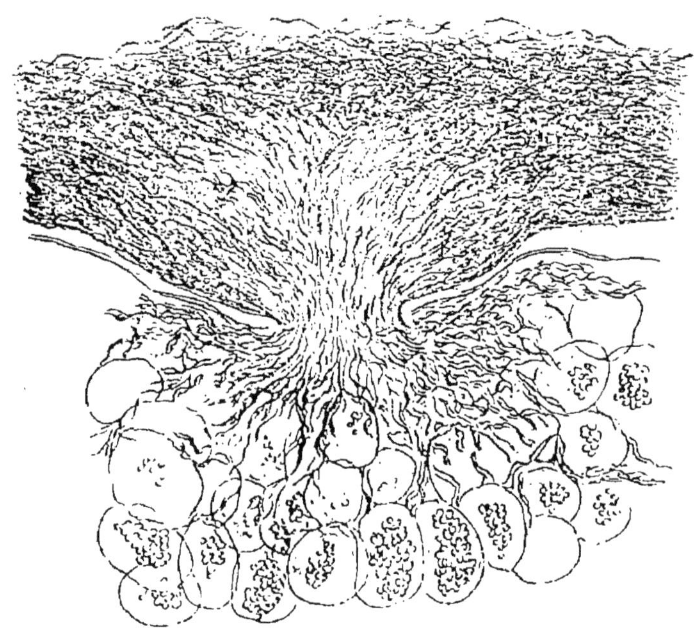

Fig. 285. — *Rhizoctonia violacea.*

Petits sclérotes émettant une gerbe de filaments qui pénètrent dans l'intérieur d'un bulbe de Safran et le désorganisent.

La Rhizoctone de la Luzerne ne paraît pas différer comme il a été dit, de celle du Safran. Se propageant de même de proche en proche autour d'un premier foyer d'infection, elle produit au milieu des champs de Luzerne de grands cercles où les plantes jaunissent et meurent. On dit alors la Luzerne couronnée.

Toutes les parties tendres de la racine de Luzerne sont

réduites en bouillie par la Rhizoctone; il ne reste à l'intérieur d'un cylindre d'écorce que les parties fibreuses dures et lignifiées.

On trouve sur la racine de la Luzerne et autour d'elle dans le sol des corps tubéroïdes reliés entre eux et avec la racine par des cordons de mycélium. La structure anatomique de ces cordons et de ces corps tubéroïdes est identique sur la Luzerne et sur le Safran.

Les filaments mycéliens violets ou d'un brun rouge se feutrent en une couche plus ou moins épaisse qui couvre toute la surface du pivot. A la surface de la racine se produisent aussi des petits corps miliaires fort semblables à ceux du Safran et jouant le même rôle; ils ont été maintes fois signalés mais ils sont un peu plus gros.

Leur véritable nature a été méconnue. On les a considérés comme des périthèces ou des pycnides stériles. M. Sorauer a exprimé cette opinion très nettement (1). Selon lui, ces petits corps seraient formés par le mycélium développé à l'intérieur de la racine de Luzerne couronnée; il enverrait au dehors à travers l'écorce les filaments qui produisent ces corps à écorce noire, qu'il décrit comme ayant une cavité centrale et devenant avec l'âge des conceptacles. Fuckel a annoncé avoir trouvé sur la Rhizoctone de la Luzerne de petits périthèces hémisphériques, noirs, sans ouverture régulière se rompant seulement au sommet par des fentes. Ce sont, d'après lui, des pycnides de la Rhizoctone, contenant des spores oblongues violettes, divisées en quatre loges dont les deux du milieu sont plus grosses et plus foncées qu'il a désignées sous le nom de *Byssothecium circinans*. Il dit qu'elles se forment fréquemment mais fructifient rarement. Comme il ne mentionne pas les petits corps

____

(1) *Handbuch der Pflanzenkrankh.* 2ᵉ éd., vol. 11, p. 355.

miliaires on peut se demander si ce n'est pas eux qu'il considère comme des pycnides stériles.

En réalité, on trouve sur la racine de la Luzerne des corps miliaires semblables à ceux du Safran qui sont de même nature et jouent le même rôle physiologique.

Toutefois comme il y a une différence essentielle entre les oignons de Safran qui sont couverts de stomates, orifices naturels par lesquels entrent librement les filaments émis par l'extrémité des corps miliaires et les racines qui n'ont pas de stomates et sont entourées d'une lame de périderme, il convient de montrer comment se fait la pénétration de la Rhizoctone violette dans ces derniers cas, soit dans la racine de la Betterave, soit dans celle de la Luzerne.

Sur la Betterave, les corps miliaires sont petits, à peu près hémisphériques mais pas très réguliers (fig. 286). Si on fait une coupe transversale d'un de ces corps et du tissu de la racine qui le porte, on voit que les filaments du revêtement arachnoïde de la Rhizoctone, après avoir formé une masse feutrée où ils sont entremêlés et serrés de façon qu'il devient fort difficile de les distinguer les uns des autres, s'allongent en s'orientant vers la surface de la racine qui les porte. Les filaments en s'allongeant pressent sur la couche subéreuse qui forme le tégument de la racine et s'insinuent entre les cellules du périderme là où elles se séparent. Ils se pelotonnent alors dans leur intervalle et par leur pression tendent à les écarter davantage. Ils dissocient ainsi les cellules du périderme mais ne les percent pas. Ce n'est que quand la couche subérifiée est traversée, que les filaments, jusque-là serrés les uns contre les autres s'épanouissent dans le tissu sous-jacent, s'irradiant dans tous les sens, pénétrant librement à travers toutes les cellules et rongeant le tissu qui n'offre plus de résistance.

Sur la Luzerne, les corps miliaires de la Rhizoctone violette, tout en ayant à peu près la même structure que sur le Safran, sont deux à trois fois plus gros (fig. 287). Leur surface est formée de filaments de couleur foncée, entrecroisés de façon à constituer une couche feutrée de plus en plus serrée. A la partie interne de cette sorte

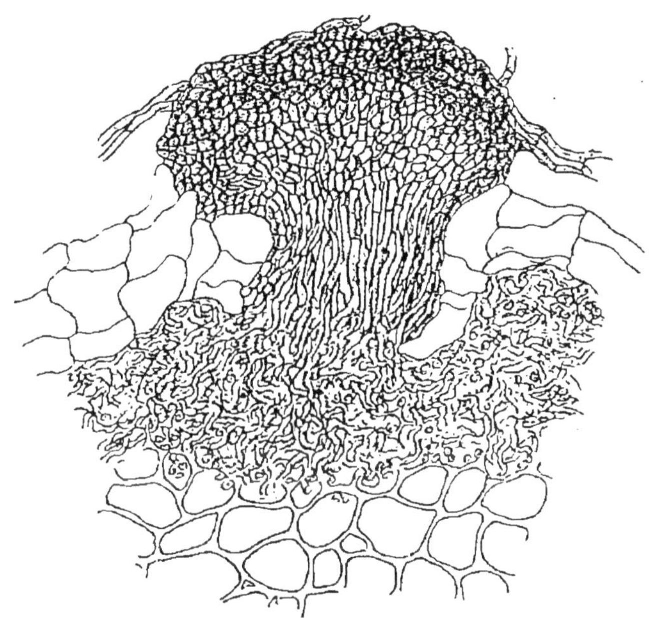

Fig. 286. — *Rhizoctonia violacea.*
Corps miliaire sur la Betterave.

d'écorce les filaments ont des parois un peu plus épaisses, d'un brun foncé et sont intimement soudés les uns aux autres. Ils forment une sorte de dôme hémisphérique appliqué à la surface de la racine de la Luzerne et à l'intérieur duquel est un tissu plus tendre et plus pâle dû aux filaments qui émanent de tout le pourtour de la coupole et se dirigent vers la couche subéreuse de la racine. Ils la disloquent en dissociant les cellules et pénètrent entre elles dans le tissu sous-jacent, où ils se développent puissamment, traversant sans obstacles les parois des cellules qu'ils corrodent et désorganisant rapidement tout le tissu de l'écorce.

Pour la Luzerne comme pour la Betterave, là où on ne

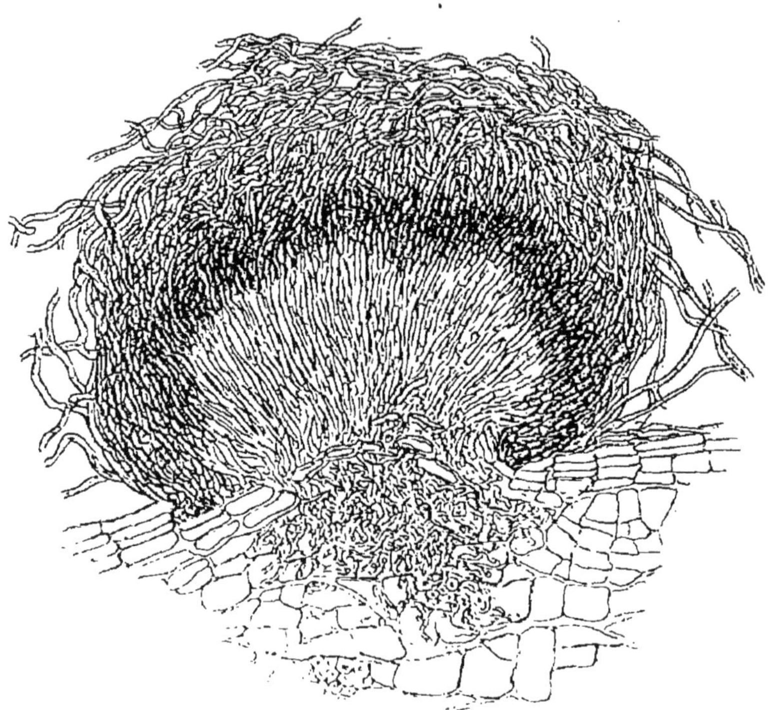

Fig. 287. — *Rhizoctonia violacea.*
Corps miliaire sur la Luzerne.

trouve sur la racine qu'un revêtement arachnoïde violet sans corps miliaires, le tissu sous-jacent reste intact; ce n'est que sous les corps miliaires que la pénétration de la Rhizoctone a lieu et que la désorganisation du parenchyme de la racine se produit. Isolés, les filaments byssoïdes du mycélium ne peuvent traverser l'écorce. C'est l'action exercée par le tissu du corps miliaire sur la couche superficielle de la racine qui seule y rend possible la pénétration du parasite.

On voit que c'est bien à tort que l'on a supposé que les filaments déliés qui parcourent les tissus altérés de la racine et la corrodent vont former au dehors les petits corps que l'on a considérés comme des périthèces stériles et incomplètement formés. Ces corps n'ont avec les périthèces des Sphæriacées qu'une ressemblance toute superficielle. Leur organisation rappellerait plutôt celle des suçoirs des parasites phanérogames mais ils sont surtout analogues aux petits sclérotes du *Rosellinia quercina*, grâce auxquels se fait la pénétration du mycélium à l'intérieur de la racine pivotante des plants de Chêne. Ce sont, de même, des organes spéciaux chargés exclusivement d'assurer la pénétration de la Rhizoctone à l'intérieur de la plante nourricière.

On a consideré comme fructifications de la Rhizoctone violette de la Luzerne, non seulement les pycnides désignées par Fuckel sous le nom de *Byssothecium circinans* Fuckel ou *Hendersonia Medicaginis* Saccardo (*Hendersonia circinans*), mais une forme conidienne, *Lanosa nivalis* de Fries et une forme parfaite le *Leptosphaeria circinans* (Fuckel) Sacc., qui ne devrait pas être confondue avec l'*Amphisphaeria zebrina* De Not.; mais il n'est pas bien sûrement établi que ces diverses fructifications correspondent à la forme stérile que constitue le *Rhizoctonia violacea* Fuck. Les périthèces ont été observés par Fuckel en automne sur des racines entièrement pourries d'une Luzerne tuée par la Rhizoctone. Ce n'est pas là une preuve suffisante pour attribuer le périthèce de la Sphæriacée à la Rhizoctone violette; de nouvelles observations sont nécessaires pour trancher cette délicate question.

La Rhizoctone violette fait des dégâts parfois notables

sur les Asperges, dont elle couvre les racines comme celles de la Luzerne.

Sur les Pommes de terre, elle a la même apparence que sur la Betterave, mais elle n'y cause pas généralement beaucoup de dommages. Souvent la Rhizoctone, qui couvre les tubercules d'un revêtement arachnoïde violet, reste toute superficielle et ne peut pénétrer à travers l'épaisse couche de périderme. Cependant parfois elle parvient à s'introduire dans le tubercule et alors, comme l'a observé en Suisse, dans le canton de Vaud, M. Corboz, la partie du parenchyme au-dessous de la peau commence à se décomposer, la peau se détache comme celle d'un tubercule cuit à l'eau en présentant sur sa surface intérieure de petits points bruns qui correspondent aux corps miliaires du réseau extérieur. L'eau de végétation s'écoule des cellules du parenchyme quand on presse un tubercule, mais bien que tué, le tissu ne change pas de couleur tout d'abord, ce n'est qu'au bout d'un certain temps que la pourriture se déclare et que la destruction s'achève.

La Rhizoctone violette peut se perpétuer longtemps dans les champs après la destruction des plantes cultivées qu'elle a tuées. Le fait a été depuis bien longtemps constaté en Gâtinais pour les cultures de Safran. « Quand on a laissé la maladie envahir un champ, disait Duhamel, il est perdu au point de n'y pouvoir mettre de Safran même vingt ans après. » Cela est bien confirmé par les observations récentes de M. Corboz pour la Pomme de terre. La maladie observée dans un champ en 1877 reparut à la même place aussitôt qu'on y cultiva de nouveau la Pomme de terre en 1884 et onze ans

______

(1) F. Corboz, *le Rhizoctone de la Pomme de terre*. — (*Chronique agricole du canton de Vaud*, 10 octobre 1895.)

après en 1895. — La Rhizoctone continue sans doute à se nourrir dans le sol indéfiniment aux dépens de nombreuses plantes adventices.

Il est donc très important de détruire les foyers d'infection dès qu'ils apparaissent dans les cultures en cernant par un fossé la place envahie et rejetant la terre dans l'intérieur du cercle contaminé, comme on le fait pour les cultures de Safran dans le Gâtinais depuis Duhamel et comme de Candolle le recommandait déjà pour la Luzerne couronnée.

A la culture qui aura été attaquée par la Rhizoctone il conviendra de faire succéder des céréales et autres plantes annuelles sur lesquelles ne se développe pas la Rhizoctone, mais on devra ne pas oublier que beaucoup de mauvaises herbes peuvent être attaquées par elle et qu'elles suffisent à assurer la persistance de la végétation dans le sol du redoutable parasite. Les façons de nettoyage du sol devront donc être faites et répétées avec le plus grand soin.

Guignardia Bidwellii (Ellis) Viala et Ravaz
Black-Rot de la Vigne.

Syn : *Laestadia Bidwellii* Viala et Ravaz. — *Physalospora Bidwellii* (Ellis) Sacc. — *Sphaeria Bidwellii* Ellis. — *Carlia Bidwellii* Prunet. — *Phoma uvicola* Berkeley et Curtis. — *Naemaspora ampelicida* Engelmann. — *Phyllosticta viticola* (Berk. et Curtis) Thüm. — *Phyllosticta Labruscae* Thüm.

Le Black-Rot est une maladie des Vignes qui a fait en Amérique, des ravages effrayants avant d'avoir pénétré en Europe où son apparition, a causé les appréhensions les plus vives. Elle est due au parasitisme d'une Sphaeriacée qui présente successivement sur la Vigne des fruits conidiens et des fruits à asques. La connaissance des phases successives de sa végétation a permis de combattre efficacement sa propagation dans les vignobles de l'Europe et d'empêcher que la terrible maladie du Black-Rot ne causât dans notre pays des ruines pareilles à celles qu'elle a produites en Amérique.

L'Amérique possède des espèces de Vignes qui lui sont propres, mais comme elles ne produisent que des raisins sans valeur, on y transporta de nombreux cépages français; cependant la culture de la Vigne française ne prenait guère d'extension aux États-Unis là où le climat paraissait cependant y être favorable. C'est que l'Amérique est la patrie non pas seulement d'espèces particulières de Vignes, mais encore d'insectes et de champignons parasites des Vignes qui n'existaient pas dans l'ancien monde, mais qui attaquaient nos cépages dans les vignobles des États-Unis et les faisaient périr.

En France on ne se préoccupait guère des maladies qui pouvaient troubler la culture de la Vigne en Amérique et on ne songeait pas qu'elles pussent venir de si loin envahir nos vignobles en Europe.

On sait comment MM. Planchon, G. Bazille et Sahut découvrirent en 1868 le Phylloxéra sur les racines des Vignes dans la vallée du Rhône, comment M. Planchon établit que le Phylloxéra était bien identique à l'insecte déjà observé dans les Vignes en Amérique. Puis comment on remarqua dans les collections de Vignes envahies par le Phylloxéra que divers cépages d'origine américaine résistaient mieux à ses atteintes que les cépages français. Dès lors on commença à envoyer d'Amérique en France de nombreuses variétés de Vignes choisies parmi celles que l'on supposait les plus résistantes; l'introduction de cépages américains devint l'objet d'un grand commerce; chaque année on importait d'Amérique des boutures et des pieds de Vigne qui à la longue devaient finir par introduire en Europe presque tous les champignons parasites des Vignes qui existaient dans les vignobles du nouveau monde.

Les maladies des Vignes qui régnaient aux États-Unis étaient assez mal connues; les vignerons s'y plaignaient depuis longtemps de ce qu'ils nommaient le *Mildew* (Mildiou) c'est-à-dire la Moisissure, et le *Rot*, la Pourriture qui causaient dans les régions chaudes et humides des dégâts tels que dans certaines contrées, on avait dû, à cause d'elles, renoncer à cultiver la Vigne.

On sait que la maladie du Mildew ou Mildiou causée par le *Peronospora viticola* a été reconnue en France en 1878. Qu'elle y a pris de grands développements, que son histoire y a été bien étudiée et qu'il y a été reconnu que le *Peronospora viticola* n'attaque pas seulement les feuilles mais aussi les raisins; dont il fait pourrir les grains, et qu'il est ainsi en réalité la cause d'une des maladies nommées Rot en Amérique.

Cependant il était certain que dans bien des cas la destruction des raisins désignée aux États-Unis sous le nom de Rot avait une autre cause que le parasitisme du *Peronospora viticola*. On savait que les cultivateurs du nouveau Monde distinguaient le Rot sec (*dry Rot*) du Rot juteux (*saft Rot*) le Rot noir (*black Rot*) du Rot brun (*brown Rot*) et que, parmi ces sortes diverses de Rot, l'un au moins le Rot noir, le *Black-Rot*, était une maladie tout autre que celle que produit le *Peronospora viticola* en attaquant les grains.

Le parasite qui est la cause du *Black-Rot* avait même été déjà signalé par des botanistes. Engelmann décrivit très exactement en 1861 (1) les caractères des grains at-

<hr>

(1) Engelmann, *Journal of proceed. transact. of the Acad. of Sciences* Saint-Louis (Missouri), 1861; Berkeley et Curtis, *Grevillea* 1873, II, 82.

taqués par *Black-Rot* et signala non seulement la couleur caractéristique d'un noir-bleuâtre qu'ils prennent en se desséchant, mais la formation à leur surface de granulations d'un noir de charbon qui leur donne un aspect chagriné. Il reconnut dans ces granulations les conceptacles du champignon parasite cause du mal, et il le rapporta au genre *Naemaspora* sous le nom de *Naemaspora ampelicida*.

Plus tard en 1873, Berkeley et Curtis décrivirent le champignon dont les conceptacles couvrent les grains tués par le *Black-Rot*, d'une façon toute différente. Ils y virent un *Phoma* qu'ils nommèrent *Phoma uvicola*.

Ils avaient également raison l'un et l'autre, ainsi que je pus l'établir en 1880 (1), en examinant des grains de raisins atteints du *Black-Rot* et qui provenaient des collections d'Engelmann lui-même. Ces grains portaient des conceptacles de deux sortes, bien qu'ils fussent extérieurement semblables. Les uns, remplis de spores bacillaires très petites, répondaient au *Naemaspora ampelicida,* les autres, contenant des spores plus grosses et ovoïdes, presque globuleuses, étaient bien celles qu'avaient décrites Berkeley et Curtis sous le nom de *Phoma uvicola*.

A ce moment, ce Champignon parasite à fruits conidiens multiples n'existait encore qu'en Amérique; on connaissait seulement par les publications viticoles des États-Unis, les ravages produits par le *Black-Rot* que l'on représentait comme la plus nuisible des maladies connues, le fléau des États de l'Ouest, qui a plus cruellement dévasté les vignobles de Cincinnati que toutes les autres maladies réunies (2).

---

(1) Prillieux, *Quelques mots sur le Rot des vignes américaines et l'Anthracnose des Vignes françaises. Bull. de la Soc. Botanique de France* 1880.
(2) Andrews Fuller, *The grape culturist* 1867, p. 205.

C'était donc un ennemi menaçant que l'on devait redouter de voir s'introduire un jour ou l'autre dans nos vignobles d'Europe, comme le Mildiou, avec les plants ou les graines de vigne constamment importés des États-Unis.

C'est en 1885 que la présence en France du *Black-Rot* fut constatée pour la première fois. Vers la fin du mois de juillet, le régisseur du domaine de Val-Marie situé dans la plaine de Ganges, à la limite des départements de l'Hérault et du Gard, M. Henri Ricard, remarquait que les raisins de ses Vignes étaient atteints d'une maladie qui lui était inconnue. Les dégâts augmentant de jour en jour, au commencement d'août, il porta de ces raisins malades à l'école d'agriculture de Montpellier, où MM. Viala et Ravaz reconnurent qu'ils présentaient d'une façon certaine les caractères du *Black-Rot* des Américains.

La constatation de la présence de cette redoutable maladie sur les bords de l'Hérault, où elle avait envahi autour de Ganges une trentaine d'hectares, excita une vive émotion dans tout le Midi de la France et on réclama la destruction immédiate du foyer d'infection qui menaçait d'une ruine complète toute la plaine de l'Hérault, au moment où on commençait après tant d'efforts à voir enfin la vigne prospérer et résister aux attaques du Phylloxéra.

On fit à Ganges durant l'hiver de 1885-1886 les traitements qui furent prescrits par le directeur de l'école d'agriculture de Montpellier, M. Foëx, secondé par MM. Viala et Ravaz. On brûla les sarments des Vignes attaquées, on pela et écobua le sol, on flamba les souches et on les traita enfin par le sulfate de cuivre.

Malgré tous ces soins, la maladie reparut au mois de

juillet suivant dans la Vigne où elle avait l'année précédente détruit la moitié de la récolte.

A cette nouvelle, les sociétés d'agriculture de l'Hérault et du Gard n'hésitèrent plus à réclamer l'arrachage de toutes les Vignes atteintes pour tâcher d'empêcher que le mal ne se répandît dans les riches contrées viticoles du voisinage. On dut bien vite reconnaître qu'une pareille mesure était absolument impraticable, la maladie était répandue dans tous les jardins à plus de 20 kilomètres au-delà de Ganges.

Mais l'étude en plein vignoble de la maladie nouvelle permit de constater un fait important qui n'avait pas été bien interprété en Amérique et qui devait avoir les plus heureuses conséquences. C'est que la maladie du *Black-Rot* n'atteint pas seulement les grappes dont elle dessèche les grains, mais aussi les feuilles des Vignes. Sur tous les pieds où se trouvaient des grains marqués de taches livides ou déjà secs et noirs, on voyait les feuilles criblées de taches fauves peu étendues à contours parfaitement arrêtés, se détachant bien nettement sur le fond vert de la feuille. Ces taches étaient criblées de petits points noirs qui sont des fruits conidiens, des pycnides pareilles à celles que Berkeley et Curtis avaient décrites sur les grains atteints par le *Black-Rot*, sous le nom de *Phoma uvicola*.

Ces productions avaient été observées en Amérique et décrites sous le nom de *Phyllosticta viticola* (2), mais on n'y avait pas soupçonné qu'elles pussent

<hr>

(1) Prillieux, *Sur les mesures à prendre contre l'envahissement du Rot noir des Vignes*. Rapport au ministre de l'agriculture, *Bulletin du ministère de l'Agriculture*, décembre 1886.

(2) On désigne sous le terme générique de *Phyllosticta*, des formes à peu près identiques aux *Phoma*, mais se développent sur les feuilles vivantes : le tissu tiré par places forme des taches fauves desséchées sur lesquelles se forment les pycnides.

avoir rien de commun avec le *Black-Rot* des raisins.

Au mois de juillet 1887, de nouveaux foyers de *Black-Rot* furent signalés dans la vallée de la Garonne autour d'Agen et de Nérac et sur les bords du Lot (1). Il n'y avait plus à espérer de limiter le fléau dans les vallées reculées des environs de Ganges, mais les renseignements commençaient à abonder sur la marche de la maladie. Il était certain que le mal pouvait sous notre climat produire, contrairement à ce que l'on avait espéré d'abord, d'aussi terribles ravages qu'en Amérique. Sur les bords de la Garonne par exemple, aux environs de Montesquieu, la récolte était entièrement détruite sur une étendue de plus de 4 hectares dans une Vigne où moins de trois semaines auparavant pas un grain n'était atteint, et où les feuilles seules portaient des taches desséchées.

D'une enquête faite dans de nombreuses localités, il résulta avec certitude que partout, un mois au moins avant l'apparition de la maladie sur les raisins, les feuilles s'étaient couvertes de petites taches rousses que beaucoup de vignerons avaient remarquées, sans connaître leur véritable nature, mais supposant que ce pouvait être l'indice de la première apparition du Mildiou.

On pouvait donc penser que le parasite, qui apparaissait d'abord sur les feuilles et y produisait les taches de *Phyllosticta,* infectait les jeunes grains de raisin encore parfaitement sains en y répandant les spores produites sur ces taches, et que l'on pourrait avoir une action efficace pour arrêter le mal en traitant, non les raisins déjà attaqués comme on avait tenté vainement

(1) Prillieux, *Rapport sur l'invasion du* Black-Rot *dans la vallée de la Garonne. Bull. du ministère de l'Agriculture*, octobre 1887.

de le faire en Amérique mais les feuilles, quand les grappes sont encore saines.

Les expériences faites l'année suivante à Aiguillon ont fourni la preuve de la justesse de cette vue (1).

Le parasite qui cause le *Black-Rot* et qui, sous sa forme à fruits ascophores est aujourd'hui nommé *Guignardia Bidwellii*, attaque les grains, les feuilles et les pousses herbacées de la Vigne; les caractères que présentent les diverses parties quand elles sont envahies sont très nets et permettent de ne confondre le *Black-Rot* avec aucune autre maladie de la Vigne.

Sur les grains. — Le *Black-Rot* apparaît sur les grappes ordinairement vers la mi-juillet ou souvent aussi seulement plus tard quand les grains sont déjà gros et peu avant qu'ils commencent à se colorer (fig. 288). La première apparition du mal se manifeste par une petite tache de couleur livide sur la peau du grain, la chair à l'intérieur est encore saine; il est manifeste que le mal vient du dehors. La tache grandit et l'altération de la surface gagne rapidement toute la pulpe du grain qui devient molle et brunâtre. Le grain se flétrit, sa surface se déprime en formant de gros plis et il se dessèche rapidement en prenant une teinte noire violacée pareille à celle des pruneaux. Pendant que le grain noircit, il se forme dans sa peau des milliers de petites granulations globuleuses, saillantes et noires qui donnent aux grains desséchés un aspect chagriné (fig. 288 *bis*). Ces granulations sont les fruits conidiens du parasite.

Les grains sont attaqués isolément, mais le mal se

(1) Prillieux, *Traitement efficace du Black-Rot, Comptes rend. de l'Acad. des Sc.*, 30 juillet 1888, et *Rapport sur le traitement expérimental du Black-Rot fait à Aiguillon en 1888. Bulletin du ministère de l'Agriculture*, octobre 1888.

propage rapidement de l'un à l'autre, dès que les spores
produites par myriades dans les conceptacles qui couvrent la peau des premiers envahis sont répandues au
dehors. Une grappe présente d'ordinaire au moment
où le mal règne avec intensité, à côté d'un plus ou
moins grand nombre de grains encore sains, des grains
diversement altérés, les uns brunâtres et mous, les autres
desséchés et colorés en noir (fig. 289).

Quand l'attaque de la
grappe se fait de bonne heure,
à une époque où les grains

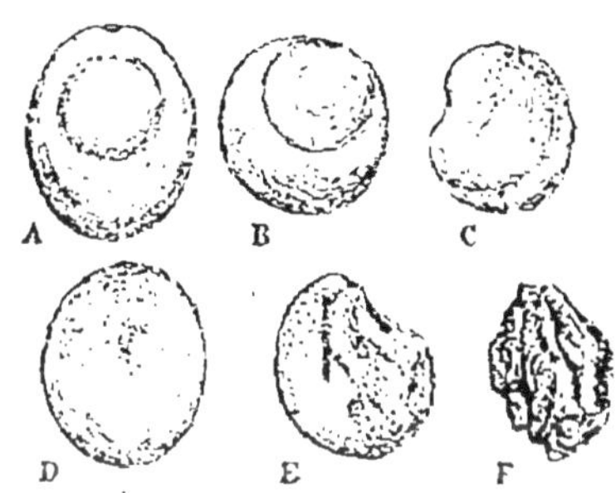

Fig. 288. — Phases successives de
grains de raisin attaqués par le
Black-Rot.

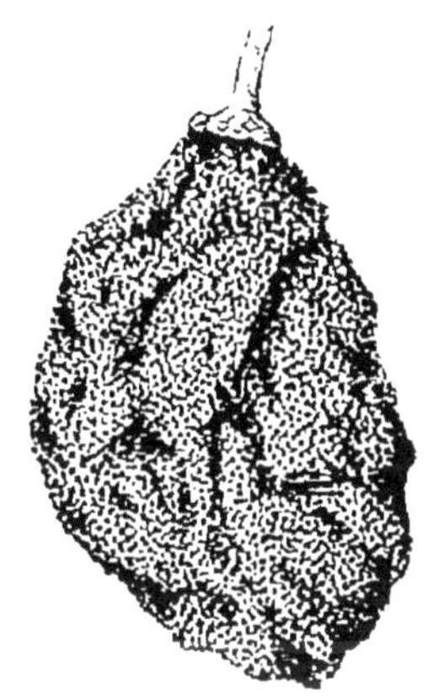

Fig. 288 (*bis*). — Grain de
raisin attaqué par le
Black-Rot, un peu grossi.

n'ont pas encore atteint leur taille normale et sont en
voie de croissance, la destruction est souvent absolument
complète, comme on ne l'a vu que trop souvent dans
les Vignes négligées, où on n'a fait aucun traitement
pour combattre l'extension du mal (fig. 290).

Sur les feuilles. — Sur le limbe des feuilles, l'invasion du *Black-Rot* se manifeste par des taches plus
ou moins régulièrement circulaires de couleur feuille
morte, apparaissant sur les deux faces de la feuille et
très nettement limitées (fig. 291). Elles sont ordinairement petites; la plupart ont de 2 à 3 millimètres de

FIG. 289. — BLACK-ROT.

Grappe attaquée par le Black-Rot quand les grains ont atteint déjà leur taille normale.

diamètre; parfois cependant plusieurs se joignent et se

confondent en une grande tache irréguliere. Ces taches
sont caractérisées par l'apparition à leur surface de
petits grains noirs, gros comme des grains de poudre,

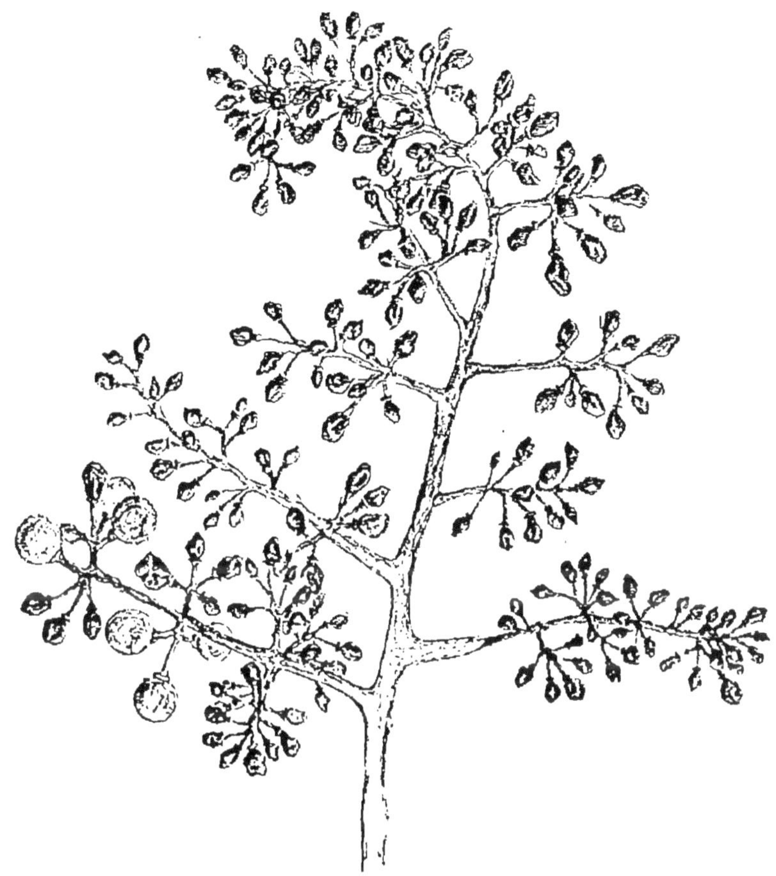

Fig. 290. — BLACK-ROT.

Grappe attaquée quand les grains étaient encore petits (la destruction est complète).

souvent disposés en lignes concentriques soit sur la
face supérieure, soit sur la face inférieure de la tache.
Ce sont des fruits conidiens tout semblables aux pycnides de *Phoma uvicola* des grains.

Sur les rameaux. — Sur l'extrémité verte et tendre
des pousses, sur la râfle des grappes, sur les pétioles des
feuilles, le *Black-Rot* forme aussi des taches comparables à celles des feuilles, mais allongées, et sur lesquelles

Fig. 291. — Feuille de Vigne attaquée par le Black-Rot.

se montrent de même des petits points noirs saillants qui
sont des pycnides (fig. 292).

Dans les grains malades et les taches des feuilles et
des rameaux, on peut observer le mycélium du parasite formé de filaments d'un diamètre assez variable, un
peu variqueux, cloisonnés, qui se ramifient et s'anastomosent (fig. 293); on peut les étudier surtout aisément dans les grains; ils y cheminent le long des cellules et pénètrent à leur intérieur.

L'altération produite par le mycélium du *Guignardia*
dans les grains de raisin ressemble beaucoup d'abord
à celle que cause celui du *Peronospora viticola* et on
peut être embarrassé pour reconnaî-
tre, au premier moment de l'invasion, à quel parasite elle est due, mais
l'examen microscopique permet de
distinguer dans la pulpe brunie du
grain les filaments non cloisonnés et
munis de suçoirs du mycélium du
Peronospora de ceux du *Guignardia*
qui sont cloisonnés et n'ont pas de
suçoirs.

Les fructifications du *Guignardia
Bidwellii* sont de trois sortes : deux
sont des fruits conidiens qui apparaissent en été, sur les feuilles d'abord,
puis sur les grains; la troisième consiste en périthèces qui se forment seulement après l'hiver sur les grains
desséchés. C'est par ces dernières
fructifications que la maladie du
Black-Rot est transmise aux Vignes
d'une année à l'autre.

**Fruits conidiens : Pycnides
et Spermogonies.** — Quand le
grain du raisin a été complètement
envahi par le mycélium et que les
cellules qui en forment la chair sont
mortes, les premiers rudiments des

Fig. 292. — Sarment
de Vigne attaqué
par le Black-Rot.

conceptacles que l'on a décrits soit comme pycnides,
soit comme spermogonies, commencent à s'organiser
·dans la peau du grain, les hyphes s'y pelotonnent et forment des petits corps globuleux d'un noir très intense,

plus ou moins enfoncés dans le tissu même du grain et qui, quand ils font saillie sur la peau, ne sont pas à nu, mais restent toujours couverts par la pellicule du grain. Ces conceptacles s'ouvrent au dehors par un orifice ou

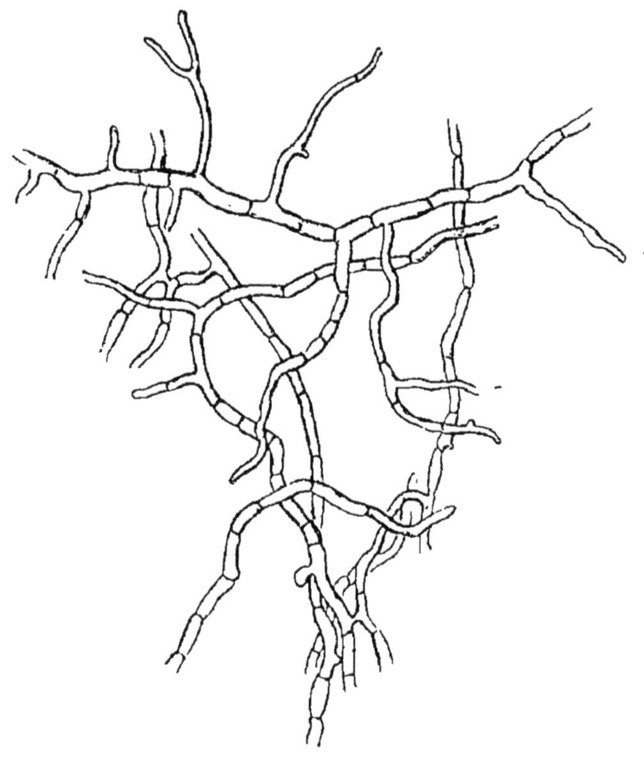

FIG. 293. — BLACK-ROT.

Mycélium contenu dans un grain de raisin attaqué par le Black-Rot.

ostiole circulaire, par où sont expulsées les spores qui se forment à leur intérieur (fig. 294). Ces dernières sont de deux sortes : tantôt ce sont des corps ovoïdes-globuleux, qui ont de 4,5 μ à 9 μ de long sur 1 à 4 de large tantôt des corps bacillaires qui ont environ 5,5 μ de longueur sur 0,5 de largeur. Les spores ovoïdes son

des spores de pycni-
des, des pycnospores;
les très petites spores
bacillaires ont été dé-
crites comme sperma-
ties et les conceptacles
qui les contiennent
comme spermogo-
nies. Pycnides et sper-
mogonies ont tout à

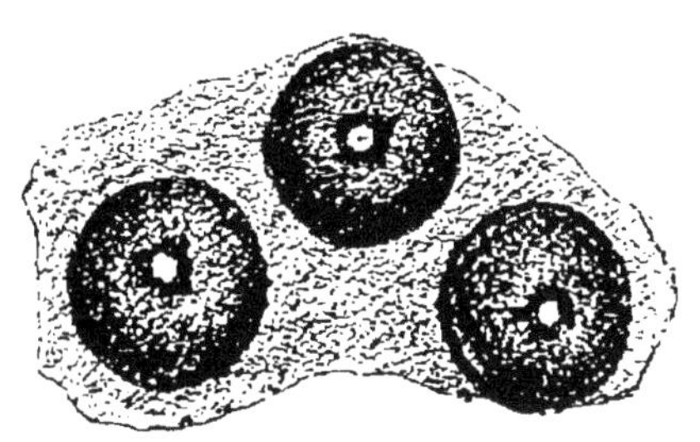

FIG. 294. — BLACK-ROT.
Conceptacles de *Phoma uvicola* faiblement grossis.

fait le même aspect, on ne peut les distinguer à l'extérieur avec certitude, cependant les pycnides sont
en général un peu plus grosses que les spermogonies.
Ces dernières ne se produisent d'ordinaire que sur les
fruits; sur les taches des feuilles et des rameaux, on ne
trouve, le plus souvent, en été que des pycnides qui
occupent presque toute l'épaisseur du limbe; la cuticule les entoure sur toute la partie qui est en saillie.

Pycnides à grosses spores (fig. 295). — Quand
elles ont atteint leur complet développement, leur enveloppe noire formée de quelques couches de cellules à
parois épaissies est doublée intérieurement par quelques
assises d'un tissu très délicat et blanc qui porte, en
rayonnant vers l'intérieur, de petits filaments simples,
un peu coniques, qui sont les basides à l'extrémité desquelles se forment des spores incolores, ovoïdes ou presque globuleuses. Ces pycnospores germent au bout de
quelques heures en émettant un tube de germination qui
s'allonge vite et se divise de loin en loin par des cloisons, puis se ramifie au bout d'un certain temps.

Quand on place une tache désséchée de feuille ou un
grain tué par le *Black-Rot* et couvert de ces pycnides
dans un milieu saturé d'humidité à une température
d'environ 30", on voit bientôt les spores sortir par l'os-

tiole de chaque pycnide, agglutinées les unes aux autres sous forme d'un long fil blanc qui s'entortille au
dehors (fig. 296); dans une goutte d'eau, ce fil se dé-
sagrège, les spores se séparent et se disséminent dans
le liquide. Les gouttes de pluie tombant sur les feuilles peuvent en entraîner un grand nombre et en s'é-

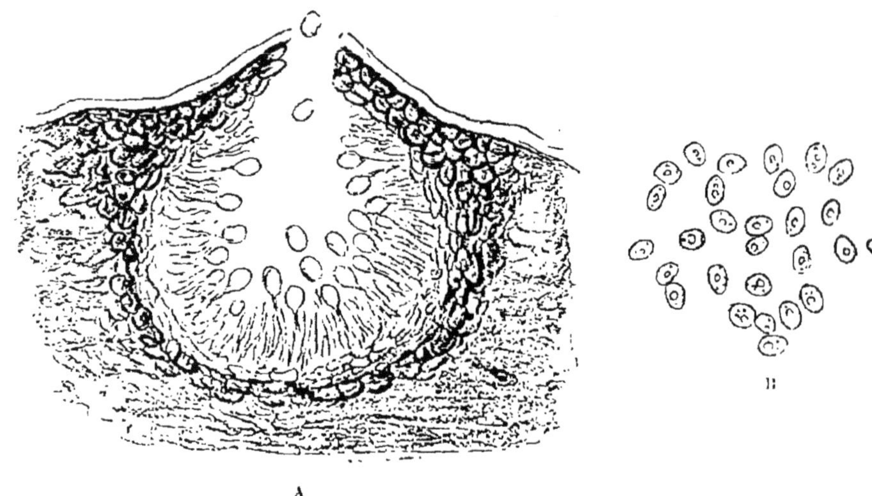

Fig. 295. — BLACK-ROT.

A, Coupe longitudinale d'un conceptacle de *Phoma uvicola* fortement grossi. — B, Spores libres.

gouttant sur les raisins, situés au dessous d'elles, les
infecter.

Quand il fait sec, les fils de spores se dessèchent, se bri-
sent aisément et peuvent être emportés au loin par le
vent; à la première pluie, ils se résolvent en spores.

**Pycnides à petites spores ou spermogo-
nies** (1) (fig. 297 A). — La coque noire pareille à celles

(1) Prillieux, *Production des périthèces de Physalospora Bidwellii au
printemps sur les grains des raisins attaqués l'année précédente par le
Black-Rot. Bull. de la Soc. mycologique* — 2ᵉ fasc., 1888, p. 59.

des autres pycnides est aussi revêtue intérieurement d'une couche de tissu délicat d'où rayonnent vers le centre de petites basides portant à leur sommet les spores ténues qui ont la forme d'un bâtonnet très légèrement épaissi aux deux bouts (fig. 297 B).

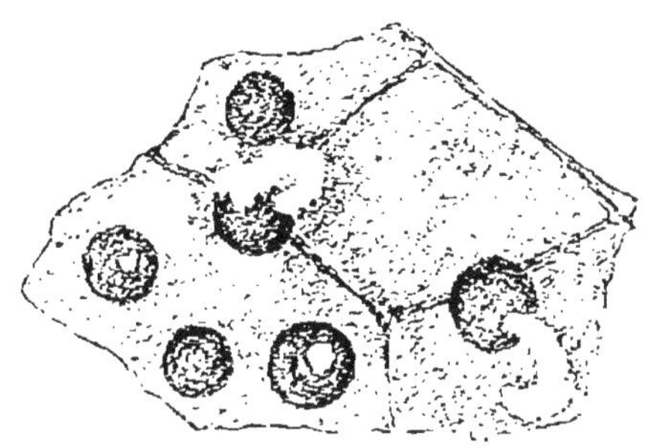

Fig. 296. — BLACK-ROT.

Conceptacles de *Phoma uvicola* émettant des fils formés de spores agglutinées (faiblement grossi).

On ne les a pas jusqu'ici vues germer, elles se comportent en cela comme la plupart des spermaties. Leur véritable rôle, les conditions dans

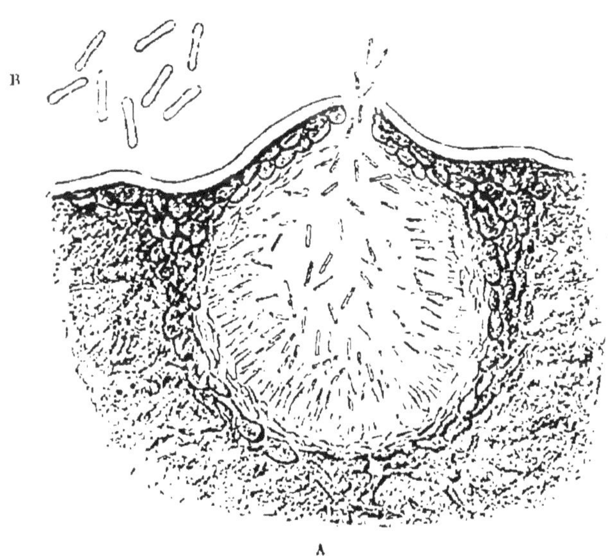

Fig. 297. — BLACK-ROT.

A. Coupe transversale d'un conceptacle à spores bacillaires (fortement grossi). — B. Spores bacillaires à un très fort grossissement.

lesquelles elles peuvent se développer sont encore inconnus.

Périthèces. — Quand on examine les grains desséchés par le Black-Rot en hiver, on trouve les conceptacles globuleux dont ils sont couverts vides, mais la couche de tissu délicat qui les tapisse intérieurement n'est pas morte; elle est seulement à l'état de vie latente; quand vient le printemps, elle reprend une vie nouvelle et remplit la capsule d'un tissu délicat, dans lequel se développent les asques. La vieille pycnide se change ainsi en périthèce.

Les asques se montrent sous l'apparence de cellules plus grandes, plus allongées, qui se dirigent du fond du périthèce vers son sommet en repoussant une couche assez épaisse du parenchyme délicat situé au-dessus.

C'est à la fin d'avril, pendant le mois de mai et jusqu'au commencement de juin, que l'on trouve les périthèces remplis d'asques bien développés sur les grains qui ont passé tout l'hiver exposés aux intempéries, soit sur le sol, soit encore attachés aux grappes pendantes aux branches et que l'on n'a pas cueillies au moment de la vendange, parce qu'elles ne contenaient pas de bons grains.

Mûrs, ces périthèces contiennent une touffe d'asques partant du fond de leur cavité et l'occupant tout entière. Ils ne sont pas entremêlés de paraphyses. Ils sont cylindriques et un peu renflés en massue, très amincis vers leur point d'insertion; ceux du milieu sont droits, ceux du pourtour de la touffe un peu courbés, parce qu'ils se moulent contre les parois de la cavité. Ces asques contiennent chacun 8 spores, irrégulièrement ovales, un peu atténuées aux deux extrémités et renflées vers le milieu, mais un peu plus près d'un bout que de l'autre. Elles mesurent de 12 à 14 µ. sur 6 à 7 µ. Elles sont presque incolores et ne présentent qu'une faible nuance jaunâtre.

A l'humidité, la paroi des asques se gonfle, l'asque se dilate, se rapproche de l'ostiole du périthèce, puis son extrémité se crève et elle projette ses spores à une distance qui atteint au moins 3 centimètres (1).

Les ascospores germent en quelques heures en émettant un tube de germination qui se cloisonne rapidement lorsque la température est entre 20° et 30°. Elles infectent les jeunes feuilles de Vigne et y font naître au bout de peu de temps les taches desséchées caractéristiques du Black-Rot. MM. Viala et Ravaz en ont fait l'expérience et montré que le temps qui s'écoule entre l'ensemencement des ascospores sur les feuilles et l'apparition des taches est de 8 à 12 jours (2).

Cette forme à fruits ascosphores du parasite qui cause le Black-Rot a été observée pour la première fois en Amérique, dans l'état de New-Jersey par M. Bidwell. M. Ellis en a donné une courte diagnose sous le nom de *Sphaeria Bidwellii* (3). Puis M. Saccardo l'a rapportée au genre *Physalospora* sous le nom de *Physalospora Bidwellii*, tout en remarquant que la plupart des *Physalospora* ont des paraphyses, tandis que le *Sphaeria* (*Physalospora*) *Bidwellii* n'en possède pas. Cette raison a décidé MM. Viala et Ravaz à la rapporter au genre *Laestadia* sous le nom de *Laestadia Bidwellii*. Mais ce nom de *Laestadia* avait été déjà choisi en 1832 par Kunth pour désigner un genre de Composées : c'est donc à tort qu'il avait été employé depuis par Auerswald pour distinguer un genre de Champignons. Le droit

(1) Viala, *les Maladies de la Vigne*, 3ᵉ. éd., p. 190.

(2) Viala et Ravaz, *Recherches expérimentales sur les maladies de la Vigne*. Compt. Rend. de l'Acad. des sc.

(3) Bull. Torrey Bot. Club. aug. 1880.

de priorité obligeait à abandonner le nom générique de *Laestadia* d'Auerswald ; M. Viala a proposé pour le remplacer celui de *Guignardia*.

C'est donc sous la dénomination de *Guignardia Bidwellii* que doit être aujourd'hui désigné le champignon parasite du *Black-Rot* (fig. 298).

La forme à périthèces observée par Bidwell en Amérique se produit très bien non seulement dans le midi de la France, où elle a été d'abord observée par M. Fréchou à Nérac, mais même sous le climat de Paris où des grappes desséchées par le *Black-Rot* suspendues tout l'hiver en plein air sur une terrasse du laboratoire de Pathologie végétale ont produit au printemps des périthèces parfaitement mûrs de *Guignardia Bidwellii*.

Connaissant l'organisation du parasite, on comprend bien comment la maladie du *Black-Rot* se propage dans les vignobles.

En mai ou juin, les vieux grains desséchés qui ont été tués par le *Black-Rot* l'année précédente, sont couverts de périthèces qui répandent leurs spores sur les jeunes feuilles. Huit ou dix jours plus tard apparaissent sur les feuilles les taches spéciales qui signalent au vigneron la première apparition de la maladie. Puis, sur ces taches se développent des pycnides remplies de petites spores qui le plus souvent sont emportées dans des gouttes d'eau sur les raisins et infectent les grains sur lesquels elles germent.

Dès qu'il fût bien avéré que les taches des feuilles sont véritablement dues au parasite qui produit la maladie des grains, qu'il s'y produit en quantité des spores pareilles à celles qui se forment sur les grains et que ces taches apparaissent sur les feuilles, quand les raisins sont encore sains, un mois avant la première apparition du *Black-Rot* sur les grappes, il parut possible

d'arrêter le développement du mal en traitant les feuilles
avant que les raisins fussent attaqués.

L'efficacité des sels de cuivre, pour empêcher l'infection des feuilles par les zoospores du *Peronospora viticola*, comme pour détruire les germinations de la Carie,
devait faire espérer que les remèdes dont l'efficacité

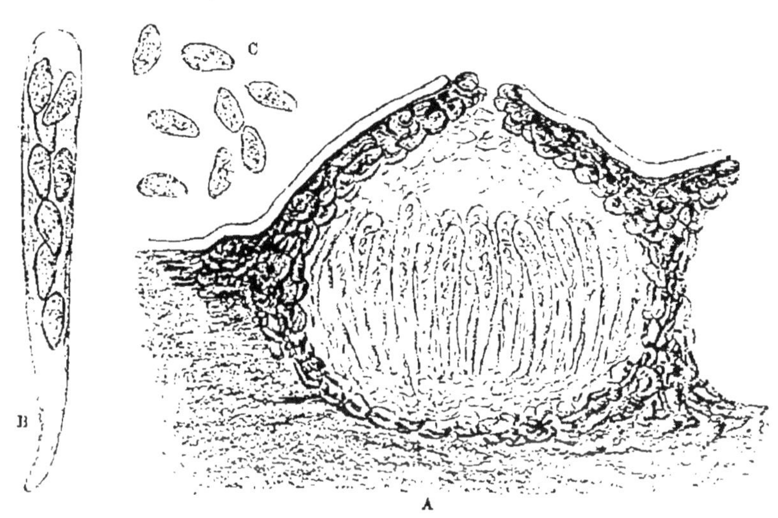

Fig. 298. — Black-Rot.

A, Périthèce de *Guignardia Bidwellii*. — B, Asque isolée plus fortement grossie. — C, Spores mises
en liberté.

était démontrée pour arrêter l'exension du Mildiou
pourraient aussi servir, appliqués à temps sur les feuilles,
à préserver les raisins du *Black-Rot*.

Dans les premiers moments de l'invasion de la maladie, les mauvais résultats des traitements tentés à
Ganges l'année précédente avec le sulfate de cuivre
pour détruire le mal dans son foyer, avaient fait croire
au peu d'efficacité des sels de cuivre pour traiter le
Black-Rot. Néanmoins ces résultats négatifs n'étaient
pas probants. L'expérience devait être reprise. Elle put

être réalisée dès 1888 à Aiguillon au confluent du Lot et de la Garonne dans un petit vignoble fort dévasté par le *Black-Rot* en 1887, l'année même où la présence du *Black-Rot* dans la vallée de la Garonne était constatée.

Dès 1887, tandis que les grappes desséchées et noircies pendaient encore aux ceps, on nota exactement sur un plan tous les pieds fortement atteints par la maladie. Le foyer du mal se trouvait ainsi bien déterminé. Des rangées de Vignes passant par ce point, les unes furent traitées à plusieurs reprises par de la bouillie bordelaise, d'autres laissées sans traitement.

A la fin du mois de mai apparurent quelques taches pouvant être attribuées au Black-Rot, le 8 juin les premières pycnides se montraient sur les taches.

Au dehors du lieu d'expérience, le *Black-Rot* se développa avec intensité et de nouveaux foyers se montraient autour d'Aiguillon dans des Vignes entièrement indemnes l'année précédente. L'essai de traitement se faisait donc dans des conditions démonstratives. A la fin de juin, à la suite d'une série d'orages, par une température chaude et humide, la maladie faisant de grands progrès, on renouvela le traitement; puis, au commencement de juillet, on donna encore un troisième traitement. Le 16 juillet, les progrès du mal étaient effrayants; sur les pieds non traités la récolte était anéantie. Du 12 au 20 juillet, le *Black-Rot* avait achevé son œuvre de destruction.

Le 25 juillet, on relevait exactement le nombre des raisins demeurés sains ou atteints plus ou moins fortement sur chaque pied de chacune des rangées traitées ou non traitées. Sur les rangées non traitées, le nombre total des grappes attaquées était de 95, 97, 99 pour 100, c'était la destruction complète; sur les rangées traitées par la bouillie, le nombre des grappes atteintes était seulement de 14, 22 et 24 pour 100. Encore convient-il d'ajouter que presque toutes n'étaient que faiblement attaquées.

Il était donc établi dès 1888, la seconde année après la découverte du *Black-Rot* à Ganges, à un moment où la maladie apportée d'Amérique n'occupait encore qu'un certain nombre de foyers isolés et commençait seulement à envahir le vignoble français, que les traitements au cuivre et particulièrement à la bouillie bordelaise pouvaient permettre de combattre le *Black-Rot*.

Une grande publicité fut donnée aux résultats établis par cette expérience d'Aiguillon. Dans les départements viticoles les plus importants, les cultivateurs fort effayés des dangers de l'extension de la nouvelle maladie et habitués déjà à se préserver du Mildiou par l'emploi des sels de cuivre, mirent un grand zèle à traiter les foyers d'infection signalés çà et là en bien des points : dans l'Aveyron, dans le Lot, dans la Charente, dans la Gironde, dans les Landes, etc. et le fléau y fut en grande partie conjuré. Il n'a pas fait en général en France les progrès qu'on pouvait redouter, mais malheureusement, dans des départements appauvris par le Phylloxéra comme dans le département du Gers et où l'on a négligé de faire ces traitements nécessaires, la maladie a pris une terrible extension et elle a fait en 1895 des ravages effrayants.

Partout où on a laissé le redoutable parasite se multiplier sans obstacle pendant plusieurs années, il s'est à tel point répandu que les traitements doivent être répétés un plus grand nombre de fois et n'assurent pas une protection aussi complète que celle que l'on a obtenue dans les vignobles soigneusement traités dès la première apparition du mal.

Pour limiter l'extension du *Black-Rot*, il y a des précautions indispensables à prendre. Il faut d'abord, pour empêcher que les ascospores nées sur les raisins desséchés de l'année précédente ne propagent la maladie sur les jeunes feuilles, récolter soigneusement, au moment de la vendange, toutes les grappes desséchées et les détruire, au lieu de les laisser sur les ceps, d'où l'année suivante elles reproduiraient la maladie. Sans doute on n'obtient pas, par ce moyen, la destruction complète de tous les conceptacles capables de produire des asques au printemps; il y a toujours des grappes desséchées qui échappent à la récolte, des grains tués par le *Black-Rot* qui sont tombés à terre et, plus tard, que le vent emportera au loin. Mais, à l'aide de ces précautions, on diminuera sûrement dans une forte proportion le foyer d'infection au printemps, dès le moment où les spores vont être projetées par les périthèces.

Il y a parfois sur les sarments des Vignes fortement atteintes par le *Black-Rot* d'assez nombreuses taches couvertes de conceptacles; ces petits fruits pourraient produire l'infection comme ceux qui couvrent les grains des asques au printemps. Mais ces sarments sont tous coupés à la taille et il est bien aisé de les détruire en les brûlant aussitôt après cette opération.

Quant aux feuilles, toutes sont pourries sur le sol avant la fin de l'hiver.

Les remèdes employés efficacement contre le *Black-Rot* sont les mêmes que ceux qui servent à combattre le Mildiou. C'est au moment où les asques formés au fond du périthèce sont mûrs et projettent leurs spores, c'est-à-dire vers le moment même du débourrage qu'il convient de répandre le liquide protecteur sur les jeunes feuilles; un deuxième traitement devra être donné avant la floraison, puis un troisième au moment où l'enveloppe florale tombe et laisse à découvert le pistil, c'est-à-dire au moment de la floraison.

Si l'infection est intense, si des taches nouvelles continuent d'apparaître en grand nombre sur les jeunes feuilles, on devra multiplier les traitements selon le besoin. Quand on traite régulièrement les Vignes tous les ans, trois traitements ont pu souvent suffire à assurer la protection des Vignes contre le *Black-Rot,* mais ces traitements doivent toujours être faits avec grand soin. Quand la Vigne à traiter est en touffes et qu'elle est vigoureuse, le liquide pulvérisé pénètre difficilement dans l'intérieur des touffes et le traitement est incomplet. Dans ce cas on doit particulièrement recommander les traitements supplémentaires à l'aide des poudres cupriques qui, très légères, pénètrent beaucoup mieux à travers l'épais feuillage jusqu'aux grappes. En alternant les traitements aux bouillies cupriques répandues par les pulvérisateurs et les traitements aux poudres, contenant du soufre et du sulfate de cuivre, on a produit de très bons effets.

Le palissage des Vignes sur fil de fer rend toujours les traitements et plus faciles et plus efficaces.

Coniothyrium Diplodiella (Speg.) Sacc.
Rot pâle. Rot blanc. Rot livide.

Syn : *Phoma Diplodiella* Speg. — *Phoma baccae* Catt. — *Coniothyrium baccae* Catt. — *Phoma Briosii* Baccarini.

Le *Coniothyrium Diplodiella* est un champignon parasite des raisins qui parfois cause dans les vignobles des ravages effrayants comme on l'a vu, par exemple dans le Gard en 1887 et que l'on a souvent confondu avec le parasite du *Black-Rot.* Il fructifie de même dans

la peau des grains tués, en y formant des petits conceptacles globuleux qui font un peu saillie à la surface des
grains et leur donnent aussi quand ils se dessèchent un
aspect chagriné. Mais la peau des grains et leurs granulations ne sont pas noires mais fauves, couleur de terre.
(fig. 299). M. Viala qui a observé cette maladie en
Amérique a proposé de l'appeler Rot blanc. Planchon
à Montpellier lui avait donné d'abord le nom de Rot
livide, à cause de la couleur que prennent les grains quand ils commen-
cent d'être envahis; mais les grains qu'attaquent le Mildiou et le *Black-Rot* prennent alors de même une teinte livide. Le nom de Rot blanc peut être accepté, mais celui de Rot pâle serait plus exact.

FIG. 299. — GRAIN
DE RAISIN COUVERT
DE *Coniothyrium
Diplodiella*.

Les conceptacles du *Coniothyrium Diplodiella* qui se forment dans la peau des grains sont des pycnides comme celles que produit en été le *Guignardia Bidwellii* dans les grains
qu'il tue. C'est un état pareil à celui sous lequel ce para-
site a été nommé *Phoma uvicola* par Berkeley et Curtis.

Les *Coniothyrium* sont des *Phoma* à spores brunes.

Les pycnides sont les seuls organes de reproduction du
Coniothyrium Diplodiella que l'on observe dans les Vignes. Elles paraissent suffire à multiplier le parasite.
D'après les observations de MM. Viala et Ravaz, les spores qu'elles contiennent, conservent leur faculté germi-
native pendant tout l'hiver jusqu'à l'été suivant; leur
enveloppe qui brunit en vieillissant et devient presque
noire les protège contre les intempéries et elles peuvent
ainsi propager l'espèce d'une année à l'autre (1).

(1) Viala et Ravaz, *Revue de Viticulture*, 1er sept. 1894.

C'est en 1886 en Vendée, en 1887 dans le Gard et dans l'Hérault que de véritables épidémies causées par le *Coniothyrium* furent constatées en France (1).

Jusque-là le champignon, bien qu'existant dans nos vignobles, n'y avait pas été signalé comme y causant des dégâts appréciables, ou du moins les dommages qu'il produisait étaient attribués à d'autres causes, à la sécheresse par exemple et à l'ardeur des coups de soleil. Spegazzini l'a décrit en 1878 sur des raisins provenant de Conegliano. Je l'ai trouvé dans les vignes à Nérac en 1882, il n'y faisait alors aucun mal ; pas un vigneron ne s'en souciait. MM. Viala et Ravaz l'observèrent en 1885 dans le département de l'Isère ; ils le considérèrent alors, non comme un parasite dangereux, mais simplement comme un saprophyte, se développant sur les raisins gâtés, à la façon des moisissures.

Il est certain cependant qu'il a causé beaucoup de mal dans les Vignes de Vendée en 1886 et qu'en 1887 surtout, il a produit une véritable épidémie qui a ravagé la haute Italie et la Suisse, comme le département du Gard et bien des points de l'Hérault et de la vallée de la Garonne.

Le *Coniothyrium* n'attaque pas les raisins de la même façon que le *Guignardia*. Le *Black-Rot* envahit toujours les grains isolément et d'une façon assez irrégulière. On trouve sur la même grappe, à côté de grains sains, des grains noirs et desséchés entremêlés d'autres grains encore pulpeux et d'un rouge brun livide ; tandis que la râfle reste presque toujours inaltérée. Le *Coniothyrium* attaque particulièrement la râfle de la grappe

<hr>

(1) Prillieux, *Raisins malades dans les Vignes de la Vendée. Ann. de l'Inst. national agronomique*, 1885.

Prillieux, *les maladies de la Vigne en 1887. Bulletin de la Soc. botanique de Fr.*, t. XXXIV, session cryptogamique, octobre 1887.

et de là gagne les grains qui changent de couleur, deviennent brun livide, s'amollissent, puis se dessèchent, en prenant une couleur grisâtre et terreuse. Des grappillons entiers se flétrissent et meurent en paraissant seulement échaudés par le soleil. Si l'on examine le pédoncule de ces grappillons, on voit que toujours il est profondément altéré. Ou bien, il présente seulement à sa naissance une tache brune qui s'étend plus ou moins, ou bien, il est desséché jusqu'à ses dernières ramifications, jusqu'aux pédicelles des grains.

Maintes fois et c'est alors que la maladie offre son caractère le plus net et le plus redoutable, ce ne sont pas les rameaux de la râfle, mais le pédoncule même de la grappe qui se désorganise complètement. Cela peut se produire sur des raisins encore tout à fait sains et l'on voit alors les grappes, souvent déjà presque mûres, se détacher d'elles-mêmes et tomber sur le sol où elles pourrissent.

Les grains devenus livides et mous sous l'action de la maladie se couvrent de conceptacles de *Coniothyrium* et se dessèchent.

En examinant la pulpe des grains encore mous, on y trouve en abondance les filaments du mycélium du *Coniothyrium,* qui entrent dans le grain par le pédicelle, forment gerbe autour des faisceaux vasculaires qui en émanent et s'irradient dans la chair, rampant entre les cellules qu'ils tuent en les traversant (fig. 300).

Ces filaments mycéliens sont cloisonnés et ramifiés ; les ramifications se font à angle aigu. Il est possible, d'après ces caractères du mycélium contenu dans les grains, de distinguer avec certitude le Rot blanc du Rot brun causé par le *Peronospora viticola,* à un moment où les baies également brunâtres et juteuses ne sauraient être sûrement différenciées d'après leur aspect extérieur. En outre, les grains envahis par le *Coniothyrium* ne présen-

tent jamais, au moment de l'attaque, ces taches déprimées et livides qui marquent les points par où a pénétré le tube germinatif du petit corps reproducteur du
Peronospora ou du *Guignardia,* puisque le mycélium
du *Coniothyrium* en-
tre dans le grain par
sa base.

On peut observer
le même mycélium
ramifié dans les pé-
doncules et les rami-
fications de la râfle au
milieu des cellules
mortes et brunes des
couches profondes du
parenchyme cortical.

Les seules fructifi-
cations du champi-
gnon parasite du Rot
pâle que l'on ait trou-
vées sur les grappes,
dans les Vignes, sont
des pycnides du *Co-
niothyrium*. Elles se
forment en quantité
sur toute la périphé-
rie des grains, sous la

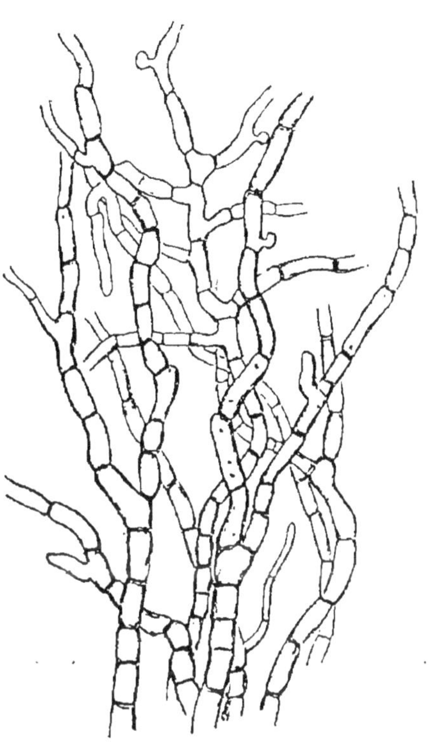

Fig. 3oo. — Mycélium de *Coniothyrium
Diplodiella.*

peau et aussi sur la râfle et même sur des rameaux dans
la partie la plus extérieure de l'écorce.

Le mode de formation de ces pycnides est assez particulier. Elles s'organisent à l'intérieur de petits amas
de stroma qui se produisent isolément sous la pellicule
du grain et dans la couche superficielle de la râfle. En
grossissant, chaque petit stroma fait bomber la cuticule

puis la déchire (fig. 3o1). Alors, le pseudoparenchyme qui le forme se montre au dehors, s'y étend et les cellules superficielles de la petite masse tendent à s'isoler en prenant une forme globuleuse. Ce sont, à ce moment, de petites pustules pulvérulentes, blanchâtres, dont la couleur tranche sur le fond brunâtre de la peau des grains ou sur la surface terreuse de la râfle desséchée.

C'est dans l'intérieur de cette masse de stroma que

FIG. 3o1.—*Coniothyrium Diplodiella.*
Masse de stroma faisant éclater la cuticule
du grain.

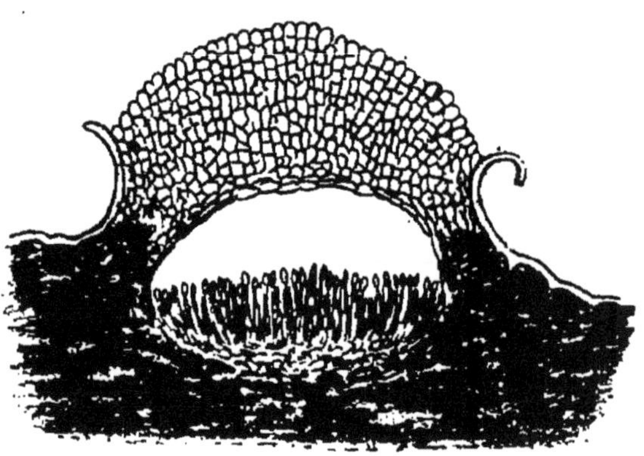

FIG. 3o2. — *Coniothyrium Diplodiella.*
Jeune conceptacle formé dans la partie profonde du stroma.

s'organise le conceptacle de la pycnide dont la paroi, fort mince, formée d'une ou de deux assises de cellules à parois un peu épaisses et brunâtres (fig. 3o2), est longtemps couverte par les restes du tissu du stroma (fig. 3o3).

La pycnide ne porte que dans son fond la couche fertile, d'où se dressent les nombreuses basides fines et filiformes, à l'extrémité desquelles sont portées les spores. Cette disposition est fort différente de celle que présentent les pycnides du *Guignardia* (*Phoma uvicola*), où les basides se forment sur toute la surface interne du conceptacle (fig. 295. A.)

Les spores formées qui apparaissent au sommet des basides partant du fond de la pycnide du *Coniothyrium Diplodiella* sont allongées, ovoïdes ou irrégulièrement fusiformes, plus ou moins courbées et terminées (fig. 304) soit

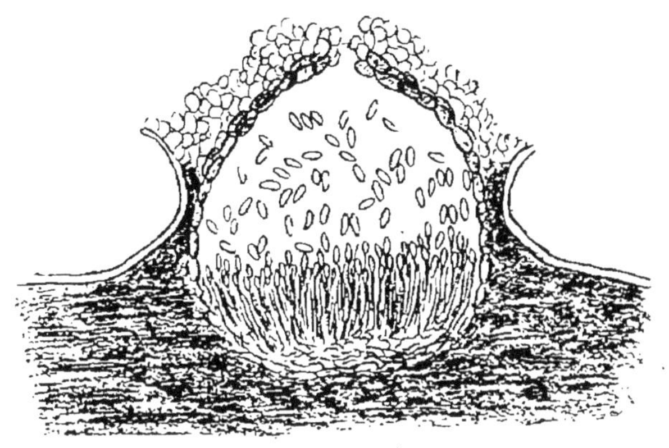

Fig. 3o3. — *Coniothyrium Diplodiella.*
Conceptacle parvenu à son entier développement.

par les deux extrémités, soit au moins d'un côté en pointe. Elles diffèrent ainsi beaucoup de forme des spores du *Phoma uvicola* (*Black Rot*) qui sont presque globuleuses (fig. 295 B). Quand elles sont bien mûres, les spores de *Coniothyrium* se distinguent par leur couleur brune, et même d'un brun foncé, de celles du *Phoma* qui demeurent toujours incolores. Toutefois, dans les conceptacles bien développés et ouverts au sommet, on trouve souvent des

Fig. 3o4. — *Coniothyrium Diplodiella.*
Spores mûres colorées en brun.

spores hyalines ou à peine colorées en jaune, très pâles.

(1) Dott. Fridiano Cavarra, *Intorno al disseccamento dei grappoli della Vite.* Istituto botan. della R. Universita di Pavia (1888).

D'après les observations de M. Cavarra, des spores hyalines de *Coniothyrium Diplodiella* peuvent germer sans brunir; mais ordinairement leur germination se fait un peu plus lentement et elles deviennent brunes avant d'émettre un tube de germination. Les spores bien mûres et brunes germent en 4 heures, quand la température ambiante n'est pas inférieure à 18 ou 20°.

Le plus souvent, les tubes de germination des spores pénètrent dans les râfles des grappes par les places où elles ont été déchirées par des grêlons ou rongées par des insectes.

Longtemps on a pensé que le *Coniothyrium Diplodiella* était seulement saprophyte, parce qu'on n'avait observé ses fructifications que sur des grappes desséchées, détachées des ceps et tombées sur le sol, mais quand on a vu les ravages qu'il produit parfois après un orage à grêle sur les Vignes chargées de grappes en pleine végétation, on ne peut douter qu'il soit véritablement un redoutable parasite.

La preuve directe du parasitisme du *Coniothyrium Diplodiella* a été faite expérimentalement en 1887 tant en Italie par M. Pirotta, qu'en France, à Nérac, par M. Fréchou, en infectant avec des spores mûres des grappes bien saines maintenues dans un milieu saturé d'humidité. Au bout de 4 à 6 jours, les caractères de la maladie apparaissaient d'une façon bien reconnaissable.

Toutefois, il semble que le plus souvent les grandes invasions de *Coniothyrium* sont dues à ce que, par suite soit d'une grêle, soit du développement de divers insectes, la Vigne se trouve couverte de petites plaies par où le *Coniothyrium* pénètre, sinon exclusivement, du moins plus facilement et par beaucoup plus de points, dans le tissu de la grappe. Le *Coniothyrium Diplodiella* paraît être ainsi tout spécialement un parasite de blessures. Ainsi s'explique son apparition fort irrégulière, se produisant d'ordinaire à la suite de violents orages ou accompagnant des invasions de Cochylis.

Du reste, un temps humide et chaud est toujours nécessaire au développement du *Coniothyrium Diplodiella.* La sécheresse en arrête le progrès.

Le *Coniothyrium* n'attaque point les feuilles avant d'envahir les raisins; on ne peut donc le combattre comme le *Black-Rot.*

Les traitements des grappes aux sels de cuivre ont donné des résultats assez incertains. Il semble, que pour être efficaces, ils devraient être faits aussitôt après que les lésions ont été faites sur les râfles. L'irrégularité de l'apparition des invasions rend ces traitements difficiles à réaliser.

MM. Viala et Ravaz ont signalé l'apparition de périthèces d'une Sphæriacée sur des grappes couvertes de pustules de *Coniothyrium* qui avaient été placées sur du sable humide dans une atmosphère confinée au mois d'août. Ces périthèces se montrèrent en octobre et novembre sur les râfles et pédoncules, mais jamais sur les grains.

MM. Viala et Ravaz (1) les ont considérés comme constituant la forme ascophore du *Coniothyrium Diplo-diella* et l'ont décrit sous le nom de *Charrinia Diplo-diella.*

D'après leur description, ces périthèces sont sphériques, ont de 140 à 160 μ de diamètre, émergent aux deux tiers sur les organes desséchés qui les portent; leur enveloppe est d'un noir très foncé et comme carbonacé, verruqueuse sur la partie émergente et formée de plusieurs assises

____

(1) *Sur le Rot blanc de la Vigne* (Charrinia Diplodiella). *Revue de viticulture*, 1ᵉ sept. 1894.

de cellules. Leur ouverture ostiolaire est large et en forme de cratère.

Ces périthèces contiennent des asques entrémélés de paraphyses qui sont d'un tiers plus longues qu'eux, mais relativement peu nombreuses. Asques et paraphyses sont insérés dans le fond du périthèce et dirigés vers l'ouverture en forme de cratère.

Les asques droits ou un peu courbés, généralement en forme de massue, sont portés par un pied mince séparé de l'asque par une cloison. Ils contiennent chacun huit spores souvent sur deux rangs. Ces spores sont en forme de fuseau, d'abord hyalines, uniseptées et fortement rétrécies au niveau de la cloison, puis triseptées et rétrécies légèrement à la hauteur des cloisons secondaires. Elles sont alors d'une couleur jaune citron clair.

MM. Viala et Ravaz ont créé pour cette Sphérie le genre *Charrinia* dédié au Dr Charrin. M. Berlèse (1) pense qu'elle doit être rapportée au genre *Metasphaeria* et porter le nom de *Metasphaeria Diplodiella* (Viala et Ravaz) Berlèse.

Il me paraît prudent d'attendre que ces observations de MM. Viala et Ravaz aient été contrôlées et que l'on ait pu constater avec certitude que cette Sphérie, *Charrinia* ou *Metasphaeria,* est bien la forme parfaite du *Coniothyrium Diplodiella* avant de changer le nom sous lequel est connu le parasite qui produit le Rot pâle ou Rot blanc.

On doit remarquer que par l'organisation de ses pycnides, le *Coniothyrium Diplodiella* semble se rapprocher beaucoup plus des Dothidéacées que des Sphæriacées.

____

(1) *Rivista di patologia vegetale*, vol. III, n° 1-4, 1894, p. 104.

Gnomonia erythrostoma (Pers.) Auersw.
Maladie des feuilles du Cerisier.

Syn. : *Sphaeria erythrostoma* Pers.

Les Cerisiers sont parfois attaqués par une maladie
qui peut prendre un caractère épidémique et causer de
grands dommages. On l'a vue dans le nord de l'Allemagne détruire à peu près complètement les récoltes de
cerises. C'est à la suite d'une telle épidémie que cette
maladie des Cerisiers a été étudiée d'une façon particulière par M. Frank qui l'a rapportée au parasitisme du
Gnomonia erythrostoma (1).

Les *Gnomonia* sont des Sphæriacées dont les périthèces enfoncés dans le tissu de la plante nourricière
sont munis d'un col qui se prolonge en une tige cylindrique plus ou moins longue au-dessus de l'épiderme.

La maladie produite par le *Gnomonia erythrostoma*
se manifeste dans la deuxième moitié de juin.

Les feuilles sont envahies par places par son mycélium; elles se couvrent de grandes taches jaunâtres qui
d'abord ne se distinguent pas beaucoup du fond vert de
la feuille. Elles deviennent de plus en plus nombreuses,
de plus en plus étendues, puis, peu à peu, brunissent,
meurent et se dessèchent, le plus souvent dans la seconde moitié de l'été. A l'intérieur de ces taches, au
milieu du tissu plus ou moins dépérissant, se trouve
le mycélium du parasite formé de très gros tubes rami-

(1) Frank, *Ueber* Gnomonia erythrostoma, *die Ursache einer jetzt
herrschenden Blattkrankheit der Süsskirschen in Altenlande* (*Berichte der
Deutsch. Botan. Gesellschaft*, IV. 1886.
Die jetzt herrschende Krankheit der Süsskirschen in Altenlande. (Aus
dem pflanzenphysiol. Institut der K. landwirthsch. Hochschule zu Berlin).
Die Krankheiten der Pflanzen. 2 ed., II, p. 448.

fiés, variqueux, qui s'étendent entre les cellules du mésophylle en s'appliquant contre leurs parois sans les traverser (fig. 309). Ils sont divisés parfois çà et là par quelques cloisons transversales.

Le pétiole desséché des feuilles malades se contourne en crosse et elles pendent ainsi vers la terre, mais elles ne se détachent pas à l'automne comme les feuilles saines (fig. 305). Elles demeurent attachées aux rameaux pendant tout l'hiver et le printemps jusqu'au moment où la maladie réapparaît sur les jeunes feuilles. Cela n'est pas dû seulement à ce qu'elles sont mortes et se sont desséchées prématurément avant que la séparation qui se fait normalement dans le tissu de la base du pétiole se soit produite; le mycélium parasite de la feuille pénètre dans le pétiole et s'y développe de façon à y produire une sorte de momification des tissus qui le consolide et le fixe solidement à la branche.

Plus rarement et particulièrement quand elle se produit sur des feuilles plus jeunes, l'infection présente un caractère différent; elle se manifeste seulement par de petites taches qui n'ont que quelques millimètres de diamètre, brunissent et se dessèchent rapidement. Ces taches dont la couleur brune tranche nettement sur le fond vert de la feuille contiennent le même mycélium que les grandes taches.

Les fruits comme les feuilles peuvent être attaqués par le même champignon (fig. 306); les cerises sont alors ou détruites complètement de bonne heure ou tellement déformées, quand une moitié seulement de leur pulpe se développe, qu'elles ne sont pas vendables et ont perdu toute valeur.

Les arbres qui pendant plusieurs années de suite sont

____

(1) Frank, *Zeitschr. für Pflanzenkrankheiten*, I, 1891, p. 17.

atteints par ces maladies deviennent languissants, se couvrent de bois mort et, à la longue, peuvent succomber.

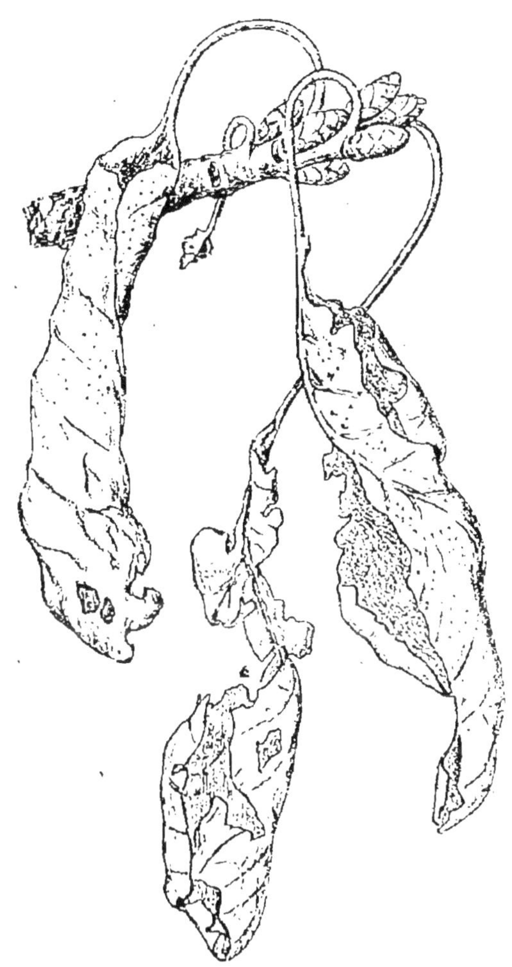

Fig. 3o5. — Feuilles de Cerisier tuées par le *Gnomonia erythrossoma*.
(D'après M. Frank.)

Sur les taches des feuilles se montrent dans le cours des mois de juillet et d'août de très petits points bruns;

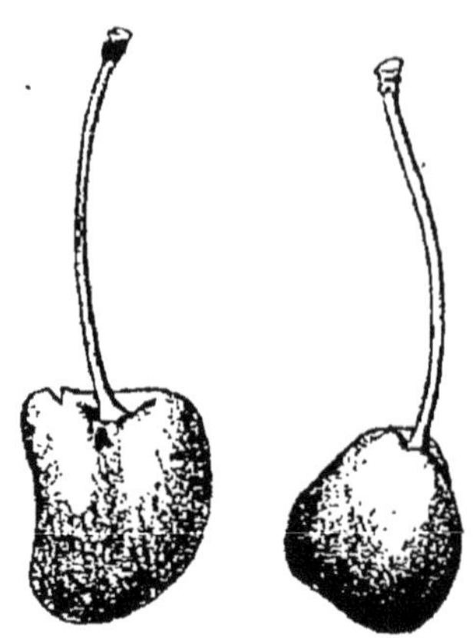

FIG. 306. — CERISES ATTAQUÉES PAR LE *Gnomonia erythrostoma*.

(D'après M. Frank.)

ce sont les spermogonies du *Gnomonia erythrostoma* (fig. 307), petits conceptacles d'un brun clair, arrondis, que l'on distingue bien à la loupe. Ils s'ouvrent à leur sommet et laissent échapper de très petits corps filiformes, très longs, un peu courbés, que M. Frank a cru pouvoir considérer comme de véritables spermaties devant non pas germer à la façon de spores, mais s'accoler à des filaments mycéliens sortant par les stomates et jouer ainsi un rôle dans la production des périthèces.

C'est en hiver sur les feuilles restées attachées aux branches que l'on trouve les périthèces bien formés; ils se voient à l'œil nu comme de petits points noirs disséminés sur toute la surface de la feuille. Ils sont

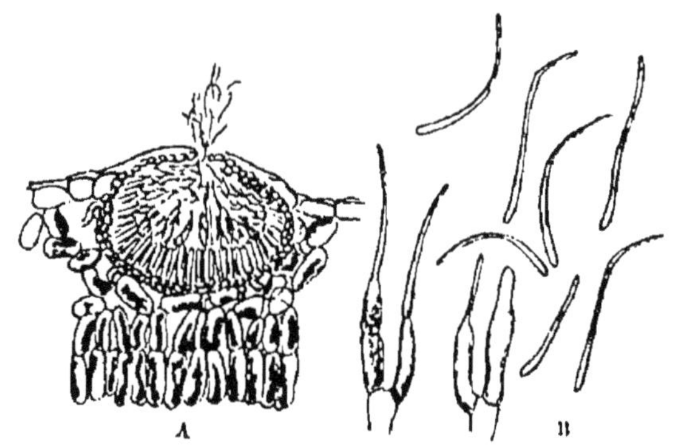

FIG. 307. — *Gnomonia erythrostoma*.

A, Spermogonie coupée longitudinalement. — B, Basides portant des spermaties et spermaties libres à un très fort grossissement. (D'après M. Frank.)

nichés dans le mésophylle; seul, leur col court, épais et d'un rouge brun sort au-dessus de l'épiderme sur la face inférieure de la feuille qui est devenue la face extérieure, car la feuille morte s'est le plus souvent enroulée en dedans en se desséchant.

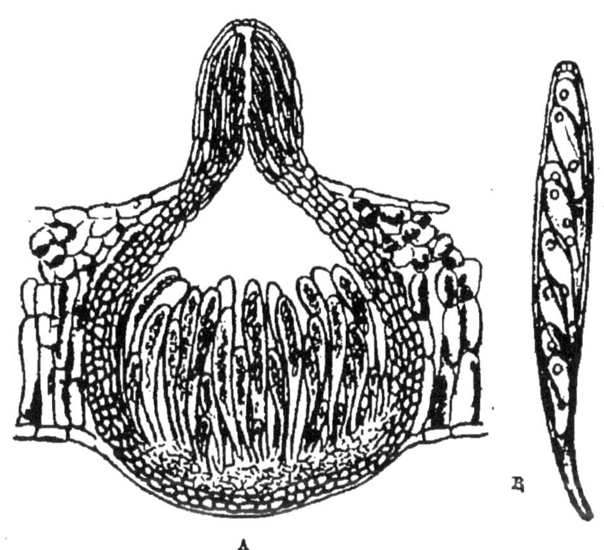

FIG. 308. — *Gnomonia erythrostoma.*

A, Périthèce coupé longitudinalement. — B, Asque isolé, plus grossi. (D'après M. Frank.)

Ces périthèces apparaissent dès l'automne, mais ne mûrissent qu'au printemps.

Mûrs, ils contiennent des asques non entremêlés de paraphyses (fig. 308). Ces asques à peu près cylindriques, amincis à leur partie inférieure renferment chacun huit spores incolores, ovoïdes, allongées, légèrement claviformes, arrondies aux deux extrémités; elles sont placées dans la partie plus renflée de l'asque dirigée vers son sommet. Elles sont décrites par M. Saccardo comme indistinctement cloisonnées au-dessous de leur partie moyenne.

Les asques, dont la paroi a dans sa couche interne grande tendance à se gélifier, présentent à leur sommet une organisation tout à fait semblable à celle qui a été décrite plus haut pour les *Rosellinia* (v. p. 132); ils portent à leur extrémité un épaississement d'une nature particulière en forme de bouchon traversé dans son milieu par un fin canal. M. Frank pense que ce petit organe joue un rôle important dans la projection des spores, qu'il est élastique et peut être considéré comme une sorte de sphincter entourant un pore terminal.

Quand, après des pluies, les feuilles chargées de périthèces mûrs commencent à sécher, l'expulsion des spores a lieu par l'orifice qui termine le col des périthèces. Le mécanisme en a été décrit par M. Frank. Il pense que chaque asque situé dans le fond du périthèce se gonfle et s'allonge tour à tour, de façon à venir successivement s'engager par son extrémité dans l'intérieur du col du périthèce. Là, il fait explosion et lance ses spores. Les décharges se suivent à des intervalles variables, tantôt toutes les 3 ou 4 secondes, tantôt au bout de 30 secondes ou plus. Chaque coup lance les 8 spores d'un asque, comme on peut s'en convaincre en les recevant sur une lame de verre.

Les spores germent facilement aussitôt après avoir été lancées hors du périthèce. Les essais d'infection artificielle réussissent aisément quand on met de jeunes feuilles de cerisier saines et nouvellement cueillies sur une feuille de l'année précédente couverte de périthèces mûrs et posée sur un support humide sous une cloche que l'on enlève de temps en temps; en faisant varier ainsi le degré d'humidité du milieu, on favorise les décharges de spores. Au bout de deux ou trois jours l'infection est produite.

La spore germe sur l'épiderme à l'endroit où elle a été lancée. Elle produit sur son bord une petite saillie qui s'élargit en s'appliquant sur l'épiderme de la feuille; de son milieu part un tube de germination qui perfore la paroi extérieure cuticularisée d'une cellule de l'épiderme et pénètre dans son intérieur où il s'élargit, se dilate, puis

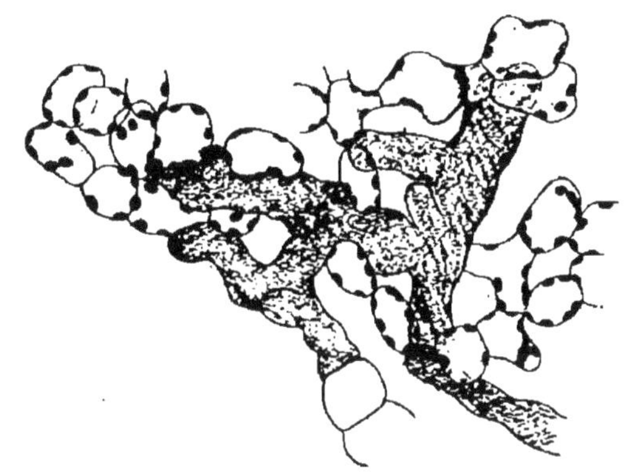

Fig. 309. — *Gnomonia erythrostoma.*

Mycélium dans le parenchyme spongieux d'une feuille de Cerisier. (D'après M. Frank.)

passe dans le tissu sous-jacent, au milieu duquel il continue de croître sous forme de mycélium intercellulaire.

Ce mycélium, que l'on trouve dès le mois de juin dans les feuilles jeunes qui se sont épanouies au voisinage des vieilles feuilles attaquées l'année précédente et restées attachées aux branches, se développe surtout dans le parenchyme spongieux (fig. 309), où il serpente au milieu des larges méats intercellulaires. Par places, il se pelotonne sous l'épiderme pour produire les pycnides, puis plus tard les périthèces du *Gnomonia.*

La connaissance du mode de vie du parasite fournit

le moyen efficace de combattre la maladie qu'il produit. Il suffit de récolter sur les arbres à l'automne ou en hiver et de brûler les vieilles feuilles qui sont restées attachées aux branches des Cerisiers, car elles contiennent tous les périthèces destinés à réensemencer le parasite sur les jeunes feuilles au printemps. L'opération a été faite d'une façon générale en Allemagne sur les indications de M. Frank dans des localités où la maladie s'était développée au point de prendre les caractères d'une épidémie. Elle a produit les meilleurs résultats.

Gibellina Cerealis Pass.

Le faux Meunier des chaumes du Blé.

Le *Gibellina Cerealis* est une Sphærie parasite du Froment qui a été observée et décrite comme type d'un genre nouveau par Passerini en 1886. Il l'a signalée comme la cause d'une maladie qui avait déjà causé des ravages en 1883 aux environs de Parme et qui a apparu depuis irrégulièrement, à intervalles de plusieurs années, dans la haute Italie.

M. Cavara l'a observée de nouveau en 1891 auprès de Florence et a étudié et figuré le parasite qui la produit (fig. 310) (1).

Dans la deuxième moitié du mois de mai les chaumes de Froment atteints de cette maladie sont d'un vert jaunâtre et paraissent languissants. Ils présentent sur leurs feuilles et particulièrement sur leur gaine des taches d'abord rondes, puis allongées et confluentes, bordées de brun et couvertes d'un épais feutrage d'un blanc grisâ-

(1) F. Cavara, *Ueber einige parasitische Pilze auf den Getreide. — Zeitschrift für Pflanzenkrankheiten*, III, p. 16. Tab. I. — 1893.

tre des filaments mycéliens du parasite. Ces taches oc-cupent parfois tout le pourtour de la tige. Les feuilles inférieures sont mortes, complète-ment desséchées, enroulées ou déchi-rées, mais ne pré-sentent ni tache, ni mycélium feutré. Les racines sont absolument saines.

A la fin de mai, les tiges languis-santes, d'un jaune brunâtre à leur partie supérieure, n'ont pas produit d'épi le plus sou-vent, ou si elles en ont formé un, il est mal développé et stérile.

Sur les gaines et les entrenœuds, aux places couver-tes d'abord de my-célium grisâtre se forment alors un grand nombre de périthèces de *Gi-bellina Cerealis.*

Au moment de

Fig. 310. — Pied de Froment attaqué par le
Gibellina Cerealis.

(D'après M. Cavara.)

l'apparition des taches sur les gaînes des feuilles le parasite est formé d'un lacis de filaments mycéliens incolores, cloisonnés, très ramifiés qui s'étendent sur la surface de l'épiderme et enfoncent de nombreux rameaux dans l'intérieur du parenchyme de la feuille.

L'existence de ce revêtement extérieur de mycélium étendu à la surface des taches des feuilles n'a qu'une durée assez limitée. C'est le mycélium qui pénètre le tissu de la feuille qui produit les périthèces.

On s'en rend compte facilement si, à l'époque où les périthèces sont déjà formés, on fait une coupe transversale de la tige recouverte d'une gaîne sur une place envahie par le parasite. Au-dessous du revêtement grisâtre formé par le feutrage des filaments mycéliens extérieurs à la feuille, on voit les hyphes du champignon se développant dans les tissus foliaires et donnant naissance aux périthèces; puis, au-dessous de l'épiderme de la face inférieure de la gaine, les filaments de mycélium se ramifient et se condensent de façon à former un pseudoparenchyme qui unit la feuille à la tige, et les tissus superficiels de celle-ci sont, comme la gaine, pénétrés par les hyphes du champignon.

Les périthèces se forment principalement dans l'intérieur des gaines des feuilles. Ils apparaissent à l'œil nu comme de petits points noirs sortant du mycélium feutré qui les couvre.

Ils ont la forme de petites bouteilles à ventre globuleux; le ventre occupe toute l'épaisseur de la gaîne, le col cylindrique ou un peu renflé vers le sommet, épais, à surface irrégulièrement mamelonnée, perce l'épiderme et fait saillie au dehors. L'intérieur de la cavité globuleuse de ces périthèces est rempli par les asques et les paraphyses (fig. 311 et 312). Les asques sont allongés, claviformes, rétrécis à la base : ils contiennent 8 spores

disposées sur deux rangs. La paroi de ces asques est mince
et se gélifie de bonne heure; à maturité, on trouve les
spores libres dans les périthèces. Les paraphyses filiformes, non cloisonnées sont de la longueur des asques.

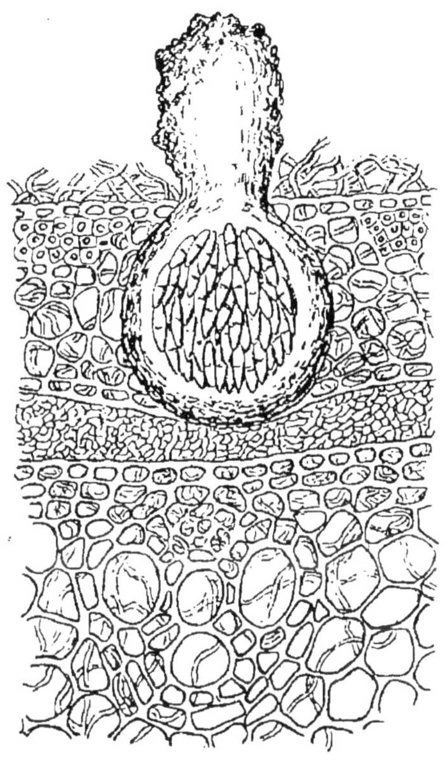

Fig. 311. — *Gibellina cercalis.*

Feuilles de Froment infectées coupées transversalement
et périthèce du parasite. (D'après M. Cavara.)

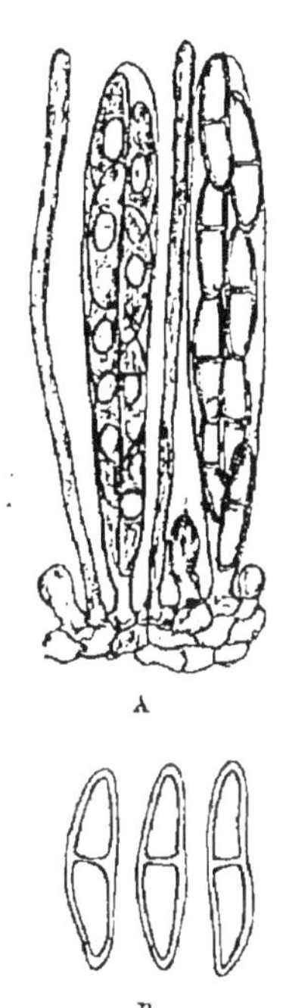

Fig. 312. — *Gibel-
lina cercalis.*

A, Asques et paraphyses. —
B, Spores. (D'après M.
Cavara.)

Les spores fusiformes, lancéolées, sont ordinairement
uniseptées, sans rétrécissement à la hauteur de la cloison;
parfois on en trouve qui présentent 2 et même 3 cloisons
transversales. Elles sont jaune brun, couleur noisette;
elles mesurent de 22 à 32 μ sur 7, 5 à 9 μ.

On n'a pas observé la germination des spores de *Gibellina Cerealis*. Il est probable qu'elles doivent demeurer longtemps dans le sol avant de se développer. Passerini ayant semé en octobre du Froment dans un pot dont la terre avait été mélangée de paille hachée provenant de Blé malade et qui était couverte de périthèces de *Gibellina,* ne parvint pas ainsi à en produire l'infection; les pieds de Froment qui se développèrent demeurèrent entièrement sains. Mais l'année suivante ayant fait un nouvel ensemencement de Blé dans le même pot, il vit au mois de juin plusieurs des chaumes provenant de ces semences présenter les caractères de la maladie.

Didymosphæria populina Vuill. — Napicladium Tremulæ (Frank) Sacc.
Maladie du Peuplier pyramidal.

Syn. : Forme conidienne : — *Fusicladium Tremulae* Frank.

Dans bien des parties de la France, dans le centre en particulier, aussi bien que dans l'est et dans l'ouest, on voit depuis des années le Peuplier pyramidal dépérir et se couvrir de bois mort, sans que les conditions générales dans lesquelles se trouvent les arbres présentent rien d'anormal, rien qui permette d'attribuer à des causes météoriques l'état de langueur que l'on remarque seulement sur le Peuplier pyramidal.

On a attribué cet épuisement à la multiplication indéfiniment répétée par bouture, les pieds cultivés dans notre pays étant mâles et ne donnant pas de graines. Ils seraient ainsi atteints d'un affaiblissement sénile. En réalité, le parasitisme d'une Sphœriacée, le *Didymosphaeria populina* est la cause directe de cette maladie des Peupliers.

Le caractère principal du mal consiste dans la mort précoce de l'extrémité des jeunes pousses. Quand elles commencent à se développer au printemps, elles se courbent en crosse en décrivant parfois même plus d'un

Fig. 3r3. — Aspect de pousses de Peuplier attaquées par le *Didymosphacria populina*.

demi-cercle, noircissent, meurent et se dessèchent (fig. 3r3). Des pousses latérales prennent un développement anticipé et remplacent en partie celles qui meurent ainsi, mais l'arbre atteint en souffre et comme le même phénomène se reproduit tous les ans au printemps, sa végétation devient de plus en plus languissante, et sa cime se dessèche.

Dans l'écorce des jeunes pousses courbées en crosse et mortes, on trouve en quantité des filaments de mycélium brun qui se glissent entre les cellules contractées et brunies. Au-dessous de l'épiderme à la partie superficielle du parenchyme cortical, il se produit des petits fruits globuleux qui sont des pycnides de *Phoma* (fig. 313). Elles débouchent au dehors en déchirant l'épiderme. Les pycnospores qu'elles forment à l'extrémité de très fines basides, formées sur tout le pourtour de la cavité du conceptacle, sont incolores, elliptiques, longues de 5 à 6 µ, larges de 2 à 2 1/2 µ. Elles germent facilement.

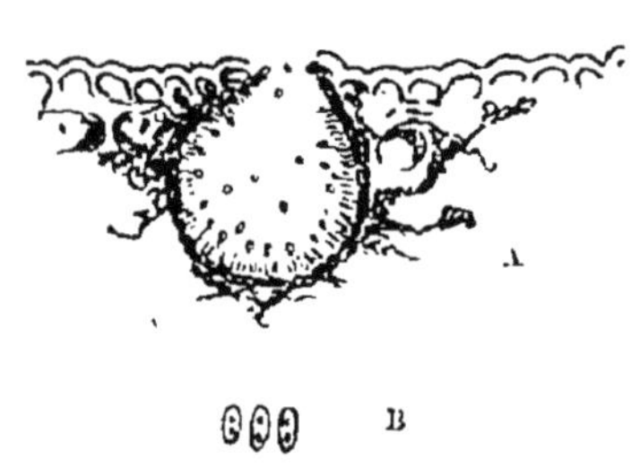

Fig. 314. — *Didymosphaeria populina.*

A, Pycnide. — B, Pycnospores très grossies.

Ces pycnides sont répandues en quantité sur toute la surface des pointes noires des rameaux. Ce sont les fruits d'été du parasite. En automne, on en voit paraître d'autres plus gros, également noirs et globuleux et qui se forment de même sous l'épiderme dans le parenchyme cortical mort et parcouru par les filaments bruns du mycélium; ce sont les périthèces de *Didymosphaeria* (fig. 315). Ils peuvent atteindre 1/5 de millimètre de diamètre. Ils débouchent à l'extérieur en crevant l'épiderme. Leur orifice arrondi est dépourvu de papille.

A l'intérieur de ces périthèces sont les asques. Ils se sont formés au milieu de paraphyses grêles qui se sont gélifiées de très bonne heure; on ne les voit plus au moment de la maturité, elles ont complètement disparu. Les asques sont dressés, droits ou légèrement courbés, à peu près cylindriques et amincis seulement près de leur base en une sorte de court pédicelle. Ils contiennent chacun 8 grosses spores d'un brun clair, à parois lisses,

qui à maturité sont doubles ou didymes et formées de deux cellules inégales séparées par un étranglement; la plus grosse est dirigée vers le sommet de l'asque. Ces ascospores sont disposées irrégulièrement sur deux rangs dans l'asque.

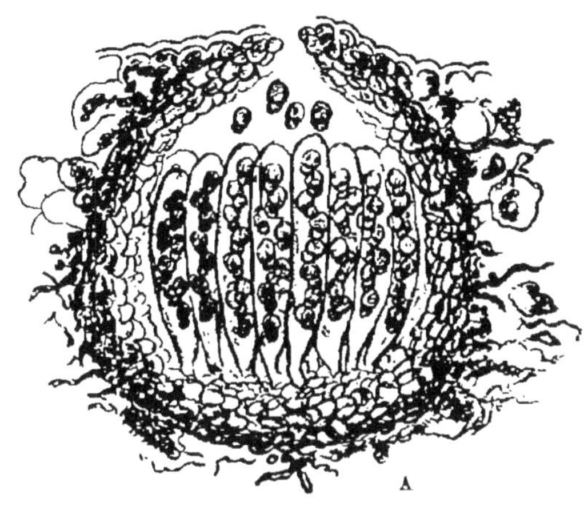

Les périthèces qui commencent à se former à l'automne et même dès l'été en Lorraine, d'après M. Vuillemin (1), hivernent sur les rameaux morts qui ont été tués dès le printemps; ils mûrissent seulement au printemps suivant. Au mois de mars, on trouve à leur intérieur des

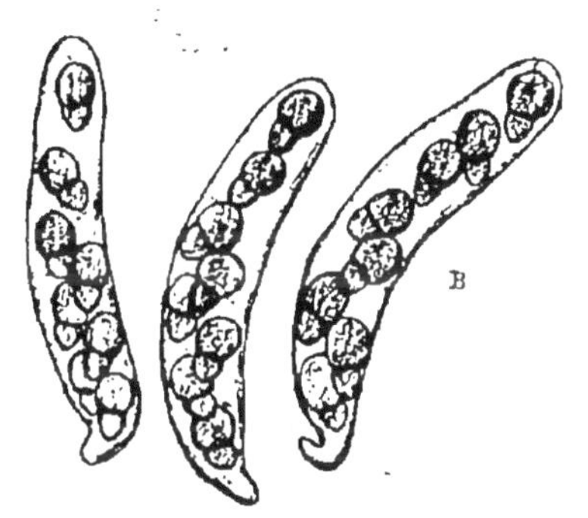

Fig. 315. — *Didymosphaeria populina.*
A, Périthèce. — B, Asque contenant des spores mûres plus grosses.

asques à divers degrés de développement. A l'humidité, les asques mûrs se gonflent et lancent coup sur coup leurs huit spores qui germent au bout de quelques heures.

(1) Vuillemin, *la Maladie du Peuplier pyramidal*, *Comptes rendus de l'Acad. d. Sc.*, t. CVIII, 1889, p. 632.

Les pycnides et les périthèces ne sont pas les seules fructifications du *Didymosphaeria populina*; il produit encore au premier printemps des conidies libres à la surface des feuilles des Peupliers.

Dans la première quinzaine de mai on voit, sur les Peupliers malades, les jeunes feuilles, celles surtout qui sont situées au voisinage des extrémités des pousses tuées l'année précédente et chargées à ce moment des périthèces du *Didymosphaeria populina*, mûrs déjà depuis quelque temps, noircir par places et se dessécher en se ratatinant. L'altération porte sur une partie plus ou moins étendue des jeunes feuilles, surtout sur leur extrémité et sur leurs bords.

Si on examine les places desséchées et noirâtres vers le 15 mai, on les voit couvertes par un fin revêtement d'aspect pulvérulent, d'un jaune clair, léger comme la pruine des fruits; puis il devient plus épais et prend peu à peu une couleur olive foncé. Au microscope, cette sorte de dépôt pulvérulent se montre formé de conidies fusiformes, qui à maturité sont divisées en trois compartiments par deux cloisons transversales et ont une paroi brune.

Le mycélium, qui a envahi le parenchyme de la feuille dans les places où sont les taches, s'amasse et se condense dans l'épiderme qu'il détruit et où il forme une lame de stroma que recouvre la cuticule, seul reste de la couche épidermique. Les conidies naissent de la surface de ce stroma sur toute l'étendue des taches mortes, tant à la face supérieure de la feuille qu'à l'inférieure. Elles se montrent en touffes qui soulèvent la cuticule et la traversent (fig. 316). D'abord unicellulaires, elles se renflent bientôt en massue, et une première cloison transversale sépare une petite cellule terminale; puis une seconde cloison se forme dans la partie inférieure de la spore qui prend la forme d'un fuseau. A maturité, elle est formée de trois cellules brunes, une centrale plus grosse et deux terminales en pointe mousse.

Ces conidies germent aisément dans l'eau au bout d'une vingtaine d'heures.

Cette forme conidienne du *Didymosphaeria populina* a été décrite comme espèce indépendante par M. Frank sous le nom de *Fusicladium Tremulae* (1), M. Saccardo l'a rapportée depuis au genre *Napicladium*, sous le nom de *Napicladium Tremulae.* On la trouve en effet fréquemment sur le Tremble, sur diverses autres espèces de Peupliers, le Blanc de Hollande par exemple, aussi bien que sur le Peuplier pyramidal; mais à cause de leur port, ils ne souffrent pas comme ce dernier des attaques du parasite.

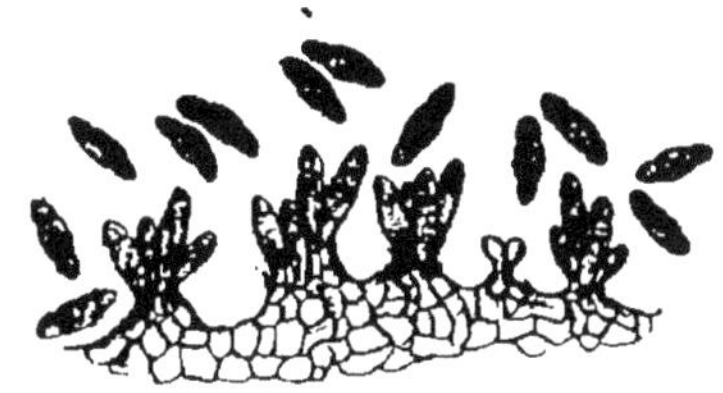

Fig. 316. — *Naplicadium Tremulae.*
Forme conidienne du *Didymosphaeria populina.*

L'expérience a démontré que ce *Napicladium* est bien la forme conidienne du *Didymosphaeria populina.* En plaçant des rameaux de Peuplier dont les bourgeons étaient près de s'épanouir, dans le laboratoire, à côté de rameaux dont les pointes recourbées en crosse étaient couvertes de périthèces mûrs de *Didymosphaeria,* en les tenant dans un milieu humide et les humectant deux fois par jour à l'aide d'un pulvérisateur, j'ai vu les jeunes feuilles commençant à s'épanouir se couvrir de taches noires, pareilles à celles que l'on observe en plein air sur les peupliers attaqués par le *Didymosphaeria* (1).

(1) Frank, *Ueber einige neue und weniger bekannte Pflanzenkrankheiten.* — *Berichte der deutsch. botan. Gesellschaft,* 1, p. 29 — 1883.

L'infection des jeunes rameaux se fait très facilement sur le Peuplier pyramidal dont le tronc est couvert de jeunes pousses dans toute sa longueur. Il y a toujours au-dessous de chaque petite crosse chargée de périthèces, de jeunes bourgeons commençant à pousser sur lesquels tombent et germent les spores du *Didymosphaeria*. L'émondage des Peupliers, en supprimant bon nombre de pousses mortes et chargées de périthèces de *Didymosphaeria*, est le seul remède à recommander; il peut diminuer sensiblement le mal. Les jeunes branches qui repoussent sont saines; il est vrai que si l'année est humide, elles ne tardent pas beaucoup à être infectées par les spores qui tombent du sommet de l'arbre qui n'a pas été émondé; mais si la température est favorable, l'émondage peut produire une amélioration très marquée de l'état de l'arbre.

Les traitements par les sels de cuivre sont absolument impraticables sur des arbres comme les Peupliers. La où le mal sévit avec intensité, on devra renoncer à planter des Peupliers pyramidaux, et on les remplacera avantageusement par d'autres espèces de Peuplier qui souffrent beaucoup moins des attaques du *Didymosphaeria*.

Acanthostigma parasiticum (R. Hart.) Sacc.
Maladie des aiguilles du Sapin.

Syn. : *Trichosphaeria parasitica* R. Hart.

Ce parasite attaque le plus ordinairement le Sapin. Cependant il a été observé aussi sur l'Épicéa.

C'est sur le Sapin qu'il a été signalé tout d'abord et

(1) Prillieux, *Sur la maladie du Peuplier pyramidal.* Comptes rendus de l'Acad. de Sc. CVIII. 1889, p. 1133.

étudié par M. Rob. Hartig (1), qui l'a nommé *Tricho-sphaeria parasitica*. M. Saccardo l'a rapporté au genre *Acanthostigma*, à cause de ses spores qui sont allongées, fusiformes et cloisonnées, tandis que dans les vrais *Trichosphaeria* elles sont unicellulaires et ovoïdes.

Le mycélium du parasite d'abord blanc, puis d'un jaune brunâtre, couvre la face inférieure des rameaux attaqués où il hiverne, et de là gagne les bourgeons et les aiguilles qui en naissent, enveloppant à la fois dans un réseau commun les aiguilles et les rameaux. Il tue ces aiguilles qui brunissent; mais, mortes, elles ne se détachent pas et restent fixées au rameau par le lacis des filaments mycéliens qui les couvrent et les pénètrent.

D'après les observations de M. Hartig, les aiguilles portées par le côté supérieur du rameau demeurent vivantes, au moins pendant la première année, le mycélium du parasite restant limité au côté inférieur. Quand les pousses nouvelles se développent, le mycélium de l'*Acanthostigma* les envahit et tue les jeunes aiguilles en les déformant, s'il les attaque avant qu'elles aient achevé leur complet développement.

A la face inférieure des aiguilles parvenues à leur taille normale, le mycélium de l'*Acanthostigma* forme, au-dessous d'un lacis de filaments entre-croisés, une couche épaisse de stroma dont la partie supérieure est formée par un pseudo-parenchyme à éléments courts, tandis qu'au-dessous, les hyphes s'allongent perpendiculairement à la surface de l'aiguille contre l'épiderme de laquelle elles vont buter par leur extrémité (fig. 317 et 318). Cette croûte adhérente à l'aiguille sécrète une matière qui remplit les dépressions en forme de cône qui se

____

(1) R. Hartig, Hedwigia, 1882. p. 12, et, *Lehrbuch der Baumkrankh.* 2e Éd. 1886, p. 71.

trouvent au-dessus des stomates et se moulent sur leur paroi. Quand on détache de la surface de l'aiguille la couche de stroma, ces mamelons coniques de matière amorphe se séparent aussi de l'épiderme et restent adhérents au stroma.

Au-dessous du stroma du parasite, les cellules épidermiques sont profondément altérées, leur contenu est bruni, leurs parois sont corrodées. Au-dessous de l'épiderme, les cellules hypodermiques sont attaquées de même; dans tout le paren-

Fig. 317. Feuille de Sapin couverte par le Mycélium de l'Acanthostigma parasiticum.

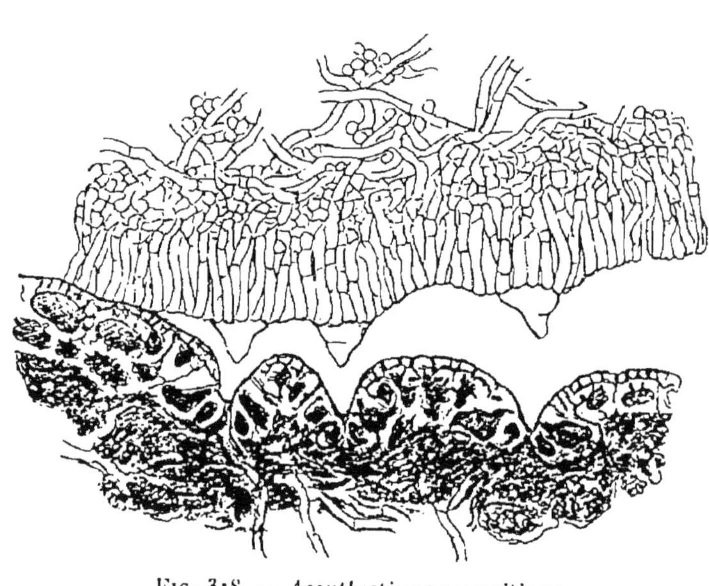

Fig. 318. — *Acanthostigma parasiticum.*

Coupe de la couche de stroma adhérente à la feuille de Sapin, mais qui en a été détachée sur la préparation.

chyme de la feuille brune et contractée, on trouve de nombreux filaments mycéliens qui ont pénétré par les stomates.

C'est sur le stroma qui couvre la face inférieure des aiguilles que se forment plus tard les périthèces de

l'*Acanthostigma parasiticum*. Ils sont fort petits, de 1
à 2,5 dixièmes de millimètre de diamètre ; leur couleur
est brunâtre (fig. 319 et 320). Ils sont caractérisés par les
poils d'un brun foncé, cylindriques, cloisonnés, raides
et divergents, qui hérissent leur moitié supérieure.

A leur intérieur se trouvent des asques entremêlés
de paraphyses filiformes. Ces asques, qui disparaissent

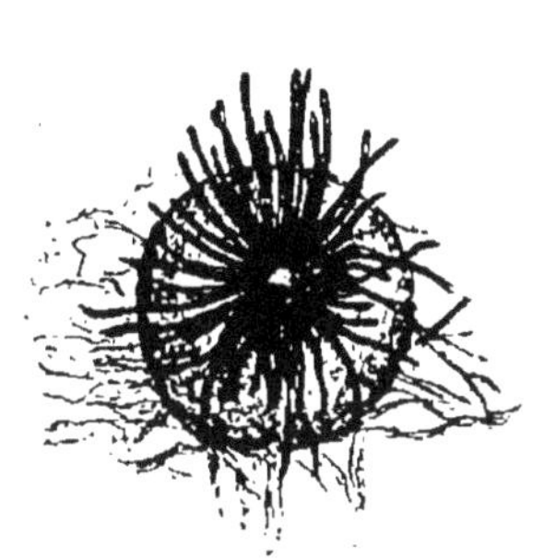

Fig. 319. — *Acanthostigma
parasiticum.*

Périthèce vu en dessus.

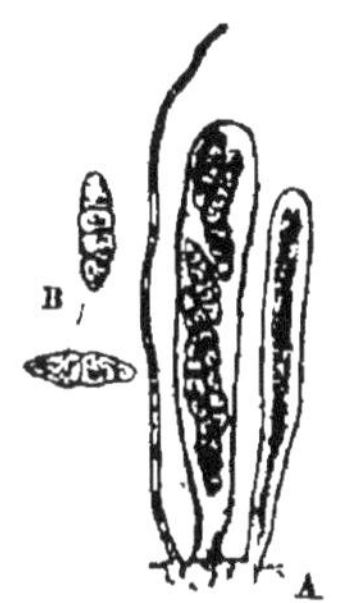

Fig. 320. — *Acan-
thostigma para-
siticum.*

A, Asques et paraphy-
ses. — B, Spores.
(D'après M. R. Har-
tig.)

de bonne heure, contiennent chacun 8 spores fusiformes, ordinairement quadriloculaires, d'un gris enfumé,
qui germent facilement et peuvent infecter rapidement
les jeunes pousses de Sapin sur lesquelles elles sont déposées.

Le mycélium de l'*Acanthostigma parasiticum* gagne
de proche en proche à partir du foyer d'infection, et
peut finalement faire périr les aiguilles sur les grosses
branches des Sapins. Dans les massifs serrés, il se propage
de branche à branche, et peut causer ainsi dans les bois
de Sapin des dommages considérables.

Herpotrichia nigra R. Hart.

Maladie des aiguilles du Pin Mugho et de l'Épicéa.

Ce parasite attaque l'Épicea, le Pin Mugho et le Genévrier en montagne dans les régions élevées. Dans les massifs de Pin de montagne on rencontre de grandes places où à première vue, les arbres semblent avoir été brûlés par un incendie. Dans les pépinières et les jeunes peuplements, en hiver ou au printemps à la fonte des neiges, on trouve les pieds d'Épicea tués par le parasite qui les couvre d'un revêtement d'un brun chocolat foncé (1).

Cette couche est formée par le mycélium, qui enferme dans le lacis irrégulier de ses filaments cloi-

Fig. 321. — Rameau de Pin Cembro couvert par le mycélium de L'*Herpotrichia nigra*.

Fig. 322. — *Herpotrichia nigra*.

Coupe d'une feuille de Pin Cembro montrant la pénétration du mycélium parasite par un stomate et la corrosion des cellules de l'épiderme.

(1) R. Hartig, *Hedwigia*, 1888, p. 13, etc. *Lehrb. der Baumkrankheiten*, p. 174 (1889).

sonnés d'un brun foncé les rameaux et les aiguilles, les enserre et les unit les uns aux autres, de telle façon que, mortes, elles ne peuvent se détacher et tomber (fig. 321).

Le mycélium filamenteux produit sur l'épiderme surtout au-dessus des stomates, de petits amas d'un stroma noirâtre, qui constituent une petite lame granuleuse au-dessus de la cuticule, et s'enfonce dans le profond vestibule du stomate où il forme une masse qui remplit cette cavité et se moule contre ses parois, puis envoie par l'ouverture stomatique des filaments qui pénètrent dans le parenchyme de l'aiguille et le tue (fig. 322).

Les cellules épidermiques qui, dans le Pin ont des parois canaliculées et si épaisses que la cavité de la cellule en est presque comblée, sont dans les feuilles attaquées par l'*Herpotrichia nigra* profondément corrodées et souvent presque réduites à la fine membrane intercellulaire, sans doute par une substance sécrétée par les amas de mycélium pelotonnés sur l'épiderme et dans l'antichambre de stomates.

Dans le parenchyme de la feuille brunie et désorganisée, on voit s'étendre des filaments mycéliens bruns et pareils à ceux qui couvrent la surface de la feuille.

Au milieu de la croûte d'un brun chocolat qui couvre les feuilles (fig. 323), se développent en grand nombre de petits périthèces de l'*Herpotrichia nigra*. Ils sont noirs, globuleux et mesurent environ 3 dixièmes de millimètre; de leur surface partent de longs filaments sinueux, rampants, bruns, pareils aux filaments du mycélium avec lesquels ils se confondent. Ces périthèces contiennent (fig. 324) des asques allongés, entourés de nombreuses et longues paraphyses filiformes, qui s'entremêlent par leur extrémité au delà des asques, et se gélifient de bonne heure, comme les parois mêmes des asques.

Ceux-ci contiennent des spores incolores qui, à maturité, sont séparées en quatre compartiments et sont un peu resserrées au niveau des cloisons, surtout de la médiane (fig. 324).

Ce champignon végète surtout activement sous la neige et à la fonte des neiges, dans un air froid et humide, c'est-à-dire dans les conditions qu'il trouve réunies dans le climat des hautes montagnes. Dans les peuplements de Pin Mugho, on trouve la maladie particulièrement développée dans les dépressions de terrain où la neige est restée longtemps accumulée, ce qui a fait dire aux forestiers que la mort des arbres tués par l'*Herpotrichia nigra* était causée par la neige.

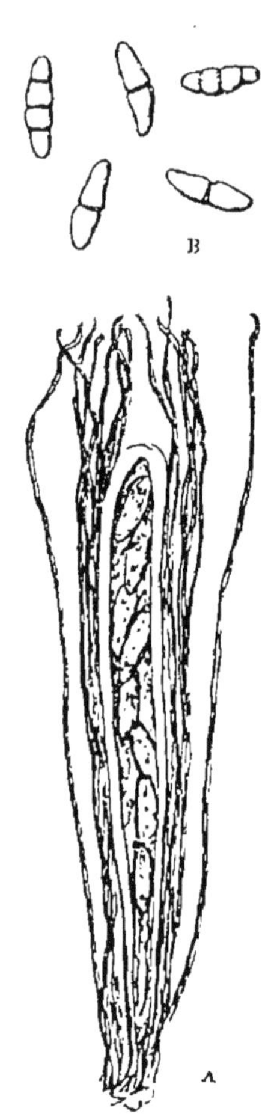

Fig. 324. — *Herpotrichia nigra.*

A, Asques et périthèces. — B, Ascospores.

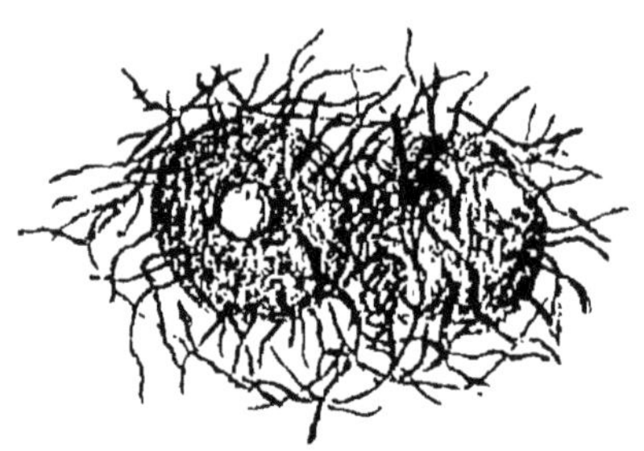

Fig. 323. — Périthèces d'*Herpotrichia nigra.*

Dilophia graminis (Fuck.) Sacc.
Dilophospora graminis Desm.
Maladie des épis du Blé.

La maladie des épis que cause le champignon, qui sous sa forme à pycnide a été nommé *Dilophospora graminis,* et sous sa forme à périthèces *Dilophia graminis,* ne s'est montrée jusqu'ici que rarement en France dans les champs de Blé. En 1882, elle s'est produite aux environs de Vitry-le-François, de façon à inspirer de vives inquiétudes, sans toutefois produire de grandes pertes (1). Le même fait s'est produit il y a quelques années dans les environs de Rouen. Jusque-là elle n'avait été observée en France que sur des herbes de prairie, et c'est sur *l'Alopecurus agrestis* que Desmazières a observé le parasite qui est la cause de la maladie des épis de Blé et auquel il a donné le nom de *Dilophospora graminis* (2). En Angleterre, ce champignon a été signalé comme parasite sur les Blés, dès 1862, par Berkeley. La maladie qu'il produit avait pris de telles proportions aux environs de Southampton, que dans un champ d'une étendue de 7 acres, le quart des épis ne contenait pas de grains ou n'en produisait que deux ou trois au plus. Dans le département de la Marne, c'est seulement sur un Blé anglais, le Blé Hickling que la maladie a apparu.

La maladie des Blés due au *Dilophospora* a des caractères si frappants et si singuliers, qu'on ne peut la confondre avec aucune autre, et que l'on reconnaît aisément au premier coup d'œil les pieds de Blé qui en sont atteints. Leurs épis sont changés, soit en partie seulement, soit dans toute leur longueur, en une sorte de rouleau noir

(1) Prillieux, *Rapport sur l'apparition du* Dilophospora *du Blé. Bulletin du ministère de l'Agriculture,* 11e année, 1883, p. 914.

(2) Desmazières, *Ann. Sc. Nat.,* 1840, XIV, 67, c. ic.

et dur souvent irrégulièrement contourné (fig. 325). Dans les points de l'épi que le mal a envahis, on ne peut presque plus rien distinguer, au dehors, de ses parties constituantes; les épillets et le rachis sont recouverts d'un épais enduit noir à l'extérieur, qui englobe les glumes, les glumelles et les axes, les soude et les fait complètement disparaître; tout se confond en une masse allongée, noire et dure. Si l'on en fait une coupe transversale (fig.

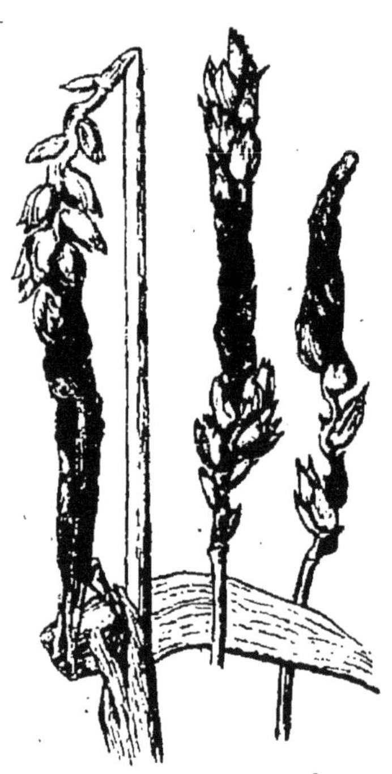

FIG. 325. — 3 ÉPIS DE BLÉ HICK-LING ATTAQUÉS PAR LE *Dilopho-spora graminis.*

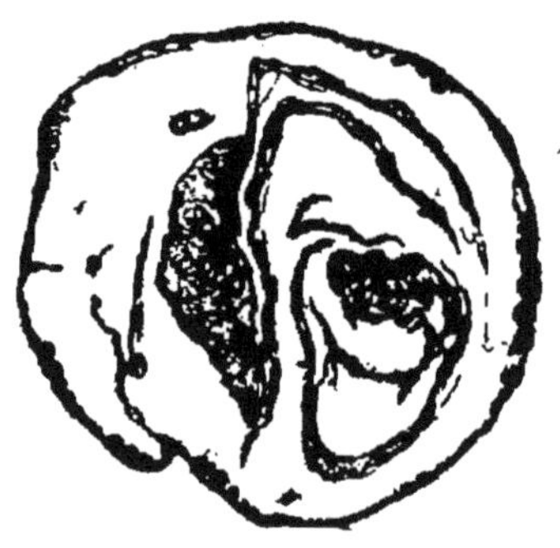

FIG. 326. — COUPE TRANSVERSALE UN PEU GROSSIE D'UN ÉPI DE BLÉ DONT ON VOIT LE RACHIS ET DES DÉBRIS DE BALES ENGLOBÉS DANS LA MASSE DU STROMA DU *Dilopho-spora graminis.*

326), on voit que l'extérieur seul en est noir, et qu'au-dessous de cette croûte ainsi colorée se trouve une substance blanche, dans laquelle sont noyés tous les éléments de l'épi. Ils sont plus ou moins altérés; souvent le rachis est demeuré assez vivant, au milieu du corps étranger dans lequel il a disparu, pour pouvoir nourrir encore

quelques épillets restés intacts à l'extrémité de l'épi. Ordinairement, en effet, tout l'épi n'est pas envahi par la
maladie et l'on trouve soit à son sommet, soit surtout à
sa base, quelques épillets normalement constitués.

Les épis déformés ont été attaqués de bonne heure, à
l'époque où ils sont encore enfermés dans le tuyau formé
par les feuilles. Souvent l'enduit qui les recouvre les attache alors à la gaine d'une des feuilles qui les enveloppe,
de sorte que quand la paille s'allonge, elle ne peutem-
porter librement l'épi qui la termine; celui-ci restant
adhérent au tuyau soit par son extrémité, soit même par
sa partie moyenne, se renverse sous la traction causée
par l'élongation de son support. Sa base est emportée,
mais il reste collé à la feuille par l'autre bout; la tige
arrêtée dans sa croissance se courbe et se plie; assez souvent, la feuille à laquelle adhère l'épi malade cède à la
traction et se déchire. La courbure de la paille et le ren-
versement de l'épi qui ne peut se dégager du tuyau des
feuilles, sont ainsi des conséquences très fréquentes de la
maladie des épis.

Étudié au microscope, le corps noir en dehors et
blanc en dedans qui envahit les épis, se montre formé
d'un lacis serré de filaments de mycélium entrecroisés
dans toutes les directions ; c'est un stroma dont la consistance et la structure est à peu près celle d'un sclérote.
Sa surface noire et mate est comme chagrinée par de
nombreuses granulations saillantes, qui sont des conceptacles globuleux, à demi engagés dans la masse du stroma
et qui sont recouverts par la croûte (fig. 327) (1). Ce sont
des pycnides percées à leur sommet d'un petit trou rond,
par où sortent les spores fort nombreuses et d'une
extrême ténuité dont elles sont remplies.

____

(1) Fuckel, *Symbolae mycologicae.* — 1ᶜʳ suppl., p. 12, 1871.

Ces spores naissent de la paroi interne du conceptacle, sous forme de très petits bâtonnets orientés vers le centre de la cavité (fig. 328); elles grandissent en conservant la forme d'un cylindre dont les deux bouts sont arrondis; puis, quand elles ont atteint leur taille définitive, qui est d'environ 10 µ, elles produisent à chacune de leurs extrémités une petite aigrette formée de cils bifurqués le plus souvent, au nombre de trois.

L'organisation très singulière de ces pyc-

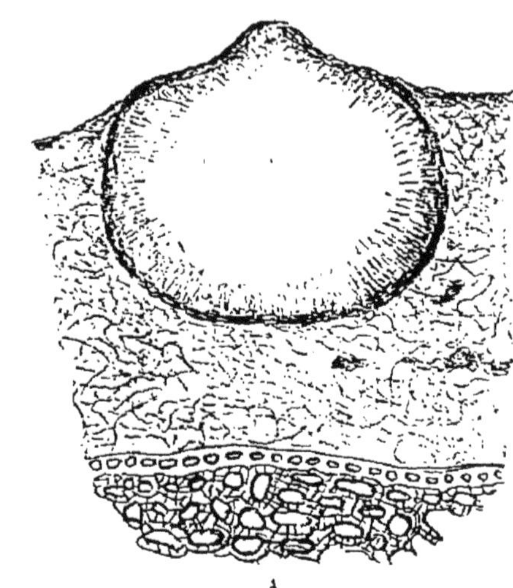

FIG. 327. — *Dilophospora graminis.*
Pycnides vues extérieurement.

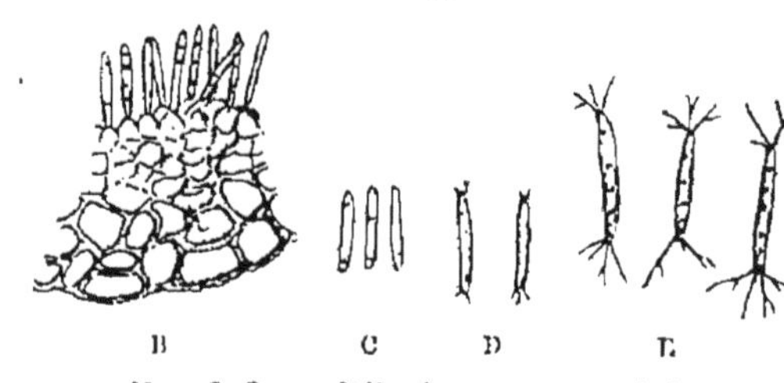

FIG. 328. — *Dilophospora graminis.*

A. Coupe d'une pycnide. — B, Spores naissant de la couche interne de la paroi de la pycnide (à un très fort grossissement). C. D. Spores isolées à divers degrés de développement (au même grossissement).

nospores terminées par des aigrettes, caractérise le genre créé par Desmazières sous le nom de *Dilophospora.*

C'est la seule forme de fructification qui ait été observée sur le Blé. Le même parasite attaque de nombreuses espèces de Graminées et produit ses pycnides sur les gaines de l'*Alopecurus pratensis,* de l'*Holcus lanatus,* du *Calamagrostis epigeios,* etc. Fückel a annoncé que sur cette dernière plante il a produit en octobre des périthèces globuleux, semblables aux pycnides, mais contenant des asques allongés, stipités, contenant chacun huit spores fusiformes très allongées, très étroites, terminées aux deux bouts par un appendice filiforme, multiseptées et colorées en jaune très pâle. Cette forme à périthèces a reçu de M. Saccardo le nom de *Dilophia graminis* (fig. 329) (1).

Précédemment, Fuckel avait considéré comme forme ascophore du *Dilophospora* un autre Pyrénomycète à ascospores oblongues-cylindriques, un peu courbées, peu amincies aux deux bouts et triseptées, qui avait apparu au printemps suivant; mais il a reconnu depuis que c'était un champignon étranger, qui avait fructifié fortuitement auprès des pycnides du *Dilophospora* (2).

La germination des pycnospores du *Dilophospora* parasite sur la *Festuca ovina,* a été observée et décrite par Karsten (3).

Si on place dans l'eau les pycnides intactes, les spores qu'elles contiennent se gonflent et elles sortent par le pore terminal, agglomérées en un long fil ininterrompu, puis bientôt elles se dissocient.

Le corps allongé fusiforme de la spore qui germe, se divise en deux dans sa partie moyenne, par une mince cloison transversale, et les deux moitiés se gonflent de plus en plus en devenant chacune piriforme (fig. 330.) Puis elles se séparent par un côté, tout en restant attachées l'une à l'autre par l'autre bord, et entre elles se dé-

---

(1) Fuckel, *loc. cit.*, et 2ᵐᵉ supplément 1873, fig. 3.
(2) Fuckel p. 130, pl. 11, fig. 49 (1869).
(3) Karsten, *Ueber Eigenthümlichkeiten einiger Sphaerien. Botan. Untersuchungen. Erstes Heft, p.* 338, 1865.

veloppe un tube de germination rempli de plasma granuleux. Les aigrettes de l'extrémité de la spore restent visibles tant que le tube de germination n'a pas pris encore un grand développement, puis elles disparaissent.

Quand la maladie causée par le *Dilophospora* a apparu dans la Marne, elle a attaqué presque exclusivement les Blés Hickling et Victoria qui sont des variétés anglaises très communément cultivées autour de Vitry-le-François. Les Blés français ont été pres-

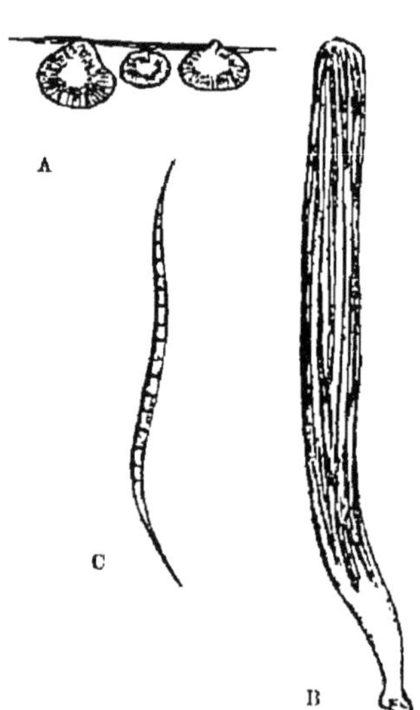

Fig. 329. — *Dilophia graminis.*
A, Périthèces. — B, Asque plus grossi. (D'après Winter.) — C, Spore. (D'après Fuckel.)

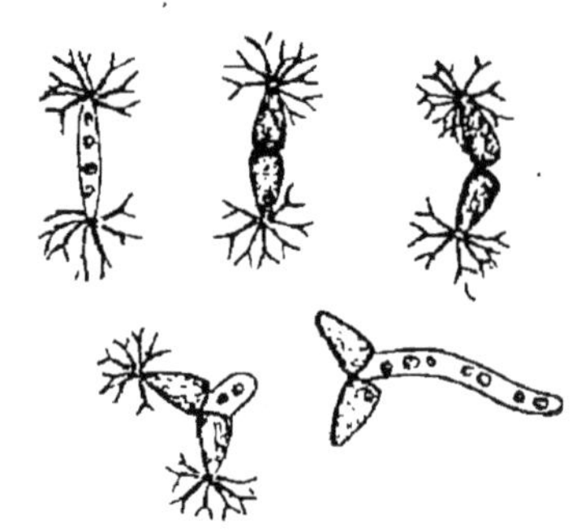

Fig. 330. — Germination de pycnospores de *Dilophospora graminis.*

que toujours respectés ; cependant on pouvait voir çà et là quelques épis de Blé barbu attaqués au voisinage immédiat d'une pièce de Blé anglais, où la maladie s'était déclarée. Il est probable qu'elle avait été importée d'Angleterre avec les semences du Blé Hickling.

Pour arrêter l'invasion du mal, on doit recommander de recueillir avec soin tous les épis malades que l'on peut aisément reconnaître dans les champs, quand la moisson est encore sur pied, et de les brûler. En outre, après la récolte, au moment du battage, on devra veiller à ce que les déchets et criblures soient attentivement recueillis pour que toutes les spores de *Dilophospora* qu'ils peuvent contenir soient aussi sûrement détruites. Enfin aux semailles, on aura grand soin que le sulfatage soit toujours très régulièrement pratiqué, et on aura surtout la précaution de tirer des semences d'une localité où cette maladie, heureusement rare, n'aura jamais été observée.

Ophiobolus graminis Sacc.
Maladie du pied du Blé.

Les agriculteurs ont signalé depuis longtemps, en bien des points de la France, une maladie dangereuse des Blés, qui consiste dans une altération du chaume au niveau du sol. L'entre-nœud inférieur noircit et meurt ; par suite, la tige se dessèche prématurément et l'épi ne peut arriver à achever son développement normal. Le grain est d'autant plus chétif et mal nourri que la maladie s'est déclarée plus tôt.

Cette altération du bas des pailles est désignée autour de Paris sous le nom de *Maladie du pied* ou de *Piétin* du Blé. Les cultivateurs se sont bornés à l'attribuer à certaines conditions mal déterminées de culture et de climat.

Les entre-nœuds inférieurs des pailles attaquées, quand on les a débarrassés des gaînes desséchées et grisâtres qui les couvrent, présentent des plaques brunes plus ou moins étendues, et de plus, on voit, même sur les parties dont la couleur naturelle n'est pas altérée, de nombreux points noirs très ténus, mais cependant visibles à l'œil

(1) Prillieux et Delacroix, *la Maladie du pied du Blé. Bulletin de la Soc. mycol. de France*, t. VI, fasc. 2, pl. 100, 1890.

nu (fig. 331.) L'intérieur de la paille est altéré; elle est cassante et brunâtre.

L'examen microscopique montre que les cellules de l'épiderme et les tissus sous-jacents correspondant aux taches brunes, sont colorés en brun, et que le brunissement pénètre à l'intérieur de la paille assez profondément. L'altération gagne les faisceaux et les envahit assez vite; le liber mou est particulièrement attaqué, et les parois des cellules y sont colorées en brun foncé.

C'est particulièrement l'entre-nœud situé au-dessous de la couronne de racines, la plus superficielle, qui présente au plus haut degré cette altération. Le brunissement est le signe visible de la mort qui atteint, non pas seulement les tissus superficiels, mais les parties les plus indispensables à la vie.

L'envahissement de toutes les parties brunes et en particulier des faisceaux libéro-ligneux par un mycélium, ne laisse aucun doute sur la nature parasitaire de la maladie du Pied du Blé.

Fig. 331. Partie inférieure d'une paille de Blé attaquée par la Maladie du Pied.

Le mycélium parasite ne se développe pas seulement à l'intérieur des tissus du chaume, mais aussi à sa surface, où de nombreux filaments courent sur l'épiderme (fig. 332.) Là, au lieu de demeurer incolores comme dans les cellules, ils se montrent très fortement colorés en brun. Il sont peu sinueux; la plupart du temps leur trajet est droit. Ils sont divisés par des cloisons transversales; la distance d'une cloison à l'autre est d'environ 7 fois le diamètre du tube qui est de 5 μ. Ces tubes présentent de nombreuses ramifications qui, ordinairement, sont fort allongées et pareilles au filament qui leur a donné naissance. Mais, en certains points, ils produisent de petits rameaux très courts, divisés par des cloisons très nombreuses, d'où partent des rameaux tertiaires qui s'entrecroisent et s'anastomosent pour former des pelotes cellulaires d'un brun foncé. Ce sont les points noirs visibles à la surface des entre-nœuds attaqués, même au delà des parties brunes.

Des échantillons récoltés au moment de la moisson ne montrent rien de plus ; mais si on les plante dans du sable et si on les arrose fréquemment, on les trouve au mois de janvier couverts de périthèces noirs, globuleux, avec une sorte de bec conique tronqué (fig. 333 A) qu'entourent des filaments mycéliens bruns, cloisonnés, identiques de tout point à ceux que portaient les pieds malades au moment de la moisson, et qui formaient les petits points noirs. On doit donc considérer ces

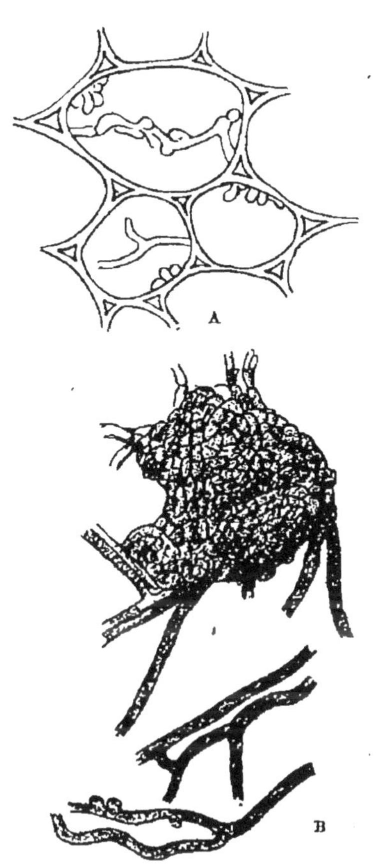

FIG. 332. — *Ophiobolus graminis.*

A, Mycélium dans les cellules de la paille. — B, Mycélium extérieur à filaments bruns, soit allongés, soit pelotonnés en petites masses de stroma.

périthèces comme les fruits du parasite qui cause la maladie du Pied.

Parvenus à maturité, ils renferment des asques allongés-

claviformes, arrondis au sommet, longs de 90 à 125 μ sur
12 à 13 μ de large (fig. 333 B.) A l'intérieur de chacun de
ces asques est contenu un faisceau de 8 spores bacillaires
un peu courbées, amincies par les deux bouts, mais non
pointues. Ces spores ont de 70 à 75 μ de long sur 3 à 4 μ
de large.

Le plus souvent, elles se montrent dans l'asque non
cloisonnées et remplies de nombreuses gouttelettes très

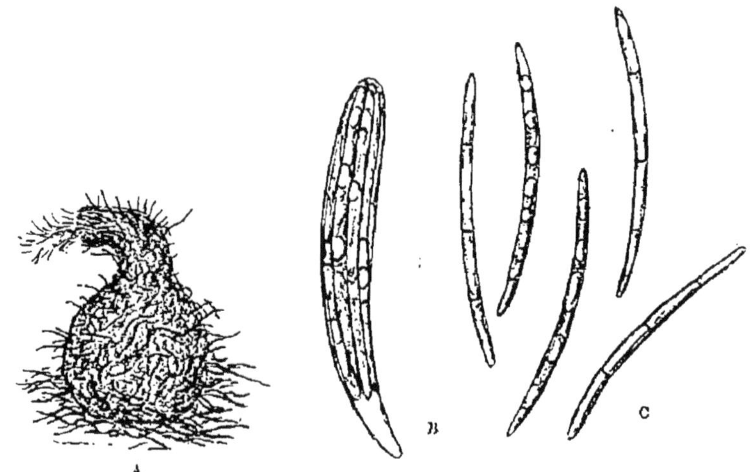

Fig. 333. — *Ophiobolus graminis.*

A, Périthèces. — B, Asque. — C, Ascospores.

réfringentes; c'est à cet état que les a décrites M. Saccardo;
mais elles ne sont pas alors encore entièrement mûres.
A complète maturité, elles sont divisées en 4 compartiments par 3 cloisons transversales. Ces caractères répon-
dent bien, aux cloisons des spores près, à la description
de M. Saccardo, et il ne paraît pas douteux que c'est bien
à l'*Ophiobolus graminis* que l'on doit rapporter la Maladie du Pied du Blé, au moins dans les environs de
Paris.

En Italie, une maladie qui paraît être fort semblable

a été observée par M. Cugini en 1880, aux environs de Bologne, puis en 1890 auprès de Modène, et a été rapportée par lui à une autre espèce, l'*Ophiobolus herpotrichus.*

D'après ses observations, au-dessous de la croûte noire qui recouvre les chaumes et les gaînes inférieures des pieds malades se forment, sous l'épiderme, de petits pelotons d'hyphes, au milieu desquels naissent les périthèces qui percent l'épiderme et se montrent au dehors tout entourés de filaments bruns du mycélium. Ils sont noirs, globuleux, elliptiques, ou presque coniques surmontés d'une petite papille.

A l'intérieur sont des asques claviformes entremêlés de paraphyses. Les asques sont plus grands et plus minces que ceux de l'*Ophiobolus graminis* (150 à 180 µ sur 9 à 10 µ de large). Il en est de même aussi des spores filiformes qu'ils contiennent, qui atteignent une longueur de 135 à 150 µ, sur une largeur de 2 à 2,5 µ., seulement.

L'*Ophiobolus herpotrichus* diffère ainsi par des caractères bien nets de l'*Ophiobolus graminis;* mais ces deux espèces peuvent bien attaquer également les Blés et y causer des dommages fort semblables.

Le parasite qui produit la maladie du pied étant stérile à l'époque de la moisson et ne produisant ses fruits que pendant l'hiver, il conviendrait, pour mettre obstacle à la propagation du mal, de détruire les chaumes aussitôt après la récolte. On peut espérer qu'en brûlant les éteules dans le champ on obtiendrait un bon résultat. On détruirait en même temps le Chiendent et les mauvaises herbes de la famille des Graminées qui peu-

---

(1) Cugini, *Sopra una malattia del frumento recentemente comparsa nella provincia di Bologna.* (*Giornale agrario Italiano*, anno XIV, 1880, n° 13. 14, et, *Bollettino della Stazione agraria di Modena*, vol. IX, p. 46, Modena 1890).

vent être attaquées, comme le Blé, par l'*Ophiobolus graminis*.

LES NOIRS

On voit très souvent les parties mortes des plantes les plus diverses se couvrir d'un velouté d'un noir olive foncé, formé par des filaments dressés portant des spores de formes diverses. Tous ces conidiophores émanent de filaments mycéliens cloisonnés, noirâtres, qui sont répandus à l'intérieur du tissu mort et souvent aussi rampent à sa surface, où, parfois, ils forment des lames qui sont assez semblables à celles que produit la Fumagine. Ces Noirs diffèrent essentiellement de la Fumagine, en ce que le mycélium des *Capnodium* de la Fumagine est toujours superficiel, et que la lame noirâtre qu'il forme s'enlève en écailles de la surface de l'épiderme qu'il couvre, tandis que les Noirs dont il s'agit ici se développent dans l'intérieur même de la plante nourricière, hors de laquelle poussent leurs organes de fructification.

Ces noirs sont le plus souvent saprophytes, mais il en est qui peuvent aussi se développer en parasites sur des plantes vivantes, bien que, comme une grande quantité d'autres parasites, ils ne fructifient que sur les parties mortes de leurs plantes nourricières.

L'histoire de ces champignons est encore fort incomplète. Ils sont extrêmement variables de forme, et le plus souvent les genres auxquels on les rapporte ne sont que bien vaguement déterminés. Il est probable que l'on a parfois confondu les unes avec les autres, des espèces différentes ayant des fructifications noirâtres et vivant associées sur les plantes mortes, et inversement, considéré comme espèces distinctes des formes extrêmement différentes d'un même champignon noir ; ce n'est que par des cultures expérimentales permettant de suivre les développements du mycélium provenant de spores déterminées, que l'on pourra établir sûrement quelles sont les formes qui doivent être rapportées à une même espèce. Tant que cette preuve n'aura pas été faite, et c'est le cas le plus fréquent, on est réduit à des probabilités.

Les fructifications que l'on voit le plus communément apparaître sur les parties mortes des plantes qui se couvrent de noir, sont des conidies se rapportant aux genres *Cladosporium*, *Alternaria* et *Macrosporium*.

On réunit sous le nom de *Cladosporium*, des champignons à mycélium et à conidiophores brunâtres qui varient beaucoup dans leurs caractères. Ils forment fréquemment des touffes de filaments plus ou moins ramifiés, qui produisent à leur extrémité des spores ou des chapelets de spores d'abord unicellulaires, puis uniseptées, et parfois bi-ou même pluriseptées. Cultivées dans un milieu liquide, ils prennent une forme rampante et produisent en quantité des spores qui se multiplient en levûres et se rapportent alors à ce que l'on a nommé le *Dematium pullulans* (1).

Il y a des *Cladosporium* qui sont la forme conidienne d'un *Sphaerella* comme le Noir des céréales.

Peut-être les *Cladosporium*, que l'on trouve si souvent mélangées aux *Alternaria*, n'en diffèrent-ils pas essentiellement. M. Costantin, en cultivant l'*Alternaria tenuis* dans des milieux nutritifs stérilisés, a obtenu des formes qui établissaient une transition insensible entre les *Alternaria* et les *Cladosporium*.

Les *Alternaria* sont caractérisés par leurs conidies en

(1) E. Laurent, *Recherches sur le polymorphisme du* Cladosporium herbarum. *Annales de l'Institut Pasteur*; nov. et décembre 1888.

(2) J. Costantin, *Sur les variations des* Alternaria *et des* Cladosporium. *Revue générale de Botanique*, I, 1889, p. 464.

forme de poires renversées ou de massues insérées sur le conidiophore par leur côté épais et arrondi, et terminées en un bec à l'extrémité duquel se forme une conidie nouvelle, semblable à la première développée au sommet du conidiophore. Le phénomène se produit à plusieurs reprises et le conidiophore porte une chaîne souvent longue de pareilles conidies.

Ces conidies se divisent par des cloisons transversales en tranches qui sont à leur tour traversées par des cloisons longitudinales ou obliques. Les véritables *Alternaria* ont des conidies muriformes, c'est-à-dire coupées par des cloisons dans le sens longitudinal et transversal (1). Quand les conidies en forme de massue ne sont divisées que par des cloisons transversales, on rapporte les champignons qui les portent au genre *Polydesmus;* mais entre ces deux genres il y a des transitions bien fréquentes.

Les *Macrosporium* portent des conidies d'un brun foncé à spores oblongues et non allongées en bec comme les *Alternaria,* mais, comme elles, cloisonnées-muriformes. Il semble y avoir bien souvent des passages entre la forme *Macrosporium* et la forme *Alternaria.*

De ces genres, le *Cladosporium herbarum,* l'*Alternaria tenuis* et le *Macrosporium commune* ou *Sarcinula,* qui sont très généralement répandus partout, se trouvent si souvent réunis ensemble, que l'on a été amené à les considérer comme des formes diverses de fructifications conidiennes d'une espèce qui aurait, selon Tulasne (2) pour fruits ascophores, les périthèces du *Pleospora herbarum,* Sphaeriacée à ascospores brunâtres divisées en cel-

<hr>

(1) Gibelli e Griffini, *Sul Polimorfismo della* Pleospora herbarum Tul. — Ricerche fatte nel Laboratorio di Bot. in Pavia (Archivio triennale del Laboratorio), Milano, 1874.

(2) Tulasne, *Select. fung. Cappol.,* t. II, p. 262.

lules muriformes, par des cloisons transversales et longitudinales comme les conidies de *Macrosporium*.

MM. Gibelli et Griffini ont cherché à contrôler expérimentalement s'il existe bien entre le *Pleospora herbarum* et ces formes conidiennes diverses la relation admise par Tulasne. Pour s'en assurer, ils semèrent avec les précautions nécessaires les spores provenant de périthèces de *Pleospora herbarum* récoltées sur diverses plantes. Les spores germèrent et produisirent, les unes la forme *Alternaria*, les autres la forme *Macrosporium*; mais jamais le même mycélium ne portait à la fois les deux formes, et jamais il ne fructifiait en *Cladosporium*. Les ascospores des périthèces de *Pleospora* donnant la forme *Alternaria*, étaient un peu plus petites que celles des périthèces produisant la forme *Macrosporium*.

Quand une fructification de *Cladosporium herbarum* apparaissait dans les cultures, on reconnaissait qu'elle était étrangère aux germinations d'ascospores du *Pleospora*.

De nouveaux essais de culture des spores du *Pleospora* faits par M. Kohl ont en grande partie confirmé les observations de MM. Gibelli et Griffini (1). Les spores du *Pleospora* ont produit le *Macrosporium Sarcinula*, mais des cultures faites avec des conidies d'*Alternaria tenuis* n'ont pas produit de périthèces de *Pleospora*, mais seulement des pycnides.

Dans un travail antérieur, M. Bauke assurait avoir obtenu dans des semis d'ascospores de *Pleospora*, soit des *Alternaria*, soit des *Macrosporium*, mais sur des mycéliums différents. De plus, il était disposé à admettre un dimorphisme des spores du *Pleospora* qui produiraient soit

_____

(1) Kohl, *Ueber den Polymorphismus von* Pleospora herbarum Tul., in *Bot. Centralblatt*, 1883, vol. XVI, p. 26. — *Zur Entwickelungsgeschichte der Ascomyceten*, in *Botan. Zeit.* 1877, p. 322.

l'une, soit l'autre des formes conidiennes; mais d'autre part, plus récemment, M. Mattirolo est revenu à l'opinion de MM. Gibelli et Griffini, et il admet avec eux l'existence de deux *Pleospora* confondus dans le *Pleospora herbarum* de Tulasne. L'un, auquel il conserve le nom de *Pleospora herbarum*, c'est le *Pleospora Sarcinula* de Gibelli et Griffini; il a pour forme conidienne le *Macrosporium Sarcinula*; l'autre est le *Pleospora Alternariae* de Gibelli et Griffini, le *Pleospora infectoria* de Fuckel; il a pour forme conidienne l'*Alternaria tenuis*.

Quant au *Cladosporium herbarum*, pour tous ces observateurs c'est une forme très répandue, qui apparaît très souvent dans les cultures, mais qui n'a rien de commun avec le *Pleospora herbarum*.

Pleospora herbarum.
Maladie de l'Ail.

Syn. : *Pleospora Sarcinula* Gibelli et Griffini.
Forme conidienne : *Macrosporium Sarcinula* var. *parasiticum* Thüm.

Le *Macrosporium* forme conidienne du *Pleospora herbarum* est sans doute souvent saprophyte, mais il peut certainement être aussi parasite. Il a causé, à ma connaissance, d'importants dégâts dans les cultures d'Ail du département du Gers (1).

Des bulbes malades, qui furent adressés au Laboratoire de pathologie végétale plus ou moins altérés et pourrissant par places, contenaient tous un mycélium qui ne tarda pas à produire en abondance des fructifications de *Macrosporium*, dont les grosses spores assez irrégu-

(1) Prillieux et Delacroix, *Maladie de l'Ail produite par le* Macrosporium parasiticum *Thüm.* (*Bull. de la Soc. Mycologique de France,* t. IX, 1893).

lièrement septées, assez variables de forme, étaient pour
la plupart oblongues et un peu rétrécies au niveau de la
cloison transversale du milieu de la spore, qui est celle
qui s'est formée la première (fig. 334.)

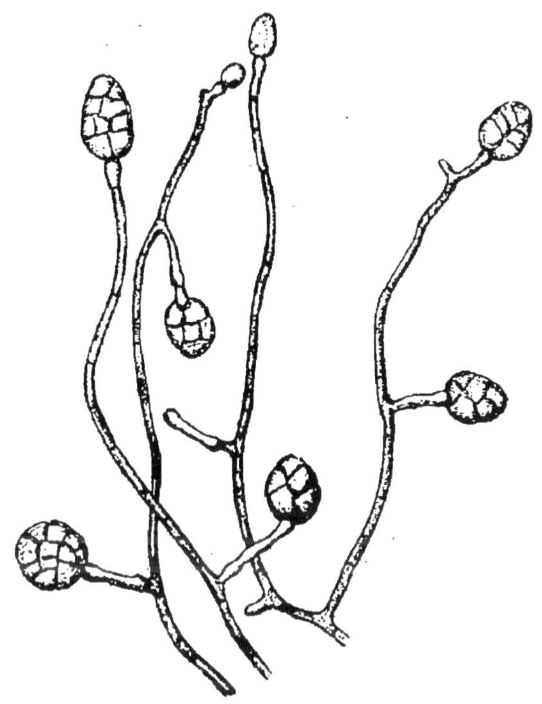

Fig. 334. — *Macrosporium Sarcinula.*

Les filaments conidiophores qui les portent présentent à leur extrémité et sur leur trajet des renflements
noueux.

On sait que les Oignons sont souvent attaqués par le
Peronospora Schleideni qui les couvre, par taches,
d'un duvet d'un gris lilas (1). Souvent ce *Perono-*

____

(1) Voir vol. I, p. 144.

spora est accompagné d'un *Macrosporium,* qui ne paraît pas différer de celui qui a causé dans le Gers la maladie des Aulx. M. von Thümen lui a donné le nom de *Macrosporium parasiticum.* Quand ce *Macrosporium* accompagne le *Peronospora* qui est bien certainement un redoutable parasite, on ne peut que soupçonner qu'il contribue pour sa part à la pourriture des Oignons; mais dans les cultures du Gers où le *Macrosporium* s'est développé seul sur les oignons malades, le doute n'est plus possible; c'est bien à lui que l'on doit attribuer sans hésitation leur destruction.

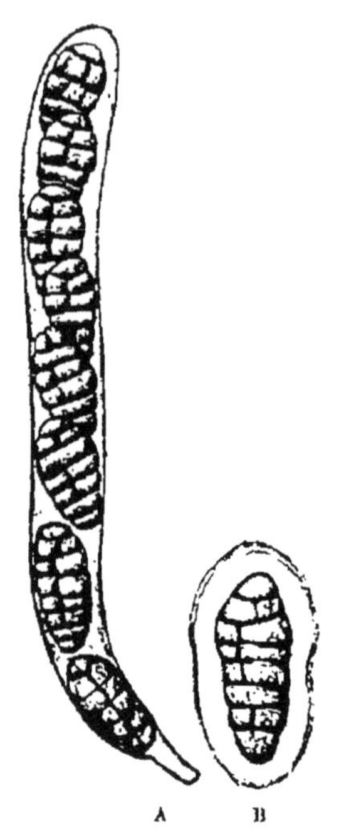

Fig. 335. — *Pleospora her-barum.*

A, Asque. — B, Ascospore placée dans l'eau et entourée d'une épaisse couche de mucilage.

Le *Macrosporium* des Aulx malades du Gers a des spores plus courtes et plus larges que celles du *Macrosporium parasiticum* de Thümen, d'après les mesures de Saccardo. Elles ont de 25 à 33 μ de long sur 19 à 21,5 μ de large, au lieu de 42 à 48 μ sur 10 à 16 μ.

Laissés à l'air exposés aux intempéries, les bulbes d'Ail qui avaient d'abord porté des conidies de *Macrosporium,* se sont couverts de périthèces de *Pleospora herbarum.*

Ces périthèces sont le plus souvent épars, sans ordre, parfois réunis en groupes : ils naissent au-dessous de l'épiderme qui les recouvre d'abord et à travers les déchirures duquel ils apparaissent ensuite à nu ; ils sont durs, glabres, très noirs. De forme globuleuse-déprimée,

ils se prolongent au sommet en papille tronquée (fig. 335).
Ils contiennent des asques assez variables de forme,
oblongs, cylindriques-allongés ou claviformes, entremêlés de paraphyses filiformes plus ou moins épaisses, continues ou articulées. Les asques contiennent ordinairement
8 spores, tantôt en 2 rangées, tantôt en série presque simple. Leur forme est largement ovale, ellipsoïde ou oblongue, présentant souvent une certaine irrégularité de
forme et un léger étranglement vers le milieu. Elles sont
muriformes, partagées par 5 à 7 cloisons transversales
et en outre par quelques cloisons longitudinales.

Leur couleur est jaunâtre ou d'un brun plus ou moins
foncé, selon leur âge. Mises en liberté dans l'eau, elles
se montrent entourées d'une couche épaisse d'un mucilage incolore.

ALTERNARIA

Parmi les Noirs fructifiant sous la forme *Alternaria*,
il en est qui sont certainement parasites et auxquels on
doit rapporter sans hésitation des maladies de plantes
cultivées.

Alternaria tenuis Nees.
Maladie du plant de Tabac.

L'*Alternaria tenuis*, qui paraît être la forme conidienne du *Pleospora herbarum* ou du moins du *Pleospora Alternariae* de Gibelli et Griffini, est extrêmement
répandu partout. Il couvre très souvent d'un velouté
d'un brun olive toutes les parties mortes des plantes
laissées à l'air.

L'*Alternaria tenuis* vit ainsi ordinairement en saprophyte; mais quand il se trouve dans des conditions qui favorisent particulièrement son développement, il peut aussi pénétrer dans des organes vivants, et comme d'autres espèces voisines s'y développer en parasite et causer de véritables maladies.

C'est à l'*Alternaria tenuis* que doit être attribuée, d'après les observations de M. Behrens une maladie spéciale du plant de Tabac, dont les symptômes consistent en ce que les parties aériennes des germinations, les cotylédons et les petites feuilles déjà développées, perdent leur turgescence et deviennent molles et gluantes; leur couleur prend une teinte plus foncée, d'un vert sale, et elles s'agglutinent ensemble.

Puis, les plants noircissent et se couvrent d'une couche veloutée noirâtre produite par les fructifications du champignon qui a produit le mal; ce champignon est l'*Alternaria tenuis*.

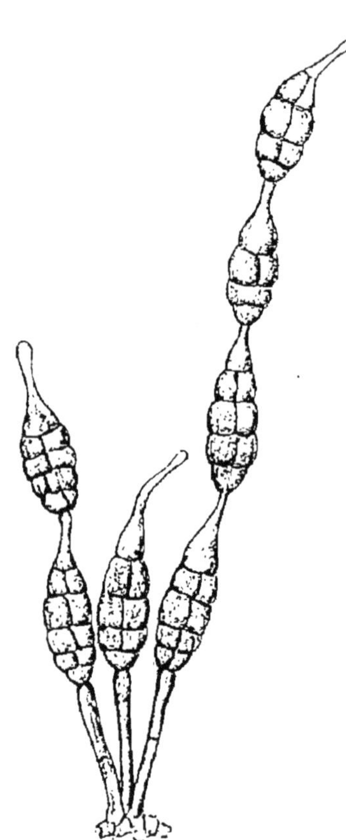

Fig. 336. — *Alternaria tenuis.*
(D'après M. Saccardo.)

Tout d'abord, son mycélium enveloppe les petites plantes de ses filaments déliés, incolores et cloisonnés

(1) Behrens, *Ueber den Schwamm der Tabaksetzlinge. Zeitsch. f. Pflanzenkrankh.*, t. II, p. 327. (1892).

et, par place, il enfonce ses ramifications dans leur tissu en pénétrant à la limite de deux cellules. Bientôt le petit pied de Tabac meurt; son tissu est pénétré des hyphes de l'*Alternaria*, qui alors seulement produit ses conidies (fig. 336).

A l'extrémité de courts conidiophores se voient, tantôt une seule spore brunâtre en forme de massue retournée, divisée par des cloisons transversales en tranches coupées par des cloisons longitudinales, tantôt une file plus ou moins longue de spores semblables naissant les unes au-dessus des autres et portées chacune par l'extrémité effilée de la précédente comme la plus ancienne de la file l'est par le conidiophore.

Les files de spores se rompent aisément. Chaque spore germe promptement à l'humidité en produisant par le prolongement de son extrémité effilée un tube de germination qui bientôt se ramifie.

Ces spores ont de 30 à 40 μ de long sur 12 à 15 μ de large.

La maladie se montre seulement quand le plant de Tabac se trouve dans un milieu trop humide et insuffisamment aéré. Une meilleure culture suffira pour s'en préserver.

Alternaria Solani Sor.

M. Sorauer a rapporté à un *Alternaria* qu'il a nommé *Alternaria Solani*, une maladie particulière de la Pomme de terre qui a été observée en Hongrie par M. le Dr Sajo et qui est caractérisée par l'apparition de taches isolées brun couleur de tabac, plus claires et bien différentes de celles que produit le *Phytophtora infestans* sur les feuilles, qui en même temps jaunissent (1).

(1) Sorauer, *Auftreten einer dem amerikanischen « Early blight » ent-*

Les tubercules ne sont pas directement atteints, mais l'épuisement des organes de la végétation peut réduire la récolte dans une proportion considérable.

Les taches des feuilles sont à peu près arrondies, mais un peu anguleuses sur leur contour, parce qu'elles sont limitées par les petites nervures. Quand elles apparaissent, elles sont légèrement brunâtres et plus foncées que le tissu voisin de la feuille; puis elles deviennent tout à fait brunes, la place se déprime et se dessèche. Parfois plusieurs taches s'unissent pour former une grande tache d'un centimètre et même plus de diamètre.

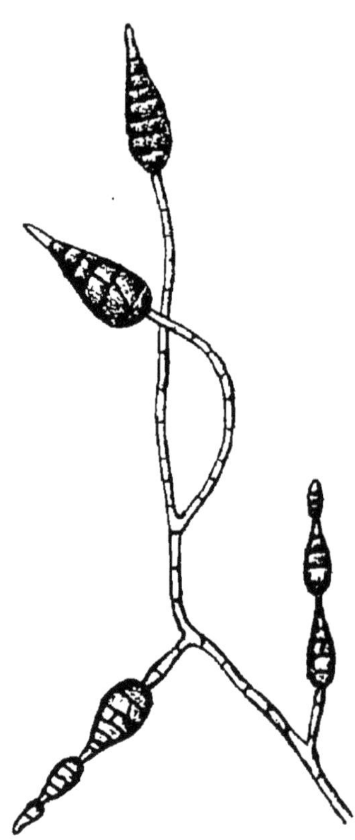

Fig. 337. — *Alternaria Solani.*
(D'après M. Sorauer.)

Sur les anciennes taches se montrent les spores détachées de l'*Alternaria*, dont les conidiophores sortent souvent en touffe à travers l'épiderme desséché, et dont le mycélium incolore et septé pénètre le tissu de la feuille.

Ces spores en forme de massue sont d'un brun grisâtre plus ou moins foncé, mais l'extrémité effilée reste incolore. Avec leur bec effilé, elles ont de 90 à 140 μ de

sprechenden Krankheit an den deutscher Kartoffeln. Zeitschr. f. Pflanzenkrankh, t. VI, p. 1896.

long et même plus ; leur largeur est de 12 à 16 µ, le plus souvent de 14 à 16 µ. La partie cylindrique de la massue est divisée par 7 à 9 cloisons transversales, entre lesquelles se forment quelques cloisons longitudinales ou obliques.

Dans l'air humide ou en culture dans un milieu nutritif, cet *Alternaria* produit des files de conidies naissant les unes au bout des autres (fig. 337).

Ces spores germent très facilement. M. Sorauer a pu, en les semant sur les feuilles, produire l'infection de Pommes de terre saines. Il a vu le tube de germination formé par le prolongement du bec effilé de la spore pénétrer par les stomates.

En Amérique, une maladie des Pommes de terre qui paraît fort semblable à celle qu'à observée en Hongrie M. Sajo, y est désignée sous le nom de « *Early Potato blight* ». Elle est produite par un *Macrosporium*, le *Macrosporium Solani* Ell et Mart.

Ce *Macrosporium Solani* a été signalé en France dans la Côte-d'Or par MM. Fautrey et Lambotte (1).

L'analogie entre les formes *Macrosporium* et *Alternaria* est si grande, et l'identité entre les symptômes de l'altération produite sur la feuille de la Pomme de terre en Hongrie et en Amérique si complète, qu'il y a lieu de supposer qu'il s'agit dans l'un et l'autre cas d'une même maladie.

Alternaria Brassicae f. nigrescens Peglion.
Grillage des feuilles du Melon.

Cette maladie des Melons, étudiée en Italie par M. Pe-

<hr>

(1) *Espèces nouvelles de la Côte-d'Or. Revue Mycologique*, 1895, p. 177, n° 6, 1855.

glion, a été rapportée par lui au parasitisme d'un *Alternaria*.

Dans le cours des mois d'août et de septembre, surtout quand des journées chaudes et sèches succèdent à une période de pluies, on voit les feuilles de Melon se dessécher et brunir.

A son premier début, la maladie se manifeste sur les feuilles très jeunes de l'extrémité des pousses; il y apparaît des petits points d'un jaune d'ocre disséminés sur le limbe. A mesure que la feuille se développe, ces petits points grandissent et forment des taches de couleur marron, plus foncées sur leurs bords, qui croissent rapidement et se montrent en même temps plus nombreuses et plus grandes.

Souvent, elles arrivent à se toucher et couvrent toute la surface de la feuille qui se dessèche complètement et prend une couleur brune. Entre les taches contiguës, il reste toujours une zone de parenchyme également desséché mais d'aspect différent et qui marque nettement la limite des taches.

Le parasite, dont le mycélium s'étend dans le parenchyme de la feuille et produit les taches, fructifie aussi bien sur sa face supérieure que sur sa face inférieure. De l'épiderme partent des conidiophores de couleur olivâtre, dressés, assez courts, qui portent des spores fusiformes, fortement amincies en bec à leur extrémité et divisées en cellules muriformes par des cloisons longitudinales et transversales.

D'après M. Peglion, la dimension de ces spores varie entre 100 et 160 μ de long sur 14 à 20 μ de large. Le nombre des cloisons est de 6 à 12.

1) Dr V. Peglion, *Una nuova malattia del melone cagionata dall' Alternaria Brassicae f. nigrescens*, in *Rivista di Patologia vegetale*, t. I, p. 296, 1892.

Sur les vieilles taches on ne trouve que des conidiophores d'où les spores se sont détachées, mais en mettant les feuilles dans un milieu humide, on les voit au bout de 12 à 24 heures selon la température se couvrir de nombreuses spores disposées en file les unes au bout des autres. C'est bien la fructification d'un *Alternaria*. MM. Letendre et Roumeguère ont décrit sous le nom d'*Alternaria Cucurbitae* un champignon se montrant sur les taches desséchées des feuilles de Melon, mais dont les spores seraient beaucoup plus petites, elles auraient seulement 60 à 68 μ de long sur 8 à 9 μ de large. Selon M. Peglion, l'*Alternaria* qu'il a vu produire le grillage des feuilles du Melon est une forme spéciale de l'*Alternaria Brassicae;* il diffère de la forme typique seulement par la couleur plus foncée, nigrescente, de ses spores.

Cet *Alternaria* est bien parasite du Melon. M. Peglion en a semé les spores non seulement sur de la gélatine nutritive où elles ont germé rapidement mais aussi sur des jeunes feuilles de Melon maintenues dans un milieu humide. Quatre à cinq jours après l'ensemencement, par une température moyenne de 20 à 25° C., on voyait apparaître sur les feuilles les taches caractéristiques de la maladie.

Dans les cultures sur la gélatine les conidies se sont formées en abondance, mais ont présenté des formes variables. Les unes conservaient bien le caractère normal des *Alternaria;* mais d'autres perdaient leur prolongement aminci, avaient un plus grand nombre de cloisons longitudinales et prenaient toute l'apparence de conidies de *Macrosporium*. Sous cette forme elle se rapportaient bien au *Macrosporium Brassicae* Sacc.

Des essais de traitement des feuilles de Melons attaquées par ce parasite à l'aide d'une bouillie cuprique ont donné de bons résultats.

On doit, du reste, recommander de brûler les vieilles tiges de Melon chargées de feuilles desséchées sur lesquelles l'*Alternaria* continue longtemps de vivre en saprophyte et de fructifier.

Une maladie des Melons caractérisée par l'apparition sur les parties desséchées des feuilles d'un *Alternaria* qui paraît pouvoir être rapporté à l'*Alternaria Cucurbitae* a été observée aussi dans les jardins maraîchers de la banlieue de Paris. Elle y a causé de notables dégâts, non seulement sur les pieds malades, dont beaucoup de fleurs avortent et ne nouent pas, mais les jeunes fruits qui se forment et se développent mal, puis meurent quand ils ont à peine atteint la taille d'une olive.

M. Frank a signalé une maladie des Citrouilles qui a causé des dommages autour de Berlin et qu'il dit produite par un *Sporidesmium* ou *Polydesmus* qui détruit les fruits sur lesquels il se développe. Le peu de différence existant entre ces genres et les *Alternaria* permet de supposer que cette maladie de la Citrouille est causée par le même parasite qui, observé sur le Melon, a été rapporté au genre *Alternaria*.

Polydesmus exitiosus Kühn.
Maladie des siliques du Colza.

SYN.: *Sporidesmium exitiosum* Kühn.

Le genre *Polydesmus* créé par Montagne diffère fort peu du genre *Alternaria*; il s'en distingue seulement en ce que le plus souvent ses conidies en forme de massue renversée ne sont divisées que par des cloisons transversales, tandis que dans la forme typique *Alternaria* il se produit de petites cloisons longitudinales entre les cloisons transversales et la spore est divisée en cellules muriformes. Il y a tant d'intermédiaires entre ces deux cas que l'on peut se demander si les *Polydesmus* peuvent être vraiment séparés des *Alternaria*.

M. Kühn a fait une étude particulière du Noir des siliques de Colza qu'il a nommé d'abord *Sporidesmium exitiosum* (1) puis *Polydesmus exitiosus* et il a montré que c'est à ce champignon qu'est due une maladie qui a parfois causé des dommages considérables, dans les cultures de Colza.

Les pieds de Colza dont les siliques sont encore vertes se couvrent de taches noirâtres, qui sont d'abord ponctiformes sur les siliques, et linéaires sur les tiges et les rameaux, puis en grandissant ensuite elles changent plus ou moins de forme. Quand les siliques sont inclinées, c'est presque exclusivement sur leur côté supérieur que les taches se forment.

Sur les siliques fraîches et vertes, les taches sont déprimées, le tissu s'y dessèche tout d'abord, puis le fruit entier change de couleur se flétrit et se ride. A cet état si le temps est sec, au moindre vent, à la moindre secousse les valves de la silique se détachent et les graines tombent, vertes encore quand l'attaque du mal a été tardive, ridées, brunâtres et entourées d'un mycélium blanchâtre quand elle a eu lieu de bonne heure.

La maladie est due au parasite dont on trouve le mycélium dans le tissu des taches noires et qui forme à leur surface de nombreuses spores brunes en forme de massues renversées et cloisonnées transversalement : c'est le *Polydesmus exitiosus*. Ses spores sont produites à l'extrémité de filaments conidiophores, cylindriques, dressés, assez courts, que divisent des cloisons plus ou moins nombreuses; mais elles s'en détachent avec la plus

<hr>

(1) *Bot. Zeit.* 1856, n° 6, p. 89 et ss, pl. II. — *Die Krankheiten der Culturgewächse* 1858, p. 164.

grande facilité et il faut beaucoup de précaution, pour les observer attachées à leur support.

Quand on place une silique tachée à l'humidité sous un verre, les spores produisent à leur extrémité des spores nouvelles sans se détacher et on en trouve des files de 4 à 5, dans lesquelles chaque spore est fixée par sa

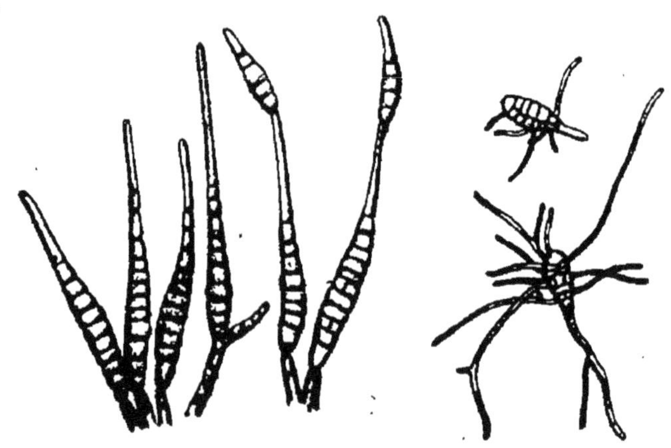

Fig. 338. — *Polydesmus exitiosus.*

A Forme normale des spores. — B, Formation de nouvelles spores à l'extrémité des anciennes. — C, Spores germant (D'après M. Kühn.)

partie renflée à l'extrémité effilée de la spore précédente, comme dans la fig. 338.

La forme et la taille de ces spores sont fort variables; on en trouve de plus petites que dans le type ordinaire qui sont plus renflées avec une pointe plus courte et qui forment des files encore plus longues. Il en est qui présentent de petites cloisons longitudinales comme dans le type *Alternaria.*

Ces spores germent facilement dans l'eau sur le porte-objet du microscope. Chacune de leurs cellules peut produire un tube de germination qui s'allonge, se cloisonne et se ramifie. Leur croissance est, d'après M. Kühn, plus rapide au jour que pendant la nuit.

Quand les spores germent à la surface d'une silique d'une feuille ou d'une tige de Colza, les filaments de germination rampent à la surface de l'épiderme et, quand ils rencontrent un stomate, s'y enfoncent. Les cellules de l'épiderme brunissent autour du stomate par où a pénétré le filament de germination du parasite. A l'intérieur du parenchyme il se ramifie et devient un mycélium dont les branches traversent les tissus en pénétrant dans les cellules qu'elles tuent. Au-dessous de l'épiderme, les hyphes sont plus larges, les cloisons y sont plus rapprochées, elles se ramifient beaucoup et forment une couche de stroma d'où partent les conidiophores qui percent l'épiderme et se dressent perpendiculairement à sa surface.

L'ensemencement des spores de *Polydesmus exitiosus* fait par M. Kühn sur des siliques de Colza placées dans un milieu humide y a fait apparaître très rapidement des taches noires qui se sont couvertes de nouvelles spores au bout de trois jours et demi.

Les taches noires portent en automme en hiver et au printemps des pycnides qui ont été rapportées par M. Kühn au *Depazea Brassicae*. Il les considère comme une forme de fructification du *Polydesmus exitiosus;* car, dans ses expériences, il a vu apparaître sur les taches produites par l'ensemencement des spores de *Polydesmus* des pycnides de *Depazea*.

Sous ce nom provisoire de *Depazea,* on désigne de petites pycnides dont les spores ne sont pas connues.

Selon M. Fuckel, la forme à périthèces de ce même champignon serait un *Leptosphaeria*, le *Leptosphaeria Napi* Sacc. que l'on trouve au printemps sur les tiges sèches du *Brassica Napus.*

Au contraire, M. Comes (1) regarde le champignon parasite du Colza comme une simple forme se rapportant au *Pleospora herbarum.*

Pour éviter que le Noir des siliques du Colza ne cause des dégâts importants, le mieux est, suivant M. Kühn, de couper la récolte avant la maturité, quand la maladie y apparaît, et d'amasser en tas les tiges couvertes de fruits, les fruits en dedans. Les siliques finissent ainsi de mûrir leurs graines qui ne perdent rien de leur valeur.

Ce même Noir attaque aussi les siliques de Chou-rave et celles de la Ravenelle.

Les feuilles de Carottes sont aussi, parfois, couvertes de taches produites par une sorte d'*Alternaria* que M. Kühn considère comme une simple variété du *Polydesmus exitiosus.*

Tandis que les taches se produisent sur les feuilles, la racine s'altère, selon les observations de M. Kühn, et se recouvre d'une croûte d'un beau violet. Il y a lieu de penser que dans ce cas le dommage principal est causé par la Rhizoctone violette et que le Noir qui se développe alors sur les feuilles ne joue qu'un rôle secondaire.

C'est aussi à une variété du *Polydesmus exitiosus* que serait dû, selon M. Schenk, une maladie bien des fois signalée de la Pomme de terre, la *Frisolée.*

Les pousses de Pomme de terre, atteintes de Frisolée, sont de très petite taille, rabougries, elles portent des feuilles petites, gaufrées, recoquillées, mal développées qui n'ont pas la consistance normale et sont très cassantes. Sur les tiges, les pétioles et les feuil-

____

(1) Comes, *le Crittogame parasite,* p. 434.

les apparaissent des taches brunes, d'abord superficielles, qui gagnent ensuite en profondeur; la tige brunit jusqu'à la moelle, les feuilles se dessèchent et la
plante meurt bientôt elle-même.

On a souvent cherché en vain dans les places altérées
un mycélium parasite. M. Schenk en a vu un composé
de filaments ramifiés et cloisonnés qui traversent le parenchyme et vont former, près de la surface, une couche
de cellules brunes et courtes, d'où partent de courts conidiophores qui percent l'épiderme et portent à leur
extrémité des conidies en forme de massues coupées
par des cloisons transversales. M. Schenk (1) a désigné
sous le nom de *Sporidesmium exitiosum* var. *Solani*
cette sorte d'*Alternaria,* qu'il considère comme la cause
de la maladie de la Frisolée; je l'ai trouvée mélangée
à des fructifications de *Cladosporium*. De nouvelles
recherches seraient nécessaires pour établir bien sûrement, si le champignon en question n'est pas simplement
un saprophyte se développant sur les parties déjà mortes
de la Pomme de terre atteinte de Frisolée.

Pleospora putrefaciens (Fuck.) Frank.
Pourriture du cœur de la Betterave.

Syn. : Forme conidienne : *Clasterosporium putrefaciens* (Fuck.) Sacc.
— *Sporidesmium putrefaciens* Fuckel.

La pourriture du cœur de la Betterave peut certainement être produite par plusieurs champignons parasites. Celui qui en est la cause la plus ordinaire, ou du
moins la mieux connue, est le *Peronospora Schachtii*

(1) Schenk, *Biedermann's Centralbl. f. Agriculturchemie,* 1875, II, p. 280.
cité par Frank. *die Krankh. d. Pflanzen,* p. 300).

qui attaque directement les petites feuilles du cœur et les couvre du velouté lilas de ses fructifications (v. 1er vol., p. 138). Il en est un autre, le *Sphaerella tabifica,* qui cause aussi la pourriture du cœur de la Betterave, mais indirectement, en attaquant d'abord les pétioles des feuilles déjà grandes et en gagnant, de là, le collet qu'il désorganise et tue (v. p. 263).

Dans ces deux cas, les feuilles mortes du cœur se couvrent bientôt d'un revêtement noir olivâtre formé de fructifications de *Cladosporium,* d'*Alternaria* et de *Macrosporium* qui sont simplement saprophytes. Il est probable que ces diverses fructifications conidiennes se rapportent au *Pleospora herbarum* ou à une espèce voisine.

M. Fuckel a pensé qu'un champignon de la forme *Alternaria,* qu'il a nommé *Sporidesmium putrefaciens,* peut être par lui-même la cause de la mort des petites feuilles du cœur de la Betterave. Frank, tout en signalant un autre champignon parasite comme cause de la pourriture du cœur de la Betterave, admet cependant que le *Sporidesmium putrefaciens* de Fuckel est vraiment parasite sur les feuilles de Betterave. Il lui attribue plusieurs formes conidiennes, et le rapporte à une espèce particulière de *Pleospora* qu'il nomme *Pleospora putrefaciens* (1).

C'est sur les feuilles déjà âgées que M. Frank a observé ce Noir formant à leur surface une couche veloutée d'un brun olive. Le mycélium du champignon, qui produit au dehors ses fructifications conidiennes, forme dans l'intérieur des cellules épidermiques une couche de filaments divisés en cellules courtes par des cloisons transversales rapprochées; ils sont souvent serrés les uns

____

(1) Frank, *die Krankh. der Pflanzen,* 2e éd. 1895; IIe partie, p. 298.]

contre les autres de façon à former presque une lame continue, d'où émanent les conidiophores.

Ce sont le plus souvent des tubes dressés, bruns, plus ou moins courbés, un peu irréguliers, assez gros et courts qui portent à leur sommet chacun une seule spore claviforme, fort semblable à une spore d'*Alternaria*. C'est cette forme qui a reçu de Fuckel le nom de *Sporides-*

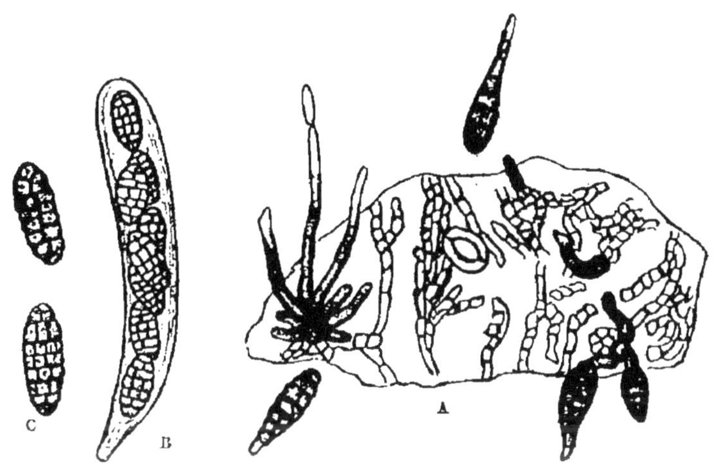

FIG. 339. — *Pleospora putrefaciens.*

A, Mycélium et conidies des formes *Cladosporium* et *Clasterosporium*. — B, Asque de *Pleospora*
C, Spores isolées, un peu plus grossies. (D'après M. Frank.)

mium exitiosum (fig. 339). M. Saccardo l'a rapporté au genre *Clasterosporium* qui diffère seulement du genre *Polydesmus,* parce que ses conidies ne se montrent pas en file les unes au bout des autres.

Après que bon nombre de ces conidies en massue cloisonnées se sont détachées du sommet de leur conidiophore, on voit dans la même touffe des filaments bruns qui s'allongent davantage et produisent à leur extrémité des spores plus petites ellipsoïdes, uni ou bi-cellulaires qui se rapportent à la forme *Cladosporium.*

Enfin à l'arrière-saison, sur les feuilles mourantes couvertes de noir et encore attachées à la Betterave, s'organisent à l'intérieur du tissu de la feuille des petits corps arrondis et noirs qui sont des rudiments de périthèces de *Pleospora*. C'est seulement quand la feuille morte est demeurée quelque temps sur le sol en automne, que les asques commencent à se former. On trouve déjà quelques spores mûres au commencement de l'hiver.

Ces périthèces se trouvent, ou encore engagés dans le tissu de la feuille d'où sort leur sommet allongé en papille, ou libres quand la feuille est décomposée. Les asques contiennent chacun 8 spores cloisonnées-muriformes, d'un brun jaunâtre, qui ressemblent beaucoup à celles du *Pleospora herbarum* (fig. 339 B. C.).

Si ce *Pleospora putrefaciens* de M. Frank est bien une espèce spéciale, elle paraît bien voisine du *Pleospora Alternariae* de MM. Gibelli et Griffini.

Il ne cause pas à la Betterave, de l'avis de M. Frank, les dommages importants que lui attribuait Fuckel.

Pleospora albicans Fuck.
Maladie de la Chicorée.

Syn. : État pycnidien : Phoma albicans Rob. et Desm.

Les cultures de Chicorée qui en bien des points de la France ont une importance considérable peuvent être ravagées par une maladie qui a été particulièrement signalée dans les Ardennes à Carignan et dans les Deux-Sèvres, à Bressuire sur des pieds de Chicorée cultivés comme porte-graines (1).

Ils montrent au début de la maladie des taches d'un gris jaunâtre qui apparaissent d'abord sur les parties

____
(1) Prillieux. *Bulletin de la Soc. mycol. de France*, 1896, p. 82.

inférieures des tiges et s'étendent en gagnant surtout en longueur, sur la surface de l'axe principal et des axes secondaires (fig. 340). Ces taches sont entourées d'une bordure d'un brun jaunâtre, assez mal délimitée en général.

Peu à peu, la couleur de la tache pâlit, elle blanchit plus ou moins, tandis que les portions qui environnent sa bordure noircissent; la bordure même finit par disparaître, se confondant avec la teinte noire générale du pourtour.

On voit alors apparaître sur le fond blanchâtre de la tache de petites ponctuations noires. Ces petits points peuvent être très nombreux, sans toutefois se toucher par leurs bords.

Non seulement les axes secondaires, mais les feuilles qui s'y insèrent sont souvent attaquées de même. Elles prennent rapidement à l'endroit des taches une teinte jaune clair sale. Les taches en s'élargissant deviennent confluentes et leur bordure noire est à peine visible.

Fig. 340. — Tige de Chicorée attaquée par le *Pleospora albicans*.

Les petites ponctuations noires s'y montrent comme sur la tige. La feuille meurt et se dessèche entièrement.

Si le pied de Chicorée est envahi peu de temps après le début de la végétation, le nombre des taches et leurs dimensions augmentent rapidement. La plante périt ou tout au moins ne produit pas de graines. Quand l'attaque a lieu plus tardivement, le dommage est moindre; dans les cas peu graves, on obtient une demi-récolte de graines.

Une température humide et chaude favorise notablement l'évolution du parasite et augmente la gravité de la maladie. La sécheresse de l'été peut l'arrêter complètement.

Des coupes transversales pratiquées dans les régions attaquées montrent dans le tissu un mycélium très grêle, ramifié, hyalin qui se voit très aisément dans les vaisseaux. Les tissus tués par lui se dessèchent et s'infiltrent d'air ce qui fait prendre à la tache sa couleur blanchâtre.

Bientôt dans le parenchyme cortical, sous l'épiderme, se forment de petits amas de stroma sur lesquels prennent naissance des conceptacles qui apparaissent à l'œil nu comme de petits points noirs. Ce sont des pycnides de forme à peu près arrondies, un peu aplaties, avec un ostiole court, ne dépassant guère l'épiderme qu'il perfore, (fig. 341).

Leur cavité est tapissée par un hyménium qui porte non seulement des spores hyalines, oblongues-cylindriques, mais encore d'autres petits corps hyalins filiformes plus ou moins courbés et souvent terminés en hameçon qui se détachent et se trouvent mélangés aux spores oblongues dans l'intérieur de la pycnide. Ces corps filiformes d'une extrême ténuité peuvent être désignés du nom de spermaties, ils ressemblent à ce que l'on a nommé ainsi par exemple dans le *Polystigma*.

Cette forme à pycnide du parasite de la Chicorée a reçu le nom de *Phoma albicans* de Roberge et Desmazières; ces auteurs n'ont pas du reste signalé à leur intérieur l'existence de ces spermaties filiformes.

Après l'hiver, au mois de février, on trouve en abondance sur les places décolorées des tiges de Chicorée qui ont été tuées par le *Phoma albicans*, des périthèces d'un *Pleospora*, à côté des pycnides vides du *Phoma*. C'est le

Pleospora albicans de Fuckel que cet auteur a déjà signalé comme forme ascophore du *Phoma albicans*. Il

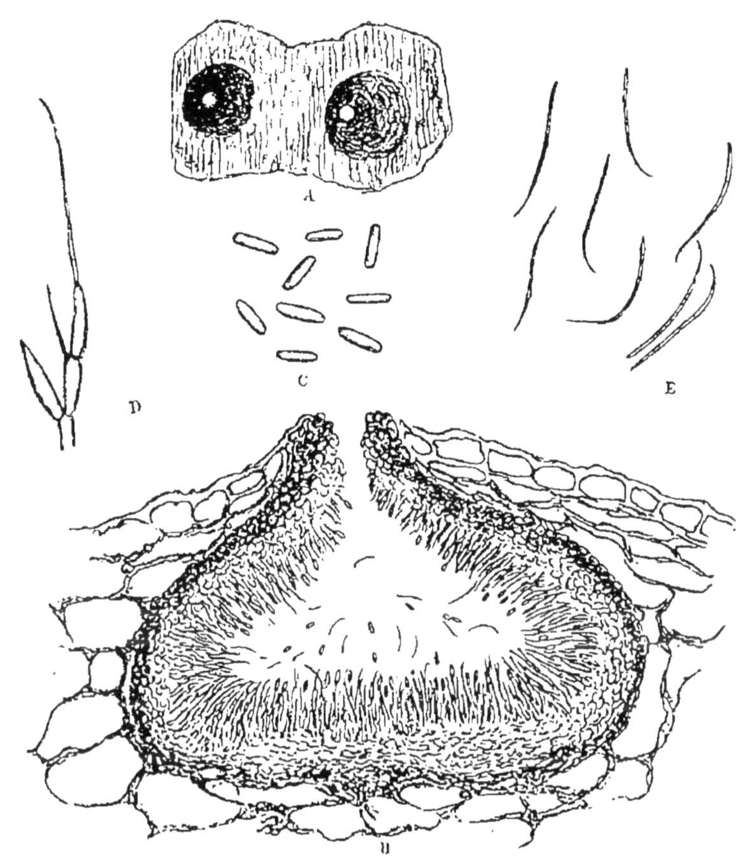

FIG. 341. — *Phoma albicans.*

A. Deux pycnides (faiblement grossies). — B. Coupe d'une pycnide (plus grossie). — C, Spore cylindrique (à un très fort grossissement). — D, Baside portant des spores filiformes (à un très fort grossissement). — E, Spores filiformes libres (à un très fort grossissement).

ressemble beaucoup au *Pleospora herbarum* et ne s'en distingue guère que par la taille un peu plus petite de ses asques et de ses spores (fig. 342).

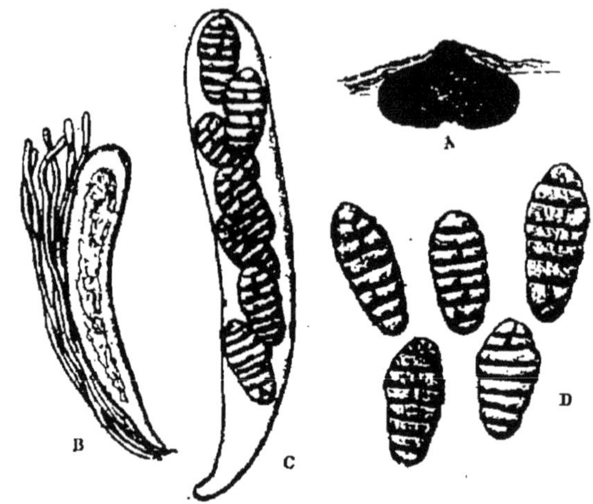

Fig. 342. — *Pleospora albicans.*

A, Périthèce (faiblement grossi). — B, Asque jeune et paraphyses (plus grossi). — C, Asque contenant des spores mûres (plus grossi). — D, Spores isolées (très grossies).

Sphaerella Tulasnei Jancz.

Noir des Céréales.

Syn. — Forme conidienne : *Cladosporium herbarum.*

Souvent on voit les Céréales maladives se couvrir, quand le temps est humide, de taches noires formées de touffes de conidiophores bruns portant des spores ovoïdes-oblongues, olivâtres, simples ou divisées transversalement par un petit nombre de cloisons. C'est une des formes fort nombreuses du *Cladosporium herbarum*, le *Cladosporium fasciculare.*

Ce *Cladosporium* se montre très communément sur les parties mortes de plantes fort diverses et il y vit certainement le plus souvent en saprophyte. Mais dans des conditions spéciales, lorsque une température humide favorise sa végétation et que peut-être aussi les plantes sur lesquelles germent ses spores présentent moins de résistance à l'invasion, il peut pénétrer dans les tissus vivants et s'y développer en parasite.

Il est fort difficile de déterminer par l'observation des plantes que couvre le *Cladosporium herbarum* à quelle autre forme plus parfaite on doit le rapporter; et, dans le cas, fréquent d'ailleurs, où divers périthèces ou pycnides se forment auprès sur les végétaux morts, il n'est pas toujours possible d'affirmer qu'ils aient avec cette forme *Cladosporium* des relations essentielles. Tulasne pensait qu'il est avec l'*Alternaria tenuis* et le *Macrosporium commune* l'une des formes à conidies du *Pleospora herbarum*. Il est certain que très communément ces trois formes se trouvent associées sur les parties mortes des plantes qu'elles couvrent d'un velouté olive foncé, mais des essais de culture pure dans des milieux nutritifs stérilisés n'ont pas confirmé cette manière de voir. Par cette méthode, la seule certaine pour les résultats positifs qu'elle fournit, M. Janczewski a établi, au moins pour le *Cladosporium herbarum* qui se développe sur les céréales, qu'il a pour forme ascophore un *Sphaerella* auquel il a donné le nom de *Sphaerella Tulasnei*. Et il n'a pas constaté dans les conditions de son expérience la production d'une autre forme conidienne ni de pycnides.

Le Noir des Céréales peut causer d'assez grands dommages. Quand, après une période de sécheresse, les pluies sont fréquentes, au mois de juin, on voit les Blés et les céréales de mars jaunir et prendre l'apparence la plus chétive. Les feuilles se dessèchent et prennent une teinte grisâtre en se couvrant de points noirs qui sont des faisceaux de conidiophores du *Cladosporium herbarum*; bien des pieds meurent sans produire d'épis.

L'intérieur des tissus des plantes attaquées est parcouru par des tubes brunâtres et cloisonnés du mycélium qui glisse entre les cellules du parenchyme et forme par places sous l'épiderme, le plus souvent au dessous des stomates des amas de cellules courtes, des pelotes à peu près globuleuses de stroma qui produisent ordinairement par leur face supérieure les filaments conidiophores dressés du *Cladosporium*. De là, la disposition en touffe qui a fait donner à cette forme le nom de *Cladosporium fasciculare* (fig. 343).

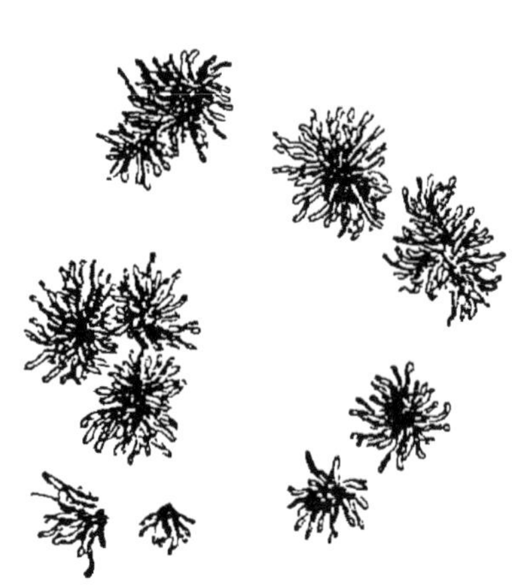

Fig. 343. — Touffes de *Cladosporium herbarum* (var. *fasciculare*) sur une feuille de céréale.

Ces petites masses de stroma que M. Janczewski désigne sous le nom de sclérotes ont été cultivées par lui dans la gélatine nutritive ; elles y germent rapidement. Dès le 2ᵉ jour, elles se hérissent de filaments mycéliens ; au bout de 3 ou 4 jours le mycélium commence à fructifier. Tantôt c'est la forme *Hormodendron* ; le plus souvent, c'est une forme *Cladosporium* grande ou petite qui se produit, mais toute touffe issue d'un même sclérote donne une fructification uniforme (fig. 344). Les exceptions à cette règle générale sont très rares ; M. Janczewski n'a vu que deux ou trois fois des branches éparses d'une variété de *Cladosporium* mélangées à la touffe d'une autre.

La culture dans la gélatine nutritive a permis à M. Janczewski de bien suivre le développement des formes diverses que présente le *Cladosporium herbarum*.

Au bout de 2 ou 3 jours le mycélium provenant d'un ensemencement commence à produire de nombreux filaments fructifères qui se dressent dans l'air (fig. 345 A). Dans une variété naine le sommet du filament produit en bourgeonneant 3, 4 ou 5 conidies de première génération; celles-ci donnent naissance chacune au sommet à 2 ou 3 conidies de deuxième génération et ainsi de suite jusqu'à la cinquième.

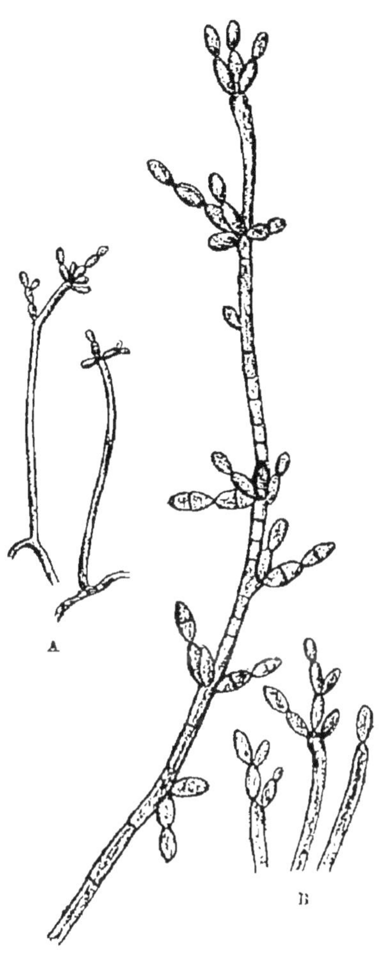

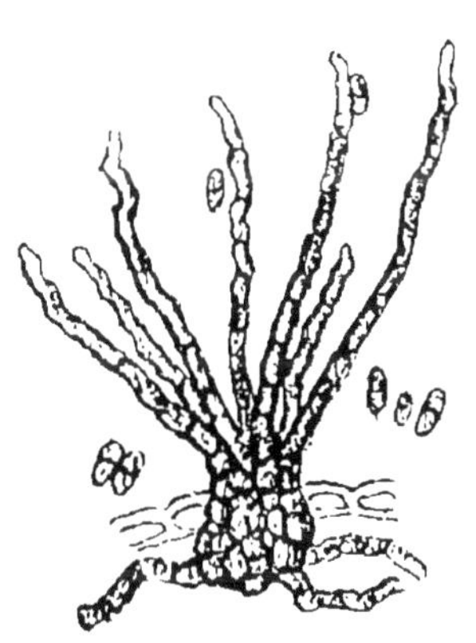

Fig. 344. — *Cladosporium herbarum.*

Touffe de filaments fertiles et spores.

Fig. 345. — *Cladosporium herbarum.*

A, Forme naine. — B, Forme géante (D'après M. Janczewski.)

Dans la variété géante, le filament engendre de une à quatre conidies de premier ordre, celles-ci une à deux conidies de deuxième et de troisième ordre, jamais davantage (fig. 345 B). Il y a, du reste, des formes intermédiaires.

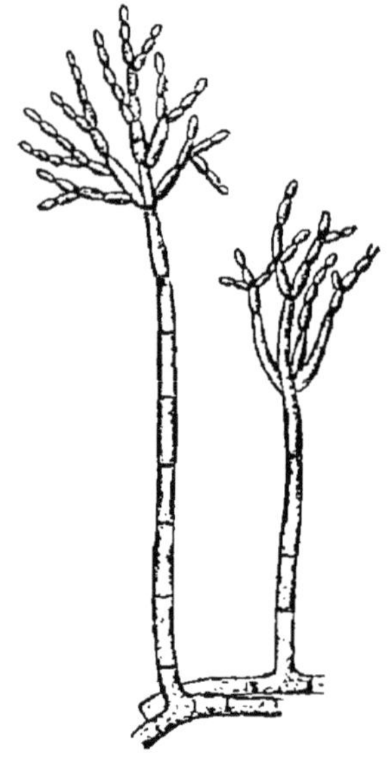

Fig. 346. — *Hermodendrum cladosporioides.*
(D'après M. Saccard.)

Après avoir produit le premier étage de conidies, le filament conidiophore recommence à pousser au sommet, et, ayant atteint une certaine hauteur, produit un deuxième étage de conidies puis un troisième, etc. et ainsi de suite, parfois jusque 15 et 20 fois, quand le filament continue à s'allonger. Au contact de l'eau, de l'alcool etc., les conidies se détachent immédiatement et le filament paraît dénudé. Ce n'est que dans la culture sur porte-objet que l'on peut bien distinguer la disposition et le développement des conidies sur leur support.

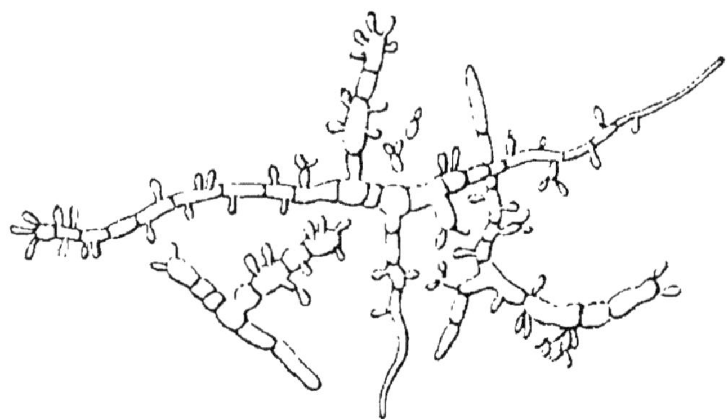

Fig. 347. — *Dematium pullulans.*
(D'après M. Laurent.)

La forme *Hormodendron* (*Hormodendron cladospo-rioides* Sacc.) ne diffère de la forme *Cladosporium* ni par son mycélium ni par ses spores, à forme et à dimensions très variables, du reste (fig. 346). Les filaments conidiophores qui se dressent dans l'air forment à leur sommet des conidies de premier ordre; celles-ci en produisent de deuxième et ainsi de suite jusqu'au dixième ordre (fig. 154). Tout l'appareil conidien ressemble ainsi à un petit arbre dont les branches sont composées de conidies diminuant de taille de la base au sommet. Le filament conidiophore épuisé par une si abondante production de conidies ne reprend pas d'accroissement terminal et ne produit pas d'étages de conidies successifs, comme c'est le cas pour la forme *Cladosporium* (1).

Enfin, les filaments mycéliens peuvent, comme l'a bien établi M. Laurent, produire dans un milieu nutritif la forme *Dematium*. C'est le *Dematium pullulans* de Bary, où les filaments presque simples le plus souvent se couvrent d'une prodigieuse quantité de conidies qui se multiplient exactement d'ailleurs comme celles des formes *Cladosporium* et *Hormodendron* (fig. 347).

Quand le liquide nutritif s'évapore peu à peu, les conidies prennent une forme durable; leur paroi s'épaissit fortement et se colore en brun. Toutes les cellules du mycélium peuvent subir, du reste, cette même transformation. Ces cellules épaisses supportent bien la dessiccation et germent rapidement ensuite dans un liquide nutritif.

Le Noir des céréales peut attaquer ces plantes aux divers degrés de leur développement et envahir non pas seulement les feuilles et les organes de végétation, mais les épis et les grains qu'il peut altérer profondément.

(1) Janczewski, *op. cit.*, p. 5.

Cela s'est produit en particulier, à ma connaissance, d'une façon remarquable dans le département de l'Oise, en 1895. Le Blé récolté, à grains gros et très renflés, donnait à la meunerie de la farine de mauvais goût et que les consommateurs refusaient d'accepter.

L'examen des grains montra qu'ils présentaient à leur surface des taches brunes placées le plus ordinairement en file dans la longueur du grain et formant souvent de longues lignes brunes et, en outre, fréquemment de longues crevasses béantes (fig. 348).

FIG. 348. — GRAINS DE BLÉ ATTAQUÉS PAR LE *Cladosporium herbarum.*

Sur les taches brunes, on pouvait distinguer aisément un mycélium à cellules courtes qui s'étendait, tant à la surface que dans la pellicule du grain, en se ramifiant et se bifurquant à maintes reprises. Il disloquait par place la pellicule, en se glissant entre ses cellules pour s'épanouir au dehors et se formait ainsi une lame à peu près complète de pseudo-parenchyme. De place en place, cette lame de petites pelotes de stroma, d'où sortaient des filaments fertiles dressés présentant les caractères ordinaires du *Cladosporium herbarum.*

A la surface du grain et surtout au voisinage des touffes de poils de son sommet, on trouvait en outre des spores brunes simples et cloisonnées du *Cladosporium,* les formes diverses de cellules renflées et brunes qui s'isolent du mycélium, comme on le voit si fréquemment pour le *Cladosporium herbarum,* aussi bien que pour le *Fumago.*

Dans bon nombre de cas, l'enveloppe du grain avait été disloquée et fendillée par le *Cladosporium* à un moment où il grossissait encore et il s'était produit de grandes crevasses qui laissaient à nu l'intérieur du grain et l'exposaient aux intempéries et à la pénétration d'organismes étrangers. On comprend aisément que de tels grains avaient perdu toute leur valeur; le parasitisme du *Cladosporium herbarum* était la cause de tout le dommage.

M. Lopriore (1) a observé de ces grains tachés, sinon crevassés par le *Cladosporium herbarum*, et il a constaté expérimentalement que le *Cladosporium* qu'ils renferment peut, au moment de la germination, infecter les jeunes plants.

Tous les grains tachés de brun ne germaient pas; il y en avait qui étaient trop altérés, mais ceux qui germaient produisaient des petites plantes de chétive apparence, qui portaient sur leur première gaîne de longues taches d'un rouge brun où le tissu altéré était rempli des hyphes du *Cladosporium* (fig. 349) (2).

Le parasitisme du *Cladosporium herbarum* sur les céréales paraît donc bien solidement établi. Il est vrai que M. Janczewski a tenté plusieurs fois vainement d'inoculer le *Cladosporium* en semant des spores sur des feuilles de Blé ou de Seigle jeunes et vertes tenues sous cloche; mais il a réussi à les infecter à l'aide de cultures pures faites sur gélatine.

Les filaments mycéliens développés dans la gélatine pénétraient par les stomates dans les feuilles; puis engagés dans l'espace situé au-dessous du stomate, se ramifiaient en pinceau et s'enfonçaient entre les cellules du parenchyme. Celui-ci jaunissait, et à sa surface apparaissaient bientôt des conidiophores, si la feuille était

(1) Giuseppe Lopriore, *Die Schwärze des Getreides.* Berlin 1894. (*Sonderabdrñbk aus Landwirthsch. Jahrbücher* XXIII.)

(2) Lopriore, *loc. cit.*, p. 21.

toujours maintenue sous une cloche dans un milieu saturé d'humidité.

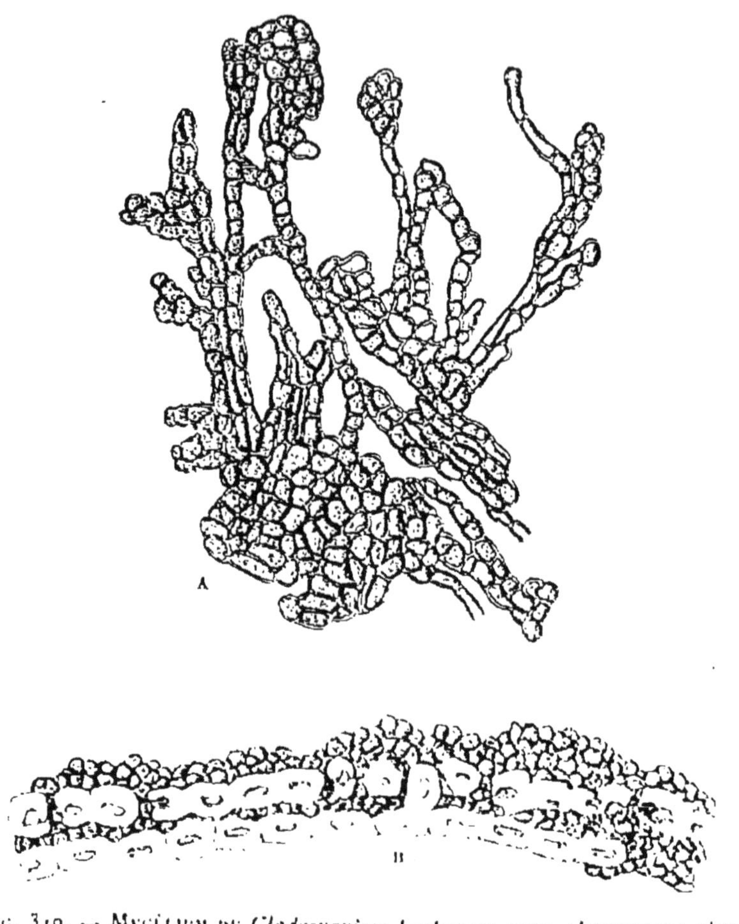

Fig. 349. — Mycélium de *Cladosporium herbarum* dans l'enveloppe d'un grain de blé.

A. Vu sur une coupe longitudinale. — B, sur une coupe transversale.

Les petits amas de stroma qui se forment sous les stomates et qui portent souvent des touffes de conidiophores sont considérés par M. Janczewski comme des périthèces rudimentaires (1). Il a vu ces petits corps se transformer immédiatement en périthèces sur les organes du Blé, auxquels le *Cladosporium* avait été inoculé d'une manière artificielle.

Le tissu intérieur du sclérote forme d'abord le col qui rompt son écorce puis apparaissent des thèques qui se forment dans la cavité.

Des périthèces identiques, mais beaucoup plus volumineux et très nombreux, se sont développés aussi sur les particules de gélatine nutritive que M. Janczewski avait placées sur les feuilles pour les infecter.

Ces périthèces, émanant ainsi bien certainement du mycélium du *Cladosporium herbarum* des céréales, se rapportent au genre *Sphaerella*.

Les *Sphaerella* sont caractérisés par des périthèces minces, membraneux, contenant des asques sans paraphyses, à spores elliptiques ou oblongues, biloculaires et incolores.

L'espèce observée par M. Janczewski dans ses cultures de *Cladosporium herbarum* paraît nouvelle ; elle a reçu de lui le nom de *Sphaerella Tulasnei* (fig. 350). Les périthèces sont petits, globuleux, coniques; ils contiennent des asques épais, fusoïdes, à l'intérieur desquels se forment des spores oblongues, uniseptées, hyalines. M. Janczewski a remarqué que la spore terminale est généralement un peu plus grosse que les autres et atteint 28 µ de long sur 6.5 µ de large.

Le *Cladosporium herbarum* est sans doute parasite sur beaucoup de plantes autres que les Graminées ; cela n'est guère douteux pour bien des plantes de serre qui se trouvent là dans des conditions particulièrement favorables au passage du mycélium de la vie saprophyte à la vie parasite.

____

(1) Janczewski, *loc. cit.*, p. 12.

Dans les années humides, comme a été celle de 1888, on a vu dans tout l'ouest de la France, la Normandie, la Bretagne et le Maine, les Pommiers souffrir très fortement d'une telle invasion (1). Dans le courant de septembre les arbres paraissaient brulés : les feuilles se desséchaient d'abord par l'extrémité et par les bords, puis la zone altérée grandissait, s'élargissait et gagnait souvent vite le limbe entier. Les feuilles mortes tombaient en

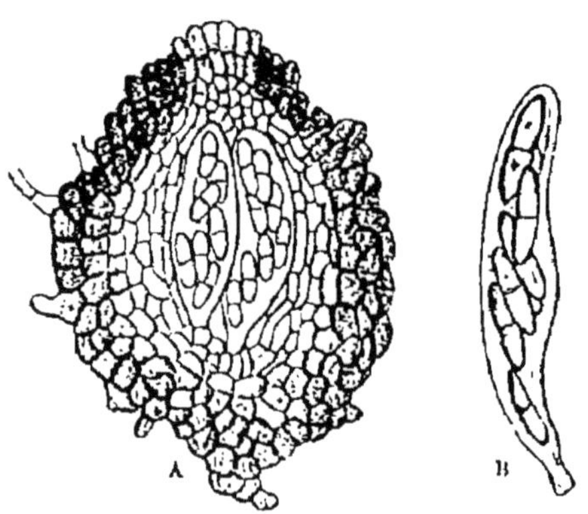

FIG. 350. — *Sphaerella Tulasnei.*

A. Coupe d'un périthèce. — B, Asque isolé. (D'après M. Janczewski.)

grand nombre et les fruits, arrêtés dans leur développement, parvenaient à grande peine à atteindre la moitié de leur grandeur normale.

La partie morte et desséchée des feuilles de Pommier ainsi altérées prenait une teinte grise et plombée comme si une fine poussière noire s'était déposée à sa surface. L'examen microscopique y montrait dans le parenchyme les filaments noirs d'un mycélium qui s'était répandu et s'amassait en certains points dans les cellules épidermiques ou sous l'épiderme en petites masses de stroma

---

(1) Prillieux, *Maladie des feuilles de Pommier. Bulletin de la Société mycologique,* séance du 8 nov. 1888.

d'où partaient les gerbes noirâtres de conidiophores du *Cladosporium herbarum* ou d'une forme *Cladosporium*, que nul caractère ne permettait de distinguer du *Cladosporium herbarum*.

M. Berlèse a recueilli sur des plantes diverses des spores de *Cladosporium herbarum* et les a cultivées dans des gouttes de jus de crottin. Il en a toujours obtenu la forme *Hormodendron* que l'on peut considérer comme la forme essentiellement saprophyte du *Cladosporium herbarum*. Sur le *Cladosporium herbarum* des feuilles de l'*Evonymus japonicus* seul, il a vu se produire dans les petits amas de stroma qui se forment au-dessous des stomates des pycnides contenant des spores bacillaires incolores et septées se rapportant au *Septoria Evonymi* de Rabenhorst.

M. Berlèse pense que le *Cladosporium* de l'*Evonymus japonicus* n'est pas le même que celui des céréales, bien qu'on ne puisse les distinguer par aucun caractère. Plusieurs espèces différentes seraient ainsi confondues sous la dénomination de *Cladosporium herbarum* (1).

Sphærella tabifica. — Phoma tabifica Prill. et Delacr.

Maladie des pétioles des feuilles de Betterave (2).

Syn. : *Phoma Betae* Frank.

La maladie du cœur de la Betterave est dans certains cas la conséquence de l'invasion d'un champignon para-

---

(1) Berlèse, *Première contribution à l'étude de* Cladosporium *et de* Dematium. (*Bulletin de la Société mycologique de France*, t. XI, 1 fasc. 1895.

(2) Prillieux, *la Pourriture du cœur de la Betterave*. (*Bulletin de la Société mycologique*, t. VII p. 15, 1891.)

site qui attaque tout d'abord les pétioles des grandes feuilles complètement développées.

Dans un champ de Betteraves de très belle venue on voyait, à la fin d'août, les grandes feuilles s'abaisser vers la terre en courbant leur pétiole à peu près comme si elles étaient fanées, ainsi qu'on le voit si souvent à la fin d'une journée chaude, où un brillant soleil a causé un excès de transpiration. Mais elles ne se relevaient pas pendant la nuit, elles devenaient jaunes, souvent seulement sur une moitié de leur étendue, et finissaient par se dessécher plus ou moins complètement. J'ai pu constater sur des milliers de plantes que cet abaissement des feuilles suivi d'un desséchement partiel ou complet du limbe est la conséquence d'une altération du long et robuste pétiole de la feuille qui présente à sa face supérieure sur une grande partie de sa longueur, souvent même sur toute son étendue une sorte de grande tache desséchée, blanchâtre, qui est entourée d'une auréole brune. Cette vaste tache qui se prolonge parfois au delà même du pétiole, jusque dans le bas de la nervure médiane atteint souvent 20 à 25 centimètres de long; elle correspond à une désorganisation profonde de tout le tissu sous-jacent qui est devenu d'un brun foncé et s'est desséché. La couleur blanc-fauve de la surface est produite par l'air qui pénètre tout le parenchyme desséché que recouvre l'épiderme. L'abaissement de la feuille vers le sol est dû à l'inégalité de tension des tissus de la face inférieure du pétiole qui sont demeurés sains et de ceux de la face supérieure qui sont désorganisés.

Bien souvent l'épiderme qui couvre le tissu mort sur la tache est crevassé en diverses places et laisse voir, à travers ses déchirures, le parenchyme tué et bruni.

D'ordinaire, la décomposition pénètre profondément et atteint les faisceaux fibro-vasculaires dont la couleur brune signale l’altération qui s’étend au delà de la tache. La désorganisation se propage en suivant les faisceaux jusqu’au cœur même de la Betterave; elle envahit les tissus jeunes du collet voisins du bourgeon terminal et entraîne ainsi la mort de toutes les feuilles naissantes.

C’est alors qu’on voit se produire le noircissement et le dessèchement de ces petites feuilles du cœur et qu’elles se couvrent d’un velouté d’un brun verdâtre, où les spores en massues retournées de la forme *Alternaria*, semblables à celles qui ont été figurées sous le nom de *Sporidesmium* ou *Clasterosporium putrefaciens* se trouvent mélangées à des conidies de *Cladosporium* et de *Macrosporium*.

Dans les tissus morts du pétiole s’étend un mycélium rempli d’un plasma creusé de nombreuses vacuoles; on le retrouve aussi dans le parenchyme mortifié du collet. Il fructifie en abondance sur l’épiderme de la tache desséchée en produisant des pycnides brunâtres qui se distinguent à l’œil nu comme de petits points de couleur foncée semés sur la surface blanche du tissu mort.

Ces pycnides superficielles, à peu près globuleuses et percées au sommet d’un pore, sont remplies de spores ovoïdes, incolores, qui, à l’humidité, sortent par le pore terminal, agglutinées les unes aux autres en un long fil muqueux. Ces pycnospores ont environ de 5 à 7 μ de long sur 3 à 4 μ de large. Sous cette forme à pycnides, le champignon a été nommé *Phyllosticta* ou *Phoma tabifica*. C’est le *Phoma Betae* de M. Frank (1).

Parfois le même parasite attaque le limbe de la feuille et y forme des taches arrondies qui peuvent atteindre 15 à 20 millimètres de diamètre et plus. Elles sont d’un brun pâle avec des lignes concentriques plus foncées où

(1) Frank, *Zeitschrift für Rubenzucker-Industrie* XLII, 1892 p. 903 et *Zeitschrift für Pflanzenkrankheiten*. III. p. 90, 1893.

se trouvent en quantité des pycnides pareilles à celles que l'on observe sur les grandes et longues taches des pétioles (fig. 351) (1).

La maladie causée par le *Phoma tabifica* a atteint son apogée vers le 15 septembre. A partir de ce moment, il

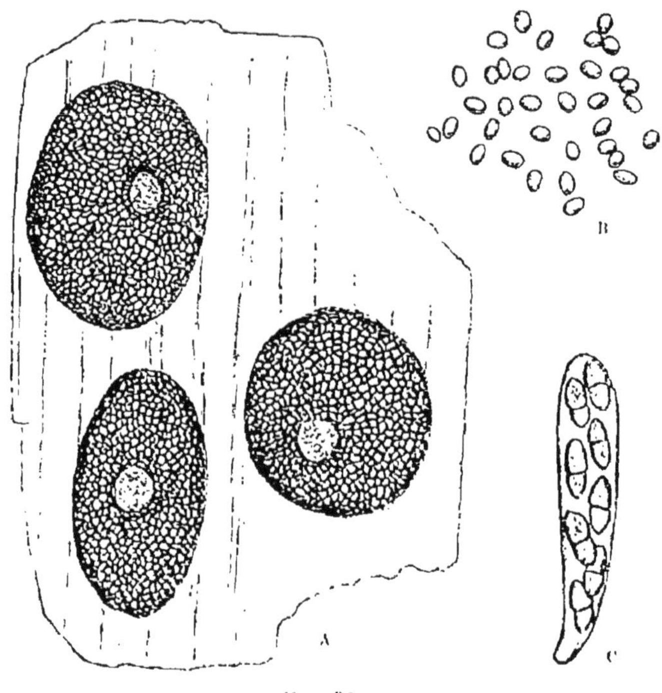

Fig. 351.

A, Trois conceptacles (pycnides) de *Phoma tabifica*. — B, Spores filiformes sorties de ces pycnides très grossies. — C, Asque de *Sphaerella tabifica*.

se développe autour du cœur mort, à l'aisselle des feuilles inférieures insérées sur une partie demeurée saine du collet, des bouquets de petites feuilles qui restent vertes et fournissent à la plante un nouveau feuillage, grâce

(1) Prillieux et Delacroix, *Bull. de la Société mycologique de France*, t. VII. février 1891.

auquel les Betteraves attaquées peuvent végéter jusqu'à l'époque normale de l'arrachage. Seulement ces pousses sont peu nombreuses, restent faibles et permettent seulement à la plante de continuer une vie languissante. Sur les pieds où les repousses ne se produisent pas la vie de la Betterave s'éteint dès la fin de septembre ou le commencement d'octobre.

La perte produite par cette maladie des pétioles et du cœur de la Betterave est considérable.

On peut espérer obtenir un bon résultat de l'enlèvement des feuilles qui s'abaissent et dont le pétiole commence à s'altérer; on évitera ainsi sans doute, si l'opération est faite à temps, que le mal ne gagne le corps même de la Betterave.

A l'arrière-saison les pétioles tués par le *Phoma tabifica* portent, au milieu de diverses espèces certainement saprophytes, un *Sphaerella* provenant d'un mycélium blanc qui paraît identique à celui du *Phoma*. Il est à peu près certain que c'est la forme à périthèces du même parasite; de là le nom de *Sphaerella tabifica* qui lui a été donné.

Les périthèces du *Sphaerella tabifica* sont globuleux et munis d'une papille au sommet; ils sont bruns; leur diamètre est d'environ 150 μ. Ils contiennent des asques oblongs, claviformes, sans paraphyses. Leurs spores sont séparées en deux loges un peu inégales; la supérieure est ovale-arrondie, l'inférieure un peu amincie; elles mesurent 21 μ sur 7, 5 μ.

Bien qu'il semble tout à fait probable que ce *Sphaerella tabifica* soit bien réellement la forme parfaite du *Phoma* qui produit certainement la maladie de la Betterave, des essais de culture et d'infection avec les spores du *Sphaerella* devront être faits pour en fournir la preuve incontestable.

Sphaerella Fragariae (Tul.) Sacc. — Ramularia Tulasnei Sacc. (1)
Taches des feuilles du Fraisier.

Syn. : *Sphaeria Fragariae* Tul.
Stigmatea Fragariae Tul.
Ramularia Fragariae Peck.

La maladie des taches des feuilles est la plus commune de celles qui ont été observées sur le Fraisier. Quand elle sévit avec intensité, elle peut arrêter le développement des fruits et entraîner parfois la mort des plants; mais même quand elle se développe à un moindre degré, comme on le voit très fréquemment dans presque tous les jardins, elle ne laisse pas de causer encore un dommage appréciable.

Les feuilles attaquées des Fraisiers se couvrent en été de taches arrondies d'un brun pourpre, séparées ou contiguës, qui apparaissent sur leur face supérieure. Elles augmentent rapidement de taille et leur couleur change du pourpre au rouge brun (fig. 352). Quand elles ont atteint de 3 à 5 millimètres de diamètre, elles s'amincissent et se dessèchent pour la plupart dans leur milieu; les parties desséchées pâlissent, deviennent blanches et se détruisent; finalement elles sont percées à jour. La couleur blanche que prennent en se séchant les taches rouges brun est due à l'air qui pénètre entre l'épiderme et le parenchyme brun.

Le desséchement et la mort du tissu de la feuille dans les taches est dû au mycélium d'un champignon parasite, dont on voit les filaments entre et parfois même

(1) Tulasne, *Fungorum Carpologia*, II, p. 108, pl. XXXI.

dans les cellules. Ils sont incolores ou légèrement brunâtres, flexueux, septés et variant de diamètre de 1,5 µ à 3 µ.

Sur les taches se montrent, soit en été ou en automne,

Fig. 352. — Feuille de fraisier attaquée par le *Ramularia Tulasnei*.

soit plus tard, durant l'hiver et au printemps suivant, diverses sortes de fructifications qui ont été décrites et figurées par Tulasne. Il les a rapportées à une seule et même espèce et l'a nommée d'après sa forme à fruits ascophores, qui se montre sur les vieilles feuilles à la fin de l'hiver ou au printemps suivant, *Stigmatea Fra-*

gariae : c'est le *Sphaerella Fragariae* de Saccardo. Il attribue en outre au parasite des taches du Fraisier deux formes conidiennes, l'une d'été, l'autre d'hiver et une forme à pycnides.

Il n'y a pour rattacher toutes ces formes à un même mycélium d'autre raison que leur apparition fréquente sur les taches desséchées des feuilles du Fraisier. Pour devenir certaine, l'opinion de Tulasne devrait être confirmée par des cultures et des infections des jeunes feuilles des Fraisiers. Jusqu'ici il n'y a que deux de ces fructifications qui aient été ensemencées avec succès sur les jeunes feuilles de Fraisier et y aient produit des taches, c'est la forme conidienne d'été qui constitue le *Ramularia Tulasnei* Sacc. et la forme à périthèces le *Sphaerella Fragariae*.

Après que le mycélium s'est développé quelque temps dans l'intérieur de la feuille et que le centre de la tache qu'il a produite se dessèche et pâlit, ses filaments s'amassent en petites massues en divers points sous l'épiderme et forment des petits coussinets qui arrivent à la surface de la tache, à travers l'épiderme rompu et se couvrent de touffes de conidiophores incolores (fig. 353). La longueur de ces conidiophores varie ordinairement entre 30 et 50 µ. Ils sont souvent formés d'une seule cellule allongée, mais souvent aussi ils sont divisés en 2 ou 3 cellules par des cloisons transversales.

Les conidies se développent à l'extrémité de ces conidiophores; d'abord globuleuses, elles s'allongent rapidement et deviennent cylindriques. Elles atteignent une longueur de 20 à 50 µ. sur 2,5 à 4 µ. de large. Souvent aussi, elles restent unicellulaires, mais parfois également elles se cloisonnent et se divisent en 2 à 4 compartiments. Elles sont incolores comme les conidiophores. Dans d'autres cas, le sommet des conidiophores porte toute une série de ces conidies unies l'une à l'autre en file moniliforme.

La formation de ces conidies se continue pendant tout l'été. Elles germent facilement ; placées dans l'eau, à une température de 15 à 18° C., elles émettent au bout de quelques heures de fins tubes de germination qui s'allongent et peuvent se ramifier.

Sur les feuilles de Fraisier elles germent aisément par les temps humides et pénètrent à travers l'épiderme ou par les stromates dans l'intérieur du parenchyme.

M. Scribner en a fait l'expérience (1). Des conidies de ce *Ramularia Tulasnei* semées sur les feuilles saines d'un Fraisier en pot tenu dans un milieu constamment humide pendant 3 jours produisirent les taches pourpres caractéristiques au bout d'environ 18 jours.

On observe assez souvent aussi en été et en automne

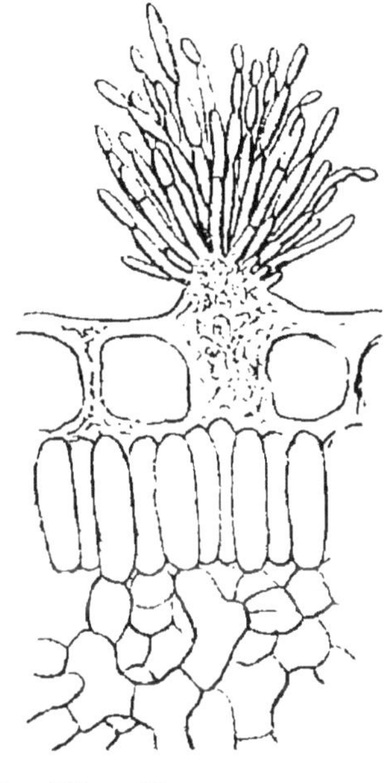

Fig. 353. — Touffe de conidies du *Ramularia Tulasnei*.

(D'après Tulasne).

sur les taches, quand elles ne sont pas encore desséchées, des groupes de pycnides globuleuses fort petites qui se forment dans le tissu de la feuille et font à peine saillie à la surface de la tache. Elles sont d'un brun enfumé et sont largement ouvertes par un pore arrondi

(1) Scribner, *Report of the chief of the section of vegetable pathology for the year 1887*. Washington. 1888.

par où sortent agglutinées en fil blanchâtre les spores qui sont linéaires, oblongues, obtuses aux deux bouts, droites ou un peu courbées ou même sinueuses, longues de 29 à 38 μ larges de 5 μ et divisées par trois cloisons transversales en parties à peu près égales. Elles sont incolores légèrement teintées à maturité en brun pâle.

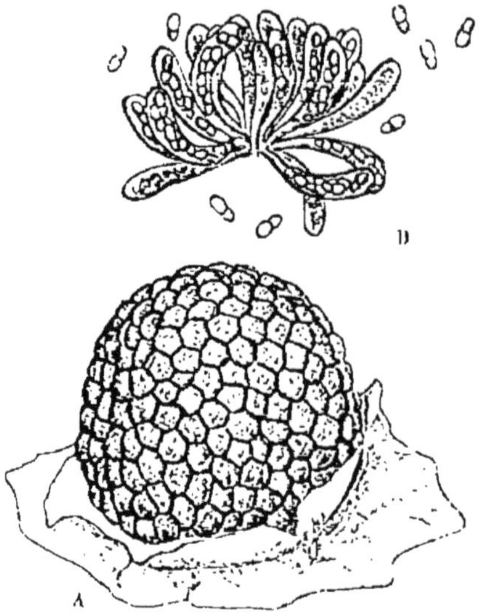

C'est le *Septoria Fragariae* de Desmazières (*Ascochyta Fragariae* Lib.). D'après Tulasne, c'est la forme à pycnides du parasite qui produit les taches du Fraisier.

A l'approche de l'hiver les conidies cessent de se former, mais le mycélium reste vivant dans les taches et, dans le courant de l'hiver, il y produit des périthèces (fig. 354), qui sont des corps noirs globuleux mesurant environ de 90 à 130 μ de diamètre. Formés dans l'intérieur du tissu de la tache, ces périthèces apparaissent en faisant saillie à travers l'épiderme déchiré, placés en cercle autour de la tache pâle qui a porté les conidiophores; ils sont mûrs au printemps, et on les trouve sur les feuilles attaquées, couvertes de taches dès l'année précédente, qui, après l'hiver, sont encore vertes mais languissantes ou desséchées. A leur intérieur, se trouvent de nombreux asques oblongs, sessiles, amincis à leur partie

FIG. 354. — *Sphaerella Fragariae.*

A. Périthèce. — B. Touffe d'asques et spores libres.

inférieure et naissant en touffe du fond du périthèce. Chacun contient 8 spores disposées sans ordre, ovoïdes-oblongues, uniseptées, légèrement rétrécies au niveau de la cloison qui les divise en deux parties un peu inégales, l'inférieure étant plus étroite que la supérieure.

Même quand on n'avait pas infecté de jeunes plants de Fraisiers avec ces ascospores, on pouvait déjà être assuré que les périthèces appartenaient bien au même parasite que les conidies d'été de la forme *Ramularia*. En effet, quand on met dans un milieu humide, sous une cloche, une feuille couverte de périthèces, on voit se développer de la partie supérieure de leur paroi autour de l'ostiole, des conidiophores formant une touffe pareille à celle du *Ramularia Tulasnei* produit en été sur les taches. Cela a été vu et figuré et par Tulasne et par M. Scribner.

Mais de plus, récemment, M. Voglino en mettant au printemps sur un jeune pied de Fraisier en pot maintenu sous cloche, des périthèces provenant de feuilles tombées sur le sol l'année précédente, a vu apparaître au bout d'une vingtaine de jours les taches pourpres sur les jeunes feuilles, et au bout de quelque temps il a pu y observer la formation des touffes de conidiophores et des conidies (1).

D'après M. Scribner, aux périthèces de *Sphaerella Tulasnei* sont entremêlés des conceptacles de même forme, mais un peu plus petits, qui contiennent une très grande quantité de spermaties ovoïdes de 3 μ de long. Ce seraient les spermogonies du *Sphaerella*.

Tulasne a signalé et figuré sur les taches, après l'hiver, des touffes d'une seconde forme de fructification conidienne qui diffèrent surtout des touffes de *Ramularia* par leur couleur d'un brun noir. Ce sont de longues gerbes renflées à la base de filaments noirâtres qui s'épanouissent en se ramifiant en longues files de spores plus courtes que les spores de la forme *Ramularia*.

Ces fructifications se rapportent au *Graphiothecium phyllogenum* de Saccardo. Des expériences seraient nécessaires pour établir que c'est bien comme l'a admis Tulasne une deuxième forme conidienne du parasite des taches et non un saprophyte se développant sur les tissus desséchés.

Des essais de traitement de la maladie des taches des feuilles du Fraisier ont été faits avec succès en Amérique avec une solution de sulfure de potassium ou foie de soufre en Virginie par M. Buffum, et dans l'État de New-York par M. Arthur. Fait en temps convenable, c'est-à-dire de bonne heure, le traitement prévient la germination des conidies du *Ramularia Tulasnei* et arrête la multiplication des taches. Dans les expériences faites par M. J. C. Arthur, la différence entre les parties traitées et non traitées était, assure-t-il, si nettement marquée, qu'on ne pouvait hésiter à l'attribuer entièrement au traitement.

Le sulfure de potassium employé préventivement devra donc être recommandé comme remède contre la maladie des taches des feuilles du Fraisier.

(1) J. C. Arthur — *Sixth annual Report of the New-York agricultural experiment station*, p. 351.

Sphærella maculiformis (Pers.) Auersw.
Cylindrosporium castanicolum (Desm.) Berl.
Phyllosticta maculiformis Sacc.

Maladie des feuilles du Châtaignier.

Syn. : *Sphaeria maculiformis* Pers. — *Septoria castanicola* Desm. — *Septoria Castaneae?* Lév. — *Septoria Gilletiana* Sacc. — *Cryptosporium epiphyllum* C. et Ell.

Les Châtaigniers ont été attaqués dans l'Aveyron et dans bien des points des Cévennes et du Périgord par une maladie qui a eu particulièrement en 1888 une influence néfaste sur la récolte des châtaignes.

Les feuilles toutes vertes encore se sont couvertes de très petites taches brunes qui se desséchaient, puis elles ont pris un aspect languissant, ont jauni et bruni par places et sont tombées. Dès les premiers jours de septembre les Châtaigniers présentaient cette apparence maladive ; au milieu d'octobre, ils étaient aussi complètement dépouillés de leur feuillage que dans le mois de décembre.

Cette altération et cette chute prématurée des feuilles ont été accompagnées de l'avortement à peu près complet des fruits. La récolte des châtaignes a été absolument nulle dans l'Aveyron et dans presque toute la région des Cévennes.

Les taches desséchées des feuilles malades tombant des branches des Châtaigniers étaient couvertes, à leur face inférieure, des petits conceptacles noirs du *Phyllosticta maculiformis* Sacc. (fig. 355).

Il est hors de doute que dans certaines conditions particulières de température et de climat qui se sont trouvées réunis en 1888, le champignon qui les produit n'attaque pas seulement les feuilles mortes, mais est véritablement parasite; qu'il se développe dans les feuilles vertes et en cause le dépérissement et la chute prématurée, mais ce n'est que dans les années exceptionnellement humides et pluvieuses qu'il cause ainsi une maladie qui a de graves conséquences pour la récolte de l'année; cette maladie ne reparaît pas quand les conditions atmosphériques sont normales.

Le *Phyllosticta maculiformis* a pour fructifications de petits conceptacles ponctiformes, réunis en groupes à la face inférieure des taches brunes (fig. 356). Ils sont couverts par l'épiderme de la feuille crevée au-dessus d'eux et

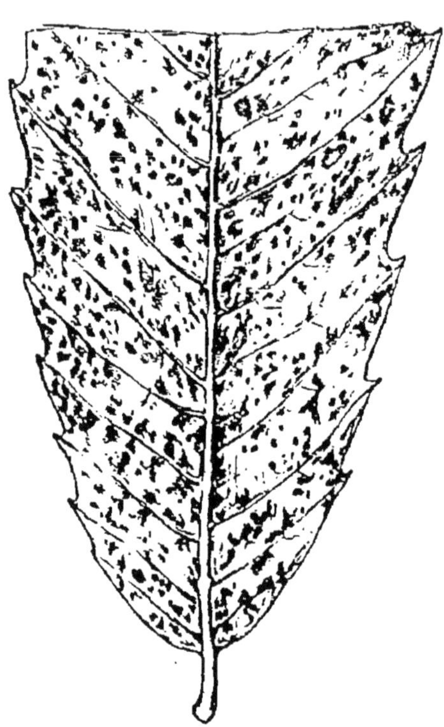

Fig. 355. — Feuille de Châtaignier couverte de petites taches portant des conceptacles de *Phyllosticta maculiformis*.

émettent par un large ostiole, des spores extrémement petites, bacillaires, incolores n'ayant que 4 μ de long sur 1 μ de large. Ce sont de ces petites spores que l'on désigne ordinairement du nom de spermaties.

Cette maladie des feuilles du Châtaignier a été désignée en Italie, où elle cause dans certaines années d'importants dommages, sous les noms de *Seccume del Castagno* et de *Lampo*. Elle y a été l'objet d'une étude spéciale et très complète de M. Berlèse (1). Il a montré que les conceptacles du *Phyllosticta maculiformis* que l'on peut considérer comme des spermogonies, se rapportant

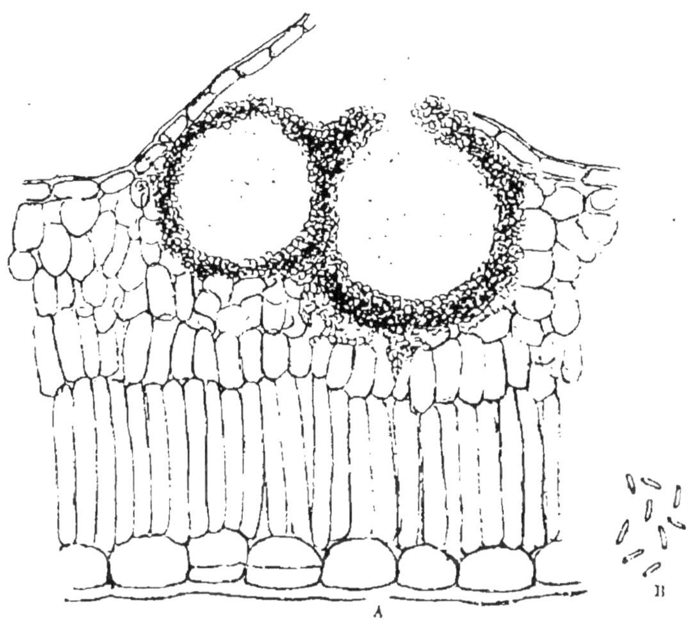

Fig. 356. — *Phyllosticta maculiformis.*

A, Conceptacles. — B, Spores bacillaires sorties de ces conceptacles, à un très fort grossissement.

très probablement à un *Sphaerella,* le *Sphaerella maculiformis,* sont précédés par une forme conidienne que M. Berlèse a décrite et figurée sous le nom de *Cylindrosporium castanicolum.*

Cette forme de fructification s'observe sur les feuilles tachetées quand elles sont encore attachées aux bran-

(1) Berlèse, *Il seccume del Castagno.* Extrait de la *Rivista di Patologia vegetale,* II, n° 5-9.

ches; la forme à spermogonies le *Phyllosticta macu-liformis* apparaît plus tard, c'est celle que l'on trouve sur les feuilles mourantes et tombant sur le sol.

La forme conidienne que M. Berlèse a désignée comme *Cylindrosporium* avait été précédemment donnée comme *Septoria* par Desmazières; mais M. Berlèse a bien nettement établi que les conidies se forment, non à l'intérieur d'un conceptacle comme cela a lieu pour les *Septoria*, mais bien à la surface d'un coussinet de stroma qui recouvre l'épiderme de la feuille.

Au moment où les petites taches apparaissent sur la face inférieure des feuilles, on peut trouver à l'intérieur de leur parenchyme les filaments d'un mycélium qui se glissent entre les cellules; dans le parenchyme spongieux de la face inférieure, ils se multiplient et s'entremêlent de façon à former au milieu du tissu disloqué une masse de stroma dans laquelle sont englobées les cellules de la feuille séparées les unes des autres (fig. 357). C'est ce tissu désorganisé et pénétré par le mycélium du parasite qui forme la tache que l'on voit à l'œil nu.

Bientôt les éléments du stroma s'allongent perpendiculairement à la surface de la feuille : il se forme ainsi une couche de papilles cloisonnées serrées les unes contre les autres, qui en se développant, pressent sur la face inférieure de l'épiderme qui les recouvre. Cette couche de papilles brunit. Vue de l'extérieur, elle a pu être prise pour un conceptacle situé sous l'épiderme; mais l'examen d'une coupe de la feuille montre qu'il n'en est rien. A l'extrémité des papilles brunes se forment des conidies qui sont cylindriques, droites ou un peu courbées, incolores et divisées par trois cloisons transversales le plus souvent; leur longueur est de 28 à 32 μ; leur largeur ne dépasse guère 4 μ. Elles s'amassent sous l'épiderme qui les recouvre et, lorsqu'une déchi-

rure se produit dans cette membrane, sortent au dehors agglutinées en un fil jaunâtre comme si elles
étaient expulsées par l'ostiole d'une pycnide.

Elles germent facilement et produisent de nouvelles
taches sur les feuilles. M. Berlèse a suivi leur développement dans un liquide nutritif formé d'une décoction
de feuilles de Châtaignier.

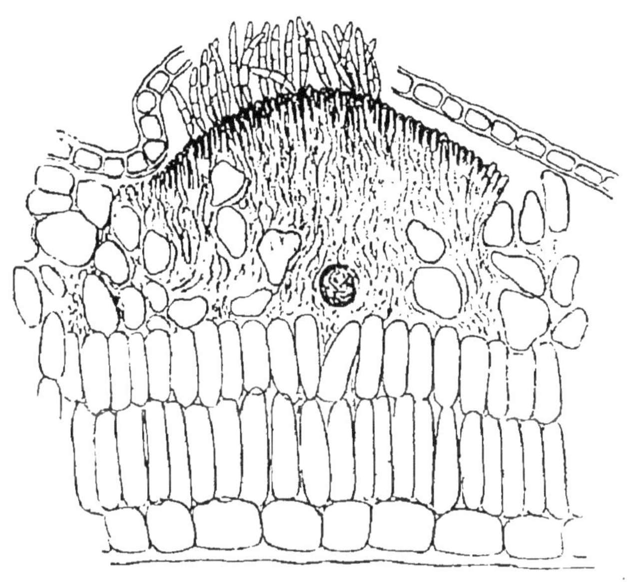

Fɪɢ. 357. — *Cylindrosporium castanicolum.*

C'est dans le stroma situé au-dessous de la couche
prolifère qui porte les conidies du *Cylindrosporium*,
que se forment les spermogonies du *Phyllosticta maculiformis.* On en voit (fig. 357) un rudiment apparaissant dans la partie inférieure du stroma sous
forme d'une petite boule très réfringente. En se développant le petit conceptacle s'avance vers l'extérieur,
poussant vers le haut la couche conidiophore qui bien-

tôt se rompt et disparaît, laissant à découvert les conceptacles de *Phyllosticta*.

En ce moment les feuilles du Châtaignier sont mourantes, se détachent et tombent sur le sol. Bientôt elles se vident des fines spermaties qu'elles contenaient.

On trouve après l'hiver, sur les feuilles tombées portant des taches identiques à celles qui portaient les spermagonies du *Phyllosticta maculiformis*, des périthèces de *Sphaerella maculiformis*.

Souvent, sur la feuille ramassée sur le sol, on trouve les conceptacles vides et ils sont considérés comme des périthèces mal conformés, et imparfaits.

Peut-être les asques du *Sphaerella maculiformis* se développent-ils tardivement pendant l'hiver dans les conceptacles vides du *Phyllosticta maculiformis*. M. Berlèse rapporte à ce sujet (1) l'observation de M. Parmel qui assure que cela a lieu pour une espèce voisine du *Cylindrosporium castanicolum*, le *Cylindrosporium Padi*.

Sphærella morifolia Passerini.
Cylindrosporium Mori Berlèse.
Rouille des feuilles de Mûrier.

Syn. : *Sphaerella Mori* Fuckel. — *Sphaeria Mori* Nke. — *Septoria Mori* Lév. — *Fusarium maculans* Bereng. — *Fusisporium Mori* Montg. — *Phlcospora Mori* Sacc. — *Septogloeum Mori* Briosi et Cavara.

Sans être une maladie bien grave, la Rouille des feuilles du Mûrier peut causer cependant parfois aux arbres un dommage très appréciable. Elle est produite par un petit champignon parasite dont la forme estivale est le

(1) Berlèse, *loc. cit.*, p. 24.

Cylindrosporium Mori, forme conidienne, dans laquelle les conidies naissent à la surface d'un coussinet de stroma se formant sous l'épiderme de la feuille, comme on vient de le voir pour le *Cylindrosporium castanicolum*.

Après l'hiver, sur les feuilles tombées, se montre souvent une Sphérie, le *Sphaerella morifolia*, qui a, sous le nom de *Sphaeria Mori* Nke, été considérée par Fuckel comme la forme ascophore du *Cylindrosporium Mori*.

L'invasion de la Rouille se manifeste dès le printemps sur les jeunes feuilles du Mûrier. Elles se couvrent de taches d'un brun pâle, couleur des feuilles sèches (fig. 358). La forme

Fig. 358. — Feuille de Mûrier attaquée par le *Cylindrosporium Mori*.

de ces taches est en général à peu près arrondie, mais assez irrégulière, parce qu'elles sont limitées par les nervures; souvent plusieurs taches contiguës se confondent. Leur taille est aussi assez variable. Elles sont bordées d'un liseré étroit d'un brun plus foncé.

A la surface des taches se montrent sur l'épiderme supérieur de petites pustules correspondant à des points bruns disposés plus ou moins régulièrement en cercle vers le milieu de chaque tache.

Il peut s'en produire aussi de semblables à la face infé-

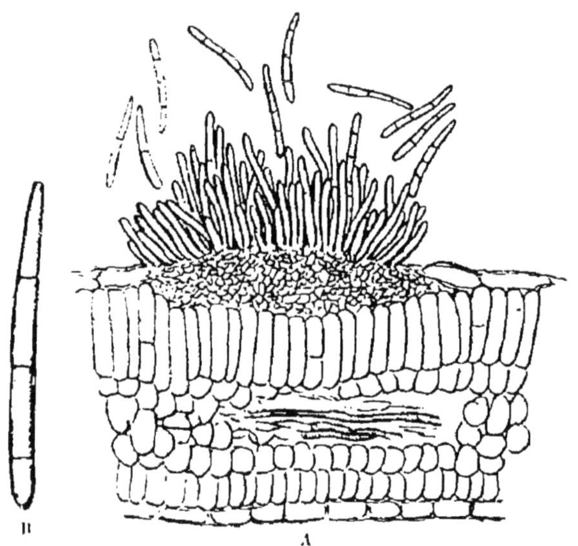

Fig. 359. — *Cylindrosporium Mori.*

A. Coussinet de stroma chargé de conidie. — B. Conidie isolée plus grossie.

rieure, mais elles se montrent plus tard et sont moins nombreuses (1).

A ces pustules correspondent des lames de stroma portant à leur surface de nombreuses conidies (fig. 359). On les a considérées comme des conceptacles très largement ouverts, au point de ressembler à une cupule, et rapportées, soit au genre *Septoria*, soit au genre *Phleo-*

(1) Hugo v. Mohl. *Ueber die Fleckenkrankheit der Maulbeerblaetter*, in *Botanische Zeitung* 1854. p. 761.

spora. En réalité, il n'y a pas là de véritable conceptacle, et c'est l'épiderme qui forme la paroi supérieure de ces pustules, où s'accumulent les conidies produites par la couche superficielle du stroma s'étendant sur le fond de la pustule. C'est une sorte de couche hyméniale formée de filaments cylindriques, qui portent à leur sommet des spores incolores, un peu courbées et légèrement amincies par leur partie supérieure, obtuses aux deux bouts et divisées le plus souvent par trois cloisons transversales, quelquefois par quatre et même plus.

Sous cette forme, le parasite végète et se multiplie pendant toute la belle saison. Les feuilles couvertes de taches desséchées n'exécutent qu'assez imparfaitement leurs fonctions normales; l'arbre en souffre quand elles sont nombreuses et étendues.

L'humidité favorise l'apparition et les progrès de la maladie. Dans les périodes pluvieuses, elle est plus abondante; elle se montre plus fréquemment et avec plus d'intensité dans les bas-fonds et les lieux humides. Sa répartition est, du reste, très inégale, et on trouve souvent, à côté de Mûriers fortement atteints, d'autres Mûriers de même variété qui demeurent indemnes.

Le parasite se montre sur des arbres très vigoureux, aussi bien que sur ceux qui sont chétifs.

Sur les feuilles tombées à l'arrière-saison se montrent en hiver les périthèces du *Sphaerella* que Fuckel a nommé *Sphaerella Mori* et considéré comme la forme parfaite du *Cylindrosporium Mori*.

La diagnose que Fuckel a donnée de ce *Sphaerella Mori* est si peu précise, qu'il n'est pas possible de savoir si elle est identique ou non au *Sphaerella morifolia* de Passerini. Sous ce nom, le *Sphaerella* des feuilles du Mûrier a été exactement caractérisé par Passerini, et c'est sous cette dénomination qu'il a été décrit et figuré par

M. Berlèse dans son livre sur les champignons du Mûrier (1).

Les périthèces du *Sphaerella morifolia* se montrent sur la face inférieure des feuilles tombées; ils se forment dans l'intérieur du tissu et deviennent presque superficiels (fig. 360). Ils sont globuleux ou coniques, à sommet obtus et contiennent des asques larges, renflés à la base, largement arrondis au sommet, à l'intérieur desquels les spores sont disposées ordinairement en deux files peu régulières. Ces spores sont oblongues, arrondies aux extrémités, uniseptées, sans rétrécissement au niveau de la cloison.

C'est seulement hypothétiquement que l'on admet ici ce *Sphaerella* comme étant la forme parfaite du parasite de la Rouille du Mûrier; on ne peut donner le fait comme prouvé. Pour l'établir, il faudrait infecter les jeunes feuilles du Mûrier en les couvrant des spores du *Sphaerella morifolia*. Cet essai n'a pas été fait.

La Rouille de la feuille du Mûrier ne la rend pas impropre à la nourriture des vers à soie. Les vers ne peuvent pas, il est vrai, manger le tissu desséché des taches, mais ils les contournent en rongeant toute la partie verte et

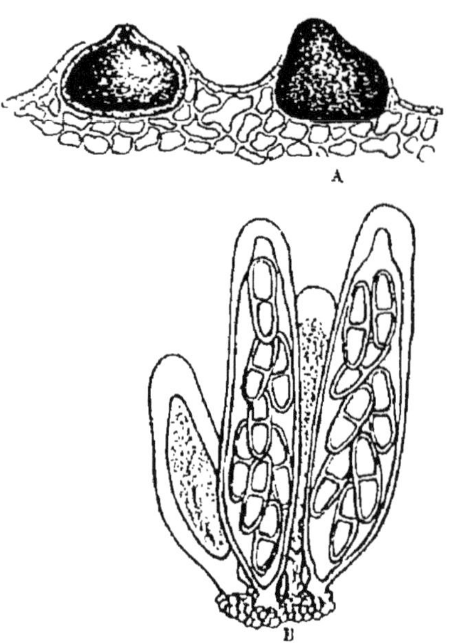

Fig. 360. — *Sphaerella morifolia.*

A, Périthèces. — B, Asques.
(D'après M. Berlèse.)

(1) *Fungi moricolae*, pl. 24, fig. 9-11.

charnue qui n'a pas été envahie par le parasite. Il en résulte seulement un déchet, mais il peut être considérable ; parfois il s'élève au dixième de la récolte.

Dans les Sphériacées dont on connaît des formes diverses de fructification, les formes conidiennes précèdent toujours l'apparition des périthèces. Quand ces champignons attaquent les végétaux vivants, on ne trouve sur les organes languissants ou mourants que ces formes conidiennes ; plus tard seulement, sur les plantes déjà mortes, apparaissent les périthèces contenant des asques.

Dans bien des cas d'altération des plantes de culture par des champignons parasites, on ne connaît que les formes conidiennes, et ce n'est que par analogie que l'on considère comme Sphériacées incomplètes des champignons dont les formes conidiennes paraissent semblables à celles que présentent les Sphériacées, que leurs conidies soient portées sur des filaments fructifères, ou à la surface de petites masses de stroma, ou renfermées dans des conceptacles.

Fusicoccum abietinum (R. Hartig) Prill. et Delacr.
Maladie des branches du Sapin.

Sʏɴ. : *Phoma abietina* R. Hartig.

M. R. Hartig a le premier signalé une maladie du Sapin qui atteint les tiges des jeunes plants et les rameaux des arbres plus âgés, et tue leur écorce annulairement sur une étendue de quelques centimètres (1).

(1) R. Hartig, *Lehrbuch der Baumkrankheiten*, 1889, p. 124. — Em. Mer. *Description d'une maladie nouvelle des rameaux de Sapin. Bulletin de la Société Botanique de France*, t. XXXVII, février 1890. — Prillieux et Delacroix, *Bulletin de la Société mycologique de France*, février et novembre 1890.

La portion de la branche située au-dessus de la région attaquée continue quelque temps à végéter, mais les feuilles qu'elle porte ne tardent guère à brunir et elle-même se dessèche et meurt. La limite de la partie nécrosée est marquée par la présence de bourrelets ligneux caractéristiques, qui sont dus à la mortification progressive des couches superficielles dans la partie malade, et sont comparables aux bourrelets cicatriciels qui se forment à la suite d'une incision annulaire.

Cette maladie a été observée en France dans les Vosges, particulièrement dans la forêt de Gérardmer où elle s'est montrée très développée en 1887 et 1888 (1).

Le caractère propre de la maladie est la nécrose de l'écorce qui se produit sur une étendue assez restreinte des rameaux, à une distance plus ou moins grande de leur extrémité, souvent sur la quatrième ou la cinquième pousse à partir de cette extrémité, parfois même sur la neuvième ou sur la dixième. On peut voir aussi le tronc des jeunes Sapins atteint de la même façon sur sa portion âgée de cinq à sept ans (fig. 361).

Dans la partie où l'écorce est nécrosée, ses tissus, ses couches superficielles surtout, sont envahis par un mycélium à filaments noirs, ramifiés, épais, qui pénètre jusque dans le bois; et non seulement l'écorce, mais le liber et le cambium meurent. Avant même que l'écorce ne se dessèche, le cambium ne peut plus produire une couche nouvelle de bois dans la partie malade; au delà, son activité formatrice est excitée comme d'ordinaire au bord des blessures et lésions de toutes sortes et il produit un bourrelet cicatriciel, qui empêche la pénétration du mycélium dans la partie saine.

(1) Em. Mer. Sur la maladie des branches du Sapin Journal de Botanique, octobre 1893.

Les feuilles sur la région envahie par le parasite tombent ; plus loin elles deviennent d'abord d'un brun roux, puis meurent avec la partie de la pousse qui les porte et qui se trouve séparée du corps vivant de l'arbre par la petite région nécrosée.

D'après les observations de M. Mer, il semble probable que l'infection se produit vers les mois d'août et de septembre. Le mycélium se répand dans l'écorce, puis dans le cambium, et la région d'attaque est desséchée avant le printemps ; mais, à l'extérieur, rien ne décèle encore la présence du parasite et le feuillage conserve sa teinte habituelle. Les bourrelets apparaissent seulement à l'époque normale de la formation de la

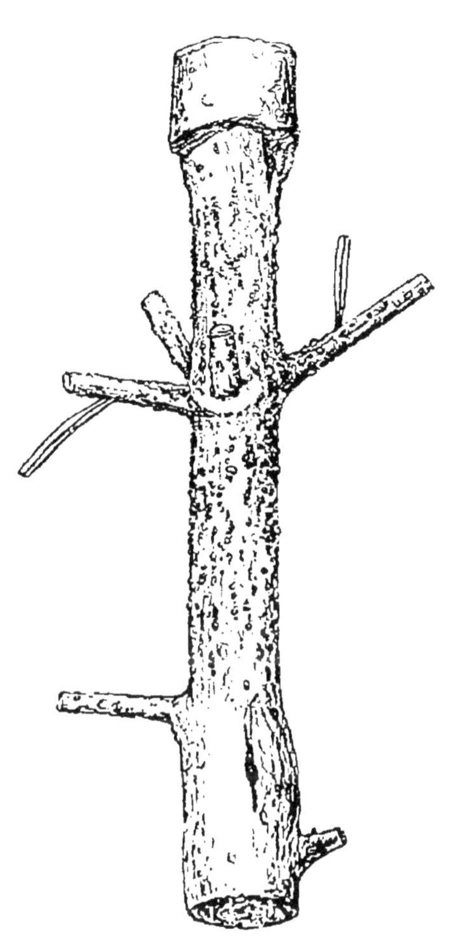

Fig. 361. — Branche de Sapin attaquée par le *Fusicoccum abietinum*.

couche annuelle sur les parties saines. Dans les mois de mai et de juin, la branche atteinte produit des pousses qui sont courtes et faibles. A la fin de l'été, les feuilles jaunissent et les bourrelets apparaissent. Ce n'est qu'au printemps suivant, c'est-à-dire 18 mois après l'infection, que le feuillage devient brun roux et que toute l'extrémité du rameau se dessèche.

L'écorce nécrosée et dépouillée de feuilles se couvre de petites pycnides noirâtres qui soulèvent et perforent l'écorce principalement au voisinage des cicatrices laissées par les feuilles tombées et donnent un aspect ru-

Fig. 362. — *Fusicoccum abietinum*.

A Coupe d'une pycnide. — B. Paroi interne de la pycnide produisant les spores (très grossie).

gueux à cette région, qui du reste se crevasse et laisse suinter de la résine.

Ces pycnides sont les fruits du parasite dont le mycélium a tué l'écorce; elles se développent dans le périderme à travers lequel elles débouchent au dehors (fig. 362). Ce sont des amas de stroma ressemblant à de petits tubercules noirs assez irréguliers, coniques, contenant une cavité divisée en plusieurs loges par des cloisons minces d'un brun olivâtre. Les parois internes de cette pycnide multiple sont tapissées par une couche hyméniale portant des spores incolores, fusiformes,

pointues par les deux bouts, longues de 12 à 14 μ,
larges de 5 à 6 μ., à l'extrémité de fins supports de 10 à
15 μ de long.

Par ces caractères, ce champignon appelé par M. R.
Hartig, *Phoma abietina*, se rattache au genre *Fusicoc-
cum* et non au genre *Phoma*. Il doit porter le nom de
Fusicoccum abietinum (R. Hart.) Prill. et Delacr.

On ne lui connaît pas de forme à périthèces.

Pour arrêter les progrès de l'extension du mal, on a
proposé de couper et de détruire les branches infectées
qui le plus souvent sont les branches inférieures. Pour
être efficace, l'opération doit être faite dès que l'on reconnaît sur les branches la présence du parasite et autant que possible avant l'émission des spores, c'est-à-dire
à la fin de l'été ou au commencement de l'automne.

Diplodina Castaneæ Prill. et Delac.
Le Javart des Châtaigniers.

Les cultivateurs du Limousin désignent sous le nom
de Javart une maladie particulière des Châtaigniers
qui cause des dégâts considérables aux environs de Li-
moges, où l'exploitation des Châtaigniers en taillis pour
la fabrication des cercles et des lattes a une grande importance.

Il y a une trentaine d'années, dit-on, que cette maladie
a apparu, et elle a depuis fait des progrès assez rapides.
La plupart des taillis en sont aujourd'hui atteints; elle
a envahi là une zone boisée d'environ 130 à 150 hectares.
Elle existe aussi dans le département de la Loire-Inférieure.

Le Javart apparaît sur l'écorce des jeunes rejets, sous
forme de taches allongées très apparentes, commençant
presque immédiatement au-dessus de la souche, et ar-

rivant en très peu de temps à faire le tour complet de la tige (1) (fig. 363). On constate fréquemment plusieurs points d'attaque à une hauteur de o^m,5o à 1 m. à partir du pied.

L'écorce atteinte perd vite sa coloration normale; elle prend le même aspect que si elle avait été fortement contusionnée, devient brunâtre, se déprime et peu de temps après, se dessèche et se crevasse en petites plaques qui se soulèvent, se détachent même sur certains points et laissent le bois complétement à nu. Le bois est lui-même altéré; les ouvriers savent qu'il est alors impossible de refendre les perches.

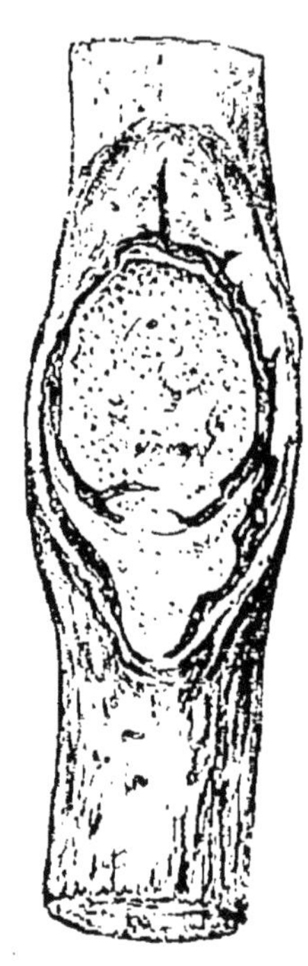

Fig. 363. — Pousse de Châtaignier atteinte de Javart.

Les plaies du Javart ressemblent assez aux chancres du pommier, mais elles sont moins localisées : le plus souvent les tiges sont complétement atteintes sur une hauteur d'un mètre à partir de la souche.

Les souches qui ont donné des bois endommagés par le Javart produisent, après l'exploitation, des rejets sur lesquels la maladie se manifeste déjà; c'est sur de telles pousses d'un an qu'ont été observées les fructifications du champignon parasite représentées sur les fig. 363 et 364.

Les trois quarts des brins dont l'écorce est atteinte par le Javart poussent mal jusqu'à l'époque de la coupe.

(1) Prillieux et Delacroix, *le Javart, maladie des Châtaigniers. Bulletin de la Société mycologique*, t. IX, p. 275, 1893.

La pousse de première année est moitié moins longue qu'une pousse normale; celle de seconde année égale à peine la moitié de la première; les suivantes vont toujours en diminuant et deviennent presque nulles; c'est à peine si elles atteignent quelques centimètres de long dans les dernières années qui précèdent l'exploitation.

Un quart des tiges meurt avant d'avoir atteint 7 ou

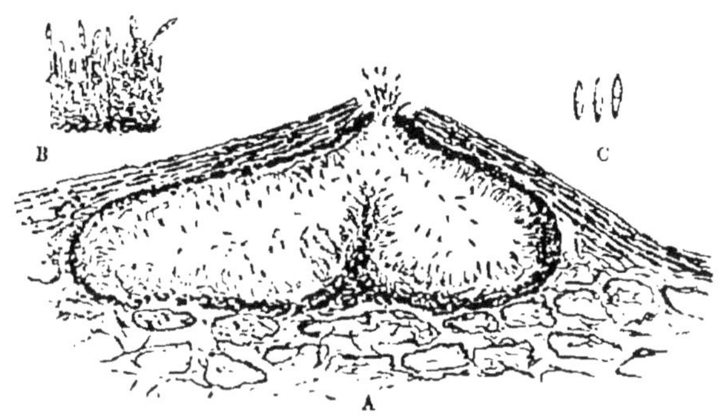

Fig. 364. — *Diplodina Castaneae.*

A, Coupe d'une pycnide. — B, Partie de la paroi de la pycnide plus grossie. — C, Spores isolées très grossies.

8 ans, âge auquel les taillis sont le plus communément exploités. Le préjudice causé par le Javart peut être évalué au tiers du prix de vente sur pied. Tandis que la coupe se vend sur pied de 440 à 460 fr. l'hectare quand elle est saine, le prix de la vente s'abaisse à 300 fr., 280 fr. et même seulement 240 fr., quand le bois est atteint par le Javart. Le cercleur lui-même éprouve une perte de 25 à 28 o/o, lorsqu'il exploite un taillis malade, car il est obligé de rejeter comme rebut nombre des perches atteintes.

Des pousses d'un an attaquées par le Javart qui avaient été rapportées du Limousin au milieu de l'été, placées au Laboratoire de pathologie végétale dans des conditions convenables, se sont couvertes à l'automne sur les taches malades de petits conceptacles qui ont permis de rapporter le champignon parasite au genre *Diplodina*.

On a désigné sous ce nom des champignons dont on ne connaît pas de forme ascophore et qui produisent seulement des pycnides globuleuses, noires, sous-cutanées ou se montrant à la surface à travers le périderme déchiré et contenant des spores ellipsoïdes oblongues ou fusiformes, hyalines et divisées en deux par une cloison.

Le *Diplodina* qui produit le Javart du Châtaignier est le *Diplodina Castaneae*. Ses conceptacles souvent réunis plusieurs ensemble, sont alors pluriloculaires; ils percent la lame de périderme sur les plaques d'écorce desséchée et versent au dehors de fines spores fusoïdes, uniseptées, ayant de 6 à 7 µ de long sur 1 à 1,5 de large, portées par de longs stérigmates aciculaires couvrant toute la paroi interne de la cavité.

Diplodina parasitica (R. Hartig) Prill.
Maladie des jeunes pousses de l'Épicea.

Sys. : *Septoria parasitica* R. Hart.

M. R. Hartig a signalé une maladie qu'il a observée durant plusieurs années sur les Épicéas. Elle apparaît déjà dans les pépinières sur les plants de 2 à 3 ans, mais se montre aussi sur les arbres déjà formés et atteint même les Épicéas déjà vieux, sur lesquels on voit des pousses mortes dans les parties inférieures de la

(1) R. Hartig, *Eine Krankheit der Fichtentriebe.* —*Zeitschrift für Forst- und Jagdwesen.* XXII, 1890.

couronne, bien qu'au premier abord les arbres attaqués paraissent sains.

La maladie se manifeste au mois de mai, au moment où les jeunes pousses sont encore tendres et délicates. Les aiguilles à partir de la base ou du milieu de la pousse brunissent, puis tombent. La pousse est encore complètement verte à l'extrémité, mais elle se fane sur les rameaux latéraux et pend vers la terre. La lésion s'étend vers le sommet de la pousse et finalement toute la jeune branche se dépouille de ses aiguilles; elle n'en conserve que quelques unes, qui sont mortes, vers son extrémité.

Très souvent, c'est à la base de la pousse, là où elle est couverte par les écailles du bourgeon de l'année précédente, que se manifestent les premières attaques du mal.

Sa base étant désorganisée par le mycélium du champignon parasite qui l'envahit, la pousse fléchit sous son poids et s'abaisse.

Cette maladie apparaissant en mai ou au commencement de juin a pu être confondue avec les dommages causés par le froid, mais sa marche progressive permet de la distinguer de l'action de la gelée qui atteint à la fois de nombreuses pousses dont toutes les aiguilles sont tuées en même temps.

Sur les rameaux morts d'Épicéa on trouve dans le cours de l'été de petits conceptacles ayant l'apparence de tubercules ou de sclérotes noirs. Ils se montrent souvent exclusivement à la base de la pousse morte, cachés entre les écailles du bourgeon; ils sont si petits qu'on les distingue à peine à l'œil nu.

Ils crèvent l'épiderme pour apparaître au dehors ou se forment sur la cicatrice du coussinet des feuilles tombées. Il s'en produit aussi, assez souvent, sur les quelques aiguilles mortes qui ne se sont pas détachées.

Ces conceptacles sont des pycnides uni-ou pluriloculaires, dont la paroi intérieure est couverte de basides pointues en forme d'alène, qui produisent à leur extrémité d'innombrables petites spores incolores, fusiformes, uniseptées, qui ont environ de 13 à 15 μ de long (fig. 365).

Fig. 365.
Diplodina parasitica.

Coupe d'une partie de la paroi d'une pycnide. (D'après M. R. Hartig.)

Au mois de mai, ces spores sortent des pycnides agglutinées en fils blancs et vont infecter les jeunes pousses. M. Hartig a fait avec ces spores des infections artificielles. Il déposa, entre les écailles entourant la base d'une pousse longue comme le doigt, d'un Épicéa d'environ 20 ans, une goutte d'eau contenant des spores en suspension; une douzaine de jours après la maladie était manifeste et la jeune pousse s'infléchissait.

Le développement du parasite se fait du commencement de mai jusqu'en juin; il dépend essentiellement de l'humidité de l'atmosphère. Selon que l'air est pluvieux ou sec les pycnides se forment plus tôt ou plus tard. Dans les conditions particulièrement favorables des cultures artificielles, elles ont pu parvenir à maturité en 14 jours.

M. Hartig a donné à ce parasite de l'Épicéa, dont on ne connaît d'autres organes de fructification que les pycnides, le nom de *Septoria parasitica*. Il ne me semble pas possible, d'après la description même qu'il en donne, de le rapporter au genre *Septoria*. Il me paraît avoir beaucoup d'analogie avec le parasite qui cause le Javart des Châtaigniers et devoir être, au moins provisoirement, rapporté au même genre.

Phoma Brassicæ Thüm.
Pourriture des pieds de Chou.

Cette maladie des Choux a pris une certaine impor-
tance dans l'Ouest de la France, parti-culièrement en Ven-dée, où la culture du Chou pour la nour-riture des bœufs a une importance con-sidérable.

C'est en attaquant la tige des Choux moelliers en parti-culier, que la mala-die cause de notables dommages. Ces tiges grosses et charnues présentent, quand elles sont envahies par le *Phoma*, de grandes taches ar-rondies qui en s'é-tendant deviennent confluentes (fig. 366). Elles sont bru-nes sur les bords et plus pâles en se rap-prochant du centre.

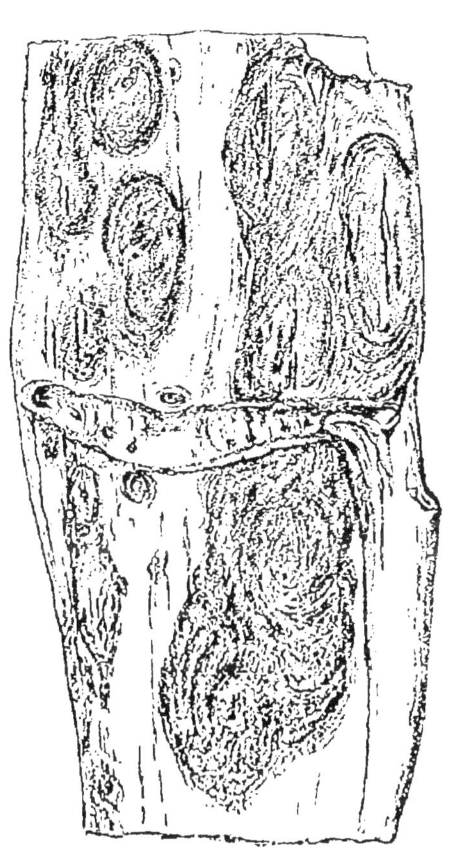

Fig. 366. — Fragment de tige d'un Chou moellier attaqué par le *Phoma Brassicae*.

A leur surface se voient de très fins points noirs,

(1) Prillieux et Delacroix, *Bull. de la Société mycol.* t. VI, p. 114, 1890.

qui sont le sommet des petits conceptacles du *Phoma Brassicae*, dont le col perce l'épiderme qui les couvre et apparaît au dehors. Ces conceptacles sont arrondis, déprimés, d'une couleur brunâtre ; mais ils restent couverts par les couches superficielles (fig. 367) mortes, remplies d'air, et par suite blanchâtres, de la tige du chou. Ce sont des pycnides, dont les parois sont assez épais-

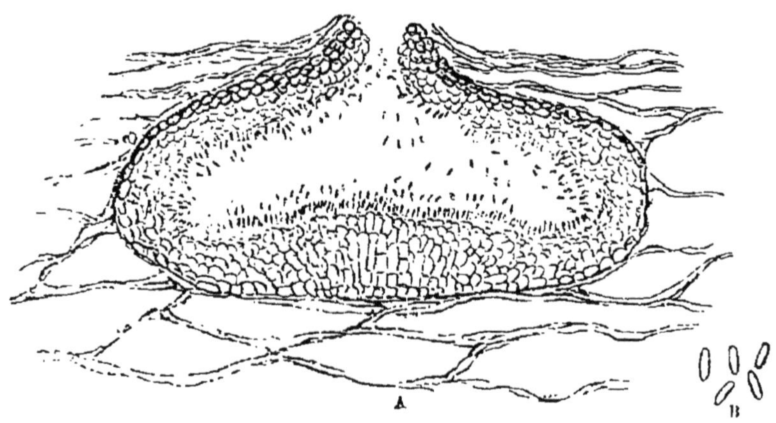

Fig. 367. — *Phoma Brassicae.*

A, Coupe d'une pycnide. — B, Spore très grossie.

ses et formées de cellules à paroi mince à la partie supérieure du collet, sont colorées en brun, produisent sur toute leur surface inférieure une quantité prodigieuse de très petites spores hyalines, cylindriques, droites, arrondies aux deux bouts, qui n'ont pas plus de 3 à 4 μ de long sur 1,5 à 2 μ de large.

Chaque tache superficielle de tissu tué par le *Phoma*, qui se montre sur la tige du Chou, est le point de départ d'une désorganisation profonde qui pénètre jusque dans la partie centrale de la tige dont tous les éléments deviennent bruns et que la pourriture envahit rapidement.

Atteint par le *Phoma,* le Chou dépérit promptement. Ses feuilles jaunissent et ne peuvent plus servir à l'alimentation des animaux ; la tige charnue du Chou moellier pourrit et n'est plus d'aucun usage.

On n'a d'autre conseil à donner aux cultivateurs que d'arracher sans retard tous les pieds atteints par la maladie et de les détruire par le feu pour empêcher la propagation du mal.

On ne connaît pas de forme à périthèces ascophores correspondant au *Phoma Brassicae.*

Phoma solanicola Prill. et Delacr.
Maladie de la tige de la Pomme de terre.

Au début de la maladie que produit ce *Phoma* on voit, sur la tige principale surtout et bientôt sur les rameaux, apparaître de larges macules oblongues de couleur blanche ou jaunâtre très clair. A cet état, la coupe montre le tissu de la tache infiltré d'air et parcouru par de nombreux filaments d'un mycélium incolore qui se ramifie beaucoup entre les cellules qu'il a tuées.

Les plus petites de ces taches blanchâtres restent stériles ; elles se fendillent, laissant voir l'intérieur blanc de la portion morte des tissus sous-jacents ; mais d'autres se couvrent de petits points noirs qui sont les fruits du parasite qui a tué cette portion de la tige. Ce sont là des pycnides de *Phoma* (fig. 368). Elles sont de couleur brune, immergées dans le tissu atteint et recouvertes par l'épiderme que perfore leur col très court. Leur taille est de 130 à 145 μ sur 110 à 115 μ. (fig. 369). Elles contiennent des spores ovales-oblongues, incolores, mesurant 7,5 μ sur 3 μ.

(1) Prillieux et Delacroix, *Bulletin de la Société mycologique,* 15 novembre 1890, t. VII, p. 178.

Lorsque ce champignon attaque un rameau latéral, les feuilles ne tardent pas à se faner et à se dessécher complètement. Quand sur un pied plusieurs rameaux sont atteints aussi, la nutrition générale de la plante est notablement diminuée, la croissance des tubercules se trouve arrêtée d'une façon plus ou moins complète, et la

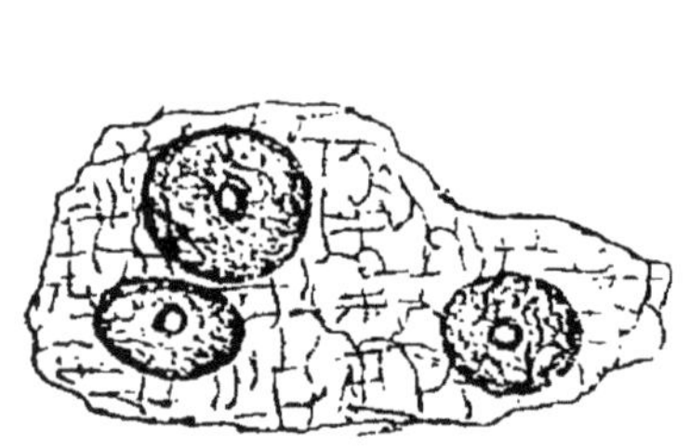

Fig. 368. — *Phoma solanicola.*
Pycnides vues extérieurement.

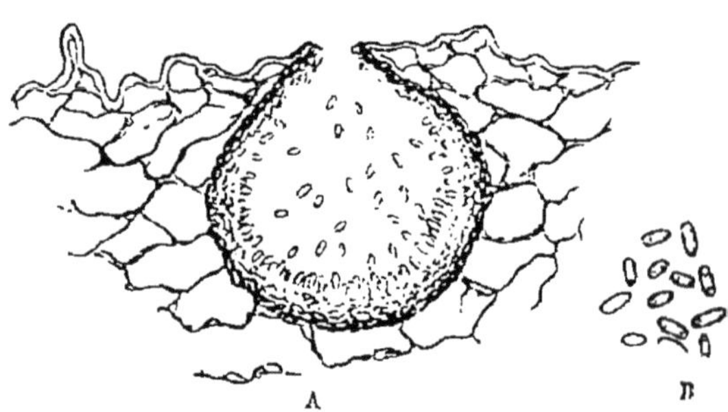

Fig. 369. — *Phoma solanicola.*
A, Coupe d'une pycnide. — B, Spores plus grossies.

perte serait d'une certaine importance pour le cultivateur si cette maladie, qui n'a encore été observée que sur quelques points des environs de Paris, prenait une grande extension.

Ascochyta Pisi Lib.
Anthracnose du Pois.

Les Pois, les Haricots et les autres Légumineuses cultivées sont assez souvent envahis par de petits champignons parasites qui produisent des taches rongeantes sur les feuilles, les tiges et les fruits, et même pénètrent à travers la gousse, jusqu'aux graines qu'ils corrodent.

Ces altérations peuvent être produites par plusieurs espèces différentes de champignons. L'une est l'*Ascochyta Pisi*. On n'en connaît d'autres fructifications que

des pycnides ayant les caractères du genre *Ascochyta*;
elles naissent dans des portions des feuilles ou autres organes verts tuées et décolorées par le mycélium. Ces pycnides sont de forme globuleuse ou lenticulaire, avec des parois membraneuses et un pore terminal; elles contiennent des spores hyalines ou jaunâtres, ovales ou oblongues, uniseptées.

L'*Ascochyta Pisi* attaque fréquemment les feuilles et les fruits du Pois. On le trouve aussi sur le Haricot, le Pois chiche et la

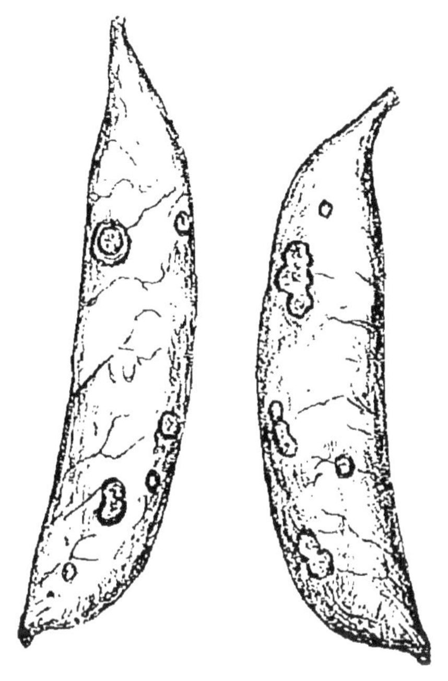

Fig. 370. — Gousses de pois attaquées par l'*Ascochyta Pisi*.

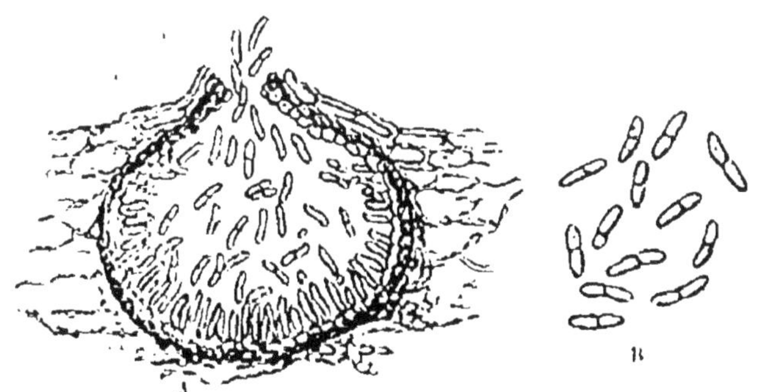

Fig. 371. — *Ascochyta Pisi*.
A, Coupe d'une pycnide. — B, Spores plus grossies.

Vesce. M. Comes (1) l'a vu se développer en quantité en
1878 et 1879 sur les tiges, et produire en corrodant les
tissus au-dessous des taches, le dessèchement de la partie supérieure des tiges. MM. Briosi et Cavara l'ont étudié et figuré sur le Pois (2).

Sur les feuilles, le parasite produit des taches relativement grandes, orbiculaires ou elliptiques d'un jaune
brun, souvent zonées et à contours peu nets. Sur les
fruits, les taches sont plus petites, plus pâles, plus souvent confluentes, un peu déprimées avec une bordure saillante plus foncée (fig. 370.)

Les conceptacles se trouvent en nombre assez limité
au centre des taches (fig. 371). Ils sont globuleux avec
une ouverture un peu saillante, par où sortent les spores
agglutinées en un fil jaunâtre ou rosé. Elles sont incolores, cylindriques ou elliptiques, obtuses aux extrémités, droites ou un peu courbées et mesurent de 13 à
16 μ de long, sur 3 à 4 μ de large.

Les dommages produits par l'*Ascochyta Pisi* sont
tellement semblables à ceux que cause le *Colletotrichum
Lindemuthianum* (V. plus bas p. 322) qu'il est indispensable d'examiner au microscope des taches mûres portant
des fructifications des parasites pour reconnaître auquel
des deux est dû le mal.

SEPTORIA

Les *Septoria* sont de petits champignons parasites
des feuilles qui y produisent des taches desséchées et
décolorées, sur lesquelles naissent au-dessous de l'épi-

<hr>

(1) Comes, *Crittogamia agraria*, p. 473.
(2) Briosi e Cavara, *I Funghi parassiti dalle Piante coltivate od utili*,
n° 119.

derme des pycnides globuleuses ou lenticulaires percées
d'un trou au sommet et dans lesquelles se forment de
nombreuses spores étroites et très allongées, bacillaires
ou filiformes, ordinairement pluriseptées quand elles
sont mûres, parfois seulement pluriguttulées, incolores.

Les espèces du genre *Septoria* sont extrêmement
nombreuses, mais en général les petites taches qu'elles
produisent sur les feuilles sont sans grande conséquence.

Septoria Tritici Desm. et Septoria Graminum Desm.
La Nuile des Céréales. La *Nebbia*.

Quand, au printemps, la saison est froide et défavorable à la végétation active du Blé d'automne, les feuilles
de cette céréale se couvrent souvent, non seulement de
taches de Rouille produites par l'*Uredo Rubigo-vera*, mais
d'autres aussi dues au *Septoria Tritici*; sur l'Avoine, une
autre espèce de *Septoria* très voisine du reste du *Septoria
Tritici*, le *Septoria graminum* Desm., produit des taches
fort semblables.

Ces parasites épuisent les feuilles qui se dessèchent et
meurent prématurément. Comme ils sont le plus souvent associés à d'autres parasites, soit l'*Uredo Rubigo*
soit l'*Erysiphe graminis*, soit le *Cladosporium herbarum*, il est difficile d'évaluer bien exactement la part du
dommage qu'il convient d'attribuer à chacun d'eux.

Le *Septoria Tritici* a été signalé comme ayant causé
dans le nord de l'Italie des dégâts notables (1).

Le *Septoria Tritici* et le *Septoria Graminum* peuvent

(1) Cavara, *Ueber einige parasitische Pilze auf Getreide. Zeitschrift für
Pflanzenkrankheiten*, III, 1893.

être aisément confondus. Desmazières, qui a créé les deux espèces, les a différenciées par des caractères assez nets (1).

Fig. 372. — *Septoria graminum.* — Spores.

Les pycnides du *Septoria graminum* se montrent sur la face inférieure des taches ; elles sont si petites qu'elles sont invisibles à l'œil nu. Elles sont plus petites, plus rapprochées que celles du *Septoria Tritici.* Elles forment par leur réunion des taches allongées, grises et comme nébuleuses. Les pycnospores du *Septoria graminum* sont linéaires, notablement plus fines que celles du *Septoria Tritici* et un peu plus épaissies par une extrémité. On n'y distingue pas de cloisons transversales (fig. 372).

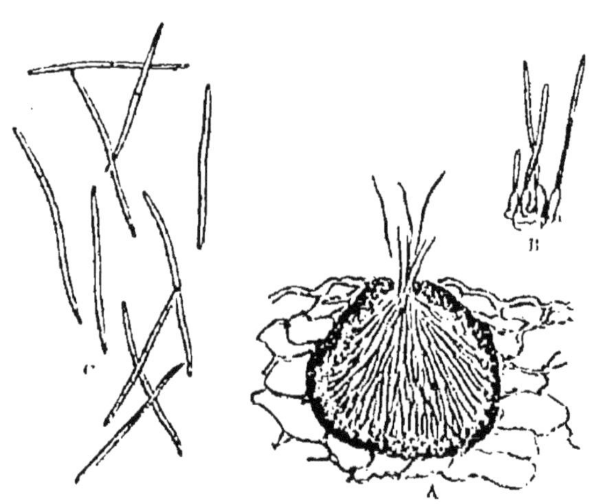

Fig. 373. — *Septoria Tritici.*

A, Coupe d'une pycnide. — B, Jeunes spores portées par leur basidie (fortement grossies). — C, Spores mûres isolées.

(1) Desmazières, *Ann. des Sc. nat., Bot.,* Série II, t. XIX, p. 339.

Les pycnospores du *Septoria Tritici* sont sensiblement plus épaisses; elles ont de 3 à 5 μ de large, au lieu de 1 à 1,3 μ. Quand elles sont mûres, on y voit très distinctement des cloisons au nombre de 3 à 5 (fig. 373).

M. Janczewski a étudié la végétation du *Septoria Tritici* mais il le désigne du nom de *Septoria graminum* Il a suivi la germination de ses spores. Semées sur de la gélatine nutritive, elles y germent facilement. Elles

Fig. 374. — *Septoria Tritici.*
Germination dans un milieu nutritif. (D'après M. Janczewski).

augmentent beaucoup de taille et s'allongent en se divisant en un plus grand nombre de compartiments; au bout de deux jours, elles ont pris la forme de filaments produisant des ramifications qui naissent à angle aigu. (fig. 374). Au bout de 3 à 4 jours, elles ont formé un mycélium tout hérissé de conidies semblables aux spores qui naissent dans les pycnides du *Septoria*. Ces conidies, produites dans une décoction de feuilles de Blé ont servi

(1) Edw. Janczewski, *Recherches sur le* Cladosporium herbarum *et ses compagnons habituels sur les céréales,* Krakowie, 1895.

à M. Krüger pour infecter des pieds sains de Blé (1).
Sur les places où il avait porté, à l'aide d'un fil de platine stérilisé, une goutte d'eau contenant des spores, on voyait bientôt se produire les altérations qui caractérisent les taches dues au *Septoria*; leur couleur pâlissait et elles se bordaient d'une ligne plus foncée; puis les feuilles se décoloraient à partir du sommet et mouraient. Le microscope montrait que leur tissu était envahi, par le mycélium septé du champignon. Aussi, bien qu'il ne se produisît pas de pycnide de *Septoria,* le résultat de l'expérience n'était pas douteux.

A côté des pycnides du *Septoria Tritici*, M. Janczewski assure avoir trouvé très ordinairement sur les feuilles des céréales d'autres conceptacles, qui ressemblent tout à fait extérieurement à ceux du *Septoria*, mais qui contiennent de ces corps fort ténus filiformes, courbés, d'une extrême ténuité et semblables à ceux que l'on désigne ordinairement du nom de spermaties. Il a donné à cette forme à spermogonies le nom provisoire de *Phoma secalinum* (fig. 375), tout en considérant ces conceptacles comme formés par le même mycélium que les pycnides de *Septoria*. Il assure même que parfois les deux sortes de fructifications sont réunies dans un même conceptacle, et qu'en écrasant des spermogonies du *Phoma secalinum,* il lui est arrivé plusieurs fois d'en voir sortir des bâtonnets tout à fait semblables aux pycnospores du *Septoria Tritici* mélangées aux spermaties filiformes.

On a vu plus haut que le *Phoma albicans* forme pycnidienne du *Pleospora albicans,* présente normalement une disposition tout à fait analogue.

Le mode de production des spermaties du *Septoria*

---

(1) Fr. Krüger, *Beiträge zur Kenntniss von Septoria graminum Desm. Berichte d. deutsch. botan. Gesellschaft.* XIII, p. 137. 1895.

Tritici figuré par M. Janczewski présente la plus complète analogie avec ce que j'ai observé pour le *Phoma
albicans.*

Très fréquemment le *Septoria Tritici* est associé sur

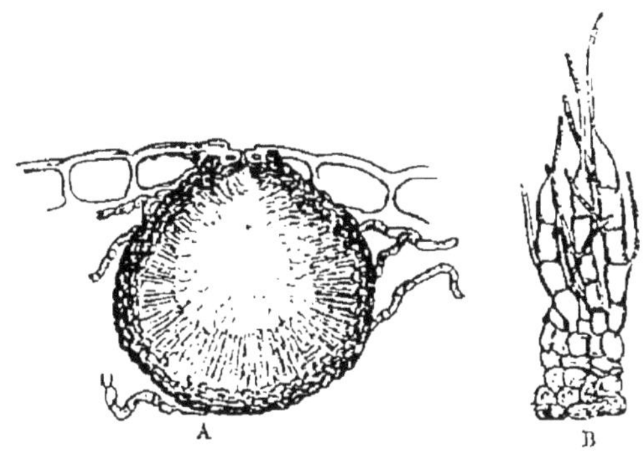

FIG. 375. — *Septoria Tritici.*

A, Coupe d'une spermogonie. — B, Coupe très grossie de la paroi montrant la formation des spermaties.(D'après M. Janczewski.)

les feuilles du Blé aux périthèces
d'une Sphériacée, le *Leptosphaeria
Tritici.* Ce sont de petits corps.
noirs, à peu près globuleux, ayant
un col plus ou moins allongé qui
sort ordinairement par l'ouverture
d'un stomate. Ils contiennent des
asques oblongs, claviformes, entremêlés de paraphyses, et dans lesquelles se trouvent des spores fusiformes, droites ou un peu courbées,
d'une couleur jaunâtre et qui sont
divisées par trois cloisons transversales (fig. 376).

M. Janczewski l'a cultivé et a infecté les feuilles de Froment avec

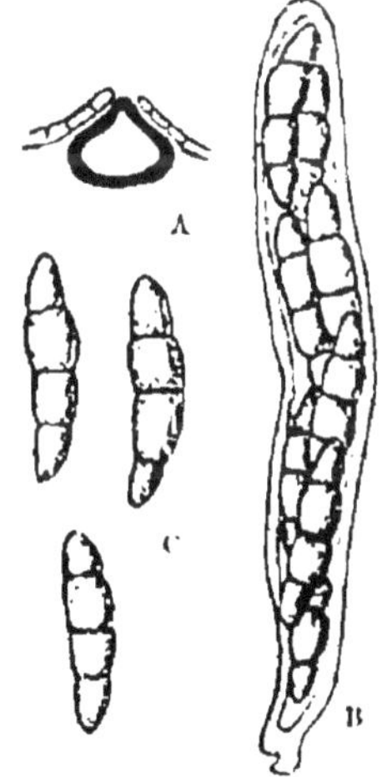

FIG. 376. — *Leptosphae-
ria Tritici.*

A, Périthèce. — B, Asque. —
C, Ascospore isolée.

des particules de gélatine qui contenaient son mycélium. L'infection ne réussissait que sur les feuilles dans un état languissant ; elle avait pour conséquence la production de périthèces de *Leptosphaeria Tritici* qui n'accompagnait aucune autre forme de fructification. Ses rapports avec les autres formes imparfaites que l'on observe auprès de lui sur les feuilles languissantes du Blé restent donc encore douteux.

Septoria ampelina Berk. et Curt.
Mélanose de la Vigne.

MM. Viala et Ravaz ont décrit avec détail, sous le nom de *Mélanose*, une altération des feuilles de la Vigne, commune dans le midi de la France surtout sur les cépages américains (1).

Les feuilles atteintes de Mélanose se couvrent de petites taches d'un brun fauve d'abord pâle; elles s'accroissent assez rapidement, se réunissent parfois les unes aux autres et constituent des plaques de forme irrégulière, dont les dimensions varient ordinairement entre un demi et un centimètre. En grandissant, elles prennent une teinte plus foncée et deviennent d'un brun roussâtre et même par places d'un noir intense. La coloration varie d'un point à l'autre sur une même feuille (fig. 377.)

L'aspect des taches de Mélanose varie sensiblement selon les cépages, selon les conditions de chaleur et d'humidité dans lesquelles elles se sont produites, et selon l'âge qu'avaient les feuilles quand elles ont été attaquées.

Sur les taches de Mélanose, on peut distinguer, sur

(1) Viala et Ravaz. *Mémoire sur la Mélanose*, Montpellier, 1887.

les deux faces de la feuille, de petites pustules à peine
proéminentes souvent recouvertes d'une poussière blanche ressemblant à de la poudre
de craie, ce sont les pycnides
du *Septoria ampelina* répandant au dehors leurs très nombreuses spores.

Ces pycnides se forment soit
dans la couche en palissade,
soit dans la couche spongieuse
du tissu de la feuille tué par le
mycélium; celui-ci serpente
dans les méats intercellulaires
et s'applique sur les parois des
cellules sans jamais les percer

Fig. 377. — Morceau de feuille
de Vigne couverte de taches
de Mélanose.

(fig. 378). A peu près globuleuses, elles s'ouvrent très
largement pour émettre leurs spores qui en sortent en

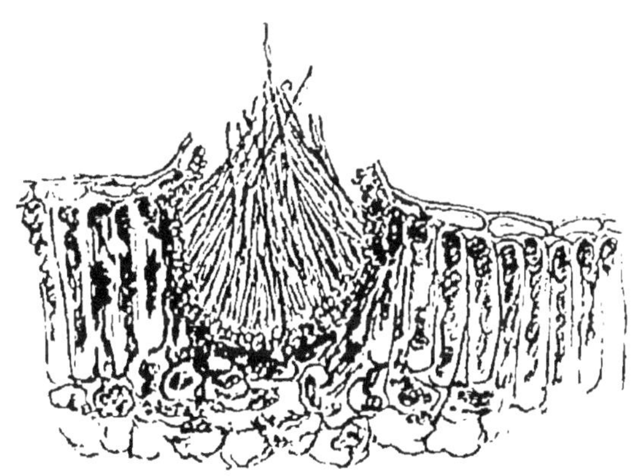

Fig. 378. — Coupe d'une pycnide de *Septoria ampelina*.

faisceaux. Ces pycnospores sont à peu près cylindriques,
droites ou légèrement courbées et un peu effilées à leur
base. Elles sont divisées par des cloisons transversales

au nombre de 3 à 6. Elles mesurent de 40 à 60 μ de long, sur environ 2 μ de large.

Elles germent facilement dans l'eau en donnant plusieurs tubes de germination. MM. Viala et Ravaz s'en sont servis pour produire des infections artificielles de Mélanose. Six jours après l'ensemencement des spores sur les feuilles, les taches de Mélanose commençaient à se montrer aux points infectés, et 15 à 20 jours plus tard les pycnides du *Septoria ampelina* apparaissaient.

Les dommages causés aux Vignes par la Mélanose ne sont pas considérables. Les feuilles qu'elle attaque pendant la végétation jaunissent parfois en certains points ou se dessèchent en partie; il est rare qu'elles soient entièrement détruites. A la fin de la végétation elle peut hâter un peu la chute des feuilles; en somme, il n'en résulte pas d'affaiblissement notable des Vignes.

Beaucoup de plantes cultivées peuvent être attaquées par diverses espèces de *Septoria* qui produisent seulement sur les feuilles de petites taches qui se dessèchent, sans que la végétation générale ait à supporter de conséquences appréciables. Parmi les plus communes, on peut mentionner le *Septoria piricola* Desm., qui produit sur les feuilles des Poiriers de petites taches blanchâtres, rondes, entourées d'une bordure brune. Ses spores sont filiformes, triseptées. On admet que la forme ascophore de ce *Septoria* est le *Leptosphaeria Lucilla,* dont les périthèces se développent sur les feuilles mortes du Poirier. On peut encore citer : les *Septoria Citri* Pass. et le *Septoria Limonum* sur les Citronniers; le *Septoria Lactucae* qui produit des taches brunes et irrégulières sur les feuilles des Laitues cultivées; le *Septoria Lycopersici* Speg. sur la Tomate; le *Septoria Cannabis,* sur le Chanvre, etc.

Glœosporium ampelophagum (de Bary) Sacc.

Anthracnose de la Vigne.

Syn. : *Sphaceloma ampelinum* de Bary.

La maladie de la Vigne qui a reçu de Dunal il y a près de quarante ans le nom d'Anthracnose existait certainement depuis bien longtemps en France et sans doute dans toutes les parties de l'Europe où on cultive la Vigne. Les vignerons la désignaient par un nom spécial dans les divers pays. La dénomination d'Anthracnose, choisie par Dunal est tirée de deux mots grecs *anthrax, charbon* et *nosos*, maladie et correspond au nom de *Charbon,* en patois *Carbonnat*, donné à la maladie par les vignerons du Midi, parce que les pousses attaquées deviennent noires comme si elles avaient été brûlées par le feu. En Allemagne, on l'a nommée de même *Brûleur (Brenner)* ou *Brûleur noir (Schwarzer Brenner)*. D'autre part, considérant les taches ulcérées que produit la maladie sur les feuilles, les sarments et les grappes, les vignerons italiens et ceux d'autres parties de l'Allemagne ont nommé l'Anthracnose la variole de la Vigne (*Vajuolo ; Pocken des Weinstockes*). C'est certainement à tort que l'on a supposé que l'Anthracnose était une maladie nouvelle importée d'Amérique comme le Mildiou (dû au *Peronospora viticola*) et le Black-Rot (dû au *Guignardia Bidwellii*).

Le caractère dominant de la maladie de l'Anthracnose est bien celui qu'avaient en vue ceux qui l'ont désignée sous le nom de « variole de la Vigne » : la Vigne atteinte se couvre de taches noirâtres qui deviennent de petits ulcères et rongent ses tissus. Ces taches rongeantes se montrent sur les sarments, les feuilles et les raisins.

Les rameaux de l'année sont atteints par l'Anthrac-nose seulement pendant qu'ils sont à l'état herbacé. Le bois aoûté est à l'abri de toute attaque. Sur les jeunes pousses vertes, on voit apparaître de petites taches brunâtres, à peine visibles d'abord, mais qui bientôt prennent une teinte plus foncée et croissent surtout dans le sens de la longueur du rameau; elles deviennent ainsi ovales ou même linéaires en se réunissant plusieurs ensemble. En même temps, elles deviennent plus profondes en s'enfonçant dans le tissu de l'écorce (fig.379). En continuant de grandir et de se creuser aux dépens du parenchyme cortical d'abord, puis des parties molles du liber et du bois, elles forment des plaies irrégulières, à bords noirs qui peuvent pénétrer jusqu'à la moelle. Seules, les fibres du liber échappent à la corrosion et restent comme des fils tendus à travers la blessure béante. Au bord de ces chancres, les tissus non corrodés se boursouflent en formant des sortes de bourrelets. Sur les parties jeunes surtout, les plaies s'étendent et se confondent en de larges crevasses noires à bords irréguliers et tuméfiés qui tordent les sarments et les déforment au point de leur donner l'aspect le plus bizarre. Contournés, noircis comme s'ils avaient été brûlés par le feu, ils meurent au moins par leur extrémité; mais ceux mêmes qui continuent à végéter, n'ont, sur les points où ils sont rongés jusqu'à la moelle, aucune solidité; au moindre coup de vent ou quand on donne des façons aux Vignes ils se rompent et tombent.

Sur les feuilles, les taches d'Anthracnose ont le même caractère que sur les jeunes rameaux. Quand elles se produisent sur les pétioles, elles les déforment et les tordent en y creusant des plaies noires à bords tumé-

fiés; quand elles se forment sur le limbe, elles ont bientôt atteint, en se creusant, l'autre face de la feuille en per-

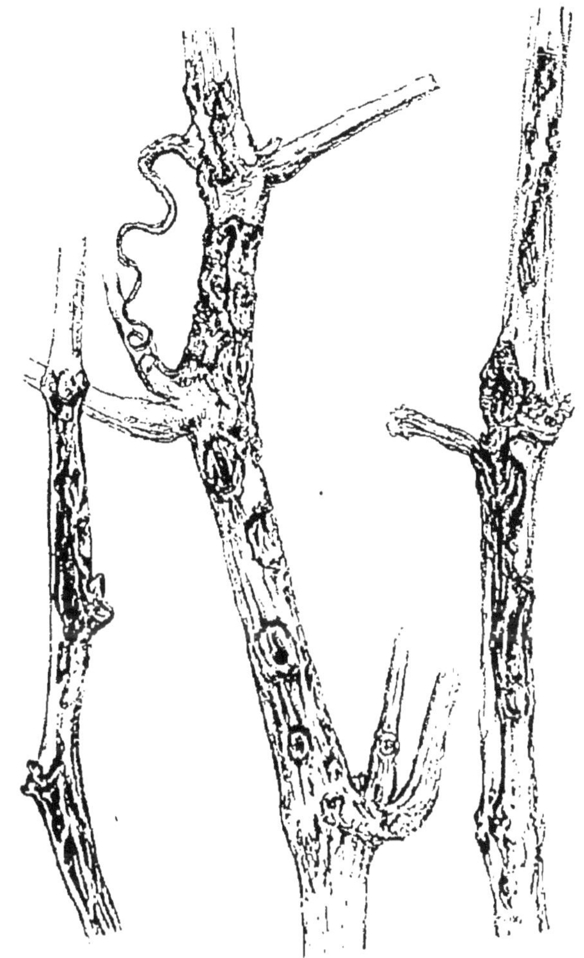

Fig. 379. — Rameaux de Vigne couverts de chancres produits
par l'Anthracnose.

çant le parenchyme vert d'un trou rond bordé d'une
auréole. Les feuilles sont parfois criblées de ces trous.
Quand les taches se forment sur les jeunes feuilles en

voie de croissance, les plaies qu'elles produisent, surtout sur les nervures, arrêtent par place le développement, tandis que la croissance se continue
sur d'autres points; il en résulte des con-
tournements et des déchirures du limbe
(fig. 380).

Sur les vrilles, sur les pédoncules des
grappes, les effets de l'Anthracnose sont
les mêmes que sur les pétioles des feuilles. Les jeunes grappes en fleur peuvent
être entièrement desséchées et brûlées,
par suite du développement de taches ron-

FIG. 380. — FEUILLE DE VIGNE ATTAQUÉE PAR L'ANTHRACNOSE.

geantes à la base du pédoncule. Plus tard de même, les lésions du pédoncule peuvent produire le dessèchement de la grappe et la chute des grains (fig. 381).

Les taches d'Anthracnose sur les grains sont circulaires comme sur les feuilles ; elles peuvent en grandissant sur leur pourtour atteindre un diamètre d'un à trois millimètres. Elles sont toujours entourées d'une auréole noire très nettement marquée, mais tout le reste de leur surface devient d'un gris fauve, quand le champignon parasite fructifie sur le fond des taches ; la couleur grisâtre est due aux spores accumulées sous la cuticule soulevée, ou se répandant à travers les déchirures de cette pellicule.

Ordinairement, on trouve plusieurs taches sur les grains ; quand elles sont fort voisines, elles se confondent en s'étendant en une grande tache irrégulière qui se creuse souvent de façon à déformer le grain et même à mettre à nu ses pépins.

Fig. 381. — Grains de raisin couverts de taches d'Anthracnose.

Les taches d'Anthracnose ont en somme pour caractère, quel que soit l'organe de consistance herbacée sur lequel elles se produisent, d'être de petits ulcères rongeant le tissu du sarment de la feuille ou du grain. Cette corrosion est due au très fin mycélium d'un champignon parasite dont on ne connaît avec certitude que la forme conidienne. De Bary avait créé pour ce parasite le genre *Sphaceloma,* mais il a été rapporté depuis avec raison par M. Saccardo au genre *Glœosporium,* qui a pour caractère de porter des conidies incolores ou faiblement colorées, souvent à surface mucilagineuse, à l'extrémité de petites basides serrées les unes contre les autres, à la surface du tissu envahi par le parasite.

Le *Glœosporium* qui produit l'Anthracnose de la Vigne est le *Glœosporium ampelophagum* Sacc.

On ne trouve les filaments de son mycélium qu'à l'intérieur des cellules; au voisinage des plaies des sarments, au-delà des tissus bruns et morts, on voit dans le bois encore vivant les parois des fibres et des cellules du parenchyme ligneux couvertes d'un véritable feutrage d'une grande ténuité.

C'est sur les taches des grains de raisin qu'il est relativement plus facile d'observer les fructifications. Les filaments du mycélium se pressent et se multiplient dans les cellules de l'épiderme du grain, de façon à y former à la surface du tissu tué du grain et au-dessous sous la cuticule qui persiste une sorte de stroma composé de très petites cellules constituant une couche fructifère à peu près incolore. Les cellules de l'assise supérieure sont les basides qui portent les spores; elles sont peu allongées et en forme de dôme ou de cône (fig. 382). Chaque baside porte à son sommet une conidie hyaline, oblongue ou ovoïde, contenant deux fines gouttelettes. Les conidies produites en quantité au-dessous de la cuticule s'y amoncellent et se répandent au dehors à travers les déchirures de cette fine membrane.

C'est, avons-nous dit, la couche fructifère chargée de spores et couverte par la cuticule qui donne au fond de la tache la couleur gris tourterelle si marquée sur les taches des grains. Celles des sarments sont, du reste, aussi le siège d'une production considérable de spores. On peut s'en assurer très aisément en frottant le fond d'une de ces plaies d'Anthracnose avec un pinceau humide; les spores s'y attachent en grand nombre. En portant la pointe du pinceau dans une goutte d'eau déposée sur une lame de verre on voit les spores se répandre dans le liquide. Elles y germent facilement (fig. 383). Elles se gonflent d'abord considérablement et parfois se cloisonnent transversalement, puis elles produisent soit un seul, soit, d'ordinaire, deux tubes de germination qui s'allongent dans le prolongement de l'axe de la spore. Ces tubes se renflent en présentant successivement des dilatations

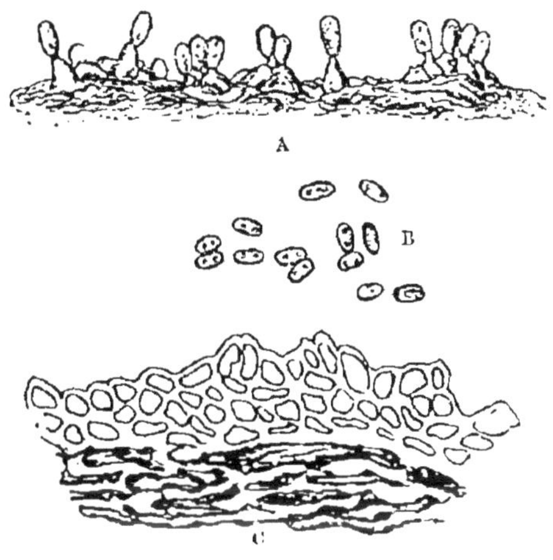

Fig. 382. — *Glœosporium ampelophagum.*

A. Conidies apparaissant au sommet de leur support à travers la cuticule déchirée. — B, Conidies isolées. — C, Coupe du stroma qui porte à sa surface les conidies.

et des rétrécissements qui les rendent toruleux; ils forment ainsi une sorte de chapelet dans lequel la spore primitive occupe la partie médiane. Ce filament primaire qui s'allonge par les deux bouts produit des ramifications qui présentent le même caractère, se renflant par des dilatations successives dès leur origine. Il peut naître de ces rameaux de la spore primitive comme de tout autre point du filament primaire.

En mettant une goutte d'eau chargée de spores sur une feuille, une jeune tige ou un grain dans un milieu humide, on fait naitre sur la place infectée une tache d'Anthracnose.

Un temps humide et pluvieux est la condition de la dissémination des spores et de leur germination; elles sont emportées dans les gouttes d'eau qui ont lavé les taches. Une température un peu chaude tout en étant

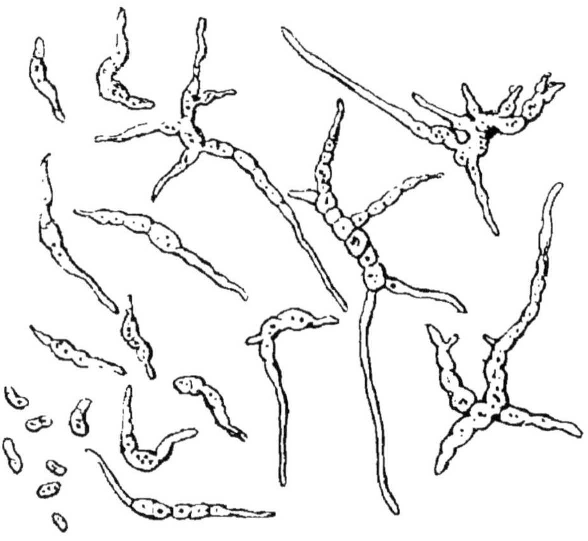

Fig. 383. — Germination des spores du *Glœosporium ampelophagum*.

humide favorise beaucoup le développement des spores et par suite de la maladie. C'est celle qui règne souvent dans le sud-ouest de la France; aussi l'Anthracnose attaque-t-elle les Vignes dans cette région avec une intensité particulière. Dans les pays chauds, à la saison où il ne pleut pas, les brouillards et les rosées du matin peuvent bien remplacer les pluies et permettre au mal de prendre une grande extension. C'est ainsi qu'en Algérie, dans certains points de la Mitidja, les Vignes sont tout spécialement exposées à souffrir de l'Anthracnose. Dans l'Est de la France, on a maintes fois constaté que des abris protégeant des treilles contre la pluie les sauvaient de cette maladie qui partout au voisinage dévastait les Vignes non abritées.

Le meilleur moyen de combattre l'Anthracnose est de tuer à la fin de l'hiver le champignon qui reste vivant dans les chancres creusés dans le bois de l'année précédente.

M. Gœthe a pensé que le parasite de l'Anthracnose après avoir pris la forme *Glœosporium* en été pouvait produire sur les bois pendant l'hiver des fructifications analogues à celles des *Phoma,* mais le fait est fort douteux.

Quoi qu'il en soit, les taches creusées dans le jeune bois doivent être considérées comme les foyers d'infection de la maladie et, en les détruisant le plus complètement possible, on diminue beaucoup les chances de réapparition du mal.

Le remède le plus ordinairement employé avec succès est une solution très concentrée de sulfate de fer que l'on rend plus corrosive encore en y ajoutant un peu d'acide sulfurique. C'est en Suisse que l'emploi du sulfate de fer pour combattre l'Anthracnose a d'abord été pratiqué par M. Schnorf. Aujourd'hui ce remède est d'un usage ordinaire dans le Bordelais et dans les points où on avait le plus à souffrir de l'Anthracnose, grâce à ce procédé, les dégâts que la maladie causait ont été beaucoup diminués.

On emploie pour le traitement une dissolution de sulfate de fer à 50 pour 100. Il est, de plus, nécessaire, pour éviter toute projection du liquide caustique, de verser l'acide sulfurique sur les cristaux de sulfate de fer avant leur dissolution dans l'eau.

On opère de la façon suivante : on prend 50 kilos de

sulfate de fer sur lequel on verse un litre d'acide sulfurique à 53°, puis on fait dissoudre dans 100 litres d'eau chaude en agitant avec un bâton.

On traite la Vigne un peu avant le bourgeonnement; on fait d'ordinaire le badigeonnage des ceps avec un pinceau ou un petit paquet de chiffons attachés à l'extrémité d'un manche; on imbibe ainsi fortement la souche, les bras, les coursons et les longs bois sans chercher à respecter les yeux. Le traitement ne cause aucun dommage : le bourgeonnement peut être un peu retardé, mais les pousses n'en sont pas moins vigoureuses.

Les pulvérisateurs peuvent être employés avec grand avantage pour traiter l'Anthracnose, ils permettent de faire un travail plus rapide qu'avec le pinceau. Mais il convient de choisir de préférence des instruments à réservoir en verre; car le liquide très corrosif dont on doit faire usage attaquerait trop rapidement les réservoirs métalliques.

Quand l'Anthracnose se développe pendant le cours de la végétation on peut la combattre par le soufrage; mais ce traitement ne produit de bons effets que quand il est fait au commencement de l'invasion. On mélange souvent au soufre du sulfate de fer en poudre ou de la chaux. Cette opération entrave la germination des spores; elle doit être répétée plusieurs fois et sert, du reste, pour protéger la Vigne à la fois contre l'Anthracnose et contre l'Oïdium.

Glœosporium Ribis (Lib.) Mntgn. et Desm.
Maladie des feuilles du Groseillier.

Les Groseilliers sont souvent attaqués par un *Glœosporium* qui les affaiblit et les épuise en les dépouillant

de leur feuillage dès le milieu de l’été. On voit d’abord
sur la face supérieure des feuilles vertes des points d’un
brun rougeâtre qui souvent s’étendent en produisant
une tache desséchée, de couleur fauve, entourée d’un
cercle brun ; ou bien une grande partie de la feuille meurt
et se dessèche et les feuilles ainsi attaquées se détachent
et tombent, en laissant le Groseillier à peu près complètement dépouillé de feuillage en plein été.

Sur la face supérieure des feuilles attaquées, on voit une
quantité de petites taches brunes, produites par les fructi-

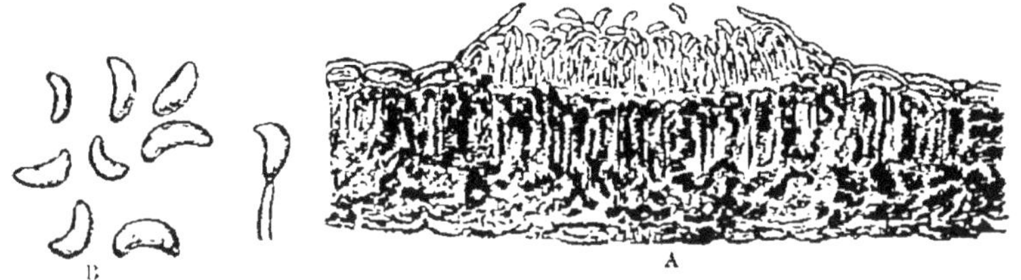

Fig. 384. — *Glœosporium Ribis.*

A. Touffe de conidiophores entourée et couverte sur ses bords par l’épiderme. — B, Conidies fortement grossies.

fications du *Glœosporium Ribis* recouvertes par l’épiderme coloré en brun foncé (fig. 384). Cet épiderme se
déchire pour laisser sortir les amas de spores, qui se sont
formées à l’extrémité de basides cylindriques, pressées
les uns contre les autres, en une couche fructifère sous-
épidermique. Les conidies sont incolores, pointues par
les deux bouts et recourbées en forme de croissant. Elles
ont 10 µ de long sur 5 à 6 µ de large. L’épiderme bruni
forme en se déchirant une sorte d’enveloppe qui entoure le petit espace couvert de basides et de spores
amoncelées. La maladie attaque les Cassis (*Ribes ni-
grum*) aussi bien que les Groseilliers (*R. rubrum*. Elle
est fort répandue dans les jardins.

Glœosporium nervisequum (Fuck.) Sacc.
Maladie des feuilles du Platane.

Syn. : *Hymenula Platani* Lév. — *Fusarium nervisequum* Fuck.

C'est un autre *Glœosporium* qui fait tomber en quantité les feuilles de Platane à demi desséchées dès le com-

Fig. 385. — Feuille de Platane attaquée par le *Glœosporium nervisequum*.

mencement de l'été. Les feuilles jeunes, peu après leur
complet développement, vers le milieu de mai se cou-

vrent de grandes taches desséchées irrégulières qui souvent occupent tout un lobe; le dessèchement s'étend le long des nervures, gagne le pétiole et la feuille se détache. Ce sont les nervures qui sont le siège du mal; elles portent sur leur face inférieure de petites pustules brunes ou noires, de forme ronde ou allongée (fig. 385). Ces pustules sont produites par un stroma couvert

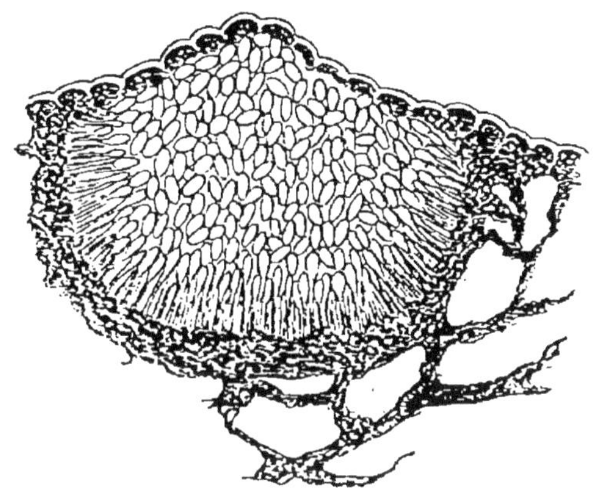

Fig. 386. — *Glœosporium nervisequum.*
Fructification formée sous l'épiderme qui recouvre les conidies amassées au-dessus de la couche de conidiophores.

de basides et de spores qui s'est organisé dans les parties superficielles du tissu de la nervure et dans l'épiderme, dont il ne reste plus que la partie extérieure recouvrant les amas de spores (fig. 386). A la maturité, cette membrane se déchire par une fente longitudinale et les spores s'échappent au dehors sous forme de masses irrégulières allongées, en restant agglutinées les unes aux autres, à cause de la nature gélatineuse de leur couche externe. Ces spores sont oblongues-ovales ou piriformes. Leur taille est de 12-15 μ de long sur 5-6 μ de large. Elles germent en quelques heures dans l'eau en produisant un tube de germination, qui se ramifie et se cloisonne. Les essais d'infection artificielle des feuilles de Platanes qui ont été tentés n'ont pas réussi.

En Amérique, le *Glœosporium nervisequum* attaque le Sycomore ; parfois il se développe de fort bonne heure sur les feuilles, dès l'épanouissement des bourgeons et aussi sur les pousses non lignifiées un peu au-dessous de leur extrémité. Dans ce cas, les feuilles situées au-dessus du point envahi meurent, mais sans être envahies elles-mêmes par le parasite.

Cette maladie des feuilles des Platanes est très répandue en France. Les arbres des promenades en sont très souvent atteints.

Colletotrichum Lindemuthianum (Sacc. et Magnus) Br. et C.
Anthracnose du Haricot.

Syn. : *Glœosporium Lindemuthianum* Sacc. et Magnus.

Les Haricots sont fréquemment attaqués par une maladie analogue à l'Anthracnose de la Vigne et qui est caractérisée de même par des taches rongeantes, qui couvrent les feuilles et les percent, attaquent aussi les tiges et surtout les fruits encore verts, qu'elles corrodent profondément, pénétrant jusqu'à leur intérieur et atteignant les graines.

Cette maladie, dont les caractères sont tout à fait semblables à ceux que produit l'*Ascochyta Pisi* (v. plus haut), est causée par un champignon parasite très voisin des *Glœosporium*, mais se rapportant au genre *Colletotrichum*, caractérisé par la présence de longs poils noirs et raides, qui naissent entremêlés aux basides conidiophores et sont localisés, ou tout au moins plus abondants, sur le pourtour d'une fructifi- cation conidienne.

Sur les fruits encore verts du Haricot, les taches de cette sorte d'Anthracnose sont d'un brun grisâtre, dé- primées, arrondies, d'envi- ron 4 à 6 millimètres de diamètre le plus souvent ; elles sont cernées par une fine ligne noire et entou- rées d'un petit bourrelet sail- lant d'un brun rougeâtre. Elles sont ordinairement rondes, mais quand elles se forment près les unes des autres, deux taches conti- guës peuvent dans leur crois- sance se confondre en une grande, dont le diamètre le plus long atteint et dépasse même parfois un centimètre (fig. 387).

Ces taches brunâtres et desséchées sont dès leur ap- parition déprimées au-des- sous de la surface du tissu sain qui les entoure ; elles s'enfoncent de plus en plus à mesure que le brunisse- ment, la mort et le dessèche- ment du tissu gagnent les parties profondes de la paroi

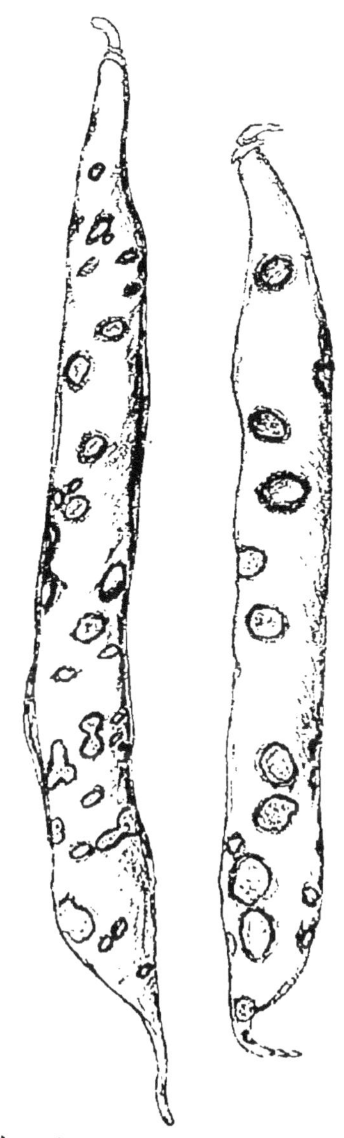

Fig. 387. — Deux fruits de Haricot couverts de taches produites par le *Colletotrichum Lindemuthia- num*.

du fruit Elles peuvent s'étendre jusqu'à l'endocarpe et même atteindre les graines dans les points qui touchent à la paroi de la cavité de la gousse. A leur surface, on voit à un faible grossissement un grand nombre de pustules formées par la cuticule soulevée ou crevée qui recouvre des amas de conidies (fig. 388).

A l'endroit où se produit la tache, on trouve les tissus envahis par les filaments cloisonnés et sinueux d'un mycélium incolore ou brunâtre, qui traversent les parois des cellules et passent de l'une à l'autre. Ils pénètrent dans les cellules encore vivantes et incolores qui bientôt brunissent et meurent.

Fig. 388. — Partie plus grossie d'une tache produite par le *Colletotrichum Lindemuthianum* montrant les pustules dont elle est couverte.

Ce mycélium, remplissant les cellules épidermiques de la tache, s'y multiplie de façon à produire sur beaucoup de points des petits stromas en forme de coussinets arrondis, dont la surface est formée d'une couche de basides conidiophores pressées les unes contre les autres. Ils sont recouverts seulement par la cuticule soulevée en forme de pustule, qui bientôt se fend et laisse apparaître au dehors le petit coussinet couvert d'un amas de spores (fig. 389).

On voit sur une coupe que les basides sont cylindriques,

obtuses au sommet et serrées les unes contre les autres ;
elles portent à leur sommet des conidies incolores,
oblongues-cylindriques et arrondies aux deux extrémités. Au pourtour du coussinet se trouvent quelques grands poils noirâtres, septés, qui caractérisent le

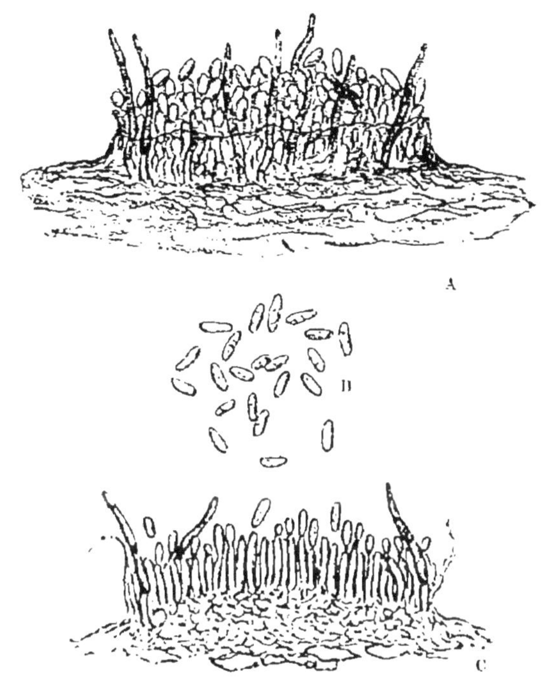

Fig. 389. — *Colletotrichum Lindemuthianum.*
A. Une pustule vue extérieurement. — B, Spores isolées. — C. Coupe d'une pustule.

genre *Colletotrichum.* Ces poils en se développant aident
sans doute à la déchirure de la cuticule. Ils sont peu
nombreux ; on en compte d'ordinaire seulement une
douzaine environ, parfois, même, ils manquent complètement. Chaque tache d'Anthracnose porte un grand nombre de petites pustules formées chacune par un coussinet
couvert de spores et entouré par la cuticule fendue. Sur

les taches âgées, les pustules sont si nombreuses qu'elles se confondent; la surface des taches est alors presque entièrement couverte d'amas de spores qui, au contact d'une goutte d'eau, se détachent et s'y éparpillent aussitôt.

Les spores du *Colletotrichum* germent facilement dans l'eau en émettant un tube de germination; si la germination a lieu à la surface d'une feuille ou d'un fruit de Haricot, ce tube reste très court, s'élargit par son extrémité pour s'appliquer sur la surface de l'épiderme et envoie à travers la cuticule un fin prolongement qui perce la cellule épidermique et s'allonge en filament de mycélium dans les tissus voisins.

Des infections de Haricots sains par les conidies du *Colletotrichum* ont été opérées avec succès par M. Frank (1). Là où il avait déposé une goutte d'eau portant en suspension les spores, on voyait, au bout de 24 heures déjà, l'épiderme brunir; les jours suivants, la tache brune se prononçait de plus en plus, en pénétrant dans le tissu du fruit, et bientôt elle se couvrait des fructifications du *Colletotrichum*.

L'Anthracnose du Haricot est répandue non seulement dans toute la France, mais en Italie, en Allemagne et en Angleterre, et elle a été constatée aussi en Amérique dans beaucoup d'États (2).

C'est surtout en attaquant les fruits du Haricot que la maladie cause d'importants dommages. Les gousses corrodées par les taches restent vides ou ne portent que quelques graines souvent tachées elles-mêmes de brun par le parasite; la plupart des Haricots ont été arrêtés dans leur développement et ont avorté.

Une température humide paraît favoriser la crois-

---

(1) *Berichte der deutschen botanischen Gesellschaft*, t. 1, p. 33 (1883).
(2) *U. S. Annual report of the department of agriculture for the year 1887. Report of the chief of the section of vegetable Pathology. Scribner.*

sance du parasite et la dissémination de ses spores et, par
suite, l'extension du mal.

Colletotrichum oligochætum Cav.
Nuile du Melon.

Dans les environs de Rambouillet certaines cultures
de Melon furent attaquées il y a quelques années par un
parasite qui n'avait pas encore été signalé en France sur
cette plante, le *Colletotrichum oligochaetum* Cavara (1).

Cette espèce a été signalée par le Dr Cavara (2) sur les
jeunes feuilles et les tiges de la Courge. Depuis, il l'a
observée sur les cotylédons, les feuilles, les rameaux et
les fruits de diverses Cucurbitacées cultivées dans les jardins de Pavie (3).

Lorsque les plantes sont attaquées très jeunes, elles
sont rapidement détruites. Adultes, elles résistent plus
longtemps; mais pour les Melons particulièrement, la
plus grande partie des fruits sont envahis et ne parviennent pas à mûrir; ils sont entièrement désorganisés bien
avant le moment de la récolte.

Extérieurement les plantes malades présentent des taches d'apparence et de forme variées, suivant les portions
de la plante où elles se montrent. Sur les tiges elles sont
allongées, jaunâtres, mal délimitées; de même sur les
feuilles, où leur couleur est plus accentuée. Les fruits
sont atteints d'une façon plus intense, les taches s'étendent surtout en profondeur, constituant un amas blanc
jaunâtre, où tous les tissus sont entièrement décompo-

(1) Prillieux et Delacroix. *Colletotrichum oligochaetum*, parasite sur les
Melons. Bull. de la soc. Mycol., t. X, p. 162.

(2) Cavara, *Matériaux de mycologie lombarde*. Revue mycol., 1889.
p. 191.

(3) Cavara, *Contribuzione alla micologia lombarda*. Ann. del Istit. botan.
de l'Università di Pavia. 11e série. vol. 2, p. 270.

sés. L'action des bactéries qui pullulent dans tous les tissus végétaux en décomposition produit la rapide destruction des fruits attaqués par le champignon parasite.

Sur les taches où le tissu est tué par le *Colletotrichum* apparaissent des fructifications constituées par de petites

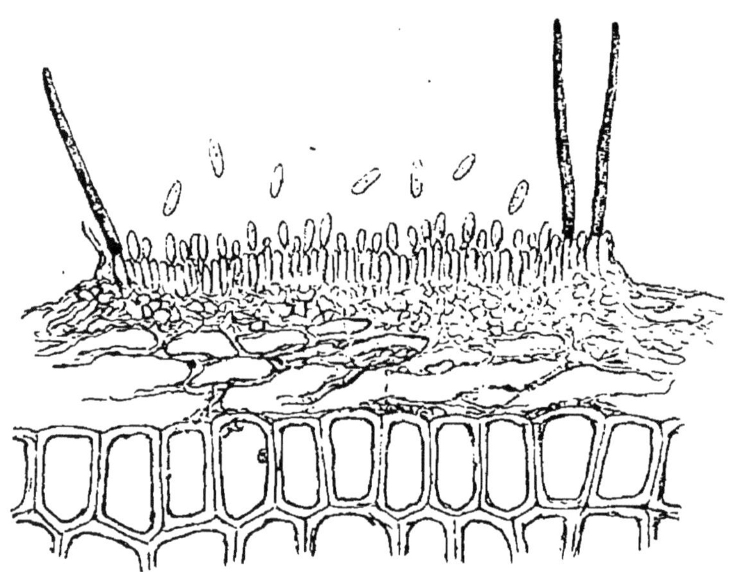

Fig. 390. — Coupe d'une pustule de *Colletotrichum oligochaetum* sur une tige de Melon.

masses d'un rose carné, qui ne dépassent pas $^1/_3$ ou $^1/_4$ de millimètre de diamètre.

Extérieurement la lésion produite par ce parasite présente une très grande ressemblance avec celles qui sont dues au *Scolecotrichum melophthorum* ou au *Glœosporium lagenarium*, et, dans la pratique on a dû confondre sous le nom de Nuile la maladie qu'ils déterminent.

Les fructifications du champignon parasite qui causent cette maladie se forment sur des coussinets plus ou moins convexes de stroma recouverts d'une couche serrée de basides cylindriques, qui ont de 10 à 12

μ. de longueur. Elles portent à leur extrémité des conidies hyalines, ovales ou cylindriques, obtuses aux extrémités. Les poils caractéristiques du genre *Colletotrichum* qui naissent entre les basides sur le bord du
coussinet sont raides, d'un noir olive et ont une ou deux
cloisons dans leur partie inférieure. Ils sont peu nombreux. M. Saccardo indique dans sa description 1 à 3
seulement de ces poils pour chaque coussinet; ce nombre varie dans des limites plus larges, on en trouve souvent 4 ou 5 et même plus.

Les conidies accumulées sur les coussinets qui couvrent ou entourent la cuticule crevée, apparaissent à
l'œil nu comme de petites pustules d'un rose carné clair
(fig. 390).

Des essais de traitement à la fleur de soufre et à la
bouillie bordelaise n'ont pas donné de résultats nettement favorables, mais on n'en peut rien conclure, car ils
avaient été faits trop tardivement. Ils ne peuvent être
efficaces qu'en étant préventifs.

Marsonia Juglandis (Lib.) Sacc.
Taches des feuilles et des fruits du Noyer.

Les *Marsonia* sont des champignons parasites fort
analogues aux *Glœosporium*, mais dont les spores, au
lieu d'être simples, sont divisées par une cloison transversale.

Ils forment dans les tissus vivants, principalement
sur les feuilles au-dessous de l'épiderme, des coussinets
de stroma globuleux ou cupuliformes qui restent longtemps couverts par la cuticule, et portent à leur surface
des conidies incolores, globuleuses ou oblongues et
uniseptées.

Le *Marsonia Juglandis* est parasite des feuilles, des
jeunes rameaux et des fruits du Noyer. Il forme à la face
inférieure des feuilles des taches arrondies ou irrégulières, d'un gris roux (fig. 391), sur lesquelles se produisent des petits coussinets bruns, aplatis, que l'épiderme re-

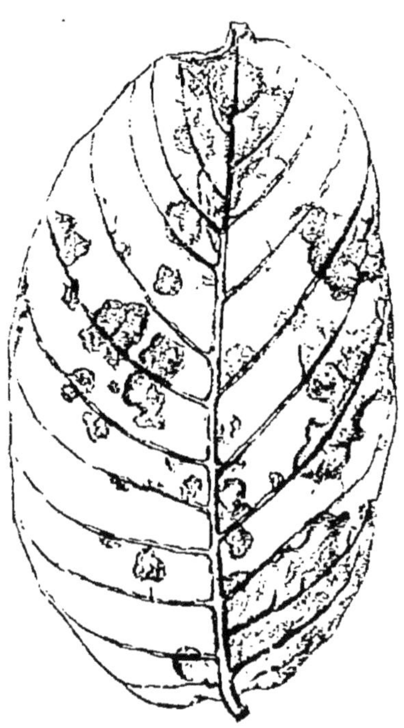

Fig. 391. — Feuille de Noyer attaquée par le *Marsonia Juglandis*.

couvre et qui produisent à leur surface une grande quantité de conidies incolores, courbées en croissant et terminées par une sorte de bec pointu (fig. 392). D'abord
continues, elles se divisent, quand elles sont complètement mûres, par une cloison transversale.

Les spores produites sur un coussinet restent amassées sous la cuticule, formant ainsi une sorte de petite
pustule qui se fend pour les laisser se répandre au de-

hors. Ces spores ont 20 à 25 μ de long sur 5 μ de large.

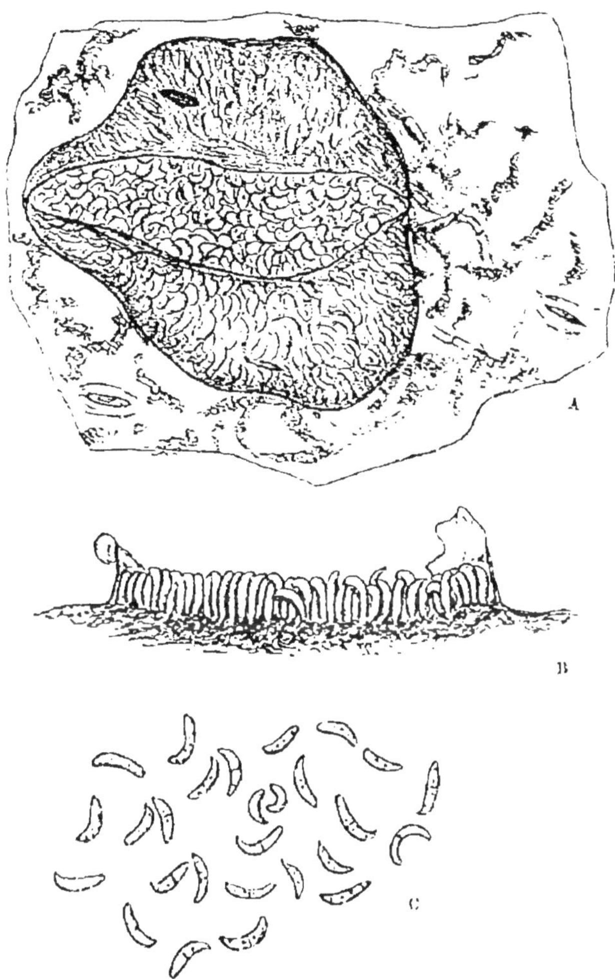

FIG. 392. — *Marsonia Juglandis.*

A, Pustule couverte par la cuticule fendue de la feuille. — B, Coupe passant à travers une pustule. — C, Spores isolées.

Des taches, semblables à celles des feuilles, se produisent aussi sur les fruits : quand elles s'y forment de bonne heure, elles nuisent fort à leur développement, les déforment et les empêchent de grossir. Le *Marsonia* du Noyer peut ainsi causer directement une notable diminution de la récolte des noix. Il trouble en outre notablement la végétation des arbres. Les feuilles couvertes de taches sont languissantes, brunissent et tombent prématurément. A l'automne, les Noyers qui ont été attaqués par le *Marsonia* se montrent de très bonne heure entièrement dépouillés de leur feuillage.

Septoglœum Hartigianum Sacc.
Maladie des jeunes pousses de l'Érable.

Les *Septoglœum* sont des *Glœosporium* à conidies pluriseptées.

Le *Septoglœum Hartigianum* est un parasite de l'Érable champêtre signalé par M. R. Hartig (1) comme cause du dessèchement et de la mort des pousses de première année.

Quand l'arbre verdit au printemps, on voit, dans la partie moyenne ou inférieure de sa tête, des rameaux qui restent absolument sans feuilles, ou dont les bourgeons de la base se développent seuls.

La maladie et la mort n'atteignent presque jamais que les jeunes pousses; il est rare que des rameaux de deux ans soient infectés et tués par le parasite.

L'infection se produit dans le mois de mai ou au commencement de juin, quand les nouvelles pousses sont tendres et non encore recouvertes par une couche de liège.

Sur les pousses infectées l'année précédente, et dans

---

(1) Hartig, Septoglœum Hartigianum Sacc. *Ein neuer Parasit des Feld-ahornes. Forstlich-Naturw. Zeitschrift.* 1892. Heft 8.

lesquelles s'est développé un robuste mycélium qui a envahi non seulement l'écorce, mais même les rayons médullaires et les vaisseaux du bois, il se forme au prin-

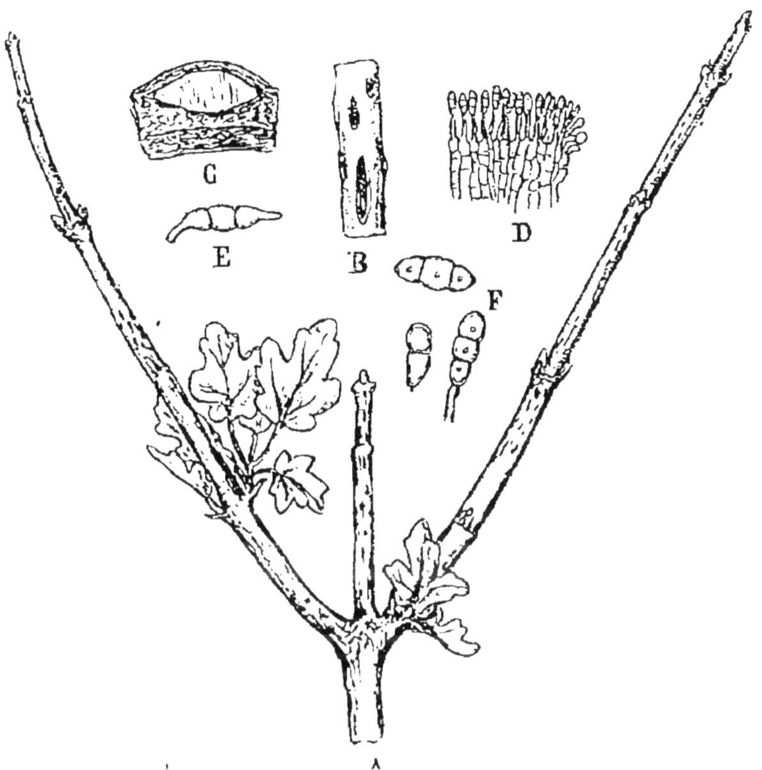

FIG. 393. — *Septoglœum Hartigianum.*

A, Branche d'Érable attaquée par le *Septoglœum.* — B, Pustules fructifères se montrant sur la tige (faiblement grossies). — C, Stroma à la surface desquels s'organisent les spores dans l'écorce. — D, Coupe plus grossie du stroma fructifère. — E, F, Spores.

temps, au-dessous de la couche de périderme, des amas de stroma en forme de coussinets larges de 3 à 6 dixièmes de millimètre, longs de 1 à 4 millimètres (fig. 393). Au mois de mai, le périderme se fend au-dessus de ces longs coussinets. La surface du stroma produit alors des filaments dressés, un peu élargis à la base, longs de 3o à 35 μ, au sommet desquels se forment des conidies oblongues, d'un brun clair, le plus souvent biseptées, quelquefois uniseptées ou même entières, un peu rétrécies au niveau des cloisons. Elles mesurent de 26 à 36 μ de long sur 10 à 12 μ de large.

Elles germent dans l'eau en quelques heures, en émettant un tube de germination à chaque extrémité.

Portées par la pluie ou le vent sur les jeunes pousses, elles en produisent rapidement l'infection; leurs tubes de germination forment dans l'écorce un mycélium qui se développe en envahissant les tissus du rameau, sur une longueur de 5 à 10 centimètres, sans en causer immédiatement la mort.

A l'automne, au moment de la chute des feuilles, la maladie des rameaux attaqués ne se manifeste encore par aucun signe extérieur.

Au printemps, les bourgeons des pousses malades se gonflent, mais il se dessèchent bientôt, et c'est alors que les fructifications du parasite se forment dans l'écorce envahie déjà depuis un an.

On ne connaît que cette forme conidienne du parasite.

PESTALOZZIA

Les *Pestalozzia* sont des petits champignons saprophytes ou parasites qui attaquent les tiges ou les feuilles, y forment de petits coussinets de stroma au-dessous du tégument, périderme ou épiderme, de l'organe attaqué; ils le rompent et se couvrent de petites spores de forme très caractérisée. Elles sont divisées par 3 cloisons transversales en 4 compartiments, dont les deux terminaux restent incolores, tandis que les médians sont colorés en brun.

En outre, le sommet de la spore porte un ou plusieurs cils à peu près comme les pycnospores des *Dilophospora*.

Pestalozzia Hartigii von Tubeuf.

Maladie du collet des plants d'Épicéa et de Sapin.

On a observé dans les pépinières, dans différents points de l'Allemagne, une maladie des plants d'Épicéa et de Sapin qui, signalée d'abord par Hartig, a été particulièrement étudiée par M. von Tubeuf et rapportée par lui au parasitisme d'un champignon du genre *Pestalozzia*.

En été, on voit un nombre plus ou moins grand des jeunes plants pâlir, puis mourir, tout en ayant donné une pousse de l'année vigoureuse. Quand on les arrache, on voit qu'immédiatement au-dessus du niveau du sol leur écorce est desséchée. Sur des plantes fraîches et encore vivantes, on trouve l'écorce brunie tout autour de la tige jusqu'au corps ligneux et desséchée sur une longueur de 2 à 4 centimètres, tout en paraissant extérieurement intacte. Au-dessus de ce point la tige est renflée; elle a continué de vivre et de grossir pendant quelque temps; mais quand le corps ligneux est mort et desséché, à la place où l'écorce a été tout d'abord tuée, la plante entière ne tarde pas à mourir.

Dans l'écorce, au point où la tige se rétrécit, on trouve dans le tissu nécrosé, le mycélium d'un *Pestalozzia* qui fructifie à la surface, en produisant tantôt des sortes de pycnides largement ouvertes, tantôt un coussinet de stroma à bords seulement un peu relevés en forme d'assiette. La face supérieure de ces cupules plus ou moins

(1) R. Hartig, *Allgem. Forst-und Jagdzeitung*, 1883, p. 406.

profondes porte, à l'extrémité (fig. 394) de pédicelles filiformes, de taille très variable, mais souvent fort longs, des conidies oblongues ou ovoïdes, septées, le plus souvent divisées en 4 loges, dont les deux du milieu, plus grandes, sont brunes et les deux terminales incolores. Celle du sommet porte à son extrémité une sorte de cil qui, le plus souvent, se ramifie à sa base, de telle façon que la spore porte ordinairement 2 ou 3 cils terminaux, plus rarement 4, ou même 5. Ces spores ont, d'après M. von Tubeuf, 18 à 20 μ de long sur 6 μ. de large. Il considère ce *Pestalozzia* comme différent du *Pestalozzia truncata* de Léveillé, dont il est au moins fort voisin, mais qui paraît n'être que saprophyte et

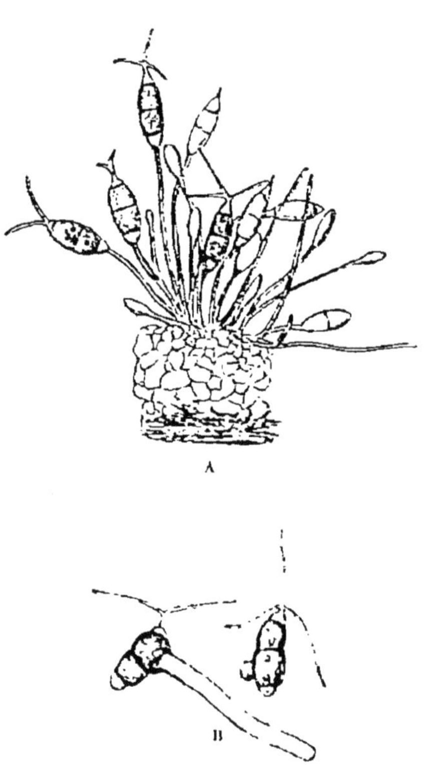

Fig. 394. — *Pestalozzia Hartigii.*
A, Touffe de conidies. — B, Conidies germant. (D'après M. von Tubeuf.)

il l'a nommé *Pestalozzia Hartigii.*

On a constaté des altérations fort semblables de l'axe au niveau du sol sur de jeunes plants d'arbres feuillus

---

(1) Von Tubeuf. *Beitraege zur Kenntniss der Baumkrankheiten*, 1888, p. 40, tab. V.

tels que Hêtre, Frêne, Érable; il serait intéressant de
rechercher s'ils sont produits aussi par un champignon
parasite.

Du reste, il ne serait pas inutile de prouver encore directement par des infections artificielles que le *Pestalozzia* est bien la cause véritable de la nécrose de l'é-
corce de la tige des jeunes plants d'Épicéa et de Sapin
au niveau du sol, nécrose qui avait d'abord été attribuée
avec doute par Hartig à la production d'une couche
de verglas.

Coryneum Beyerinckii Oud.

Taches des arbres à noyau (1).

Syn. : — État ascophore. *Asterula Beyerinckii* Sacc. — *Ascospora
Beyerinckii* Vuill.

On voit très fréquemment, au printemps, les jeunes
pousses et les jeunes feuilles des Pêchers et des Cerisiers se couvrir de taches où le tissu se dessèche et autour desquelles le parenchyme vert est coloré en rouge
(fig. 395). C'est par la coloration en rose ou en rouge que
tout d'abord l'invasion du parasite se manifeste. Il se
forme sur les feuilles, sur les jeunes scions, de petites
taches rouges; elles s'étendent un peu plus, et bientôt
leur tissu, tué par le parasite, se dessèche et brunit.

L'infection se fait de fort bonne heure au printemps,
au moment où les bourgeons commencent à s'épanouir.
Les petites feuilles ne sont alors exposées au dehors que
par leur face dorsale, c'est sur elle seule que les spores

du parasite peuvent tomber et germer. C'est, en effet, sur la face inférieure des feuilles qu'apparaissent les petites taches rouges, et assez souvent on peut voir sur l'épiderme inférieur, au centre d'une tache, la spore de *Coryneum* qui l'a produite, implantée par son tube de germination.

A partir du mois de juin, on voit apparaître à la face supérieure d'un certain nombre des taches, de petits points noirâtres qui sont des touffes de conidies du *Coryneum Beyerinckii* (fig. 396).

Fig. 395. — Jeune pousse de pêcher attaquée par le *Coryneum Beyerinckii*.

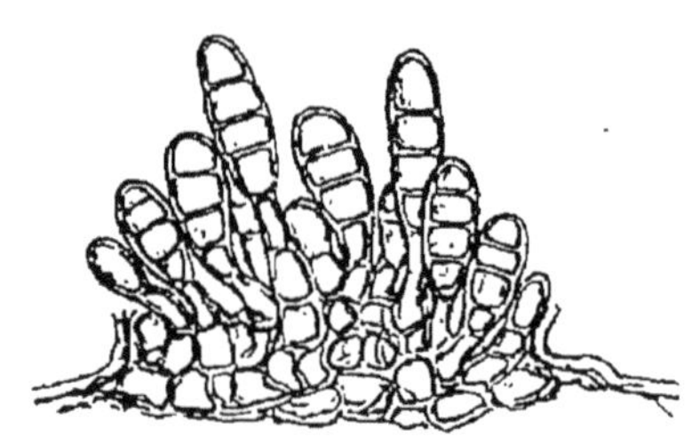

Fig. 396. — Touffes de conidies de *Coryneum Beyerinckii*.

Le mycélium qui a tué le tissu des taches forme sous la cuticule de petits amas de stroma d'où partent de fins conidiophores terminés chacun par une spore d'un brun clair. Ces conidies sont ovoïdes et divisées par des cloisons, dont le nombre varie de 1 à 6. Le plus souvent, elles sont triseptées. Elles ont en moyenne environ 36 μ de long sur 15 μ de large.

Ce *Coryneum Beyerinckii* a été considéré comme la principale cause de production de la *gomme* des arbres à noyaux. Il est certain que bien fréquemment sur les jeunes pousses de pêcher, les parties nécrosées au-dessous des taches dues à la pénétration des hyphes du *Coryneum* sont imprégnés de gomme, mais la transformation des tissus en gomme a souvent aussi une autre origine.

Les taches desséchées des feuilles sont très nettement limitées; leur tissu se sépare du parenchyme vert, et il se forme à leur pourtour une fente circulaire. Quelquefois les petits cercles de feuille morte restent fixés par un point au parenchyme vert, mais, le plus souvent, ils s'en détachent entièrement, tombent, et le limbe paraît criblé de trous qui semblent faits à l'emporte-pièce.

Les taches sur les pétioles et sur les jeunes rameaux ne sont pas rondes comme sur le limbe, mais allongées; elles ne se détachent pas; sur les cerises, aux points correspondant aux taches, la chair se dessèche jusqu'au noyau.

A l'arrière-saison, vers le milieu d'octobre, on voit apparaître sur les taches desséchées des pycnides, que l'on a considérées comme d'autres formes de fructification du parasite qui a produit les conidies de *Coryneum Beyerinckii*. Sous la forme à pycnides, M. Vuillemin le nomme *Phyllosticta Beyerinckii*. Il ne paraît pas différer du *Phyllosticta Persicae* de Saccardo.

Après l'hiver, M. Vuillemin a vu apparaître sur les disques noirs formés par les taches de *Coryneum*, à la surface des cerises qui étaient restées desséchées sur les arbres depuis l'année précédente, des périthèces qui commençaient à mûrir à la fin d'avril. Ils étaient assez rares au milieu des pycnides. Il les a décrits sous le nom d'*Ascospora Beyerinckii* (1).

Ils sont noirs, sphériques, déprimés, à orifice très petit ou nul, sans papille. Très inégaux de taille, ils mesurent

(1) Vuillemin, *l'Ascospora Beyerinckii. Journal de botanique,* vol. II, p. 255, 1ᵉʳ août 1888.

en moyenne de 100 à 130 µ de diamètre. M. Vuillemin a rapporté ce petit champignon, qu'il considère comme la forme parfaite du *Coryneum Beyerinckii*, aux Sphériacées. M. Saccardo, en raison de l'absence de pore nettement marqué au périthèce, l'a rapporté aux Périsporiacées sous le nom d'*Asterula Beyerinckii*.

De nouvelles études et des essais de culture et d'infection seraient nécessaires pour établir avec une entière certitude si ces périthèces et les pycnides de *Phyllosticta* appartiennent bien au même champignon que les conidies de *Coryneum*, et si leurs spores peuvent produire également, et les taches rondes et desséchées qui criblent les feuilles de divers arbres fruitiers à noyaux et en tombant les laissent percées de trous, et les taches allongées et gommeuses si fréquentes au printemps sur les jeunes pousses de Pêcher.

FUSICLADIUM.

Le genre *Fusicladium* a été créé par Bonorden pour désigner des champignons parasites ayant des conidiophores dressés d'un noir verdâtre, assez courts, et peu septés, qui portent des conidies ovoïdes ou fusiformes, longtemps unicellulaires, mais se divisant souvent tardivement par une cloison transversale.

Deux espèces causent des dommages importants dans les vergers : l'une attaque les poires, l'autre les pommes.

Fusicladium pirinum (Lib.) Fuck.
Tavelures et crevasses des Poires.

Syn. : *Helminthosporium pirinum* Lib.

On voit fréquemment dans les jardins fruitiers certaines poires se couvrir de taches noires, se déformer en gros-

sissant et même se crevasser par places. Les fentes s'é-
tendent parfois très profondément et se croisent dans
différentes directions. Quand le mal prend une telle
extension, la récolte est complètement perdue; mais
même quand les poires, sans être fendues, sont seulement marquées de noir et déformées, elles ont perdu
déjà à peu près toute leur valeur, et, d'ordinaire, on se
décide bientôt à arracher les arbres dont les fruits sont
sujets à cette altération bien connue des jardiniers des
environs de Paris, qui désignent sous le nom de *tave-*
lures les taches noires qui précèdent les crevasses et
qui sont le caractère le plus ordinaire de la maladie. Les
poires marquées de *tavelures* sont dites « *poires tave-*
lées » (1).

Certaines variétés sont particulièrement exposées aux
tavelures. Le Doyenné d'hiver, en particulier, en souffre si généralement et si fortement dans certains jardins,
qu'on renonce à l'y cultiver pour cette seule raison.

Vers le moment de la maturité, les poires tavelées sont,
sinon toujours crevassées, du moins marquées de larges
taches d'un noir brun, sèches et lisses. Dans ces places,
la peau de la poire est morte et desséchée, les cellules
qui la constituent sont remplies d'une matière amorphe
d'un brun foncé.

Si l'on observe les fruits plus tôt, au moment où s'y
manifestent les premiers symptômes du mal, on y voit
encore des taches noirâtres, mais elles offrent un aspect
différent; elles sont plus petites, nombreuses, arrondies
et isolées, ou bien elles se réunissent plusieurs ensemble et forment alors à la surface du fruit des dessins sinueux qui ressemblent à des arborisations. En outre, au

(1) Prillieux, Comptes-rendus de l'Acad. des Sc., 12 nov. 1877; *Ann. de*
l'Inst. Nat. Agron., II, 1877-1878.

lieu d'être lisses, elles ont un aspect un peu velouté et semblent couvertes d'une poudre d'un brun olivâtre foncé (fig. 397).

Les tavelures ne se produisent pas seulement sur les fruits : on trouve aussi sur les feuilles de très nombreuses taches noires, où le tissu est tué et désorganisé à l'arrière-saison et qui plus tôt, sont pulvérulentes et d'un noir olivâtre. Elles sont ordinairement petites, arrondies et nom-

FIG. 397. — POIRE TAVELÉE ET CREVASSÉE PAR LE *Fusicladium pirinum*.

FIG. 398. — TACHES PRODUITES SUR UNE FEUILLE DE POIRIER PAR LE *Fusicladium pirinum*.

breuses; il n'est pas rare d'en trouver de vingt à trente sur une feuille (fig. 398).

On peut voir aussi des tavelures sur les jeunes scions

qui, à l'arrière-saison quand les feuilles sont tombées, portent encore des taches d'un noir brun, et offrent une surface inégale et rugueuse. Aux places tavelées, l'écorce est un peu renflée et fait légèrement saillie, tout en se gerçant et se crevassant plus ou moins profondément.

Quand on examine à l'aide du microscope les tavelures, soit sur les feuilles, soit sur les fruits ou les scions, à l'époque où elles paraissent pulvérulentes, on reconnaît qu'elles sont couvertes de conidiophores d'un noir olivâtre, dressés, fort rapprochés les uns des autres. Ils appartiennent à un champignon dont le mycélium s'étend dans les tissus des organes tavelés (fig. 399). Du sommet de ces conidiophores se détachent de nombreuses spores. De là, l'apparence à la fois veloutée et poudreuse des taches.

Plus tard, quand la tavelure est d'un noir brun,

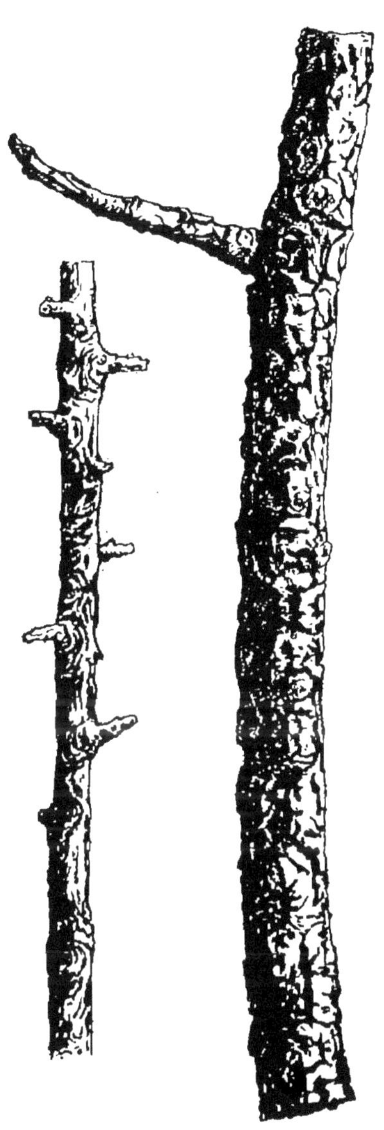

Fig. 399. — Deux rameaux couverts de crevasses sinueuses produites par le *Fusicladium pirinum.*

le champignon parasite a en grande partie disparu, de la surface du moins; mais à la place où il avait formé une tache veloutée, les tissus de l'organe sont morts et les cellules remplies de matière brune.

Cette forme conidienne, décrite par Mlle Libert sous le nom d'*Helminthosporium pirinum,* a été placée par Fuckel dans le genre *Fusicladium.*

Quand les tissus tués par le *Fusicladium* recouvrent des parties non seulement vivantes, mais en voie de croissance, l'organe est gêné dans son développement et se déforme. Cela se voit de la façon la plus nette sur les poires tavelées. Dans les places marquées de noir, la peau ne peut suivre la croissance du fruit, elle l'entrave en ces points, tandis que là où rien ne le gêne, le fruit se gonfle et grossit librement. Par suite, les poires se contournent et prennent de bonne heure des formes tout à fait iné-gales.

Quand les tavelures sont nombreuses et surtout éten-dues, il arrive souvent que la peau ne peut, sur un large espace, contenir longtemps l'expansion du tissu qu'elle recouvre; à force d'être tendue, elle finit par craquer et se déchirer. Il se produit alors des fentes, des crevasses qui peuvent s'étendre et pénétrer plus ou moins profondé-ment à l'intérieur du fruit, ou bien se cicatriser par la formation rapide d'une lame de liège qui se fait dans les cellules de la chair de la poire parallèlement au bord de la crevasse.

Quand la place se cicatrise ainsi rapidement, la cre-vasse s'ouvre pour se prêter à l'augmentation de volume du fruit, elle s'élargit mais ne se creuse pas. Dans ce cas, les poires sont seulement galeuses; mais si, au con-traire, la cicatrisation ne se fait pas promptement, la fente s'étend au loin et le fruit est entièrement perdu.

Les tavelures des scions se fendillent aussi; mais là, le

phénomène n'est pas tout à fait le même que dans les fruits.

Les tissus qui forment les jeunes scions ne prennent pas une extension comparable à celle de la chair des poires, leur croissance n'est pas gênée comme celle des fruits.

Si on fait sur un jeune scion tavelé une coupe transversale passant par une des taches noires, on reconnaît qu'en cette place tout le parenchyme cortical externe, qui est formé de cellules à parois assez épaisses, est coloré en brun; il est tué par le mycélium du parasite; au-dessous ou à côté, le parenchyme cortical est demeuré sain et bien vivant. La limite entre les deux est nette, brusque et bien tranchée; le parenchyme sain s'isole par une lame de péridérme qui le sépare du tissu altéré. Cette formation subéreuse, analogue à celle qui cicatrise les crevasses des poires se continue plus longtemps, et la lame de liège qui isole le tissu mortifié augmente d'épaisseur. Le tissu mort ne peut suivre l'accroissement du liège qui se forme autour de lui, il se fendille et se crevasse. Il se forme ainsi sur la place tavelée, une écorce crevassée, un rhytidome qui, déjà marqué sur les jeunes scions dont il rend la surface inégale et rugueuse, donne au bout d'un an aux rameaux qui ont été tavelés un aspect tout spécial (fig. 400). Toute leur surface semble couverte d'un chancre généralisé; ils portent des crevasses sinueuses et profondes; les parties extérieures de l'écorce se détachent en écailles. Dans les fentes profondes de ce rhytidome se trouve le mycélium du parasite, formant des lames de stroma, qui çà et là se couvrent des fructifications du *Fusicladium* (fig. 401).

Les rameaux d'un an, ainsi profondément altérés, meurent, par leur extrémité, leurs bourgeons se dessèchent.

Cette altération des branches croûteuses du Poirier

est due, aussi bien que les crevasses des poires, au parasitisme du *Fusicladium pirinum*.

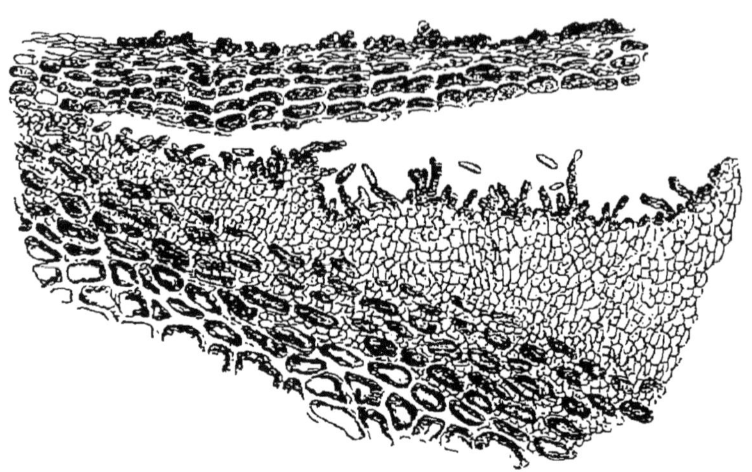

FIG. 400. — STROMA ET FRUCTIFICATIONS DE *Fusicladium pirinum* DANS UNE CREVASSE DE L'ÉCORCE D'UN POIRIER.

Le mycélium du parasite se développe d'abord dans les cellules épidermiques, puis se répand dans les tissus

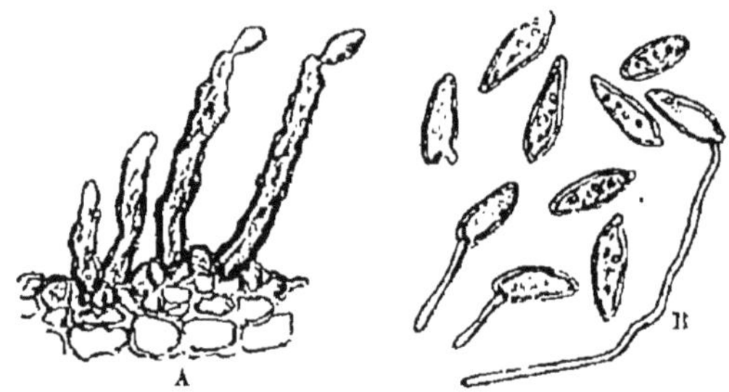

FIG. 401. — *Fusicladium pirinum*.

A, Filaments conidiophores portant au sommet une conidie naissante. — B, Conidies mûres détachées et germant.

voisins, mais ne pénètre jamais bien profondément. Il est formé de cellules petites et courtes qui bien souvent se pressent les unes contre les autres, pour former à la surface une lame continue, d'où naissent les conidiophores; d'autres fois, principalement dans l'écorce crevassée, il forme une épaisse couche de stroma.

Toutes les parties du *Fusicladium pirinum* qui se montrent à l'extérieur sont noirâtres à des degrés divers; les conidiophores sont d'une couleur plus foncée que les cellules les plus superficielles du mycélium.

Ces conidiophores sont des filaments dressés unicellulaires, d'un noir olivâtre, d'une forme un peu irrégulière et comme noueuse, portant à leur surface, surtout dans leur partie supérieure, des points saillants marquant la place où étaient attachées les conidies qui se sont formées successivement (fig. 401). On peut observer au sommet des conidiophores des spores à divers états de développement. D'abord globuleuses, puis piriformes, elles s'amincissent par le sommet en s'allongeant. Quand elles ont atteint leur complet développement, elles sont ovoïdes, fusiformes et de couleur olivâtre. Elles mesurent de 28 à 30 μ sur 7 à 9.

Parvenue à maturité, la spore se détache par la rupture du court pédicule qui la porte et dont la base forme un point saillant sur le conidiophore.

Chaque tronc fructifère ne porte à la fois qu'une conidie; quand l'une s'est détachée, il s'en forme une nouvelle plus près du sommet par où le tronc continue de s'allonger. Chaque tronc peut ainsi produire successivement de 20 à 30 conidies.

Ces conidies germent très facilement en quelques heures dans une goutte d'eau, en produisant un tube de germination qui le plus souvent sort d'un point voisin de la base. Ce tube s'allonge et se ramifie plus ou moins en rampant à la surface du corps. Quand les conidies germent sur des feuilles ou de jeunes fruits de Poirier, après avoir glissé quelque temps sur l'épiderme, le filament germinatif perce une de ces cellules et pénètre dans l'intérieur, puis continue de croître sous forme de mycélium, tant dans l'épiderme même que dans les autres tissus voisins de la surface.

Les cellules de l'épiderme où pénètrent les tubes de germination se distinguent aussitôt des autres, leur contenu devient trouble et se colore en brun.

Dans le stroma du *Fusicladium pirinum* développé dans des rameaux qui avaient été attaqués l'année précédente on a observé des spermogonies pendant l'hiver (1). Le stroma contenu dans l'écorce se creuse pour former une cavité arrondie, limitée par un tissu plus dense, plus coloré, assez mince et dont la surface interne est tapissée de fins stérigmates hyalins, d'environ 6 μ de longueur et qui portent à leur extrémité une conidie hyaline de 7 μ sur 1/2 à 1/3 μ. On n'a jamais observé de périthèces ascophores.

L'invasion des feuilles, des pousses et des fruits du Poirier par le *Fusicladium* est notablement favorisée par l'humidité et par les pluies qui permettent aux spores de germer aisément et de former au loin de nouveaux foyers d'infection. On sait que dans les jardins les arbres les mieux abrités contre les pluies de printemps sont ceux qui sont le moins tavelés, que les arbres en espalier sont moins atteints que les arbres de plein vent et que parmi les arbres en espalier ceux qui présentent le plus de tavelures sont ceux qui sont exposés au couchant sous le climat de Paris, parce que les vents d'ouest y sont particulièrement des vents de pluie.

Mais on a un moyen direct de combattre la tavelure,

____

(1) Prillieux et Delacroix, *Sur la spermogonie du* Fusicladium pirinum. *Bull. de la Soc. Mycol.*, t. IX, 269.

dont l'efficacité a été maintes fois contrôlée depuis plusieurs années : c'est le traitement des arbres par la bouillie bordelaise qui a été faite en 1886 à Beaune par Ricaud avec un succès complet. Le même remède qui lui servait à défendre ses Vignes contre le Mildiou lui a permis de protéger contre la Tavelure ses espaliers, dont la récolte avait été presque complètement anéantie depuis plusieurs années.

Le traitement doit être fait de bonne heure, au mois de mars, avant que les bourgeons ne soient ouverts, en couvrant non seulement les arbres, mais le mur et le treillage contre lesquels ils sont palissés (1).

Fusicladium dendriticum (Wallr.) Fuckel.
Gale et crevasses des Pommes.

SYN. : *Cladosporium dendriticum* Wallr.

Une autre espèce de *Fusicladium* ayant un mode de vie fort semblable à celui du *Fusicladium pirinum* attaque le Pommier. Il y produit sur les feuilles des taches noires couvertes d'un velouté verdâtre, fort semblables aux tavelures des feuilles du Poirier. Sur les fruits, il cause parfois la formation de profondes crevasses comme le *Fusicladium pirinum*, mais le plus souvent seulement des taches rondes de couleur fauve, plus ou moins nombreuses, tantôt isolées, tantôt contiguës et confluentes, sur lesquelles la peau du fruit est remplacée par une lame de liège.

Si la pomme est attaquée seulement quand elle est déjà grosse, le dommage se limite à la production de

(1) J. Ricaud, *Remèdes contre la tavelure des poires. Revue Horticole*, n° du 16 février 1887.

ces taches qui n'empêchent pas sa complète maturation, mais qui nuisent beaucoup à son apparence et lui enlèvent une grande partie de sa valeur marchande.

Quand l'invasion du parasite se produit de bonne heure (fig. 402), à une époque où les fruits sont encore petits, le mal est beaucoup plus grave; couverts sur une partie importante de leur étendue par une tache où la peau est tuée, la jeune pomme se développe mal et difficilement; elle est irrégulière, déformée, n'atteint pas sa taille normale et n'est pas vendable. Il arrive même que tout développement du jeune fruit est impossible quand la tache couvre presque toute sa surface. La jeune pomme se crevasse profondément et meurt sans grossir.

Les taches desséchées et rousses sont précédées de taches de même taille d'un noir verdâtre, analogues aux tavelures des poires, dans lesquelles le mycélium du *Fusicladium* développé abondamment dans l'intérieur des cellules de l'épiderme aussi bien qu'entre l'épiderme et le tissu sous-jacent, forme une lame de stroma bordée à son pourtour par la membrane épidermique déchirée et recouverte par un tapis velouté de fructifications brun olive.

Les conidiophores du *Fusicladium dendriticum* ne s'allongent pas en troncs noueux, émettant successivement de nombreuses conidies comme ceux du *Fusicladium pirinum* (fig. 403). Ce sont de courts filaments dressés qui portent une conidie à leur sommet. Cette conidie est à peu près en forme de massue retournée, plus large à la base que la conidie du *Fusicladium pirinum* qui est fusiforme.

Les conidies détachées sur les taches galeuses des pommes se montrent très souvent simples, mais tardivement elles se divisent par une cloison transversale.

Au dessous de la tache ainsi tapissée d'un revêtement noir verdâtre, le tissu de la pomme brunit et meurt
sur une épaisseur de trois à quatre couches de cellules,
et au-dessous une lame de périderme se forme entre
le tissu mort et le tissu sain.

Au bout de quelque temps, la végétation du *Fuscladium* s'épuise sur la tache, son stroma se dessèche et il
tombe avec les fragments crevassés du tissu mort,

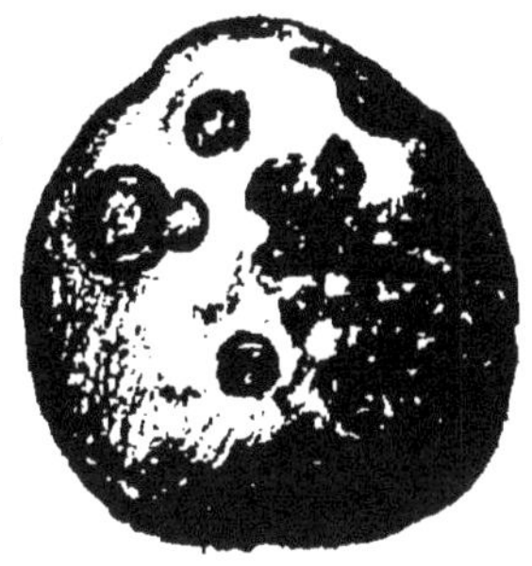

FIG. 402. — POMME TACHÉE ET
CREVASSÉE PAR LE *Fuscladium
dendriticum.*

FIG. 403. — *Fuscladium
dendriticum.*

Stroma fructifère portant des
conidies.

laissant apparaître à nu la lame fauve de liège qui forme
les taches galeuses si caractéristiques que l'on voit sur
les pommes mûres.

L'humidité favorise le développement des taches et la
propagation du parasite par réensemencement de ses
spores. Si les conditions météorologiques favorisent la
multiplication du *Fuscladium dendriticum* au printemps, quand les pommes sont encore petites, il en peut
résulter d'importants dommages.

Sans doute, les traitements des Pommiers faits en
temps utile avec la bouillie bordelaise ou des remèdes
analogues pourraient empêcher que les pommes deviennent galeuses ; mais le traitement des Pommiers à haute

tige serait une opération assez difficile et coûteuse.

Fusicladium Cerasi (Rabenh.) Sacc.
Taches noires des Cerises.

Syn. : *Acrosporium Cerasi* Rabenh.

Le *Fusicladium* du Cerisier n'est pas rare en France. On voit assez souvent les cerises mûres portant des pe-

Fig. 404. — *Fusicladium Cerasi.*
A, Conidiophores portant des conidies
unissantes. — B, Conidies mûres.

tites taches veloutées d'un noir verdâtre produites par ses fructifications. Ces cerises mûrissent du reste comme les pommes galeuses, sans que leur saveur en soit altérée. Ce parasite du Cerisier a été signalé d'abord en Prusse et décrit par Al. Braun sous le nom d'*Acrosporium Cerasi* (1) et il a constaté les dégâts qu'il peut produire quand il envahit les cerises jeunes, vertes et n'ayant guère que la grosseur d'un pois : on les trouve au moment de la récolte desséchées brunies et momifiées sur l'arbre.

Les conidiophores du *Fusicladium Cerasi* sont assez courts; ils ont à peine une longueur double de celle des spores, ils sont cylindriques, divisés ordinairement près de leur base par une cloison transversale et un peu noueux au sommet, où on voit des points saillants ayant porté des spores (fig. 404).

Les conidiophores produisent successivement à leur extrémité plusieurs conidies, mais n'en portent pas plus d'une à la fois. Elles sont oblongues, fusiformes, poin-

(1) Al. Braun, *Ueber einige neue Krankheiten der Pflanzen welche durch Pilze erzeugt werden*, p. 16, Berlin, 1854.

tues aux deux bouts, légèrement olivâtres, non septées ou tardivement uniseptées; elles mesurent de 20 à 25 µ de long sur 4 à 4,5 µ de large.

RAMULARIA

Ramularia Cynaræ Sacc.
Maladie des feuilles des Artichauts.

Les cultures d'Artichauts sont parfois très fortement endommagées par l'invasion du *Ramularia Cynarae*. Les Artichauts de primeur dont la production a, dans le midi de la France, une importance considérable ont été au printemps de 1892 envahis par ce parasite avec une telle intensité dans le Roussillon que la récolte a été réduite à néant.

Les feuilles des pieds atteints se couvrent de très nombreuses taches de forme irrégulièrement arrondie et qui ont environ 3 millimètres de diamètre. Elles sont de couleur grisâtre et leur surface paraît revêtue d'une efflorescence blanche. Elles se développent en si grande quantité qu'elles sont serrées les unes contre les autres au point de se confondre par leurs bords en plaques irrégulières qui couvrent presque toute la surface de la feuille. Au bout de quelque temps, elles deviennent d'un gris brunâtre et toute la feuille se dessèche.

Les pieds d'Artichauts couverts de feuilles ainsi tuées par la maladie ne peuvent plus nourrir les nombreuses têtes qu'ils portent; 10, 15 et jusqu'à 20 têtes par pied sont perdues pour le cultivateur, c'est pour lui une perte énorme.

Le parasite qui produit ces désastreux effets est le *Ramularia Cynarae* Sacc., dont les fructifications couvrent toutes les taches. Ce sont des conidies cylindriques, simples ou souvent uniseptées, plus rarement triseptées qui sont portées tantôt par des conidiophores assez courts, tantôt à l'extrémité de filaments grêles très allongés et ramifiés (fig. 405).

La sécheresse de l'été arrête les progrès du mal qui ne prend, du reste, des proportions dangereuses que rarement et quand il est favorisé par des conditions assez exceptionnelles de climat.

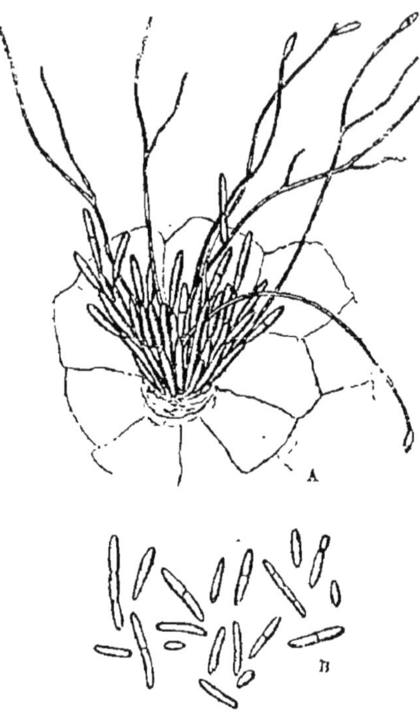

FIG. 405. — *Ramularia Cynarae.*

Touffe de fructifications sortant par un stomate. — B, Conidies isolées.

On a vu plus haut qu'un *Ramularia* qui produit des taches sur les feuilles du Fraisier est la forme conidienne du *Sphaerella Fragariae*. On ne connaît pas encore la forme ascophore du *Ramularia Cynarae*.

CERCOSPORA

Les *Cercospora* ont pour caractère de porter à l'extrémité de conidiophores dressés de longues conidies, divisées par de nombreuses cloisons transversales et effilées à leur sommet en un bec pointu. Elles sont d'ordinaire des parasites de feuilles.

Cercospora Apii Fr.
Taches des feuilles du Céleri (1).

Les feuilles du Céleri sont assez souvent attaquées dans les jardins par le *Cercospora Apii* qui est signalé

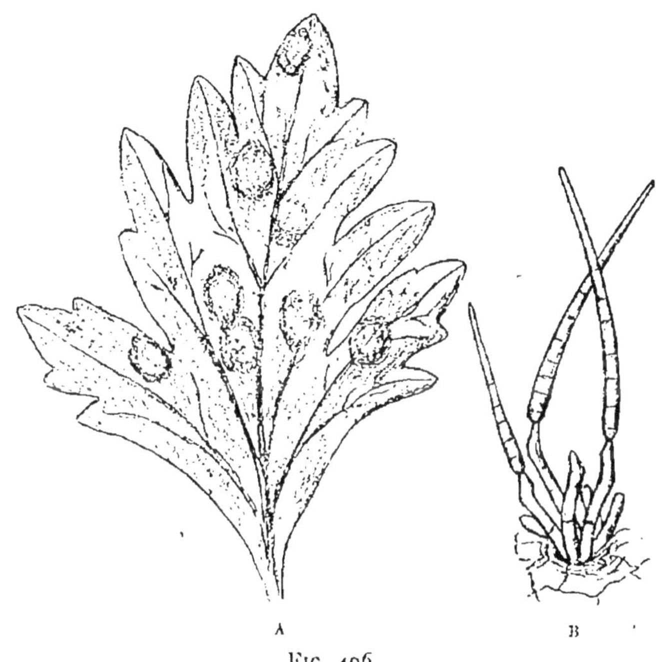

A   B

Fig. 406.

A, Feuille de Céleri portant des taches produites par le *Cercospora Apii*. — B, Touffe de fructifications de *Cercospora Apii*.

aussi comme parasite d'autres plantes de la famille des Ombellifères, telles que le Persil et le Panais.

(1) Prillieux et Delacroix, *A propos du Cercospora Apii, parasite des feuilles vivantes du Céleri. Bull. de la Soc. Mycol.*, t. VII, décembre 1890.

Les feuilles du Céleri attaquées par le *Cercospora Apii* se couvrent de taches d'un jaune fauve qui bientôt semblent saupoudrées d'une poussière brunâtre quand apparaissent les fructifications du parasite (fig. 406).

Cette maladie se développe rapidement; c'est surtout pendant la période chaude de l'année qu'elle sévit avec le plus d'intensité. Les feuilles inférieures sont atteintes les premières, elles se couvrent de spores qui se répandent sur les feuilles voisines et y germent très vite.

Les spores du *Cercospora Apii* sont incolores ou légèrement verdâtres, en forme de massue retournée extrêmement mince; elles peuvent atteindre jusque 150 μ. de long. Elles sont divisées par des cloisons transversales, dont le nombre varie, mais atteint souvent 10 et 12 μ et même plus.

Tombant sur l'épiderme humide d'une feuille de Céleri, elles y émettent chacune plusieurs tubes de germination qui pénètrent dans le parenchyme de la feuille et s'y ramifient; à leur voisinage les cellules brunissent, leurs parois se contractent et le tissu ainsi altéré forme tache sur le reste de la feuille.

Bientôt après, les filaments fructifères sortent par touffes à travers les stomates sur toute la tache et produisent en longues conidies.

Cette altération des feuilles de Céleri les rend invendables et cause au maraîcher un grave dommage.

Cette maladie a fait en Amérique des dégâts considérables dans la Louisiane et le Missouri. On a essayé sans succès de la combattre par des soufrages. D'après les renseignements donnés par Scribner (1), il n'y a que l'arrachage des pieds attaqués, dès l'apparition des premières taches, qui ait pu entraver le développement du mal;

____

(1) Scribner, *Report of the depart. of Agriculture for the year* 1886.

mais la maladie s'atténue beaucoup dès que la température se refroidit.

Cercospora beticola Sacc.
Taches des feuilles de la Betterave.

Le *Cercospora beticola* est un parasite extrêmement commun des feuilles de Betterave, mais il ne cause pas

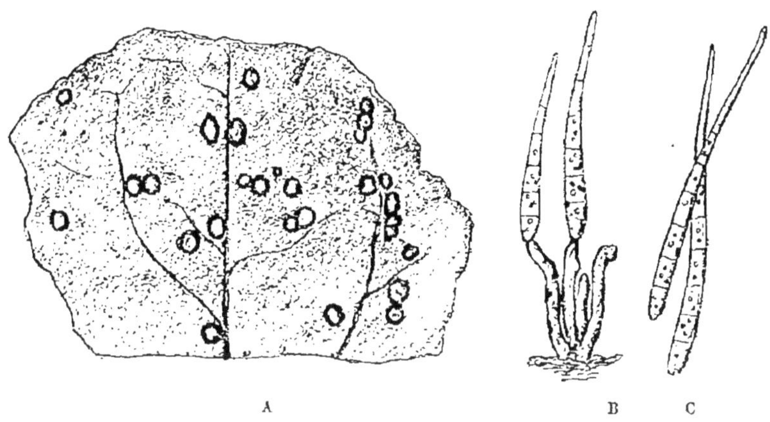

Fig. 407. — *Cercospora beticola.*

A, Morceau de feuille de Betterave portant des taches produites par le *Cercospora beticola.* — B, Conidiophores portant des spores. — C, Spores mûres, détachées.

d'ordinaire de grands dommages. Il produit sur les feuilles de petites taches sèches, à peu près rondes, qui d'ordinaire n'ont que 2 à 3 millimètres de diamètre, mais qui peuvent grandir davantage en se réunissant et atteindre jusqu'à 2 centimètres. Elles sont entourées d'une bordure rouge brun. Leur fond est d'un gris brun sur la face supérieure, d'un gris cendré sur la face inférieure, qui est couverte par les longues conidies incolores du *Cercospora.*

Les conidiophores sortent par touffes à travers l'épiderme; ils sont courts et ordinairement cloisonnés, un peu noueux au sommet, de couleur brunâtre; ils portent à leur extrémité chacun une conidie incolore, cylindrique, effilée divisée par des cloisons et qui mesure de 70 à 120 μ de long sur 3 à 4 μ de large (fig. 407).

Ces conidies germent très aisément et dans les années humides les taches se multiplient avec une rapidité très grande, mais malgré leur nombre considérable, elles n'occupent le plus souvent qu'une assez faible partie de l'étendue de la feuille; et, à moins qu'elles ne prennent un développement tout à fait exceptionnel, elles n'ont pas, il semble, une influence bien importante sur la végétation de la Betterave.

M. von Thümen regarde cependant cette maladie comme fort dangereuse et il propose pour en arrêter le développement d'enlever les feuilles de Betteraves dès que les taches caractéristiques du *Cercospora* y apparaissent. Cette opération devrait être faite à temps et très rapidement, car la dissémination des spores se fait bientôt d'une façon si générale qu'il faudrait pour faire disparaître tous les petits foyers d'infection effeuiller les Betteraves d'une façon dangereuse pour leur végétation.

Cladosporium fulvum Cooke
Maladie des Tomates.

Les Tomates cultivées en serre dans le nord de la France y sont souvent atteintes d'une maladie fort grave, dont le *Cladosporium fulvum* est la cause.

Les feuilles des pieds attaqués semblent presque étiolées; elles jaunissent sur des portions mal limitées du limbe qui peuvent atteindre souvent une étendue de

(1) F. von Thümen, *Die Bekampfung der Pilzkrankheiten* p. 52. Wien, 1886.

plusieurs centimètres. Une seule feuille peut porter deux ou plusieurs de ces taches.

Les parties de la feuille qui sont tout à fait jaunes en dessus, sont couvertes en dessous d'un revêtement velouté d'un gris olivâtre qui est formé par les touffes serrées des conidiophores du *Cladosporium fulvum*.

Le mycélium brunâtre assez clair du parasite s'étend entre les cellules du parenchyme de la feuille. Il émet des touffes de conidiophores dressés, pluricellulaires,

Fig. 408. — *Cladosporium fulvum.*

A, Touffes de conidiophores portant des conidies. — B, Conidies isolées plus grossies.

rarement ramifiés, qui portent à leur sommet des spores oblongues, uniseptées, longues de 10 à 12 μ, larges de 4 à 5 μ, qui peuvent se succéder sans se détacher, de façon à former des chapelets (fig. 408).

Les plantes attaquées par le *Cladosporium* sont languissantes et ne portent que peu de fruits.

Il n'est pas douteux que le *Cladosporium fulvum* soit parasite (1). Des essais d'infection faits sur un pied de tomate absolument sain ont été très bien réussis. Au bout de trois semaines environ, un grand nombre de feuilles ont commencé à se flétrir par places et les fructifications

(1) Prillieux et Delacroix, *Sur une maladie des Tomates causée par le* Cladosporium fulvum Cooke. Bulletin de la Société mycologique de France, t. VIII, p. 19, 11 décembre 1890.

de *Cladosporium* ont apparu. Un grand nombre de rameaux sont morts desséchés par le parasite.

Le long espace de temps qui s'est écoulé entre la date de l'infection et l'apparition des symptômes de la maladie fournit l'explication de l'inefficacité du traitement à la bouillie bordelaise. Les pieds sont sans doute déjà infectés quand on pratique le traitement.

En Amérique, le *Cladosporium fulvum* a causé d'importants ravages dans les cultures de Tomates, aussi bien à l'air libre qu'en serre. M. Galloway assure (1) qu'à Vineland (New-Jersey) les traitements à la bouillie bordelaise ont donné de bons résultats, mais le premier traitement avait été fait en décembre quand les tomates paraissaient tout à fait saines.

On ne connaît pas au *Cladosporium fulvum* d'autres sortes de fructification que des conidies.

Scolecotrichum melophthorum Prill. et Delacr.
La Nuile du Melon et du Concombre.

Les *Scolecotrichum* sont des sortes de *Cladosporium* à conidiophores dressés, rigides, olivâtres, non ramifiés qui portent à leur sommet ou latéralement près de celui-ci, des conidies de même couleur, tantôt simples, tantôt séparées en deux compartiments par une cloison transversale.

Une espèce de *Scolecotrichum* est parasite des Melons et des Concombres et y produit une maladie que les jardiniers désignent sous le nom de *Nuile*.

Quand la température est défavorable à la végétation

______

(1) U. S. Depart. of agric. Section of vegetable Pathologie. Quarterly Bulletin, March. 1889. — *The Journal of Mycology*, vol. V, n° 1, p. 38.

des Melons vers le commencement de Juin, on voit apparaître sur les tiges, sur les feuilles et sur les jeunes fruits des taches brunâtres qui s'étendent en largeur et

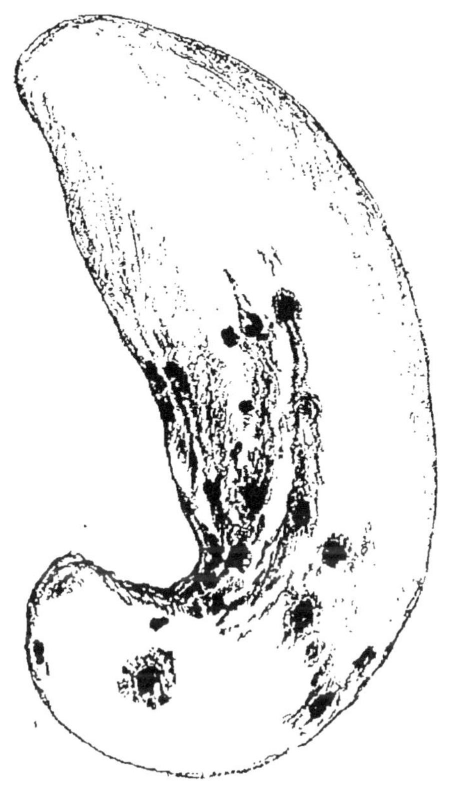

Fig. 409. — Fruit de Concombre attaqué par le *Scolecotrichum melophthorum*.

gagnent surtout en profondeur, corrodant et détruisant le tissu.

Un fruit porte souvent plusieurs de ces taches qui peuvent en grandissant se réunir par leurs bords. Ce sont des sortes de petits chancres, mais qui produisent très rapidement non seulement la pourriture des fruits, mais la décomposition et la mort des jeunes pieds de Melon (fig. 409).

Cette maladie est assez répandue dans les jardins et cause dans les cultures de Melons de sérieux dommages. Les horticulteurs en attribuent l'apparition à l'humidité et au mauvais temps (1).

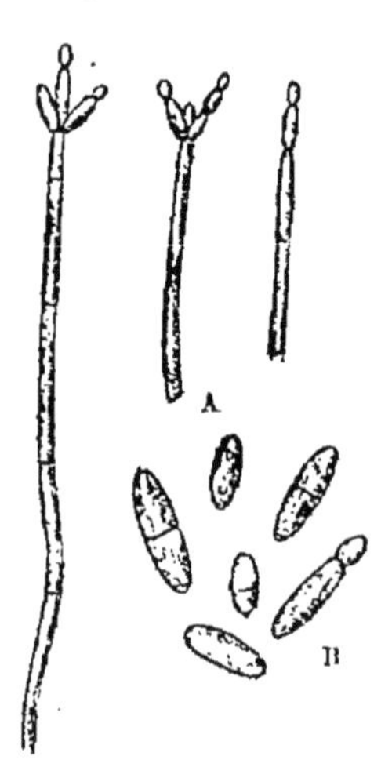

Fig. 410. — *Scolecotrichum melophthorum.*

A, Conidiophores. — B, Conidies plus grosses.

Les taches noires et rongeantes qui caractérisent la *Nuile* se couvrent d'un velouté olivâtre, dû aux conidiophores dressés et rigides du *Scolecotrichum melophthorum*, dont le mycélium envahit les tissus du Melon et les corrode (fig. 410). Les conidiophores simples et dressés portent des spores de couleur olivâtre, ovales-allongées; les plus petites, qui ont environ 10 µ de long sur 3 à 4 µ de large, ne sont pas septées, les grandes qui ont de 20 à 25 µ sur 5 à 6 µ sont divisées en deux par une cloison médiane.

Ces spores germent aisément sur des milieux variés et y produisent un velouté brunâtre. Semées dans le jus de pruneau, elles y bourgeonnent à la façon des levures.

Cycloconium oleaginum Castagne.

Taches des feuilles de l'Olivier.

On voit souvent sur les feuilles de l'Olivier des taches circulaires, noirâtres sur les bords, ordinairement

(1) *La Nuile, maladie des Melons produite par le* Scolecotrichum melophthorum, nov. sp. *Bullet. de la Soc. Mycol.,* t. VII, fasc. 4, p. 218.

grises ou jaunâtres ou brunes au centre et qui mesurent le plus souvent de 6 à 10 millimètres de diamètre. Leur nombre est fort variable; il est en moyenne de 4 à 5 par feuille (fig. 411). Parfois ces taches sont très nombreuses, très rapprochées et se confondent par leurs bords. Elles sont surtout nombreuses et bien visibles

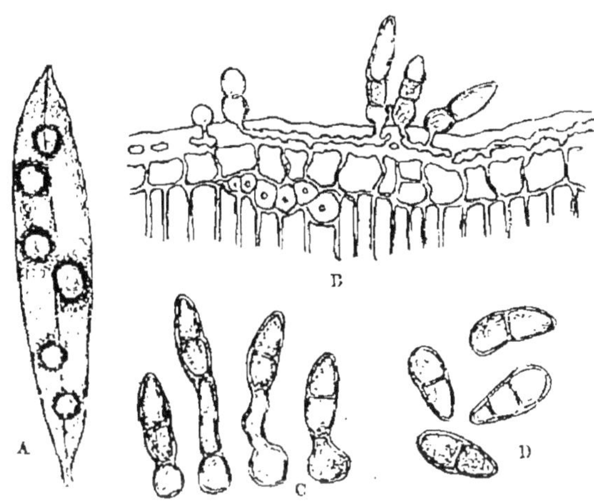

FIG. 411. — *Cycloconium oleaginum.*

A, Feuille d'Olivier portant des taches produites par le *Cycloconium oleaginum.* — B, Coupe transversale d'une tache montrant le mycélium du *Cycloconium oleaginum* dans la paroi supérieure des cellules épidermiques de la feuille d'Olivier et produisant ses conidies au dehors. — C, Conidiophores portant chacun une conidie. — D, Conidies isolées. (D'après M. Boyer.)

sur la face supérieure des feuilles, bien qu'on en trouve aussi non seulement sur leur face inférieure, mais sur les pédoncules et même sur les olives, quoique plus rarement.

Ces taches naissent pour la plupart en automne ou dès la fin de l'été sur les feuilles de l'année; plus tôt, les feuilles en voie de croissance, encore jeunes et tendres ne sont pas attaquées. Ces taches évoluent lentement. Elles sont d'abord uniformément noires; à mesure qu'elles grandissent, leur couleur se dégrade et s'efface au centre.

La couleur noirâtre de ces taches est due aux spores nées en grand nombre du mycélium d'un petit champignon parasite qui a reçu de Castagne (1) le nom de *Cycloconium oleaginum* et qui depuis a été bien observé et figuré par M. Boyer (2). Ce mycélium est presque superficiel; il se glisse sous la couche superficielle de la cuticule, dans l'intérieur de la paroi supérieure des cellules de l'épiderme, qui est très épaisse. Il ne pénètre pas dans le parenchyme de la feuille. Ce mode singulier de végétation rappelle tout à fait celui des Exoascées.

Le mycélium du *Cycloconium* est blanchâtre ou gris clair; il est formé de filaments, dont le diamètre est fort irrégulier et varie brusquement d'un point à l'autre, le long du même filament, de 1.5 μ à 8 μ. Il est cloisonné et se ramifie dichotomiquement, en rayonnant à partir du point où s'est fait l'infection. Les coupes transversales des taches montrent bien qu'il est logé dans les couches cuticulaires de la paroi externe des cellules épidermiques. Il suit toutes les inflexions de ces couches, qu'il dissout sur son passage, se relevant ou s'abaissant avec elles au-dessus de la cavité des cellules et de leurs cloisons latérales.

Quand les filaments du mycélium vont devenir fructifères, ils se coudent, se redressent et perforent la cuticule; ils prennent alors une couleur rousse et se renflent au-dessus de la surface de l'épiderme en une ampoule qui grandit jusqu'à atteindre un diamètre d'environ 10 μ et passe du gris clair au jaune verdâtre. Ces

(1) Castagne, *Catalogue des plantes des environs de Marseille*, Aix 1845.
(2) Boyer, *Recherches sur les maladies de l'Olivier. — Le Cycloconium oleaginum.* Montpellier, 1891.

ampoules produisent les spores. Le plus souvent chaque ampoule ne porte qu'une seule spore, mais parfois il s'en produit plusieurs, jusqu'à 4 ou 5 en étoile autour du sommet. Cela se voit surtout sur les taches de la face inférieure des feuilles. Les spores ne sont pas toujours portées immédiatement par l'ampoule; assez souvent, celle-ci se prolonge en un filament plus ou moins long, d'un jaune verdâtre, à l'extrémité duquel se forme la spore.

Les spores sont d'un jaune verdâtre, ordinairement uniseptées. Elles se détachent très facilement à maturité des ampoules ou des filaments qui les supportent. Elles sont droites ou un peu arquées, arrondies à la base et amincies au sommet. Elles ont de 17 à 25 μ de long sur 11 μ de large. Elles germent facilement en émettant un tube qui s'allonge, se cloisonne et se ramifie.

Le mode si particulier de végétation du mycélium du *Cycloconium* paraît rapprocher ce petit champignon beaucoup plus des Exoascées que des Sphériacées.

Des traitements faits par les soins de l'Institut agricole de Pise avec une bouillie bordelaise à 5 pour 1000 de sulfate de cuivre auraient produit les meilleurs résultats.

Les pulvérisations ont été effectuées à quatre reprises différentes, en juillet, septembre, octobre et novembre. Les 200 Oliviers qui avaient été ainsi traités ont conservé leurs feuilles intactes, tandis que les autres souffraient beaucoup des attaques du parasite.

CHAPITRE XI

HYSTÉRIACÉES

Les Hystériacées sont des champignons Ascomycètes qui sont intermédiaires aux Pyrénomycètes et aux Discomycètes. Ils ont des fruits ascophores primitivement fermés, plus ou moins allongés qui se montrent à la surface des organes du végétal, dans le tissu duquel ils se développent et qui les nourrit. Parvenus à maturité, ils s'ouvrent au dehors par une fente longitudinale qui sépare en deux lèvres leur paroi extérieure noire, membraneuse, coriace, cassante ou carbonacée. Quand le temps est humide, ces lèvres s'ouvrent ; par la sécheresse elles se referment. On donne à ces fruits au fond desquels se trouvent des asques entremêlées de paraphyses le nom de périthèces ou celui d'apothécies. On connaît aussi chez ces parasites des fructifications accessoires, des fruits à très fines conidies ou spermogonies.

Plusieurs espèces d'Hystériacées, qui peuvent être rapportées au genre *Lophodermium*, attaquent les aiguilles des arbres résineux de nos forêts et en causent le brunissement et la chute prématurée.

LOPHODERMIUM

Le genre *Lophodermium* est très voisin du genre *Hypoderma,* auquel on a aussi très souvent rattaché les espèces qui causent le brunissement des aiguilles des arbres résineux ; il en diffère en ce que les spores que, contiennent les asques sont filiformes, parallèles et souvent presque aussi longues que les asques, tandis que, dans le genre *Hypoderma*, elles sont bien encore allongées en fuseau ou en baguettes, mais beaucoup plus courtes que l'asque qui les contient et souvent divisées par une ou plusieurs cloisons transversales.

Lophodermium macrosporum (Hartig) Rehm.
Le Brun et la chute des aiguilles de l'Épicea.

Syn. : *Hypoderma macrosporum* Hartig.

La maladie causée par le *Lophodermium macrosporum* sur les Épicéas a pour caractère apparent le changement de couleur des aiguilles sur les pousses d'un an ou plus. Au lieu d'être vertes, elles prennent une nuance foncée et sale et deviennent peu à peu d'un rouge brun. L'altération de la couleur de l'aiguille commence soit à son sommet, soit au milieu, soit à sa base ; peu à peu, elle gagne l'aiguille entière. Elle est due à l'envahissement des tissus par le mycélium du *Lophodermium* qui se glisse entre les cellules ; sous son action, elles se contractent et se ratatinent et tout leur contenu se transforme en une masse brune, dans laquelle toutefois les grains de fécule que pouvaient contenir les cellules au moment de l'invasion du mal restent longtemps visibles.

Le brunissement des aiguilles de l'Épicéa peut se produire à diverses saisons de l'année, selon la localité et le climat : tantôt dès le mois de mai ou de juin, tantôt en août ou seulement en octobre. Ces différences paraissent dépendre particulièrement de l'humidité du temps qui favorise ou entrave la dissémination des spores, et, par suite leur germination et l'infection des aiguilles.

Quand l'infection se fait à un moment où la chlorophylle commence à produire de l'amidon dans les aiguilles saines, le voisinage du mycélium parasite produit sur les cellules une excitation spéciale qui a pour effet d'augmenter dans une proportion considérable la proportion de l'amidon qu'elles contiennent, de telle façon que les parties infectées en sont gorgées, tandis que, dans les parties encore saines, on n'en trouve que des traces. Cette propriété n'est pas, du reste, propre à cette espèce et on peut l'observer sur bien d'autres parasites des feuilles.

Le mycélium du *Lophodermium macrosporum* est formé de tubes à parois très épaisses, mais de taille variable, les uns gros les autres minces. Les gros se montrent seuls au commencement de l'infection ; plus l'altération des tissus s'étend, plus les tubes diminuent de taille. On a vu dans les parasites des bois des faits analogues.

C'est quelques mois après que le brunissement a envahi les aiguilles que les organes de fructification du parasite commencent à s'y produire. Les aiguilles sur lesquelles elles se forment, bien que d'un rouge brun, restent fortement adhérentes au rameau, tandis que celles où le parasite ne fructifie pas se détachent prématurément et tombent à l'automne ou à l'hiver.

La chute des aiguilles brunes de l'Épicéa, sur lesquelles on ne trouve aucune fructification de parasite, est une forme de la maladie qui a été attribuée à des causes fort diverses.

Les premiers rudiments des périthèces du *Lophodermium* commencent à se former dans l'épiderme même des aiguilles brunes. Là où ils doivent s'organiser, on voit de nombreux et fins filaments de mycélium remplir les cellules de l'épiderme, et, en se divisant par des cloi-

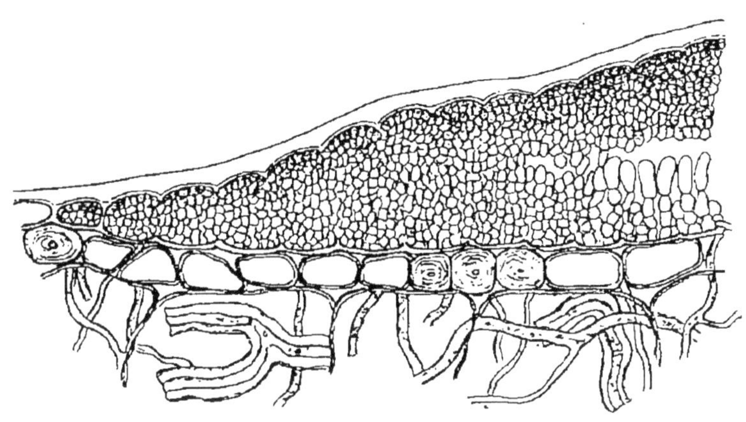

FIG. 412. — *Lophodermium macrosporum.*

Commencement de la formation d'une périthèce à l'intérieur de l'épiderme d'une feuille d'Épicéa.
(D'après M. R. Hartig.)

sons transversales en petits tronçons plus ou moins arrondis (fig. 412), former une masse granuleuse. Celle-ci en croissant déchire l'épiderme par la moitié, de telle façon que la paroi supérieure revêtue de cuticule se trouve séparée de l'inférieure et repoussée vers l'extérieur par la masse fongique qui s'est formée sous elle. Celle-ci est d'abord entièrement incolore, mais bientôt sa partie située vers l'extérieur se colore en brun foncé et forme une sorte de couvercle bien plus épais sur le milieu de la portion bombée que sur les bords, et sous lequel se développeront les asques. Les cellules de la couche supérieure du stroma au-dessous du couvercle s'allongent parallèlement les unes aux autres et prennent ainsi un développement considérable en repoussant vers l'extérieur le couvercle qui, soulevé, fait un peu saillie en dehors (fig. 413).

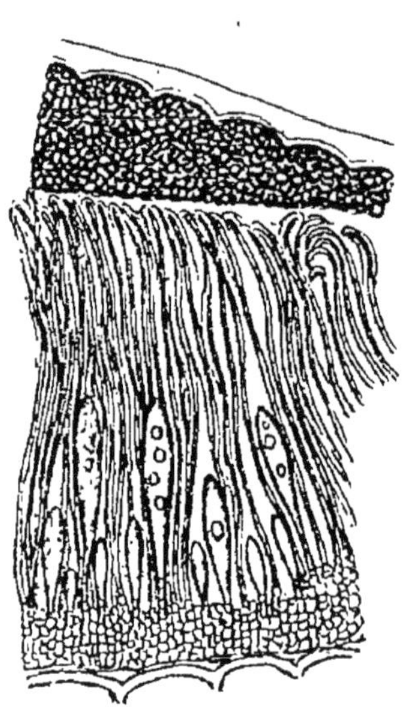

Fig. 413. — *Lophodermium macrosporum.*

Formation d'un périthèce. Au-dessous du pseudoparenchyme dur et noir formant le couvercle du périthèce naissent les asques entre les paraphyses. (D'après M.R. Hartig.)

Fig. 414. — Feuille d'Épicéa portant des périthèces allongés et des spermogonies petites et arrondies de *Lophodermium macrosporum.*

(D'après M. R. Hartig.)

Ces périthèces naissants apparaissent à la surface inférieure des aiguilles sous forme de nombreuses petites taches un peu allongées (fig. 414), et placées en file des deux côtés de la nervure médiane. Bientôt ces taches se réunissent plusieurs ensemble pour former à droite et à gauche de la nervure quelques longues bandes noires qui n'atteignent jamais chacune toute la longueur de l'aiguille. Ces bandes, d'abord peu saillantes, se renflent à l'automne et se bombent plus encore au printemps suivant, à mesure qu'à leur intérieur les asques se forment et se développent.

Les cellules allongées qui se sont formées tout d'abord au-dessous du couvercle noir sont des paraphyses, dont la surface est recouverte d'une couche gélatineuse qui les unit les unes aux autres (fig. 415). Du stroma qui les porte et qui est au-dessous d'elles naissent de jeunes asques en forme de massues qui apparaissent successivement, de telle façon qu'on en voit à tous les états de développement les unes auprès des autres. Si l'invasion a eu lieu en juin, c'est en octobre que les asques commencent à se former; si elle ne se produit qu'en juillet, les périthèces ne font leur apparition qu'en novembre et les asques ne s'y montrent qu'au printemps suivant.

A l'état de complet développement, les asques contiennent chacun huit spores bacillaires, très longues, très faiblement renflées par leur extrémité supérieure et amincies par le bas et qui s'allongent parallèlement depuis la base jusqu'au sommet de l'asque.

Leur surface est gélatineuse; au moment de la dissémination, elles se gonflent et sortent de l'asque par une petite ouverture qui se fait à son sommet.

Quand les périthèces sont mûrs, ils s'ouvrent par une fente longitudinale qui coupe le couvercle noir en deux lèvres; cette rupture se produit seulement quand le temps reste pluvieux et humide. Alors, les paraphyses et les spores que contiennent les périthèces des aiguilles brunes bien humectées se gonflent au point de faire éclater le couvercle qui se rompt sur une ligne déterminée et les spores sont répandues au dehors.

Placées sur une lame de verre, ces spores germent en

24 heures en produisant, le plus souvent près de leur extrémité supérieure un tube de germination. Quand la germination a lieu sur une aiguille d'Épicéa, ce tube pé-

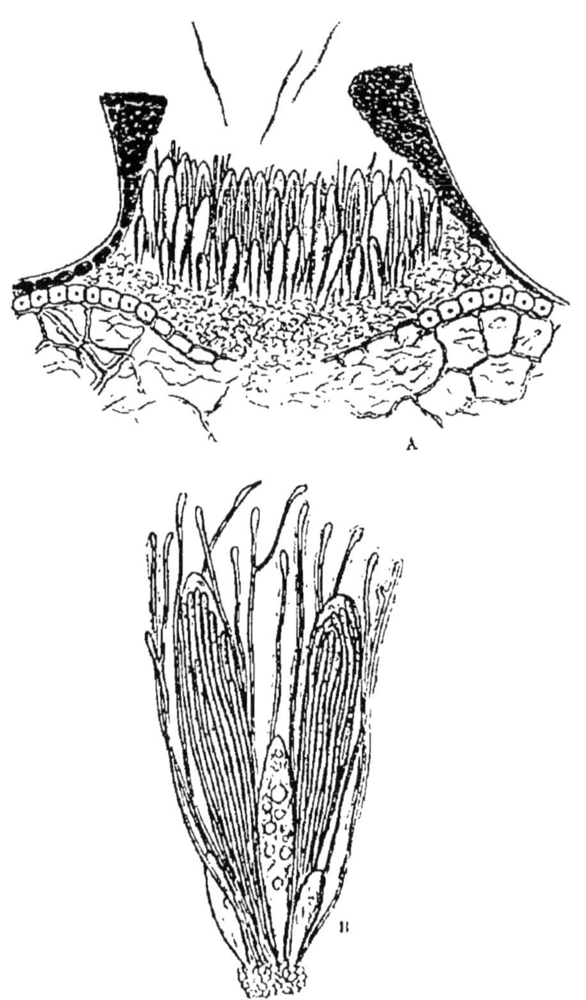

Fig. 415. — *Lophodermium macrosporum.*

A, Coupe d'un périthèce, dont le couvercle est fendu et dans lequel se sont formés les asques entremêlés de paraphyses. — B, Asques et paraphyses plus grosses. (D'après M. R. Hartig.)

nètre par un stomate et forme dans le parenchyme vert
un mycélium qui peut en s'y développant produire
l'infection et le brunissement de l'aiguille entière.

Quand le temps est sec et que les organes gélatineux
contenus dans les périthèces ne se gonflent pas, ceux-ci
tardent à s'ouvrir et tant que la sécheresse persiste, la
dissémination des spores et l'infection des aiguilles ne
peut avoir lieu.

Outre les périthèces il se forme aussi sur les aiguilles
attaquées par le *Lophodermium macrosporum* de ces

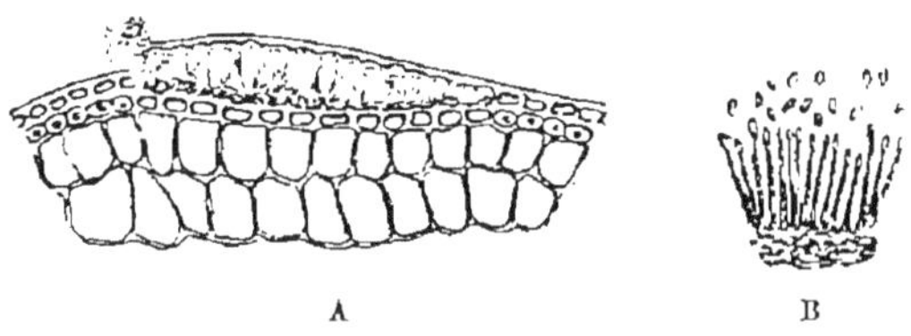

FIG. 416. — *Lophodermium macrosporum.*

A, Spermogonie. — B, Coupe très grossie d'une portion de la couche fertile.

petits fruits conidiens, à spores d'une extrême ténuité, que
l'on a désignés du nom de spermogonies.

Leur apparition précède celle des fruits ascophores.
Les spermogonies se forment, du reste, à peu près de la
même façon que les périthèces. Des filaments de mycélium amassés dans l'intérieur des cellules épidermiques
de l'aiguille de l'Épicéa y constituent une sorte de
stroma (fig. 416), qui détache la face externe de l'épiderme en rompant les parois contiguës de ses cellules,
mais il ne se produit pas dans les spermogonies de couvercle noir comme dans les périthèces. Il s'élève de la
surface du stroma des hyphes très minces qui pressent
en s'allongeant sur la paroi extérieure de l'épiderme.
Ils portent à leur sommet de très nombreux corpuscules

elliptiques-allongés, que l'on désigne sous le nom de spermaties. On ne les a pas vus germer.

D'ordinaire, le *Lophodermium macrosporum* attaque non pas quelques aiguilles isolément, mais à la fois toutes celles d'un rameau. L'invasion porte exclusivement sur celles qui sont âgées de plus d'un an, et les branches basses sont contaminées de préférence. C'est dans les vallons encaissés et surtout dans les tourbières que la maladie sévit avec le plus d'intensité.

Les feuilles sur lesquelles ne se forment pas de fructifications de *Lophodermium* tombent dès l'automne. Dans les localités où le milieu favorise la propagation du parasite, on peut voir les jeunes Épicéas ayant toutes leurs branches sauf celles des verticilles les plus jeunes presque entièrement dépouillées de leurs aiguilles par suite de l'invasion du *Lophodermium macrosporum*.

Ce parasite attaque souvent les mêmes arbres que le *Chrysomyxa Abietis* et on a souvent confondu le Brun de l'Épicéa avec la Rouille de l'Épicéa. Le Brun des aiguilles diffère de la Rouille en ce que celle-ci n'attaque que les aiguilles de première année et en outre que les aiguilles atteintes par le *Lophodermium* brunissent en vieillissant, sans jamais présenter la couleur jaune clair ou jaune d'or, qui caractérise les aiguilles attaquées par le *Chrysomyxa Abietis*.

Lophodermium Pinastri (Schrad.) Chev.
Le Rouge du Pin. La Chute des aiguilles du Pin.

Syn. : *Hysterium Pinastri* Schrad. — *Aporia obscura* Duby. — *Leptostroma Pinastri* Desm.

C'est au *Lophodermium Pinastri* qu'est due le plus souvent la chute des aiguilles des Pins. Diverses causes

météoriques peuvent sans doute tuer les aiguilles des
Pins et on voit après l'hiver, quand dans de chaudes
journées de printemps le soleil a frappé les Pins dont
les racines sont dans un sol encore gelé, les feuilles
brunir et tomber; mais dans les cas les plus fréquents,
quand la chute des aiguilles de Pin présente un caractère
épidémique, elle est due à l'envahissement d'un parasite,
du *Lophodermium Pinastri*, qui sous sa forme à spermogonies a été désigné sous le nom de *Leptostroma Pinastri*.

Ce parasite cause tout particulièrement des ravages
dans les pépinières; le Rouge se montre sur les jeunes
plants à partir de 2 ou 3 ans. La chute des aiguilles est
la forme la plus dangereuse de la maladie.

Le mal apparaît souvent sur les semis dès l'automne
de la première année; des feuilles du jeune plant se marquent de taches brunes et prennent une couleur rouge.
Dans le tissu des places brunes, on trouve des filaments
du mycélium du parasite qui ne s'étendent pas au delà
des taches où les cellules de la feuille sont tuées.

L'apparition de taches brunes sur les aiguilles est le
premier indice de l'invasion du *Lophodermium*. Vers le
milieu d'octobre, plus ou moins tôt, selon les conditions
atmosphériques et la vigueur des plants, les planches de
semis prennent une couleur jaunâtre qui s'accentue en
tournant au rouge. Sur les aiguilles malades apparaissent alors un grand nombre de spermogonies noires,
très petites, dont on n'a pu jusqu'ici faire germer les
spermaties. C'est la forme sous laquelle le parasite a
reçu le nom de *Leptostroma Pinastri*.

Les spermogonies sont groupées sur des aires blanchâtres qui correspondent aux taches brunes primitives.
Pendant qu'elles se développent, le reste de la feuille se
colore en rouge pâle et se dessèche à peu près complètement (fig. 417).

Les périthèces de *Lophodermium*, qui sont noirs aussi mais plus grands que les spermogonies, ne se produisent ordinairement que l'année suivante. On en peut cependant trouver déjà dès le mois de janvier qui sont bien formés et mûrs.

Le développement du *Lophodermium* et de ses fruc-

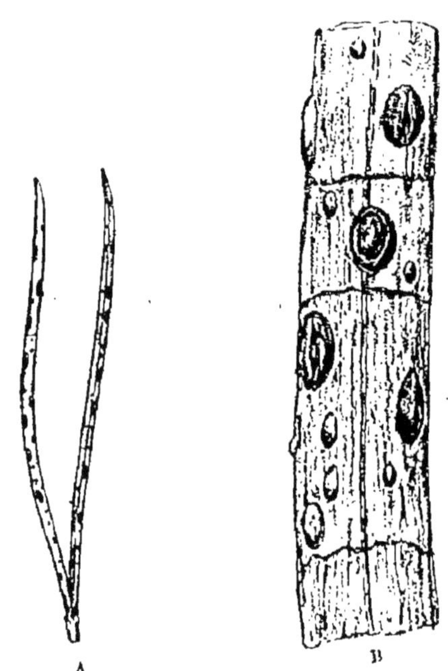

Fig. 417. — *Lophodermium Pinastri.*

A, Aspect d'aiguilles de Pin attaquées. — B, Partie grossie d'une de ces aiguilles montrant de périthèces ouverts et de jeunes spermogonies. (D'après Tulasne.)

tifications dépend absolument de l'humidité du temps. Les aiguilles mortes, quand elles sont sèches, ne peuvent lui fournir les aliments dont il a besoin. C'est quand l'été est humide et l'hiver doux qu'il prend le plus de développement et dévaste les pépinières.

Sur les Pins âgés, les périthèces se trouvent le plus

ordinairement sur les aiguilles de troisième année, après qu'elles sont tombées sur le sol, mais on en peut aussi observer assez souvent sur les aiguilles encore attachées aux rameaux.

Les périthèces sont épars sur des places pâles qu'entoure souvent une fine ligne noire, leur surface bombée fait un peu saillie; ils sont elliptiques-allongés, bruns d'abord, puis d'un noir brillant (fig. 417 B). Après un temps de pluie prolongée qui a bien humecté les aiguilles de Pin, ils s'ouvrent par une fente longitudinale sous la pression causée par les asques et les spores. Les asques, presque cylindriques, un peu renflés en massue, contiennent un faisceau de spores filiformes qui occupent toute leur longueur (fig. 418, A).

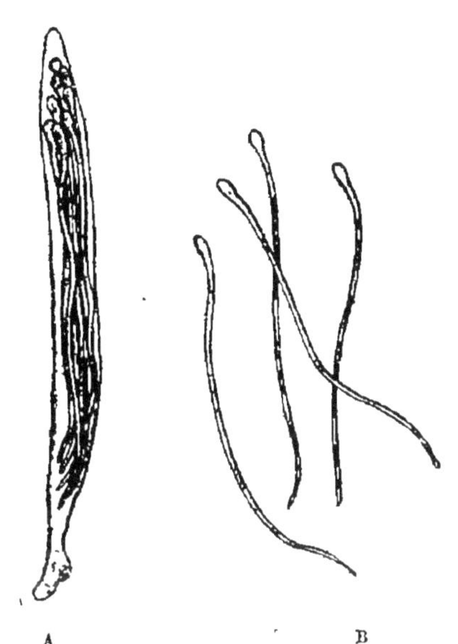

A   B

Fig. 418. — *Lophodermium Pinastri.*

A, Asque contenant des spores filiformes. — B, Spores isolées. (D'après Tulasne.)

Dans le *Lophodermium Pinastri*, les spermogonies sont produites, non dans l'intérieur de l'épiderme comme cela a lieu dans le *Lophodermium macrosporum*, mais entre l'épiderme et la couche sous-jacente (fig. 419). Les spermaties sont très petites, hyalines et bacillaires.

Les jeunes plants atteints du Rouge peuvent être considérés comme à peu près perdus. Quand la moitié de leurs feuilles est restée verte, ils peuvent cependant encore se rétablir si de nouvelles infections ne se produisent pas; mais si la maladie reparaît successivement une seconde, puis une troisième année de suite, comme cela arrive bien souvent, tous périssent. Les plants de deux ans et au-dessus atteints du Rouge ne sauraient être employés; ils sont trop faibles pour pouvoir supporter le plus souvent la transplantation.

Pour éviter l'invasion des jeunes plants de Pin par le Rouge, on a proposé de placer les carrés de semis au milieu d'arbres feuillus, de les disposer de telle façon

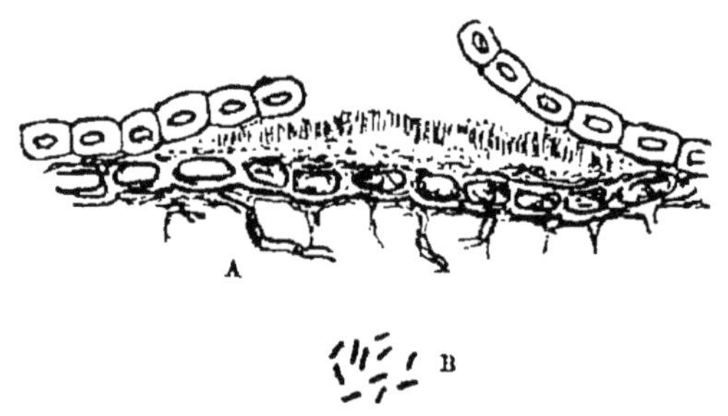

FIG. 419. — *Lophodermium Pinastri.*

A, Spermogonie. — B, spermaties (à un très fort grossissement).

qu'ils soient le moins possible exposés à être battus par la pluie; puis de détruire par le feu toutes les plantes malades. Malgré tous les soins, le Rouge est dans certaines pépinières un véritable fléau. Heureusement il peut être combattu directement avec succès par le remède grâce auquel les viticulteurs sauvent leurs récoltes des atteintes du Mildiou et du Black-rot. Les expériences faites par MM. Bartet et Vuillemin (1) dans la pépinière de Bellefontaine près Nancy ont donné des résultats très nets. Deux traitements faits à la bouillie bordelaise sur des plants de deux et de trois ans, le premier au com-

(1) Bartet et Vuillemin, *Recherches sur le Rouge des feuilles du Pin sylvestre et sur le traitement à lui appliquer. Compt. Rend. de l'Acad. des Sc.,* t. CVI, 1888, p. 628.

mencement de juin quand les aiguilles sont à moitié formées et le second un mois plus tard quand elles sont entièrement développées, ont assuré l'immunité complète des jeunes plants. Au mois de février de l'année suivante les plants traités avaient l'aspect normal; à peine voyait-on quelques taches brunes sur quelques feuilles, tandis que sur une planche non traitée qui avait été réservée comme témoin il y avait environ 80 pour cent de plants morts. Le succès de l'expérience a été ainsi complet et tout à fait démonstratif.

Lophodermium nervisequum (D. C.) Rehm.

Le Brun des aiguilles du Sapin.

Syn.: *Hypoderma nervisequum* D. C. — *Hysterium nervisequum* Fries. — *Septoria Pinastri* Fuck.

Le Brun des aiguilles du Sapin a une grande analogie avec le Brun des aiguilles de l'Épicéa et est causé par un parasite du même genre et dont l'organisation est, à part quelques différences spécifiques, fort semblable.

Le Brun n'attaque les aiguilles de Sapin que dans leur deuxième année; l'action du mycélium du *Lophodermium* du Sapin sur les cellules des feuilles est pareille à celle du *Lophodermium* de l'Épicéa. Le brunissement se produit, selon le climat plus tôt ou plus tard en mai ou en juillet. La plupart des aiguilles tombent alors et ce n'est que le plus petit nombre qui restent attachées aux rameaux. Les périthèces se forment en automne et la dissémination des spores se fait au printemps suivant.

Le *Lophodermium nervisequum* du Sapin diffère du *Lophodermium macrosporum* de l'Épicéa en ce qu'il forme ses périthèces non pas latéralement, des deux côtés de la nervure médiane de l'aiguille, mais sur cette nervure même (fig. 420) qui se trouve partagée dans le sens de sa longueur par la ligne un peu sinueuse que forme une file de petits périthèces unis entre eux. Les périthèces se forment sur les feuilles adhérentes aux rameaux à la face inférieure des aiguilles, mais il peut s'en produire aussi quelques-uns sur les aiguilles qui tombent sur le sol peu après l'infection; dans ce cas, ils naissent aussi bien à la face supérieure des aiguilles qu'à leur face inférieure, tantôt en ligne, tantôt sans ordre.

Quand la température est suffisamment humide, il se produit sur le milieu de la face supérieure des aiguilles une double ligne saillante de spermogonies.

Les spermogonies comme les périthèces peuvent aussi se développer sur les aiguilles tombées sur le sol.

Les asques du *Lophodermium nervisequum* sont un peu plus larges que ceux du *Lophodermium macrosporum* (fig. 421), mais le caractère le plus marqué qui les sépare est dans la forme et la taille des spores. Tandis que dans le *Lophodermium macrosporum* elles sont droites et aussi longues que les asques dans lesquels elles sont placées parallèlement en un seul faisceau, dans le *Lophodermium nervisequum* elles atteignent à peine la moitié de la longueur de l'asque et y sont disposées par 4 en deux groupes dont l'un occupe le sommet, l'autre la partie inférieure de l'asque. Elles sont un peu courbées en S. Les spermogonies (fig. 422) se forment comme

FIG. 420. FEUILLE DE SAPIN ATTAQUÉE PAR LE *Lophodermium nervisequum*.

dans le *Lophodermium macrosporum* à l'intérieur des cellules épidermiques et sont recouvertes seulement par la paroi supérieure cuticularisée de l'épiderme et non par la couche épidermique entière comme dans le *Lophodermium Pinastri*.

Elles ont été décrites sous le nom de *Septoria Pinastri* par Fuckel.

Le brunissement des aiguilles de Sapin peut atteindre non seulement les pousses de 3 ans, mais aussi celles qui sont plus âgées. On peut voir un arbre jusqu'alors

Fig. 421.—*Lophodermium nervisequum.*

Asque et paraphyses.

(D'après M. R. Hartig.)

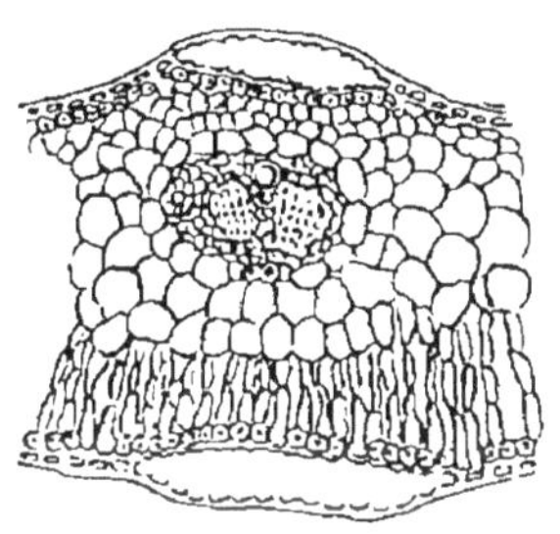

Fig. 422. — *Lophodermium nervisequum.*

Spermogonies.

indemne atteint à la fois dans tous ses rameaux de 3 à 6 ans.

Le Brun des aiguilles du Sapin attaque surtout les branches basses. Il donne aux peuplements les plus vigoureux un aspect maladif, mais ne cause pas toutefois aux arbres de bien graves dommages.

Rhytisma.

Dans le genre *Rhytisma*, les apothécies sont plus ou

moins allongées, mais au lieu d'être droites et séparées ou rapprochées en ligne comme dans les *Lophodermium*, elles sont irrégulièrement contournées et sinueuses et entremêlées les unes entre les autres, de façon à former une grande tache noire, crustacée et couverte de rides contournées qui se fendent au moment de la maturité.

Rhytisma acerinum.
Taches crustacées des feuilles d'Érable.

Syn. : Forme à spermogonies, *Melasmia acerina* Lév.

On voit très fréquemment en été les feuilles des diverses espèces d'Érables et tout particulièrement celles de l'Érable plane et du Sycomore (*Acer platanoïdes* et *Acer pseudoplatanus*) couvertes de nombreuses taches noires, arrondies, à surface rugueuse et dont le diamètre varie ordinairement entre 1 et 2 centimètres (fig. 423). Elles sont produites par le *Rhytisma acerinum*.

Ces taches sont d'abord jaunes quand elles apparaissent, au mois de juillet, mais elles ont déjà la taille des taches noires; puis elles noircissent par places et durcissent; bientôt les places noires et dures se rejoignent et il se forme ainsi une croûte rugueuse et noire à la surface de la feuille qui, du reste, est demeurée verte à l'exception d'une zone jaunâtre qui borde la tache noire.

Dans les points où se montrent les taches, le tissu de la feuille est envahi par le mycélium du *Rhytisma* qui s'y développe de façon à pénétrer tout le parenchyme et y former un stroma dans lequel on ne distingue que les débris des cellules et les éléments vasculaires des nervures.

La couche supérieure de ce stroma forme un pseudo-

parenchyme recouvert seulement par la paroi extérieure
des cellules épidermiques qui brunit, durcit et forme le

couvercle des spermogonies et des périthèces, dont le développement a une très grande analogie avec ceux des *Lophodermium* (fig. 424 et 425).

A l'automne les taches noires ne contiennent pas encore d'asques, mais seulement des quantités de petites spermaties incolores en forme de bâtonnets. Par les temps humides elles sont expulsées et couvrent les taches noires;

Fig. 423. — Feuille d'*Acer pseudoplatanus* couverte de taches de *Rhytisma acerinum*.

leur développement n'a pas été observé. Ce n'est que pendant l'hiver que les asques se forment dans les

FIG. 424. — *Rhytisma acerinum.*

Coupe d'une tache noire de Sycomore en automne contenant des spermogonies (à un très faible grossissement).

périthèces à l'intérieur des feuilles tombées qui pourrissent sur le sol. Elles ne parviennent à maturité

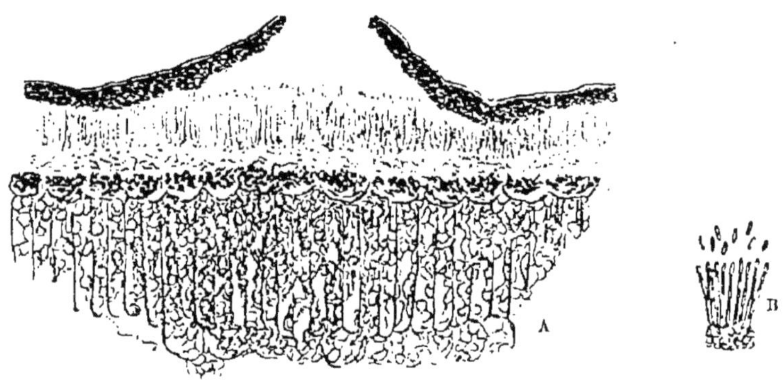

FIG. 425. — *Rhytisma acerinum.*

A, Partie de la fig. 424 plus grossie. — B, Couche fertile de la spermogonie à un très fort grossissement.

qu'au printemps. Les périthèces (fig. 426) ont pour paroi une croûte épaisse et dure qui, à la partie supérieure où doit se produire la fente de déhiscence, se dédouble, la couche inférieure se sépare de la supérieure en se bombant dans la cavité que remplissent les paraphyses et les asques qui se forment au milieu d'elles. La couche externe se rompt la première, puis la couche interne se fend à son tour quand les asques et les paraphyses gélifiées se gonflent à l'humidité.

Les paraphyses sont filiformes et enroulées en crosse
à leur extrémité. Les asques allongés, filiformes, amincis
à la base et terminés au sommet en pointe mousse con-

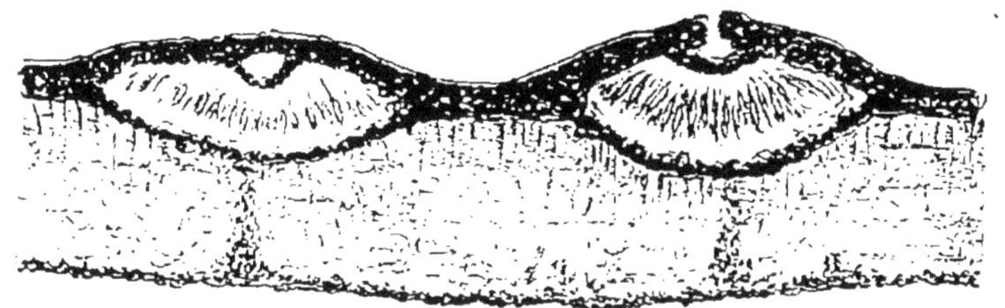

tiennent (fig. 427) chacun huit spores filiformes, droites
ou flexueuses, qui sont expulsées et germent facilement au

mois de mai quand le temps est
humide. Elles infectent facilement les feuilles alors jeunes
des Érables comme l'a dé-
montré expérimentalement M.
Cornu (1) en semant des tranches des croûtes formées par les
périthèces mûrs sur de jeunes
feuilles d'Érable. Seules celles
sur lesquelles les ascospores
mûres du *Rhytisma* avaient été
ainsi déposées se couvrirent de
taches.

Les dommages causés par le
Rhytisma acerinum ne sont
pas bien considérables. Les
feuilles couvertes de taches ont

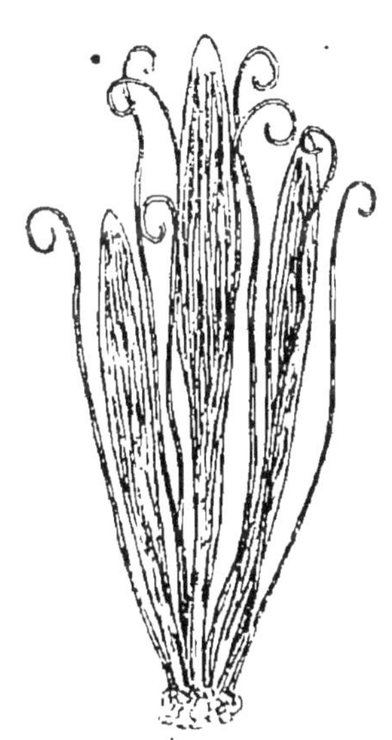

Fig. 427. — *Rhytisma acerinum.*
Asques et paraphyses.

(1) *Compt. rend. Acad. des Sc.*, Juillet 1878.

une faculté assimilatrice un peu amoindrie, la consommation des éléments nutritifs formés par les feuilles, au profit du parasite, affaiblit un peu la végétation de l'arbre qui se dépouille de son feuillage prématurément, dès la fin de septembre.

Dans les parcs, où le mal prend parfois une grande extension et gâte l'aspect des arbres on peut en arrêter l'apparition en ayant le soin de faire ramasser et brûler les feuilles qui tombent sur la terre à l'automne. On empêche ainsi la formation des ascospores qui ne se forment que dans les feuilles mortes qui pourrissent à la surface du sol, après l'hiver ; et, par conséquent, l'infection des jeunes feuilles des Érables au printemps suivant ne se produit pas.

Rhytisma Onobrychidis D. C.

Taches crustacées des feuilles du Sainfoin.

Syn. : *Placosphaeria Onobrychidis* (D. C.) Sacc.

Le *Rhytisma* du Sainfoin n'est connu que sous sa forme à spermogonies qui a été rapportée par M. Saccardo au genre *Placosphaeria*. Il forme des taches noires arrondies et irrégulières sur les feuilles vivantes du Sainfoin cultivé (1). Ses pustules naissent presque toujours à la face inférieure des folioles et d'abord éparses, puis rapprochées et confluentes, ovales-oblongues ou sinueuses, bosselées, sillonnées et d'un noir luisant. La partie correspondante de la face supérieure des folioles offre une tache d'un noir mat, on observe aussi parfois quelques petites pustules.

(1) Prillieux. *Sur la Maladie des Sainfoins. Bulletin des séances de la Société Nationale d'Agriculture*, année 1883, p. 212.

Ce *Rhytisma* ne cause pas d'ordinaire de notables dommages dans les cultures, la coupe et l'enlèvement des feuilles fauchées mettant obstacle à la multiplication du parasite. Toutefois, il s'est parfois developpé, comme on l'a constaté il y a quelques années dans le département de la Charente-Inférieure, en grande abondance sur les Sainfoins. Les pieds envahis étaient déjà affaiblis, du reste, par une mauvaise culture, ce qui obligeait les cultivateurs à retourner leurs Sainfoins dès la seconde année.

Le *Rhytisma Onobrychidis* causait ainsi une véritable épidémie, mais il est fort rare qu'il produise de tels dégâts.

FIG. 428. SPERMATIES DE *Placosphaeria Onobrychidis.*

(D'après Fuckel.)

Sur les feuilles vivantes on ne trouve dans les taches noires que les spermogonies du *Placosphaeria Onobrychidis*, dont les spermaties présentent une forme singulière qui a été signalée et figurée par Fuckel. De forme oblongue-obovée, elles emportent avec elles en se détachant leur support filiforme (fig. 428) et se montrent ainsi munies d'une queue très mince dont la longueur est double de leur diamètre.

On n'a pas observé la forme à périthèces de *Rhytisma* sur les taches des feuilles de Sainfoin. Ce n'est donc que par analogie, mais avec une certaine vraisemblance que l'on rapporte ce parasite du Sainfoin au genre *Rhytisma*.

CHAPITRE XII

DISCOMYCÈTES

PÉZIZACÉES

Les fruits à asques des Discomycètes sont ouverts au moment de leur maturité; ils ont la forme de coupe, d'assiette, ou de disque dont la face supérieure, qui était la face intérieure du fruit non encore ouvert, porte un hyménium composé d'asques et de paraphyses. On les nomme des apothécies.

A l'état jeune, les apothécies sont analogues aux périthèces. Elles sont produites de même par une masse de pseudoparenchyme émanant du mycélium et dont les assises externes se différencient en une couche corticale; mais cette couche reste d'ordinaire molle et le plus souvent de couleur claire. Du tissu intérieur émanent les paraphyses, entre lesquelles se développent les asques, et l'ensemble constitue l'hyménium. Le tissu situé au-dessous de cette couche fertile prend un grand développement contrairement à ce qui a lieu pour les périthèces et forme la plus grande partie du réceptacle. La mince couche corticale qui recouvre d'abord l'hyménium ne continue pas de croître aussi longtemps que ce dernier ; elle sedétruit et l'apothécie commence à s'ouvrir. Parfois, comme dans les *Sclerotinia* (fig. 440), les apothécies s'ouvrent dès leur origine. Dans d'autres formes, telles que les *Pseudopeziza* (fig. 429), l'ouverture se fait au contraire tardivement. L'un des groupes les plus nombreux et les plus répandus des Discomycètes est celui des Pézizacées. Il contient quelques parasites des plantes cultivées qui nous fourniront des exemples variés de Pézizes différant notablement entre elles par leur organisation.

FIG. 429. — FEUILLE DE LUZERNE ATTAQUÉE PAR LE *Pseudopeziza Trifolii*.

Pseudopeziza Trifolii (Biv.) Fuck.

SYN. : *Peziza Trifoliorum* Lib. — *Trochila Trifolii* de Not. *Phacidium Medicaginis* et *Phacidium Trifolii* Boudier.

Les *Pseudopeziza* ont des apothécies d'abord globuleuses et fermées qui sont érumpantes, c'est-à-dire qui se forment dans l'intérieur des tissus et apparaissent au dehors en crevant l'épiderme. Elles s'ouvrent en se déchirant au sommet et s'épanouissent en forme de soucoupe à bords irrégulièrement dentés.

Le *Pseudopeziza Trifolii* attaque les feuilles du Trèfle et de la Luzerne (fig. 137) ; il y produit de petites taches brunes, arrondies ou allongées, souvent très nombreuses, qui se multiplient et grandissent en s'unissant souvent les unes aux autres. Les feuilles ainsi attaquées jaunissent, se dessèchent et meurent.

Dans les places brunes, les cellules du parenchyme de la feuille sont tuées et pénétrées par le mycélium qui forme un stroma dense, dans lequel disparaissent les éléments désorganisés du tissu (fig. 430 et 431). Les jeunes apothécies y apparaissent sur la face supérieure de la feuille; presque toujours, elles se montrent à travers l'épiderme déchiré, sous

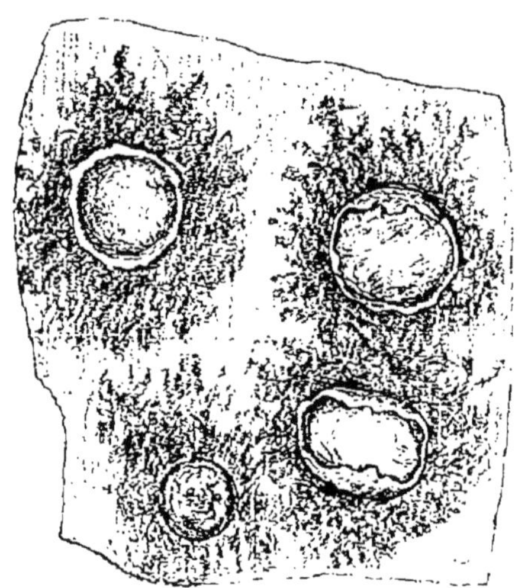

Fig. 430. — Apothécies de *Pseudopeziza Trifolii*.

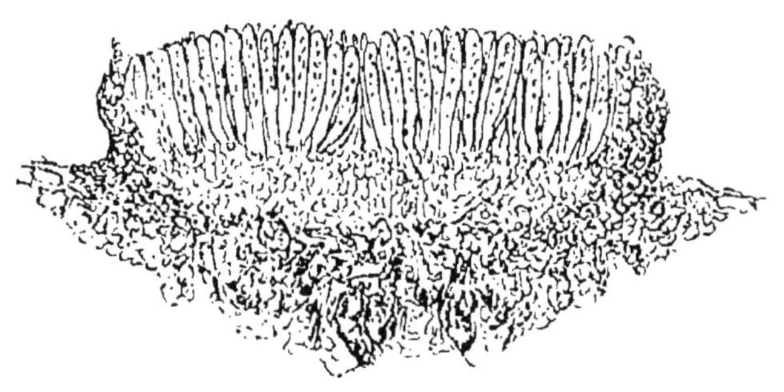

Fig. 431. — Coupe d'une apothécie de *Pseudopeziza Trifolii*.

forme de petites boules brunâtres, un peu aplaties, dont la paroi se fend en lambeaux inégaux à la partie supérieure, mettant à découvert le contenu, qui est de couleur gris jaunâtre. C'est la surface de la couche hyméniale, qui est formée d'asques oblongs-claviformes, obtus au sommet et entremêlés de paraphyses filiformes, à peu près de la longueur des asques et un peu épaissies à leur extrémité.

Les asques contiennent chacun 8 spores hyalines, ovoïdes, munies le plus souvent de deux gouttelettes oléagineuses.

M. Brefeld (1) en a observé la germination. Elles émettent un tube de germination qui, au lieu de s'allonger, se gonfle en une grosse vésicule ; puis, de cette vésicule partent un ou deux tubes de germination qui se développent en mycélium. Ce mycélium ne s'allonge pas beaucoup et se ramifie abondamment ; il est cloisonné ; ses articles sont en forme de tonneau. Au bout de 14 jours, il a commencé à produire des conidies insérées d'ordinaire directement sur le côté des filaments mycéliens en un point quelconque, plus rarement à l'extrémité d'une courte ramification latérale. Les conidies naissent souvent deux ou trois du même point ; on les trouve plus rarement tout à fait isolées (fig. 432).

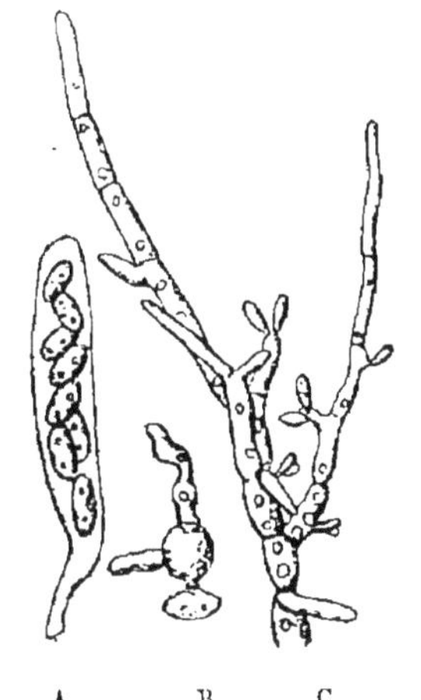

FIG. 432. — *Pseudopeziza Trifolii.*

A, Asque. — B, Spore germant. — C, Mycélium provenant de la germination d'une spore et portant des conidies (D'après M. Brefeld.)

Les spores du *Pseudopeziza* provenant soit des feuilles du Trèfle, soit de celles de la Luzerne, se sont comportées dans les cultures d'une façon identique.

(1) Brefeld, *Untersuchungen aus dem Gesammtgebiete der Mykologie,* p. 325, Tab. XIII.

On a considéré comme espèces différentes le *Pseudopeziza* du Trèfle·et celui de la Luzerne ; mais il n'y a entre le parasite des feuilles du Trèfle et celui qui envahit la Luzerne que de très faibles différences de taille, et il semble plus naturel de considérer le *Pseudopeziza Medicaginis* comme une simple forme du *Pseudopeziza Trifolii*, ayant les asques et les spores un peu plus petits.

Tulasne a attribué au *Pseudopeziza Medicaginis* comme forme accessoire, des pycnides contenant de petites spores allongées et s'épanouissant en cupules à la manière des fruits à asques du *Pseudopeziza* (1). Sous cette forme, le champignon a reçu de Desmazières le nom de *Sporonema phacidioides*.

Dasyscypha Willkommii R. Hartig.
Le Chancre du Mélèze.

SYN. : *Peziza Willkommii* Hartig. — *Helotium Willkommii* Wettstein. — *Dasyscypha calycina* Fuckel. — *Lachnella calycina* Phill. — *Trichoscypha calycina* Boud. — *Peziza Laricis* Rehm. — *Peziza calycina* Schum — *Peziza calycina* var. *Laricis* Chaillet.

Les *Dasyscypha* sont des Pezizes dont les apothécies ne sont pas sessiles comme celles des *Pseudopeziza*, mais dont la partie en forme de soucoupe revêtue par l'hyménium est portée par un pédicule bien distinct. Elles ont en outre cette particularité que leurs cupules sont couvertes de poils.

Le Chancre du Mélèze ou maladie de l'écorce du Mélèze a été d'abord étudiée par Willkomm (2) qui a

(1) Tulasne, *Selecta Fungorum Carpologia*. III, p. 141.
(2) M. Willkomm, *Die mikroscopischen Feinde des Waldes*, Dresden, 1866, p. 167 et ss., Pl. XI-XIV.

observé et figuré très bien le parasite qui la produit, bien qu'il l'ait à tort rapporté au genre *Corticium*, qui n'a avec les Pezizes qu'une ressemblance extérieure. M. R. Hartig (1) a rectifié et complété l'histoire du parasite qu'il a rapporté aux Pezizes en lui donnant le nom de *Peziza Willkommii*. Il a reconnu que ce parasite était voisin du *Peziza calycina,* qui vient sur le Pin, le Sapin et l'Épicéa, mais qu'il en diffère par la dimension de ses asques et de ses spores.

Le Chancre de l'écorce du Mélèze cause souvent, dans les massifs de cette essence, de très graves dommages, surtout dans les régions basses et humides.

Le mal se manifeste tantôt dès le printemps, quand les bouquets d'aiguilles se développent, tantôt seulement dans le cours de l'été.

Le premier symptôme qui frappe les regards est la teinte jaune que prend un rameau qui jusque-là paraissait sain; si on examine la base de la branche dont les aiguilles jaunissent et se fanent, on y trouve presque toujours un écoulement de résine, qui se produit sur un point où l'écorce est crevassée ou gonflée, tandis que le reste de l'arbre paraît être entièrement sain.

Le rameau atteint par la maladie meurt par son extrémité, puis la mort gagne jusqu'à la place où se fait l'écoulement de résine et où s'est produit le chancre. Sur l'écorce morte et desséchée apparaissent de petits points blancs de la taille d'une tête d'épingle, qui, quand les conditions favorisent leur végétation se développent en petites cupules de Pezize, blanches et velues à l'extérieur et d'un rouge vif à leur surface supérieure. C'est bien à cette petite Pézize parasite qu'est dû le

<hr>

(1) R. Hartig, *Wichtige Krankheiten der Waldbaeume*, p. 98, 1874. (*Untersuchungen aus dem forstbotanischen Institut zu München*, p. 63 et ss. Pl. IV, 1880), et *Lehrb. der Baumkrankheiten*, p. 109, 1889.

chancre du Mélèze. M. R. Hartig l'avait nommée *Peziza Willkommii;* mais l'ancien genre *Peziza* étant devenu le groupe des Pezizacées formé de nombreux genres, c'est au genre *Dasyscypha* que la Pezize du Chancre du Mélèze doit être rapportée sous le nom de *Dasyscypha Willkommii* (R. Hart.) (fig. 434, 436).

C'est, d'ailleurs, M. Rob. Hartig qui a établi expérimentalement le fait que le chancre du Mélèze est réellement produit par le parasitisme de cette Pézize et que ce mycélium envahit l'écorce et les parties superficielles du bois autour des places chancreuses. Il a enlevé sur un Mélèze de 15 à 20 ans un morceau d'écorce comprenant, outre l'écorce proprement dite, les couches du liber, et l'a remplacé par un morceau pareil de forme et de taille pris sur un chancre, et qui était disposé de façon que les tissus mis à nu de l'écorce et du liber fussent en contact avec l'écorce remplie du mycélium de la Pézize. L'expérience réussit pleinement; le mycélium pénétra dans l'écorce et le liber de l'arbre sain, et y produisit un chancre, tandis que l'introduction d'un morceau d'écorce saine dans une entaille pareille n'eut aucune conséquence.

Le mycélium du parasite, mis ainsi au contact d'une plaie faite dans l'arbre sain, s'introduit dans les tissus de l'écorce et du liber et pénètre par les rayons médullaires et les canaux résinifères jusque dans le bois.

Les hyphes, qui sont septées et ont des ramifications de taille très différentes, se glissent surtout entre les cellules du parenchyme, les tubes grillagés et les fibres du liber; tout le tissu se contracte en laissant de grandes lacunes que traversent les filaments mycéliens du parasite, mais on en voit aussi qui percent les parois et s'enfoncent dans les cellules.

En pénétrant par les rayons médullaires jusque dans le cambium, il le tue et arrête ainsi toute croissance sur le point qu'il attaque; en outre, l'écorce tuée se contracte et se dessèche. La place envahie par le parasite présente donc une dépression.

La végétation du mycélium s'arrête pendant l'été et il se produit alors entre le tissu profondément altéré et le tissu vivant une lame de liège qui les sépare complètement. C'est à cela qu'est due la production des crevasses qui s'ouvrent entre le tissu sain et le tissu mort, et l'écoulement de résine qui se fait là comme en toute place où se trouvent, au milieu d'un tissu vivant, des canaux résinifères qui sont tranchés par une incision. La térébenthine qui les gonflait s'en écoule.

A l'automne, le mycélium reprend l'activité qu'il avait perdue pendant la saison chaude et sèche. Il traverse alors en quelques points faibles la lame du liège qui protège les parties vivantes, ou bien il gagne par le bois ou le cambium et envahit les tissus voisins de ceux qu'il avait précédemment tués. Le chancre s'étend ainsi d'année en année sur tout son pourtour; il croît un peu plus rapidement, cependant, dans le sens de l'axe de la tige que dans la direction horizontale. La formation des couches successives de liège, qui séparent l'écorce encore saine de l'écorce morte pendant l'arrêt estival de la végétation du parasite, augmente l'épaisseur de l'écorce au niveau du chancre.

L'écorce morte et crevassée ne se détache pas, et, par suite, il ne se forme pas de bourrelet autour du chancre, mais il y a en général un excès de croissance sur le côté encore sain de la tige, au niveau du chancre; (fig. 433 et 434). Les couches ligneuses et libériennes y sont plus épaisses. Les diverses causes réunies produisent au niveau du chancre un renflement apparent de la tige.

Fig. 433. — Coupe d'une branche de Mélèze en un point envahi par le *Dasyscypha Willkommii*.

(D'après Willkomm.)

Le chancre du Mélèze étant produit par le parasitisme de la Pézize se propage surtout avec intensité quand les conditions atmosphériques favorisent la production des fructifications du champignon, la germination de ses spores et leur pénétration dans l'écorce d'arbres encore sains.

Les fructifications du *Dasyscypha Willkommii* apparaissent sur les écorces desséchées et crevassées des chancres, sous forme de petits mamelons blancs de la taille d'une très fine tête d'épingle.

Ces petits corps, qui en se développant, si les con-

Fig. 434. — Chancre produit sur une branche de Mélèze par le *Dasyscypha Willkommii*.

(D'après Willkomm.)

ditions extérieures sont favorables, vont produire des cupules de Pezize à hyménium rouge, sont à cette époque des spermogonies.

Ces mamelons charnus (fig. 435) sont, en effet, creusés à leur intérieur de cavités labyrinthiformes, dont les parois sont revêtues d'une sorte de velouté formé par de fins supports en forme de poinçons pressés les uns contre les autres; à leur extrémité se forment de petits corpuscules un peu allongés, dont l'extérieur est gélatineux. Cette organisation rappelle assez la Sphacélie de l'Ergot du Seigle; mais on n'a pas pu jusqu'ici faire germer ces spermaties de la Pezize du Mélèze; on ne peut donc pas affirmer que ces petits corpuscules

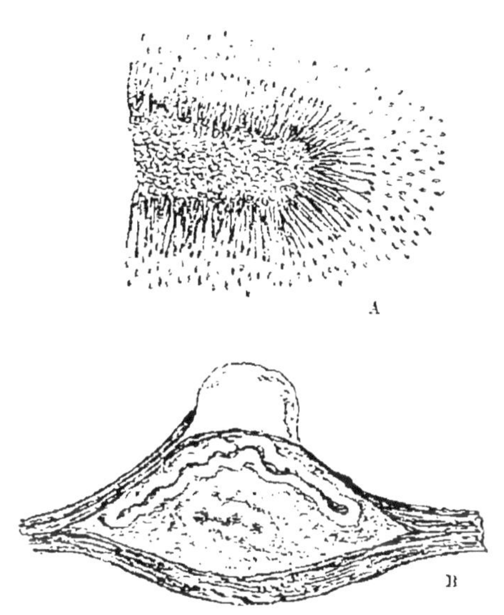

Fig. 435. — *Dasyscypha Willkommii.*

A, Spermogonie produite sur un rudiment d'apothécie. — B, Couche fertile produisant des spermaties à un très fort grossissement. (D'après M. R. Hartig.)

puissent propager la maladie du chancre du Mélèze comme ceux de la Sphacélie de l'Ergot infectent les pistils du Seigle.

Dans les localités où les arbres portant des chancres sont exposés au vent et au soleil, ces petits mamelons ne prennent aucun développement ultérieur. Ils restent en cet état et se dessèchent sans produire d'apothécie ascophore de Pezize. Dans un milieu humide, au contraire,

ils s'accroissent par la partie supérieure en forme de
massue, mais s'aplatissent et se dépriment sur le milieu
de leur sommet, de façon à produire une cupule à pédicule très court (fig. 436), couverte à l'extérieur de poils

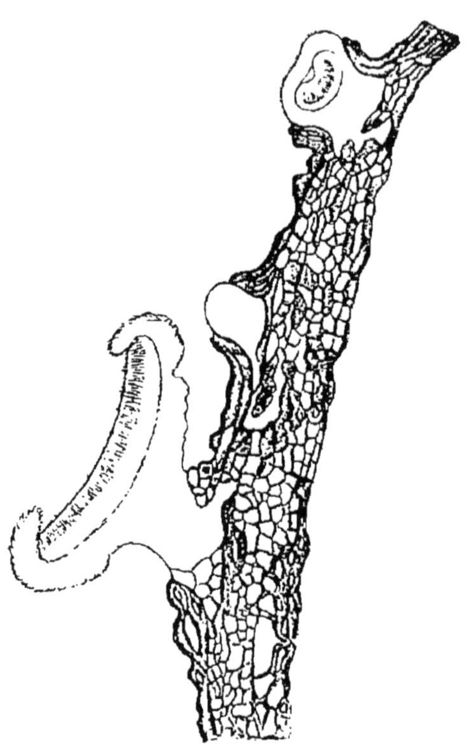

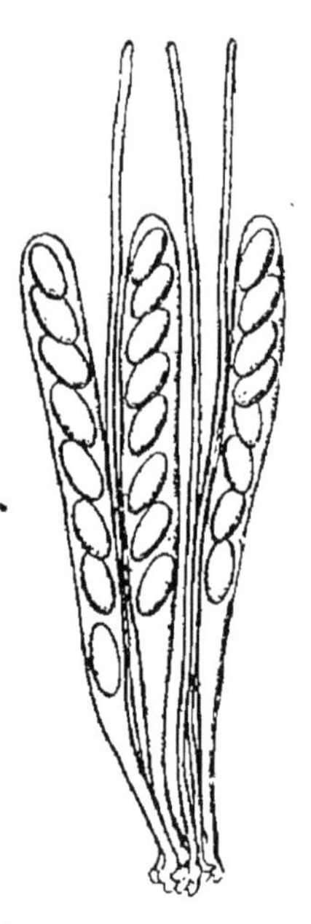

Fig. 436. — *Dasyscypha Willkommii.*

Apothécies les unes jeunes, d'autres mûres et épanouies.
(D'après Willkomm.)

Fig. 437. — *Dasyscy-
pha Willkommii.*

Asques et paraphyses
(D'après M. R. Hartig.)

blancs et portant à sa partie supérieure, qui est le fond
de la cupule, un hyménium d'un beau rouge. Cet hyménium est formé de paraphyses filiformes et d'asques
claviformes (fig. 437) allongés, qui contiennent chacun
huit spores oblongues de couleur rougeâtre. Au-dessous

de l'hyménium se trouve une couche sous-hyméniale d'une nuance rougeâtre.

Les spores sortent par un pore qui s'ouvre à l'extrémité de l'asque. Elles germent en se divisant souvent par une cloison transversale et produisant des tubes de germination ramifiés.

Il paraît douteux que les tubes de germination de la Pézize puissent pénétrer dans l'intérieur de la jeune écorce quand elle ne présente aucune blessure. Tous les essais tentés dans ce but par Rob. Hartig n'ont donné que des résultats négatifs, tandis que tous les semis de spores faits sur des plaies de l'écorce ont produit, sans exception, l'infection. La Pezize du Mélèze est donc un parasite de blessure, comme tant d'autres parasites des arbres. Il faut qu'une lésion lui ouvre l'entrée de l'intérieur du corps de l'arbre.

Ces lésions sont souvent causées par les chenilles qui rongent les jeunes pousses, ou par le poids des neiges et du verglas qui produit au point d'insertion d'un jeune rameau une déchirure qui se refermera l'année suivante, mais qui permettra avant ce moment aux spores emportées par l'eau de pluie, d'introduire leurs tubes de germination dans le tissu de l'écorce.

Ce sont les jeunes arbres qui ont le plus à souffrir du développement des chancres. Ils risquent d'autant plus d'être tués que leur diamètre est plus petit et leur végétation plus lente. Un Mélèze poussant activement peut continuer de vivre pendant de longues années en portant un chancre que ne cesse pas de s'étendre, mais qui ne gagne que peu sur ses bords.

Dans les hautes Alpes, les Mélèzes souffrent beaucoup moins du chancre que dans les plaines. Il s'y développe beaucoup moins de fructifications de Pezize; on n'en trouve que près du sol, au milieu des herbes, ou dans les vallées où règne une plus grande humidité.

Les hautes Alpes sont la véritable patrie du Mélèze ; il y trouve un climat favorable et y est moins exposé aux ennemis divers qui, comme la Pezize, ne rencontrent que dans les plaines des conditions météorologiques qui leur permettent de se multiplier au point de produire de terribles épidémies.

L'amputation des branches portant des chancres, l'enlèvement des parties désorganisées des chancres et la cautérisation des plaies soit par le feu, soit par l'acide sulfurique ou la solution de sulfate de fer avec adjonction d'acide sulfurique, que l'on emploie avec succès contre l'anthracnose, ne sont guère praticables en grand, en forêt. Le moyen le plus assuré de se mettre à l'abri du chancre, est de ne cultiver le Mélèze qu'aux endroits où les conditions de climat ne favorisent pas le développement et la multiplication du *Dasyscypha Willkommii*.

Ciboria. — Sclerotinia. — Stromatinia.
(Pezizes à Sclérotes).

Quand on a divisé l'ancien grand genre *Peziza* en plusieurs genres nouveaux, on a donné le nom de *Ciboria* aux Pezizes à cupules lisses à l'extérieur, à bords courbés en dedans à l'état jeune, s'épanouissant en forme d'entonnoir qui s'aplatit de plus en plus, et à pédicule souvent très long.

Parmi ces *Ciboria*, il en est dont les apothécies naissent, non pas d'un mycélium filamenteux, mais de véritables sclérotes. On les a réunies sous le nom de *Sclerotinia*. Il est des *Ciboria* très voisines des *Sclerotinia*, chez lesquelles les apothécies naissent, non de sclérotes constitués à la façon ordinaire et isolés au milieu soit du mycélium, soit des tissus de la plante qu'a rongée le parasite, mais des masses de stroma imprégnant tout le tissu de la plante attaquée et formant une sorte de sclérote diffus. Pour marquer cette différence, M. Boudier a créé le sous-genre *Stromatinia,* très voisin des *Sclerotinia.*

Sclerotinia Libertiana Fuck.
Maladie des Sclérotes du Haricot, du Topinambour, etc.

Syn. : *Peziza Sclerotiorum* Lib. — *P. Sclerotii* Fuck. — *P. posthuma* B. et W. — *P. Cœmansii* Kickx. — *Rustrœmia homocarpa* Karst. — *Phialea Sclerotiorum* Gill.

Un assez grand nombre de plantes cultivées sont attaquées, quand elles se trouvent dans un milieu humide comme, par exemple, les haricots forcés sous bâches par une maladie qui a pour caractère le développement, à la surface des tiges, d'un épais lacis de filaments qui les couvre à partir du sol comme d'une couche d'ouate. La plante ainsi enlacée par un mycélium parasite qui, non seulement l'enveloppe, mais encore pénètre à son intérieur jusqu'à la moelle, meurt. Dans l'intérieur de la moelle de la tige desséchée et à sa surface, au milieu de la couche flétrie d'ouate, on trouve en quantité de petits corps durs, noirs au dehors et de couleur blanchâtre au dedans, qui sont des sclérotes, des tubercules du champignon dont les hyphes ont tué la plante (fig. 438).

Il y a plusieurs parasites qui produisent des maladies ayant de pareils caractères sur diverses sortes de plantes cultivées et qui sont dues à d'autres espèces fort voisines de *Sclerotinia.*

Celle que produit le *Sclerotinia Libertiana* s'est manifestée il y a quelques années avec une grande inten-

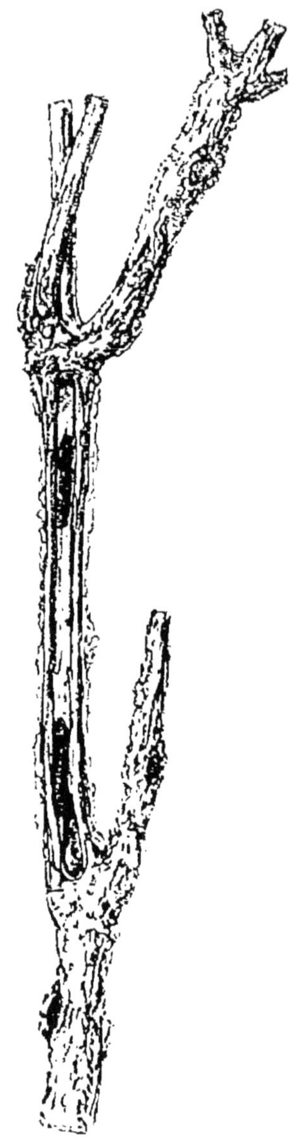

Fig. 438. — Tige de Haricot tuée par le *Sclerotinia Libertiana*.

Elle est couverte par un revêtement de filaments mycéliens et porte des sclérotes à sa surface et dans sa moelle.

sité dans les cultures de primeurs des environs d'Alger. Des Haricots verts expédiés d'Algérie paraissaient couverts de moisissure quand on ouvrait les paniers à l'arrivée. On dut faire une enquête sur la cause de cette altération inusitée et on reconnut que les pieds sur lesquels on avait cueilli les Haricots verts étaient eux-mêmes couverts de cette sorte de moisissure. Quelques parties déjà attaquées mises en panier avaient suffi pour infecter tous les Haricots; dans ce milieu humide qui convenait parfaitement à sa végétation le parasite avait pris un rapide développement.

Les Topinambours sont aussi parfois envahis en Bretagne par la même maladie; les tiges se dessèchent, meurent et à leur intérieur, dans la moelle, on trouve en quantité de gros sclérotes.

Ce ne sont pas seulement les plantes vivant d'une vie active qu'attaquent les filaments mycéliens du *Sclerotinia*, ils infestent encore et surtout les tubercules que l'on conserve dans les celliers et les caves en hiver. Les tubercules de Topinambour, de Rutabaga (fig. 439), de Betterave et surtout de Carotte peuvent être rapidement détruits par eux. Si l'on place une Carotte saine auprès d'une racine

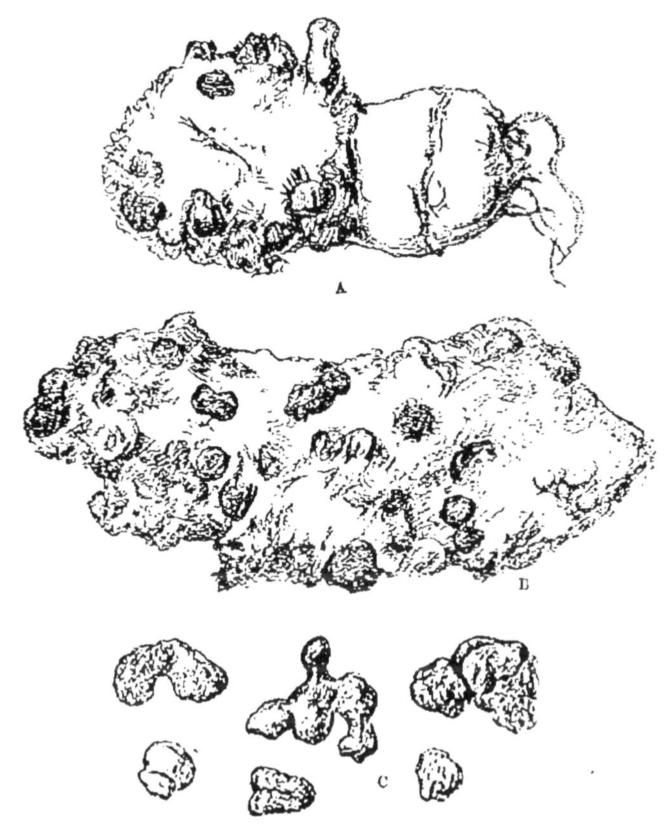

Fig. 439.

A, Tubercule de Topinambour à demi enseveli par le *Sclerotinia Libertiana*. — B, Autre tubercule entièrement recouvert par le mycélium et portant sur toute sa surface de nombreux sclérotes. — C, Sclérotes de formes diverses.

attaquée que recouvre entièrement une couche épaisse de mycélium blanc, on la voit s'amollir et se décomposer en quelques jours sous l'action des hyphes qui la pénètrent et la recouvrent d'une couche épaisse de moisissure d'un blanc neigeux; puis, soit à sa surface, au milieu des filaments entrecroisés, soit dans son intérieur, dans les tissus décomposés se forment des sclérotes noirs de forme en général un peu aplatie, oblongs et qui maintes fois se soudent les uns aux autres, de façon à présenter des contours sinueux irréguliers et à paraître ramifiés. Largement nourris par la pulpe de la Carotte, ils prennent un plus ample développement que quand ils se forment dans ou sur la tige du Haricot.

Les hyphes du mycélium pas plus que les sclérotes, qui sont formés de semblables éléments enroulés et pelotonnés en un corps résistant, ne portent pas de fructifications, mais si on place ces corps dans la terre maintenue humide, on les voit, au bout d'un temps plus ou moins long, donner naissance à des sortes de petites tiges brunâtres qui sortent de terre et s'épanouissent à leur extrémité en prenant l'apparence d'un entonnoir (fig. 440). Ce sont les apothécies d'une Pezize. Son développement complet se divise dès lors en deux phases successives : l'une où le champignon est à l'état de mycélium produisant des sclérotes, l'autre dans laquelle ces sclérotes mûrs émettent des apothécies de Pezize, quand ils sont placés dans des conditions de chaleur et d'humidité convenables.

Le mycélium est formé d'hyphes incolores rameuses, divisées par des cloisons transversales en cellules cylindriques en général allongées, mais qui présentent à ce point de vue de grandes variations. Les ramifications s'allongent beaucoup et se ramifient elles-mêmes; elles s'entrecroisent dans toutes les directions et parfois s'anastomosent entre elles.

Ce mycélium ne présente rien de particulier quand il s'enfonce dans une substance nutritive liquide ou molle qui n'oppose pas de résistance à sa pénétration.

A l'air humide, il prend un libre développement à la surface du corps dans lequel une partie de ses rameaux plongent et y forme cette épaisse couche blanche qui

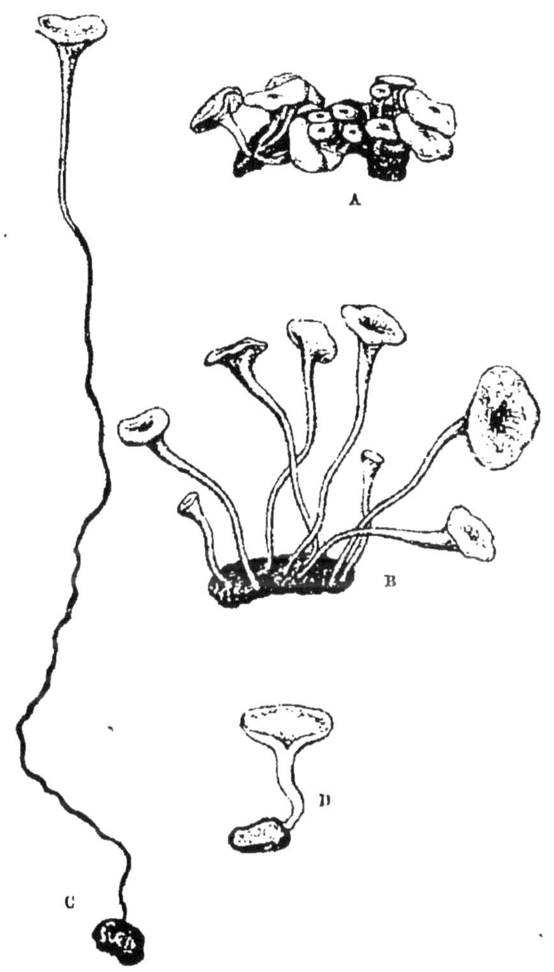

Fig. 440. — *Sclerotinia Libertiana.*

A, Sclérote portant des apothécies à pied très court. — B, Apothécies à pied plus allongé. — C, Apothécies provenant d'un sclérote placé profondément en terre et qui est portée à l'extrémité d'une pousse très allongée et qui a l'apparence d'un rhizomorphe. — D, Apothécie coupée longitudinalement.

ressemble à de la ouate. Mais quand un des filaments du mycélium vient à buter contre un corps qui lui offre de la résistance, comme une lame de verre par exemple, il produit près de cette extrémité qui rencontre un obstacle à son allongement, un pinceau de petites ramifications qui se subdivisent elles-mêmes et dans lesquelles de nombreuses cloisons transversales se produisent. Leur ensemble présente la forme d'un cône appliqué par sa base sur l'obstacle. C'est une sorte de crampon qui joue, comme l'a observé de Bary un rôle important dans la pénétration du mycélium à l'intérieur de la plante nourricière (fig. 441).

Le mycélium peut vivre et même se développer fort activement à la surface d'un liquide nutritif tel qu'une décoction de prunes, par exemple; il y forme une épaisse peau feutrée composée de filaments entrelacés qui couvre toute la surface du liquide. Il y produit même des sclérotes aussi bien qu'à la surface d'une Carotte ou de la jeune tige d'un Haricot, ou dans la moelle d'une tige qu'il a tuée.

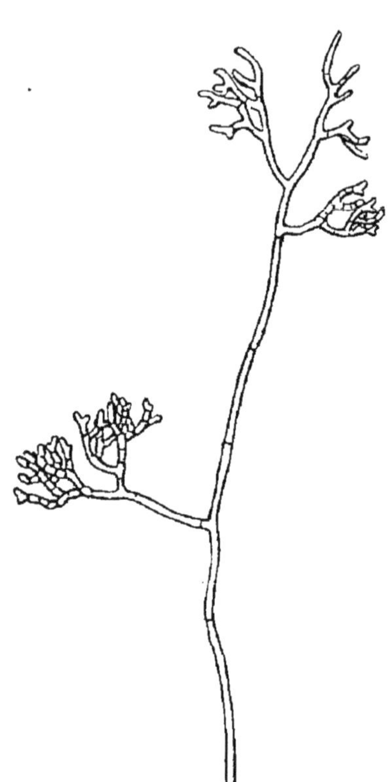

FIG. 441. — FILAMENT DE MYCÉLIUM DE *Sclerotinia Libertiana* S'ALLONGEANT SUR UNE LAME DE VERRE ET Y PRODUISANT DES CRAMPONS.

(D'après de Bary.)

A l'endroit où un sclérote va se former, les hyphes
du mycélium produisent de courts rameaux qui se contournent, s'entrecroisent et se pelotonnent en se serrant
étroitement, de manière à constituer un corps dense dont
le tissu est composé par les filaments divisés en cellules
par de nombreuses cloisons transversales. Les parties
extérieures de ces
corps prennent un
aspect différent du
reste (fig. 442); elles
se colorent en noir,
se cutinisent et for-
ment une sorte d'é-
corce, comme on le
voit d'ordinaire chez
les sclérotes.

Au moment où ils
se forment, les jeunes
sclérotes exsudent de
nombreuses gouttes
d'un liquide très acide
qui perlent à leur sur-
face.

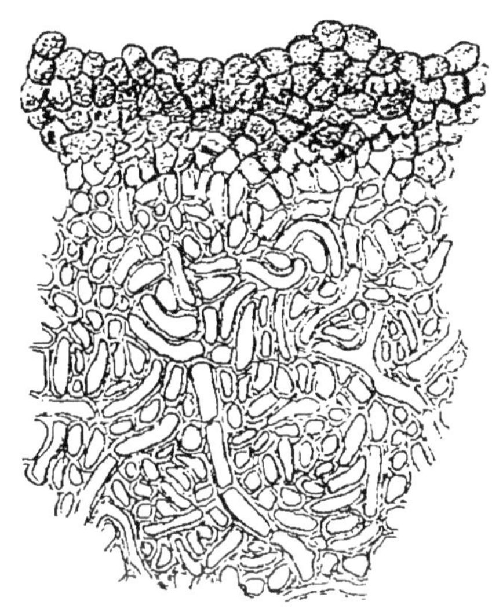

Fig. 442. — Coupe d'un sclérote de *Sclerotinia Libertiana*.

Ils atteignent une
taille plus ou moins grande et leur forme varie suivant le milieu et la place où ils se produisent. A la
surface des tubercules, ils s'étendent librement et sont
alors aplatis en forme de coussins arrondis, un peu
bombés en dessus, plats ou concaves en dessous;
mais quand ils se développent dans une cavité étroitement limitée comme est la moelle d'une tige de
Haricot qu'entoure le cylindre ligneux, ils restent plus
petits, étroits et s'allongent en prenant une forme cylindrique. Qu'ils soient larges, aplatis et de la taille d'un

petit haricot, comme ceux qui se forment à la surface d'un tubercule, ou qu'ils présentent la taille et la forme d'une crotte de souris comme ceux qui se produisent à l'intérieur d'une tige de Haricot, ils n'en donnent pas moins naissance à des apothécies de Pezize toutes identiques. Ils sont donc bien de même nature, malgré les variations considérables qu'ils peuvent présenter dans leur aspect.

De Bary a observé et décrit avec une grande précision la pénétration du mycélium du *Sclerotinia Libertiana* à l'intérieur d'une plante vivante (1).

Si on place auprès d'une Carotte dont la surface est couverte d'une couche de mycélium en pleine activité de végétation une jeune plante telle qu'une Fève, de telle façon qu'un filament vigoureux de mycélium vienne bientôt en s'allongeant buter sur l'épiderme de sa petite tige, on voit d'abord se former autour de son extrémité de ces petits rameaux cloisonnés à cellules courtes qui constituent un crampon. L'épiderme auquel adhère ce crampon ne présente d'abord aucun changement, mais bientôt sans qu'aucun filament pénètre à leur intérieur, sous l'influence d'une sorte de venin que secrète le crampon, ses cellules s'altèrent, leur protoplasma se contracte, elles brunissent; puis peu à peu le brunissement et la mort s'étendent de proche en proche, aussi bien en profondeur qu'à la surface; les cellules du parenchyme perdent leur turgescence et laissent couler leur contenu dans les méats intercellulaires.

Ce n'est que quand la désorganisation a atteint ainsi les tissus de la plante nourricière en face du bouquet de petits rameaux qui forme le crampon que ceux-ci pren-

---

(1) A. de Bary, *Ueber einige Sclerotinien und Sclerotienkrankheiten*. Bot. Zeit., 1886.

nent un rapide développement, les uns à l'extérieur de
la cuticule, les autres en pénétrant perpendiculairement
à travers des déchirures de cette cuticule, qui s'est affais-
sée sur le tissu amolli et pourrissant du parenchyme
cortical tué par la secrétion mycélienne qui s'est infiltrée
au travers.

Dès que le mycélium a pénétré dans le tissu de la
plante, il y prend un rapide et puissant développement,
et l'influence destructive qu'il exerce à distance sur les
cellules du voisinage en amène vite la destruction.

Ce poison des cellules que sécrète le mycélium parasite a pu être recueilli, et son action toxique sur les tissus
vivants observée directement. En soumettant à la presse
des Carottes dont le parenchyme était envahi par ce
mycélium, de Bary en a extrait un jus qui en 2 ou 3 heures, à la température de 20°, a causé une désorganisation
bien nette sur des tranches de Carotte et des coupes fines
de tige de Fève. Le décollement des cellules par destruction de leur lamelle intercellulaire, qui est tout d'abord
attaquée, la perte de turgescence et la contraction du
protoplasma, le brunissement des cellules et l'infiltra-
tion des tissus, sont les caractères de la mort des parties
de la plante où pénètre le poison du parasite.

Ce poison est acide ; il contient, d'après les observations
de de Bary, un ferment soluble, et de l'acide oxalique.
La présence d'un acide est nécessaire à l'action destructive du ferment ; neutralisé par le carbonate de chaux, il
devient inactif.

Les gouttelettes de liquide acide qui perlent sur les
sclérotes ont les mêmes propriétés que le jus exprimé
des tubercules envahis par le mycélium ; ils contiennent
le même ferment et aussi de l'acide oxalique et d'autres
acides organiques.

Le champignon qui cause la mort du Haricot, de la

Fève, etc., vit en réalité en saprophyte dans la plante nourricière vivante qu'il envahit; il commence par frapper de mort par le poison qu'il secrète les tissus qui l'environnent, puis il s'y enfonce et s'en nourrit. C'est le même mode d'attaque et de destruction que celui des Polypores et autres champignons parasites des bois.

Le mycélium du *Sclerotinia Libertiana* a besoin de vivre quelque temps dans des matières nutritives, non vivantes, pour devenir capable de pénétrer dans une plante vivante et de traverser l'épiderme qui la couvre. De Bary a constaté que le tube de germination qui sort d'une spore du *Sclerotinia* ne peut directement percer la cuticule de la plante nourricière, à moins d'avoir pris d'abord un certain développement en vivant sur une plante morte ou dans un liquide contenant des matières organiques, comme est une de ces décoctions de fruits qui sont un très bon liquide de culture pour le mycélium.

L'infection, d'ordinaire, se propage de proche en proche, d'une plante envahie aux plantes voisines par le mycélium qui, dans un milieu humide, couvre la tige et court à la surface du sol. C'est le bas de la tige, au niveau du sol, qui est attaqué d'ordinaire au début.

Quand on place des sclérotes dans la terre humide à une température convenable, on en voit, au bout d'un temps plus ou moins long, normalement au printemps de l'année suivante, qui présentent des sortes de pousses d'abord cylindriques, sortant à travers leur écorce dure et noire. Ces pousses s'allongent de manière à sortir au-dessus de la surface du sol, puis se dilatent en massue d'abord à leur extrémité en laissant une dépression profonde en leur milieu, et elles prennent ainsi la forme d'un entonnoir ou d'une trompette (fig. 443). Le support cylindrique est plus ou moins long, selon la profondeur à la-

quelle le sclérote a été enterré et l'épaisseur de la couche
de terre à traverser. La partie dilatée de la cupule de la
Pézize qui, d'abord creusée en entonnoir, s'aplatit de plus
en plus à mesure qu'elle s'épanouit, est tapissée sur sa
face concave, qui devient franchement supérieure à mesure que l'apothécie se
développe, par un hy-
ménium formé d'as-
ques entremêlés de pa-
raphyses (fig. 440).

Ces apothécies sont
d'une consistance char-
nue, mais ferme, qui
rappelle à peu près
celle de la cire ; elles
sont lisses à l'extérieur
et colorées sur toute
leur surface en brun
fauve pâle ; la surface
hyméniale est un peu
plus foncée que l'exté-
rieur de la cupule. Le
bas du pédicule est
d'un brun foncé pres-
que noir.

Quand l'apothécie

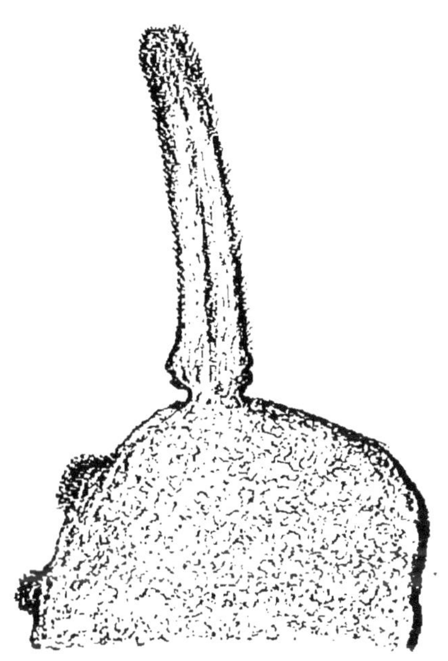

Fig. 443. — Commencement de formation
d'une apothécie de *Sclerotinia Libertiana.*

(D'après M. Brefeld)

est complètement développée, sa surface hyméniale est
devenue plane et même convexe (fig. 440); les bords de
la cupule se sont étendus et sont parfois un peu anguleux, mais au milieu du disque que couvre l'hyménium
se trouve toujours une dépression centrale conique. C'est
là un caractère qui distingue le *Sclerotinia Libertiana*
d'autres espèces fort voisines des Pézizes à sclérotes.

Les asques du *Sclerotinia Libertiana* sont cylindriques, obtus à leur sommet; ils ont de 120 à 140 μ de long, sur 8 à 9 de large (fig. 444), et contiennent chacun huit spores ovales, incolores. Sous l'action de l'eau iodée, ils se colorent légèrement en bleu au sommet; il est probable que la matière qui constitue cette partie de l'asque et se colore en bleu par l'iode, est élastique et fait fonction d'un sphincter servant à la projection des spores.

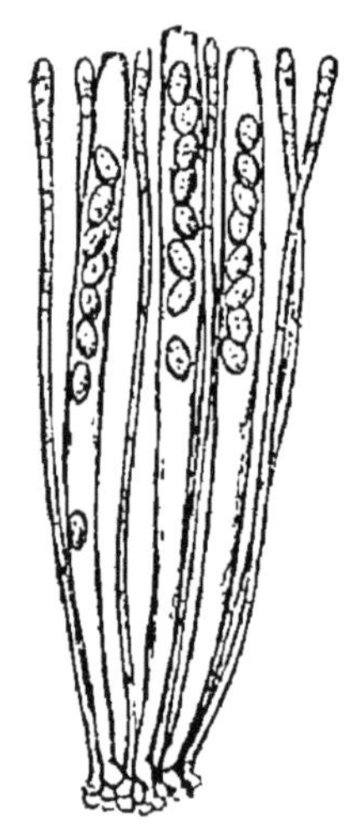

Fig. 444. — Asques et paraphyses de *Sclerotinia Libertiana*.

Les paraphyses sont filiformes et un peu dilatées en massue à leur extrémité. A la maturité, les spores mûres sont projetées à une grande distance. Quand on cultive de ces sclérotes, et que l'on a plusieurs apothécies épanouies dans l'air humide sous une cloche, si on enlève la cloche, on voit aussitôt des myriades de spores lancées toutes à la fois former un nuage blanchâtre que l'air emporte.

Les ascospores du *Sclerotinia Libertiana* peuvent germer sans retard en produisant un tube de germination qui se ramifie et devient un mycélium, s'il trouve à sa portée les matières nutritives qui lui sont indispensables pour se bien développer, et prendre la force de pénétrer dans la plante vivante où il portera l'infection et la mort.

Les Haricots, les Topinambours, les Carottes ne sont pas les seules plantes agricoles qui, à l'état de vie active, soient attaquées par le *Sclerotinia Libertiana*. J'ai reçu de Bretagne, il y a quelques années, en même temps que des tiges de Topinambour remplies de sclérotes de *Sclerotinia*, des tiges de Maïs provenant de la même localité et qui en contenaient de pareils. En Russie, dans le gouvernement de Smolensk, le Chanvre est sujet à une maladie des sclérotes due à une Pézize que Tichomirow (1) a décrite sous le nom de *Peziza Kaufmanniana*. La façon dont le parasite attaque les pieds de Chanvre, le développement de ses sclérotes, tant dans la moelle qu'à la surface des tiges, répond fort exactement à ce que nous connaissons du *Sclerotinia Libertiana*. Les apothécies paraissent semblables; on ne signale d'autre différence qu'une taille un peu plus allongée des asques : 150 μ au lieu de 130 à 140 μ. Les sclérotes ne diffèrent pas d'aspect. Il n'y a donc pas de caractère net qui distingue la Pézize à sclérotes du Chanvre. D'autre part, de Bary est parvenu à infecter les jeunes pieds de Chanvre à l'aide du *Sclerotinia Libertiana*; les tiges du Chanvre se sont fanées et il s'y est produit des sclérotes. Il est donc très probable que la *Peziza* (*Sclerotinia*) *Kaufmanniana* n'est pas en réalité différente du *Sclerotinia Libertiana*.

Sclerotinia Trifoliorum Eriksson.
Maladie à sclérotes du Trèfle.

Svn. : *Peziza ciborioides* Hoffm. — *Sclerotinia ciborioides* Rehm.

Une Pézize à sclérotes très voisine du *Sclerotinia Libertiana*, le *Sclerotinia Trifoliorum*, cause une maladie des Trèfles qui a été signalée et étudiée d'abord en Allemagne par M. Rehm (2). Elle attaque les diverses espèces de Trèfles cultivées.

Dans les Trèfles rouges, les Trèfles blancs, les Trèfles

(1) *Bull. Soc. Nat.*, Moscou, 1868.
(2) Rehm, *Entwickelungsgeschichte eines Kleearten zerstörenden Pilzes.* — Götting, 1872.

incarnats, les Trèfles hybrides, dès l'automne de l'année du semis, et plus encore au printemps suivant, on voit des pieds, jusque-là vigoureux et très sains en apparence, changer de couleur, se faner et se couvrir par places d'un lacis de filaments ayant l'aspect de moisissures, puis, finalement, pourrir complètement.

Au printemps, après la fonte des neiges, on trouve

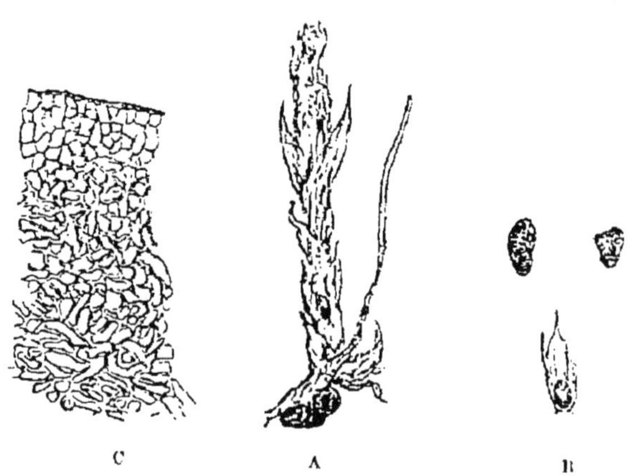

Fig. 445. — *Sclerotinia Trifoliorum*.

A. Pousse de Trèfle envahie par le *Sclerotinia Trifoliorum*. — B, Sclérotes dont l'un est à l'aisselle d'une feuille. — C, Coupe grossie du sclérote.

sur les tiges décomposées et au collet des racines restées en terre, de petits sclérotes arrondis, gris ou noir, de différentes grosseurs, tantôt isolés, tantôt unis de façon à former des masses aplaties qui semblent ramifiées. Ils ressemblent beaucoup à ceux du *Sclerotinia Libertiana* ; on ne saurait les en distinguer nettement ni par leur aspect extérieur ni par leur structure anatomique.

Les sclérotes formés au printemps restent sur le sol pendant tout l'été sans subir d'autre modification que de se dessécher ou de se gonfler d'eau selon l'état d'humidité du sol. C'est ordinairement dans le mois de juillet ou d'août que des apothécies de Pezize commencent à se produire, à moins qu'une trop grande sécheresse ne mette obstacle à leur développement. Gardés au sec, ces sclérotes peuvent conserver pendant au

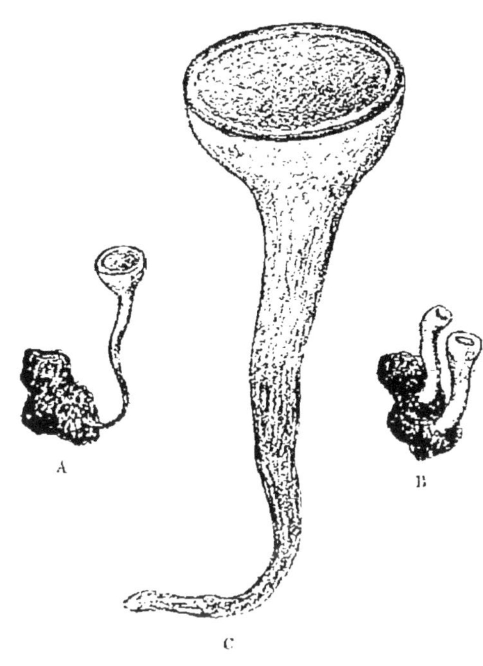

FIG. 416. — *Sclerotinia Trifoliorum.*
A. Apothécie épanouie naissant d'un sclérote. — B, Deux jeunes apothécies. — C, Apothécie épanouie, plus grosse.

FIG. 447. — *Sclerotinia Trifoliorum.* ASQUES ET PARAPHYSES.

moins deux ans et demi la faculté de produire des apothécies (fig. 445).

La plupart de ceux qui en terre n'ont pas fructifié en automne, sont rongés par des insectes pendant l'hiver quand ils sont gonflés d'eau et amollis. Quelques-uns cependant traversent l'hiver et donnent au printemps des fructifications de Pézize.

La première apparition d'une apothécie consiste en

une petite saillie de l'écorce du sclérote du côté dirigée vers la surface du sol; puis l'écorce se rompt pour laisser passer un corps en forme de fine colonne d'un brun foncé, qui s'allonge par son extrémité et s'épaissit un peu vers le niveau du sol. Parvenu à l'air il se renfle davantage et prend l'aspect d'une massue munie d'une dépression au sommet; puis, peu à peu, il prend la forme ordinaire des apothécies de *Sclerotinia*, et présente comme taille, comme consistance, comme couleur, la plus grande analogie avec le *Sclerotinia Libertiana* (fig. 446). C'est cependant une espèce différente. Ce *Sclerotinia*, qui a reçu le nom de *Sclerotinia Trifoliorum* se distingue surtout de l'espèce précédente en ce que sa surface hyméniale est lisse et concave comme un verre de montre, sans présenter en son milieu de dépression en entonnoir (fig. 447). La forme des asques et des paraphyses ne diffère pas beaucoup dans les deux espèces. Les ascospores sont notablement plus grosses que celles du *Sclerotinia Libertiana;* elles ont environ 18 μ de long sur 9 μ de large.

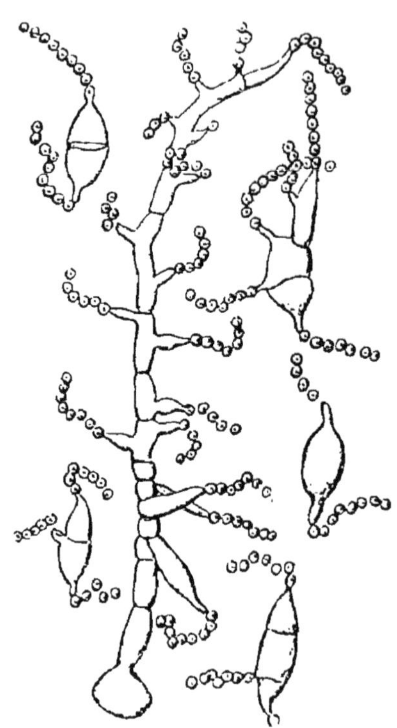

FIG. 448. — GERMINATION D'ASCOSPORES DE *Sclerotinia Trifoliorum.*

(D'après M. Hartfeld.)

Ces spores placées sur l'eau ou dans l'air saturé d'humidité se gonflent et parfois se cloisonnent; elles commencent à produire au bout de 4 à 6 heures des tubes de germination. Chaque spore en peut émettre jusqu'à 3 sur des points indéterminés de sa surface. Ces tubes croissent rapidement; en 24 heures, ils ont déjà atteint la longueur de la spore et commencent à se ramifier. Au bout de 3 ou 4 jours, les rameaux et saillies latérales des tubes de germination produisent à leur extrémité de très petits corps globuleux soit isolés, soit en file, que l'on a désignés sous le nom de sporidies (fig. 448). Ces sporidies ont de 2 à 3 μ de diamètre; elles présentent à leur milieu un petit corpuscule brillant très réfringent. On n'a jamais pu en obtenir jusqu'ici la germination. Des productions semblables ont été observées et figurées par Tulasne (1), par M. Woronine dans la germination des spores de divers autres *Sclerotinia-Stromatinia* (2) et par moi-même (fig. 459).

Dans l'eau contenant des éléments nutritifs, dans une décoction de fruits, par exemple, les tubes de germination s'allongent en filaments de mycélium. Parfois, dans un même semis, on voit certaines spores produire du mycélium, tandis que d'autres donnent des sporidies, sans doute parce que le liquide contient par place quelque peu de matière organique, soit du plasma provenant des asques, soit quelque poussière. Quand à l'eau pure où la germination se fait en produisant des sporidies, on ajoute un peu de liquide nutritif, on voit aussitôt cette production cesser et des filaments de mycélium se développer.

Pendant qu'elle germe, l'ascospore se divise souvent transversalement en plusieurs compartiments par la formation dans son intérieur d'une ou de plusieurs cloisons.

<hr>

(1) *Selecta Fung. Carpol.* III, pl. XXII.
(2) *Ueber die Sclerotien-Krankheit der Vaccinieen-Beeren.*

L'infection artificielle de plants de Trèfle sains a été faite par M. Rehm en plaçant au premier printemps sur les feuilles, dans un milieu humide, des apothécies mûres de *Sclerotinia Trifoliorum;* au bout de 6 à 8 jours on trouvait ces feuilles remplies de nombreux filaments de mycélium du parasite.

Le mycélium du *Sclerotinia* du Trèfle pénètre, comme celui du *Sclerotinia Libertiana*, à travers l'épiderme, croît dans l'intérieur des tissus et les détruit de la même façon, et s'infiltre jusque dans le pivot de la racine. Les parties vertes se décolorent, brunissent, les feuilles se fanent et tombent. Dans un milieu suffisamment humide, elles se couvrent de touffes de filaments du mycélium sortis de leur intérieur, et qui sont capables de propager l'infection sur les plants voisins. Certains filaments, sortant des tissus de la plante infectée, se redressent, d'après les observations de M. Rehm, en petits troncs qui portent de courtes ramifications. Cette forme de fructification conidienne se rapporterait au genre *Botrytis*. Ce fait serait analogue à ce que l'on a observé dans d'autres espèces de *Sclerotinia*, et en particulier dans le *Sclerotinia Fuckeliana*, dont le *Botrytis cinerea* est considéré comme la forme conidienne (v. plus loin p. 420).

Sur les plants jeunes et qui ont peu de feuilles, tout se borne à la destruction de la petite plante qui pourrit; il peut en être ainsi, de même pour des pieds plus forts; mais sur d'autres, il se produit des sclérotes, le plus souvent à la surface de la tige, au dedans des gaînes des feuilles. D'après M. Rehm, on en peut voir aussi à l'intérieur de l'écorce du pivot de la racine un peu au-dessus du collet. Il peut s'en produire même de petits sur les feuilles tuées par le parasite.

Sur le Trèfle rouge et le Trèfle incarnat, les sclérotes

se montrent presque sans exception au collet. Sur le Trèfle blanc et le Trèfle hybride, on en trouve aussi sur la tige, les pétioles et même le limbe des feuilles.

Le *Sclerotinia Trifoliorum* peut attaquer également les Sainfoins, les Luzernes et le Fenu-grec. Dans la Charente-Inférieure, où le Sainfoin constitue la base des assolements depuis la destruction des Vignes par le Phylloxéra, la Pezize du Trèfle est devenue dans certaines localités un véritable fléau pour les cultivateurs. Les pieds attaqués se fanent, leurs feuilles tombent et se dessèchent sur le sol, le collet est rongé par une sorte de pourriture, et ne tient plus à la racine, qui elle-même pourrit. Sur le bas de la tige surtout, mais aussi à différentes hauteurs et même sur le rachis des feuilles, on voit des touffes d'une moisissure blanche, qui est un mycélium pareil à celui qui se montre sur les Trèfles. Des sclérotes se forment de même à l'extérieur des tiges désorganisées principalement vers la hauteur du collet et à l'intérieur de la gaîne des feuilles.

Comme dans les champs de Trèfle, le mal se propage de proche en proche, et on voit ainsi, dans les plus belles pièces de Sainfoin, des ares entiers dénudés par la mort de tous les pieds. Il en est de même pour le Fenu-grec dans le département du Gers.

Les champs envahis par le *Sclerotinia* devront être défrichés au plus vite, et on devra éviter de réensemencer en fourrages artificiels pendant quelques années les champs où la maladie des sclérotes aura été observée. L'alternance des cultures sera le moyen le plus facile et le plus efficace pour empêcher le parasite de prendre un développement bien dangereux.

Sclerotinia Fuckeliana (de Bary) Fuckel. — Botrytis cinerea Pers.

Pourriture grise de la Vigne. Pourriture noble. Toile.

Syn. : *Peziza Fuckeliana* de By.
État conidien. — *Botrytis vulgaris* Fr. — *Polyactis sclerotiophila* Kurz. —*Polyactis vulgaris* Link. — *Botrytis Polyactis* Link. — *Botrytis acinorum* Pers. ? — *Botrytis Douglasii* von Tubeuf.

On trouve en automne et en hiver, sur les feuilles mortes et pourrissantes de la Vigne, de petits sclérotes plats arrondis ou allongés, souvent de forme irrégulière d'environ 2 à 4 millimètres de longueur sur 1 à 2,5 de largeur et d'épaisseur ; ils sont noirs et d'abord brillants, puis finement granulés à l'extérieur. Ils doivent être rapportés à une Pézize, le *Sclerotinia Fuckeliana*, dont on a suivi le complet développement (1).

Les apothécies du *Sclerotinia Fuckeliana* ressemblent beaucoup à celles du *Sclerotinia Libertiana* et du *Sclerotinia Trifoliorum ;* elles sont d'une couleur brunâtre, d'une consistance céracée; d'abord fermées en boule, elles s'ouvrent ensuite en rond en s'élargissant en coupe et, finalement, en forme de plat finement bordé. La cupule est portée sur un pied plus ou moins long, cylindrique, droit ou flexueux, qui varie de longueur entre 2 et 10 millimètres.

Les asques que portent ces apothécies sont cylindriques, arrondis au sommet, où ils se colorent en bleu par l'iode. Ils sont entremêlés de paraphyses fili-

---

(1) De Bary, *Vergleichende Morphologie und Biologie der Pilze*, p. 275. de Bary, *Ueber einige Sclerotinien und Sclerotienkrankheiten*, Bot. Zeit. 1886. Pirotta, *Sullo Sviluppo della Peziza Fuckeliana*, Nuovo Giornale botanico ital., XIII, 1881.

formes, souvent un peu épaissies à l'extrémité. Les ascospores sont incolores, ovoïdes ou oblongues-elliptiques; elles ont de 9 à 10 μ de long sur 5 à 6 μ de large. Elles sont projetées en nuage quand l'état hygrométrique du milieu varie, comme cela a lieu pour

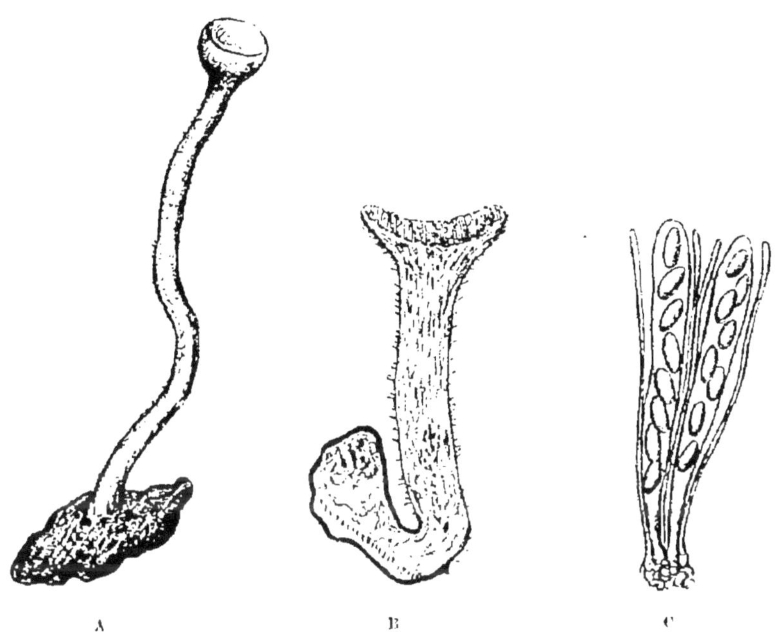

Fig. 449. — *Sclerotinia Fuckeliana.*

A, Apothécie à pied allongé naissant d'un sclérote (d'après M. Ravaz). — B. Coupe un peu grossie d'une apothécie et d'un sclérote (d'après de Bary). — C, Asques et paraphyses(d'après M. Ravaz).

tous les autres *Sclerotinia* et *Stromatinia* (fig. 449).

Les sclérotes qui produisent les apothécies de *Sclerotinia Fuckeliana* se rapportent au *Sclerotium echinatum* de Fuckel. Récoltés sur des feuilles de Vigne tombées en octobre et placées dans du sable humide, elles donnent naissance au bout d'un espace de temps plus ou moins long, non pas seulement aux apothécies, mais encore à des touffes d'arbres conidiophores que l'on a pu identifier à ceux d'une Mucédinée très répandue et le plus souvent saprophyte, le *Botrytis cinerea*. Dans une culture, certains sclérotes donnent des apothécies de *Sclerotinia;* d'autres, des touffes de conidiophores de *Botrytis*.

Les *Botrytis* sont caractérisés par des filaments fructifères septés, olivâtres, dressés, plus ou moins allongés; tantôt simples et portant seulement à leur extrémité des branches latérales couvertes de conidies et formant une sorte de tête terminale (fig. 450), tantôt ramifiés une ou plusieurs fois, dichotomes, et portant soit sur leur trajet, soit à leur extrémité, des glomérules sporigères. Extrêmement variables de forme, elles ont été rapportées à des variétés spéciales et nommées *Botrytis condensata* Sacc., *B. furcata* Fres., *B. interrupta* Fr. La tige principale ou les rameaux latéraux portent à leur extrémité plus ou moins renflée en petite tête arrondie, ou sur des petites saillies le long de leur trajet, de nombreuses conidies ovoïdes ou presque globuleuses, hyalines ou très faiblement brunâtres, qui naissent de l'extrémité d'un stérigmate comme les spores des Basidiomycètes.

Si on fait germer une ascospore de *Sclerotinia Fuckeliana* dans un liquide nutritif tel que du jus de raisin, elle peut produire un mycélium primaire qui, directement et sans intermédiaire, devient un conidiophore de *Botrytis;* mais d'ordinaire, ce mycélium primaire donne naissance à des sclérotes, et c'est de ces sclérotes que naissent seulement ou les apothécies ou les conidiophores.

M. Ravaz (1) a vu dans des observations qu'il a faites à l'École d'agriculture de Montpellier, les deux formes de

---

(1) Viala, *Maladies de la Vigne*, 2ᵐᵉ éd., p. 392.

fructification se montrer sur les mêmes sclérotes soit successivement, à des époques différentes, l'apparition de

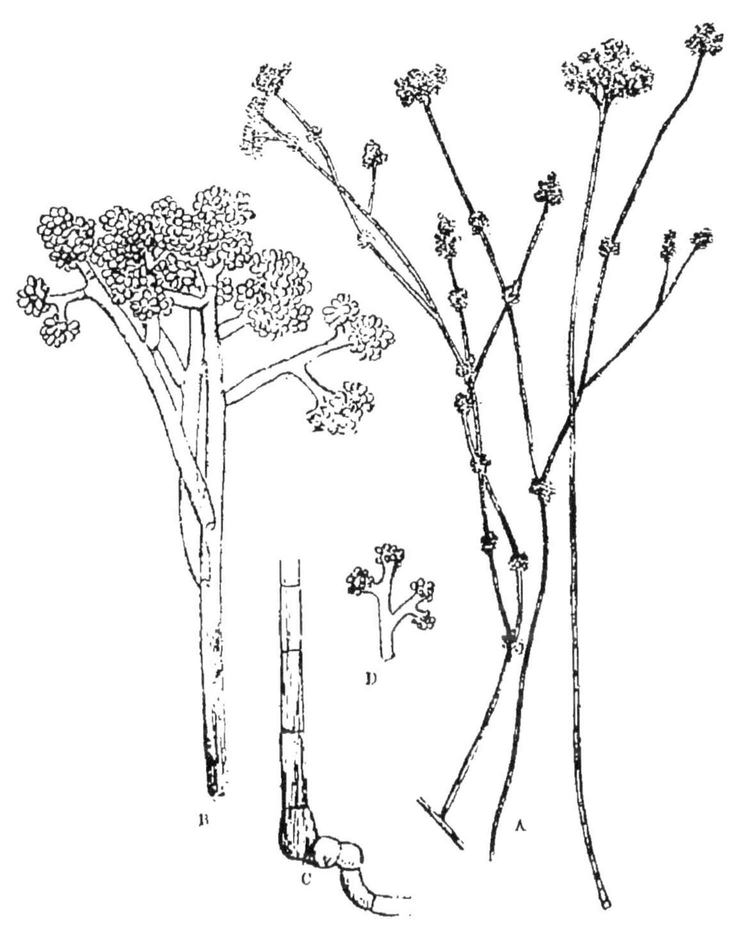

FIG. 450. — *Botrytis cinerea.*

A, Filaments fructifères portant des rameaux conidiophores. — B, Rameau conidiophore, plus grossi. — C, Partie inférieure d'un rameau fructifère. — D, Extrémité d'un rameau fructifère portant de très jeunes conidies.

la forme conidienne précédant celles des apothécies; soit simultanément, la fructification de *Sclerotinia* et celle de *Botrytis* naissant en même temps sur le même sclérote.

Les conidiophores de *Botrytis* ne se forment pas exclusivement comme les apothécies de *Sclerotinia* sur les sclérotes; ils peuvent aussi provenir directement du mycélium filamenteux, et ils sortent à la surface des feuilles infectées en en perçant l'épiderme.

Les conidies de *Botrytis* donnent en germant un mycélium qui a les mêmes propriétés que celui qui provient d'une ascospore de *Sclerotinia*; il peut produire des sclérotes donnant soit des apothécies de *Sclerotinia*, soit des conidiophores; toutefois, il a une disposition plus grande à reproduire la forme conidienne de *Botrytis*. De même, d'autre part, les spores de *Sclerotinia* ne donnent pas d'ordinaire naissance à des conidiophores de *Botrytis*, mais à des sclérotes d'où le plus souvent sortent seulement des apothécies de *Sclerotinia*.

Ainsi, malgré le dimorphisme bien établi de l'espèce, il y a une tendance manifeste au maintien ordinaire d'une seule et même forme chez les descendants; le passage de la forme *Sclerotinia* à la forme *Botrytis* ou réciproquement, peut être regardé comme exceptionnel.

Le *Sclerotinia Fuckeliana* est d'ordinaire saprophyte; néanmoins, dans un milieu humide et chaud comme est celui de l'intérieur des serres destinées aux cultures forcées de la Vigne, le *Botrytis cinerea* attaque souvent les feuilles vertes et les jeunes pousses.

Les jeunes feuilles de Vigne atteintes portent de larges taches brunes qui se couvrent d'un épais velouté grisâtre formé par les filaments fructifères qui percent l'épiderme. Aucune démarcation tranchée ne sépare les parties saines et vertes de la région malade; la tache brune s'étend gagnant de proche en proche sur tout son pourtour. Ses bords plus récemment envahis ont encore une teinte verdâtre qui s'atténue par zones concentriques à mesure qu'on se rapproche du centre (fig. 451).

La maladie atteint de même les jeunes pousses et les désorganise.

Le mycélium pénètre dans l'écorce et même dans le bois ; les petits rameaux meurent, brunissent, et se couvrent du velouté cendré que forment les fructifications conidiennes du *Botrytis*, et leurs entre-nœuds se désarticulent.

Les Vignes en plein air sont assez rarement atteintes ainsi dans leurs organes de végétation ; cependant, la pourriture des rameaux causée par le *Botrytis cinerea* a été cons-

Fig. 451. — JEUNE FEUILLE DE VIGNE ENVAHIE PAR LE *Botrytis cinerea*.

tatée par M. Foëx sur des Vignes des environs d'Oued-el-Alleg en Algérie, et en France dans le département du Gard, aux environs de Vauvert (1).

De nombreux rameaux herbacés de 20 à 30 centimètres de longueur se détachaient et tombaient sur le sol. Là, ils se couvraient d'un mycélium blanc floconneux, au milieu duquel se formaient des sclérotes. Il s'en produisait encore d'autres en quantité dans l'intérieur du canal médullaire, comme cela a si fréquemment lieu pour le *Sclerotinia Libertiana*.

(1) Foëx, *Pourriture des rameaux de Vigne déterminée par le Botrytis cinerea.* — Revue de Viticulture, t. V, 7 mars 1896.

Les sarments détachés de la souche pour être bouturés sont assez souvent attaqués par le *Botrytis cinerea* qui y produit ses sclérotes. Sur les greffes-boutures, le parasite pénètre soit dans le sujet, soit dans le greffon dont il tue l'écorce et le bois.

Il forme le plus souvent des sclérotes à la surface des tissus coupés entre le sujet et le greffon (1). Cette destruction des boutures par le *Botrytis cinerea* ne se produit du reste de façon à causer des dommages que quand les sarments sont placés dans des conditions de conservation défectueuse, par exemple dans du sable trop humide.

Dans les vignobles, le *Botrytis* attaque souvent les raisins dans les années humides, et les fait pourrir.

Les jeunes grappes peuvent être envahies dès l'époque de la floraison, elles pourrissent et tombent; mais c'est surtout quand les grains ont déjà atteint la moitié de leur grosseur que les grappes, surtout quand elles sont serrées et compactes, sont fréquemment attaquées et en partie détruites par le *Botrytis cinerea*. Le mal débute sur un grain et gagne rapidement de proche en proche. Les grains envahis par le parasite prennent tout d'abord une teinte jaune grisâtre, terreuse; leur surface s'affaisse, ils se flétrissent, se dessèchent et se couvrent finalement du velouté gris cendré qui caractérise la maladie.

Les dégâts ainsi produits sont souvent assez graves pour entraîner la perte d'un cinquième et même d'un quart de la récolte.

Quand le *Botrytis cinerea* se développe seulement sur les raisins déjà parvenus à maturité, il ne cause pas de dommage : au contraire, il améliore dans une certaine proportion la qualité du moût provenant particulière-

(1) Viala, *Une maladie des greffes-boutures.* Revue générale de Botanique, 1891.

ment de cépages dont les grains ont la peau épaisse, en y produisant ce que l'on a nommé la pourriture noble (1).

On sait que les raisins blancs de Sauternes et des bords du Rhin se récoltent seulement quand ils ont dépassé ce que l'on considère comme la maturité ordinaire, quand ils sont passerillés et ridés ; ils sont souvent alors envahis par la « pourriture noble ».

Dans ce cas, le *Botrytis* ne pénètre guère que dans la peau du grain ; il en tue les cellules superficielles qui brunissent et laissent plus facilement évaporer l'eau contenue dans la pulpe. Le grain envahi ainsi par le *Botrytis* se passerille plus vite et plus complètement. La proportion de sucre et d'acide contenue dans le moût des raisins qui ont subi la pourriture noble, augmente par suite de la perte d'eau ; en outre, il se produit une diminution dans la quantité de matière azotée soluble, tandis que la proportion de la matière azotée insoluble augmente. Tout en activant l'évaporation du jus, le champignon qui se nourrit de la matière du grain, y consomme plus rapidement la matière azotée soluble et l'acide que le sucre. Son action a pour effet de rendre le moût plus concentré et plus sucré.

La fermentation s'y fait très lentement, et dure très longtemps, et le vin qui en provient prend quelque chose du goût des vins cuits.

Le *Botrytis cinerea* n'attaque pas seulement la Vigne. Sur une quantité de plantes dont on voit au début les tiges brunir, faner et se dessécher sans cause apparente, on trouve dans la moelle des sclérotes qui produisent des

---

(1) *La « Pourriture noble » dans la vinification*, par M. Sauvageau. *Revue de viticulture*, p. 145, 1894. D'après M. Müller-Thurgau, *Ueber die Veraenderungen welche die Edelfaeule an den Trauben ursacht*. Landwirtsch. Jahrb. 1888.

conidiophores de *Botrytis*, ou bien les organes altérés se couvrent de leur velouté gris cendré.

On a cité dans les jardins de nombreux cas de destruction de Lis, de Digitale, de Balsamine tués par le *Botrytis cinerea*.

Ce parasite a produit une véritable épidémie sur la grande Gentiane dans le Jura, où elle a été étudiée par M. Kissling (1). C'est au moment de la floraison que la plante était envahie par les spores du *Botrytis cinerea* qui germaient sur les stigmates et les anthères. Leur tube de germination pénètre aisément dans ces organes qui brunissent et meurent; et de là le mycélium parasite envahit toute la tige la tue et y produit ses sclérotes.

Les Rosiers dans les serres sont très fréquemment aussi attaqués par le *Botrytis cinerea*. Leurs jeunes pousses sont tuées comme celles des Vignes et se couvrent de même du velouté cendré caractéristique. Il en est souvent de même pour les Pélargoniums, les Bégonias, etc., conservés l'hiver dans les serres.

Les organes jeunes et les plantes naissantes sont surtout exposées aux dangereuses attaques du *Botrytis cinerea*. M. Hiltner a très bien constaté qu'une véritable épidémie de jeunes Giroflées-quarantaines était due au parasitisme du *Botrytis cinerea* (2).

Sous une forme stérile, formé seulement de filaments mycéliens très déliés, qui courent sur le sol, et dans le sol, le *Botrytis cinerea* entourant les racines des jeunes semis d'un fin réseau d'hyphes les pénètre et les tue. Ces filaments enlacent en même temps en une seule

(1) Kissling, *Zur Biologie der Botrytis cinerea*, Hedwigia, juillet-août 1889.

(2) L. Hiltner, *Einige durch* Botrytis cinerea *erzeugte Krankheiten gaertnerischer und landwirthschaftlicher Culturpflanzen.* Inaugural dissertation. Tharandt, 1892.

masse les petites particules de terre autour des jeunes plantes qui dépérissent et meurent, sans que leurs organes extérieurs paraissent attaqués. Ce n'est qu'assez tardivement que les cotylédons les jeunes feuilles pénétrées et tuées par le mycélium pourrissent et montrent les fructifications caractéristiques de la moisissure.

Cette maladie très répandue et très redoutée des horticulteurs est désignée par eux sous le nom de « Toile » (1).

Le Chanvre paraît être, d'après les observations de M. Behrens, attaqué par plusieurs espèces différentes de *Sclerotinia* (2).

M. Tichomiroff avait déjà signalé une maladie du Chanvre causée par un champignon produisant des sclérotes. Il avait vu, sur ces sclérotes, se développer les apothécies d'une Pézize, qu'il avait nommée *Peziza Kaufmanniana*. Plus tard, de Bary identifia au *Sclerotinia Libertiana* qu'il vit attaquer le Chanvre, cette *Peziza Kaufmanniana*.

Dans le cas de destruction des tiges du Chanvre observé par M. Behrens en Alsace par un champignon parasite produisant des sclérotes, ces organes tantôt demeurèrent stériles, tantôt produisirent des conidiophores de *Botrytis cinerea*. Comme d'après les études de de Bary le *Sclerotinia Libertiana* n'a pas de forme conidienne pouvant se rapporter au genre *Botrytis*, M. Behrens a conclu de ses observations que la destruction des tiges du Chanvre peut être produite soit par le *Sclerotinia Libertiana*, comme on l'a constaté en

(1) Mangin, *Sur la Toile, affection parasitaire de certains végétaux, Bulletin de la Société de Biologie*, mars 1894, et *Comptes rendus de l'Acad. des Sc.*, avril 1894. — Prillieux et Delacroix, *Maladie de la Toile produite par le Botrytis cinerea, Comptes rendus de l'Acad. des Sc.*, avril 1894.

(2) Behrens, *Ueber das Auftreten des Hanfkrebs in Elsass. Zeitschr. f. Pflanzenkrankheiten*, 1, p. 208 (1891.)

Russie, soit par le *Sclerotinia Fuckeliana,* auquel se rapporterait le *Botrytis* examiné par lui sur les Chanvres malades d'Alsace.

M. Frank a observé en 1879 et décrit sous le nom de « Chancre de la Rave » une maladie causée par une Pezize à sclérotes qu'il identifie avec le *Sclerotinia Libertiana,* et qui cependant produirait des fructifications conidiennes ne différant pas du *Botrytis cinerea* (1). L'altération des tissus de la Rave par le mycélium parasite, et le mode de formation des sclérotes, sont bien tels que de Bary les a décrits pour le *Sclerotinia Libertiana* Les sclérotes mis en terre en août, ont produit au mois de mars de l'année suivante, des apothécies qui paraissent ne différer en rien de celles du *Sclerotinia Libertiana;* mais les parties malades des plantes pénétrées de nombreux filaments du parasite se couvraient de conidiophores d'un *Botrytis* ne semblant différer en rien du *Botrytis cinerea,* dont il présentait les formes variées, tantôt simples, tantôt ramifiées.

Le mycélium stérile, les ascospores et les conidies du *Botrytis* pouvaient également servir à infecter les plantes saines et à produire le chancre de la Rave.

Ces résultats des faits exposés de M. Frank ont paru à de Bary être en contradiction si grande avec ses propres observations, qu'il a supposé que peut-être les plants de Raves qui portaient des fructifications de *Botrytis* étaient envahis à la fois par le *Sclerotinia Fuckeliana* et par le *Sclerotinia Libertiana* (2).

Ce sont là, il en faut convenir des questions encore bien imparfaitement élucidées.

M. von Tubeuf a donné le nom de *Botrytis Douglasii*

<hr>

(1) Frank, *Die Krankheiten der Pflanzen.* 2me éd., p. 494 et ss.

(2) De Bary, *Ueber einige Sclerotinien und Sclerotien-Krankheiten.* Extrait de *Bot. Zeit.,* p. 28.

à un *Botrytis* qui paraît bien peu différent du *Botrytis cinerea* (1). Son mycélium attaque les jeunes pousses et les feuilles de l'*Abies Douglasii* et les tue. Il produit à l'intérieur des feuilles, de petits sclérotes noirs, gros comme la tête d'une épingle, qui à l'humidité émettent soit des touffes de filaments mycéliens, soit des conidiophores du *Botrytis* (fig. 260) dont les spores ont à peu près la taille ordinaire des conidies du *Botrytis cinerea*, 9 μ sur 6 μ, et sont de même presque hyalines.

Les pousses jeunes non encore développées, et une partie des pousses de l'année précédente sont tuées par le parasite. M. von Tubeuf a infecté avec les conidies de son *Botrytis Douglasii*, des plants de 2 à 6 ans de Sapin, d'Épicéa et de Mélèze.

Une maladie des bulbes d'Oignon ordinaire, qui attaque les plantes vivantes, et en produit rapidement la destruction, est due aussi au parasitisme d'un champignon, qui produit de petits sclérotes et dont on ne connaît pas d'autres fructifications que des touffes de conidiophores d'un *Botrytis* qui a été rapporté par M. Sorauer au *Botrytis cana* espèce ou forme très voisine du *Botrytis cinerea* (2).

Fig. 452.
Feuilles
d'*Abies
Douglasii*
attaquées
par le *Botrytis Douglasii*.

(D'après M. von Tubeuf.)

Souvent au moment où on rentre les oignons du champ, la maladie est encore peu développée, mais elle fait pendant l'hiver des progrès qui causent la destruction de la récolte.

(1) Von Tubeuf, *Beitrage zur Kenntniss der Baumkrankheiten*, p. 4 et ss. et Pl. I.

(2) Sorauer, *Handb. der Pflanzenkrankh.*, t. II, p. 294 et ss. Pl. XII.

L'altération se manifeste d'abord à la partie supérieure du bulbe, elle se dessèche et se déprime. En coupant l'oignon, on voit que ses tuniques charnues sont altérées dans leur portion supérieure; elles sont molles, leur tissu est réduit en bouillie comme s'il avait été cuit; il est coloré en brun. Entre les tuniques, et surtout entre les tuniques extérieures, on voit une moisissure blanche, grise ou noirâtre, et de plus, dans les parties supérieures, et les plus altérées de ce bulbe, de petits sclérotes noirs, arrondis ou allongés, qui peuvent atteindre la grosseur d'un grain d'orge.

Dans les parties atteintes, on trouve en abondance le mycélium du parasite dans les espaces intercellulaires, et aussi entre les tuniques, dans l'intervalle desquelles il prend un grand développement et s'étend rapidement. Dans le cours de l'hiver, il peut causer la destruction complète du bulbe qui se dessèche ou se putréfie en devenant gluant, selon que le milieu où il se trouve est sec ou humide.

Les fructifications de *Botrytis* se montrent entre les tuniques, dans les points où en se contractant elles ont laissé un certain espace. On les voit se développer en grande quantité, quand on met un oignon malade coupé par la moitié sous une cloche de verre.

Les hyphes sortant du parenchyme qu'elles ont désorganisé traversent l'épiderme, soit dans l'intervalle des cellules, soit en en perçant les parois; parvenus au dehors, ils poussent perpendiculairement à l'épiderme en augmentant de grosseur, et prennent le caractère d'un conidiophore de *Botrytis*. M. Sorauer les a rapportés au *Botrytis cana*. On n'a pas vu les sclérotes de ce *Botrytis* produire d'apothécies. Ce n'est que par analogie, qu'on le rapporterait à un *Sclerotinia*.

La maladie des Oignons est bien certainement due

au parasitisme du *Botrytis*. En ensemençant de ses conidies sur les tuniques charnues de bulbes parfaitement sains, M. Sorauer les a infectés. Quinze jours après l'ensemencement des conidies, on voyait apparaître à la place où les conidies avaient été déposées des conidiophores de *Botrytis* et déjà des sclérotes commençaient à s'y former.

Ce *Botrytis* attaque aussi d'après M. Frank (1) les feuilles et les parties vertes des Oignons.

Sur les feuilles des Tulipes un *Botrytis* à conidies beaucoup plus grosses que celles du *Botrytis cinerea* produit par de grandes taches molles brunâtres, qui ressemblent fort à celles qui se forment sur les feuilles de Vigne, envahies par le *Botrytis cinerea*. Ce *Botrytis* a reçu de M. Cavara le nom de *Botrytis parasitica;* ses spores ont de 16 à 20 μ sur 10 à 13, tandis que celles du *Botrytis cinerea* n'ont guère que 8 à 9 μ de long sur 6 μ de large. Il produit de petits sclérotes qui ont été signalés par Mlle Libert sous le nom de *Sclerotium Tulipae.*

Ce *Botrytis,* qui attaque les feuilles vertes des Tulipes, transporté sur des Oignons de cuisine, ne les a pas envahis. La place que l'on avait tenté d'infecter par le mycélium du *Botrytis parasitica* se sont cicatrisées. Il n'a pas produit la maladie de l'Oignon, que cause l'espèce de *Botrytis* que M. Sorauer a rapportée au *Botrytis cana.*

Les oignons de Jacinthe sont attaqués d'une maladie semblable, que l'on a appelée la « Morve noire »; bien qu'attaquant aussi d'autres bulbes, tels que ceux des Scilles et des Crocus, elle est considérée comme différente de la maladie à sclérotes des Oignons de cuisine,

____

(1) Frank, *Die Krankheiten der Pflanzen,* 2me éd., p. 505.

parce qu'on n'a pas pu propager le mal des bulbes de Jacinthe à ceux de l'*Allium Cepa*.

La Morve noire des Jacinthes est certainement produite par un *Sclerotinia* qui ressemble beaucoup au *Sclerotinia Trifoliorum* et que Wakker a figuré et décrit sous le nom de *Sclerotinia bulborum* (1).

Peu de temps après la floraison, les feuilles des Jacinthes atteintes de Morve noire jaunissent; leur base est entièrement détruite. Les tuniques du bulbe sont altérées, elles sont d'un gris foncé. Quand le temps est très humide on voit au col du bulbe, et sur une partie de sa surface un duvet blanc produit par le développement au dehors du mycélium qui pénètre les tissus altérés des tuniques, et forme entre elles des lames de tissu feutré. C'est là, et au sommet du bulbe, particulièrement que se produisent des sclérotes, assez irréguliers de forme et de grandeur variable, mais ne dépassant pas d'ordinaire une longueur de 12 millimètres.

Le mal gagne dans les cultures de proche en proche, les filaments du mycélium s'étendant dans le sol ou à sa surface, du bulbe attaqué aux bulbes voisins qu'ils infectent.

Les sclérotes formés en juin, ne produisent qu'au printemps suivant des apothécies de *Sclerotinia* de couleur brun clair, et fort analogues à celles du *Sclerotinia Trifoliorum* et du *Sclerotinia Fuckeliana*.

Les asques ont une longueur de 140 μ et une épaisseur de 9 μ; les paraphyses sont de même longueur que les asques. Chaque asque contient 8 spores ovoïdes, incolores, mesurant 16 μ de long sur 8 μ de large. Ces spores sont projetées au loin, quand au moment de la

<hr>

(1) Wakker, *Contributions à la Pathologie végétale*. Extrait des Archives Néerlandaises, t. XXII. — *La Morve noire des Jacinthes et plantes analogues produites par le Peziza bulborum*

maturité, l'asque s'ouvre à son sommet. Placées dans l'eau, ces spores germent comme celles du *Sclerotinia* des Trèfles, en émettant de courts tubes de germination, qui produisent de petites sporidies globuleuses dont le développement n'a pu être observé. Au contraire, dans une décoction de raisin sec elles germent par de longs filaments de mycélium, qui bientôt se ramifient. Si on place dans ce liquide nutritif des fragments de sclérote coupé, ils y développent de nombreux filaments de mycélium. Les sclérotes produisant les apothécies au printemps, peuvent donner de même naissance à un mycélium floconneux, au milieu duquel se forment de petits sclérotes secondaires.

Ce mycélium floconneux peut aussi produire directement l'infection d'autres oignons.

M. Wakker a vainement tenté d'infecter avec le *Sclerotinia bulborum* l'Oignon de cuisine, tandis qu'il réussit fort bien à propager la Morve noire sur les *Crocus* et Scilles. Des essais d'infection de Trèfle n'ont donné aussi aucun résultat.

Il semble donc résulter de ces expériences, d'une part que le *Sclerotinia bulborum* est différent du *Sclerotinia Trifoliorum,* bien que pourtant il ne s'en distingue pas d'une façon nette ni morphologiquement ni biologiquement, et d'autre part, que ce n'est pas lui qui cause la maladie à sclérotes des Oignons de cuisine; que par conséquent le *Botrytis* qui se montre sur les Oignons malades d'*Allium Cepa* n'est pas la forme conidienne du *Sclerotium bulborum*. Toutefois ce n'est là comme le remarque Wakker qu'un résultat négatif qui ne peut donner une entière certitude.

Bien des plantes sont attaquées par des mycéliums qui sont certainement parasites et qui produisent des sclérotes, mais dont on n'a jamais observé de fructifications.

Parmi les maladies dues à des mycéliums à sclérotes de nature encore indéterminée on peut citer

Le Minet de la Barbe-de-capucin.

La maladie désignée sous ce nom cause autour de Paris des dégâts fort importants dans les cultures forcées de Chicorée.

L'étiolement en cave de la Chicorée pour produire la salade d'hiver que l'on nomme communément Barbe-de-capucin présente un très grand intérêt pour les maraîchers, parce que cette industrie leur permet d'utiliser leur personnel pendant la mauvaise saison. Elle leur donne de beaux bénéfices, à condition que la maladie du Minet n'envahisse pas les caves d'étiolement.

C'est au mois de novembre, quand les froids ont détruit les salades vertes, que l'on commence à déplanter au fur et à mesure des besoins, les pieds de Chicorée qu'on a semés au printemps dans les champs et que l'on veut étioler. On continue ainsi pendant tout l'hiver.

La préparation des plants consiste à rhabiller les racines, et à couper la tige à un centimètre et demi du collet; puis on les réunit en grosses bottes en mettant tous les plants au même niveau et on place les bottes en cave sur une couche de fumier. On maintient la température à 20° en chauffant les caves, quand cela est nécessaire, à l'aide de poêles et on arrose les plants deux fois par jour avec de l'eau fraîche. La production de la Barbe-de-capucin est obtenue dans ces conditions en 15 ou 20 jours de forcement.

Quand on a par mégarde mis dans une botte destinée à l'étiolement un pied de Chicorée déjà atteint du Minet dans les champs, le mal se propage dans la cave avec une extrême rapidité, envahissant la botte entière d'abord, puis les bottes voisines et bientôt la culture tout entière. En quelques jours, tous les pieds disposés pour l'étiolement pourrissent sous les atteintes du Minet.

Au moment de l'arrachage dans les champs, les cultivateurs reconnaissent un certain nombre de racines présentant les symptômes du Minet; ils les rejettent, sachant bien qu'elles infecteraient promptement les autres. Ils les distinguent à ce que près du collet elles sont amollies et gluantes.

Placées dans un milieu humide et chaud dans les caves à étioler, les pieds attaqués se couvrent d'un revêtement léger de filaments d'une grande ténuité qui forment à la surface du collet, de la tige et les feuilles un fin duvet blanc. C'est l'épanouissement au dehors du mycélium du parasite qui se développe dans l'intérieur des Chicorées et les fait pourrir.

Par place, ces filaments se pelotonnent à la surface des pieds malades et y forment de petits sclérotes qui ne dépassent pas la grosseur d'un grain de millet et qui sont d'abord d'un blanc mat, puis noircissent. Ces sclérotes ont la structure ordinaire de ceux des *Sclerotinia,* mais sont remarquables par leur petitesse.

Ce parasite de la Chicorée attaque fort bien les Carottes et les jeunes Fèves comme le *Sclerotinia Libertiana* dont il se distingue par la taille de ses sclérotes. Si l'on veut faire des infections artificielles, on peut bien utiliser les carottes pour multiplier le mycélium du Minet. La carotte, toute couverte de duvet blanc, placée au pied de jeunes pieds de Fève leur communique la maladie. Les filaments de mycélium y pénètrent comme ceux de la *Peziza Libertiana* et y causent une altération analogue; le point du bas de la tige où l'infection se fait se marque d'une tache noire et de là l'infection gagne rapidement de proche en proche : toute la tige au-dessus du point d'infection devient noire et molle, elle ne peut plus se soutenir et tombe sur le sol portant déjà à sa surface de jeunes sclérotes du parasite.

Stromatinia.

Les *Stromatinia* sont très voisins des *Sclerotinia*. Ce sont de même des *Ciboria*, dont les apothécies naissent de masses condensées de mycélium; mais, tandis que dans les *Sclerotinia*, ce mycélium forme de vrais sclérotes indépendants et ayant une partie médullaire, entourée d'une écorce noire et dure, dans les *Stromatinia* il constitue seulement un stroma qui imprègne les tissus de la plante nourricière et y forme une sorte de sclérote diffus, couvert par le tégument de l'organe qu'il momifie, en occupant la place des cellules qu'il a tuées et dont on trouve les débris au milieu de sa masse.

Plusieurs de ces *Stromatinia* qui momifient les fruits de diverses espèces de *Vaccinium* ont été admirablement étudiés, figurés et décrits, sous le nom de *Sclerotinia*, par M. Woronine. Il a montré qu'elles ont une forme accessoire de fructification qui se rapporte au type *Monilia* (1).

Le Coignassier est attaqué par un *Stromatinia* qui présente la même organisation et les mêmes phases d'évolution que ceux des *Vaccinium*.

(1) Woronine, *Ueber die Sclerotienkrankheit der Vaccinien-Beeren.* Mém. de l'Acad. Imp. des Sc. de Saint-Pétersbourg, VII° Série. t. XXXVI, n° 6.

Stromatinia Padi Woronine. Stromatinia Linhartiana Prill. et Del.

Avortement et momification des jeunes Coings.

Syn. : *Sclerotinia Aucupariae* Ludwig. — *Sclerotinia Padi* Woronine.
État conidien : *Monilia Linhartiana* Sacc. — *Ovularia necans* Passerini.

Une maladie des Coignassiers qui attaque successivement les feuilles et les jeunes fruits a été signalée en France et en Italie ; elle a causé dans le département de l'Aveyron en particulier des dommages assez importants (1).

Les premiers symptômes du mal apparaissent sur les feuilles à la fin du mois d'avril. Quand, à ce moment, le temps est pluvieux, la maladie fait de rapides progrès, et en quelques jours un vingtième au moins des feuilles peut être attaqué.

Les feuilles malades brunissent, leur tissu s'altère, se désorganise devient flasque et mou. La partie d'abord attaquée est celle qui avoisine la nervure médiane, le plus souvent auprès du pétiole ; puis l'altération se propage en remontant vers l'extrémité supérieure de la feuille et en s'étendant le long des nervures latérales. Il se forme ainsi une grande tache à contours irréguliers, sinueux, dont la couleur brunâtre tranche nettement sur la partie restée encore saine de la feuille qui est d'un vert vif. Elle occupe bientôt presque toute l'étendue du limbe.

Sur la face supérieure de la tache, on voit surtout

(1) Prillieux, *Bull. de la Soc. Bot.*, t. XXXIX. 22 Juin et 9 Décembre 1892 et Prillieux et Delacroix, *Bull. de la Soc. Mycologique*, t. IX, p. 196 (1893).

le long des nervures une sorte de dépôt pulvérulent grisâtre, d'une nuance plus claire que la tache. Cette poussière est formée par des amas de spores, d'un *Monilia* qui est certainement la cause de la maladie.

Si on fait une coupe transversale de la feuille en un point où elle paraît couverte d'une poudre grisâtre, on

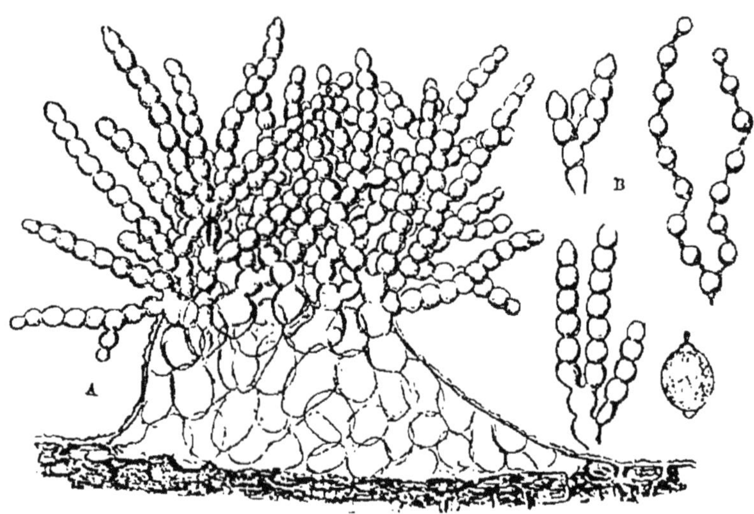

FIG. 453. — *Monilia Linhartiana.*

A, Coupe d'un amas de stroma portant des chapelets de conidies. — B, Chapelet de conidies.

voit que la cuticule qui porte des stries saillantes et contournées, est soulevée de façon à former des sortes d'ampoules, dont le sommet déchiré laisse sortir des chapelets nombreux quelquefois ramifiés de conidies globuleuses (fig. 453). Sous la cuticule soulevée se trouve une sorte de stroma formé de grosses cellules à parois minces, serrées les unes contre les autres. Celles qui arrivent au dehors à travers la cuticule déchirée portent les chapelets de spores qui s'égrènent facilement. Globuleuses quand elles sont liées les unes aux autres, ces spores présentent quand elles sont séparées une petite saillie sur la surface par où elles se touchaient, à leurs deux pôles; elles prennent ainsi une forme que l'on a pu comparer à celle d'un citron très court.

A cette saillie des deux pôles, des spores du *Monilia* du Coignassier qui se séparent, correspond un petit corps en forme de fuseau, composé de deux cônes accolés par leur base et qui sont fixés par leur pointe à la membrane des conidies qu'ils séparent.

M. Woronine a fait une étude spéciale de ces petits corps dont il a le premier signalé l'existence. Dans les *Monilia* qui sont des formes accessoires des Pezizes des fruits de *Vaccinium,* il les a nommées *disjunctor* (fig. 454).

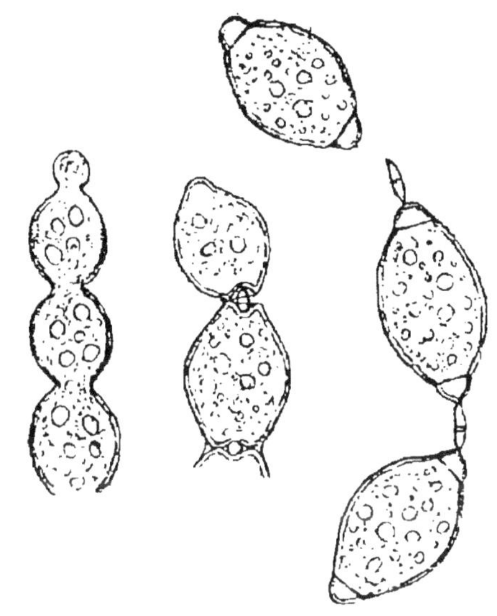

FIG. 454. — CONIDIES DE *Monilia* AVEC LEUR DISJUNCTOR TRÈS GROSSIES.

(D'après M. Woronine).

Les spores du *Monilia* correspondant au *Stromatinia urnula*, qu'a tout spécialement étudié M. Woronine, sont notablement plus grosses que celles du *Stromatinia* du Coignassier et se prêtent mieux à ces très délicates observations, tout en ayant tout à fait la même organisation.

Les filaments fructifères des *Monilia* du *Vaccinium* ou de celui de Coignassier avant de se transformer en une file de conidies sont d'abord seulement dilatés de place en place, mais sans être divisés par des cloisons transversales. Tous les renflements communiquent les uns aux autres; ce n'est que plus tard que, dans le filament toruleux, le plasma s'isole dans chaque renflement, et s'entoure d'une pellicule qui double en dedans la membrane primaire du filament; là où deux spores se touchent leurs fines enveloppes s'accolent et forment une cloison transversale (1).

C'est dans l'intérieur de cette cloison entre les parois des conidies contiguës que se forme le disjunctor qui apparaît tout d'abord comme un point brillant. Puis il prend peu à peu la forme d'un court fuseau composé de deux cônes accolés par leur base. Le disjunctor en grandissant presse par ses deux extrémités contre la membrane de chaque spore, la repousse et l'oblige à se bomber en faisant saillie à l'intérieur de sa cavité.

Quand le moment de la rupture de la file est venue, les spores détachées l'une de l'autre par la croissance du disjunctor, ne sont plus unies que par la membrane primaire du filament fructifère. Il se rompt circulairement au niveau de la séparation des spores. Alors les parois que le disjunctor avait en croissant courbées en dedans, cessant d'être comprimées se bombent en dehors et forment le petit mamelon qui apparait au pôle de la spore, et lui donnent cette forme que l'on a comparée à celle d'un citron; en même temps le disjunctor qui cesse d'être comprimé s'allonge. Les spores contiguës ne sont plus retenues que par ces fins disjunctors qui se détachent avec une extrême facilité.

Le *Monilia* du Coignassier ne diffère pas notablement de celui qui a été observé par M. Linhart sur les feuilles

<hr>

(1) Woronine, *Ueber die Sclerotienkrankheit der Vaccinien-Beeren*, p. 7.

vivantes du *Prunus Padus* et qui a été décrit sous le nom de *Monilia Linhartiana* par M. Saccardo. Il est identique à un autre *Monilia* qui se montre sur les

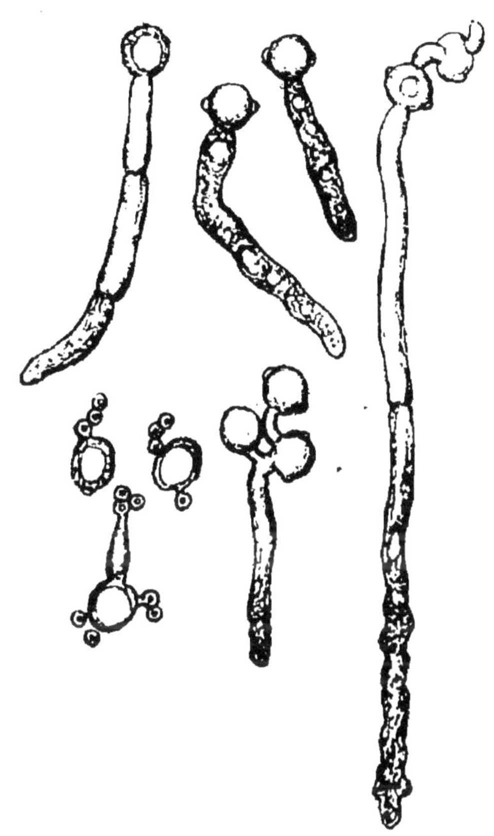

FIG. 455. — *Monilia Linhartiana*. — CONIDIES GERMANT.

feuilles du Sorbier des Oiseleurs.

Comme tous les *Monilia* étudiés sur les *Vaccinium* par M. Woronine, les spores produites sur les feuilles vont infecter les fruits.

Les insectes transportent les spores de *Monilia* sur

les stigmates des fleurs, comme ils transportent les grains de pollen.

Les feuilles de Coignassier couvertes de fructifications du *Monilia* exhalent une odeur spéciale douce et pénétrante qui sans doute attire les insectes.

Les spores déposées sur les stigmates y germent en

Fig. 456. — Coupe a travers un fruit momifié de Coignassier. Les éléments en sont désorganisés; on en voit les débris au milieu du stroma du *Stromatinia*.

produisant un tube de germination qui s'enfonce dans le style en suivant la voie ouverte aux tubes polliniques. Souvent plusieurs spores placées l'une près de l'autre sur le stigmate, s'unissent par le tube de germination et se fusionnent pour produire en commun un tube plus fort et qui prend un plus puissant développement (fig. 455).

Ce tube de germination du parasite atteint l'ovule et s'y ramifie. L'ovule envahi par lui est le foyer d'où il rayonne ensuite pour pénétrer dans les parois de l'ovaire (1). Le mycélium parasite se développe rapidement dans le tissu du jeune fruit. Les cellules du péricarpe sont tuées et désorganisées par les filaments

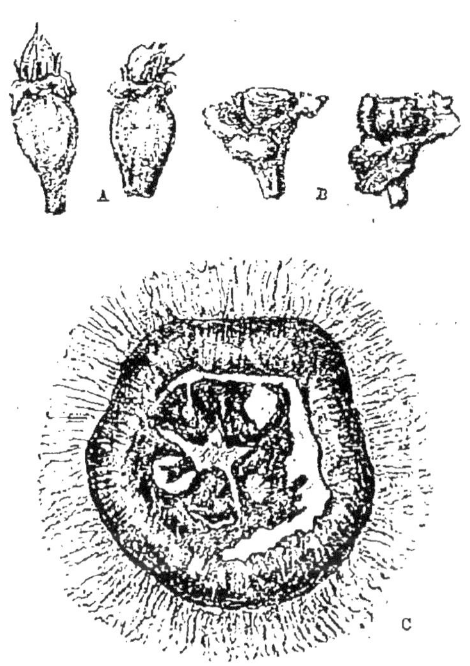

FIG. 457. — FRUITS MOMIFIÉS DE COIGNASSIER ENVAHIS PAR LE *Stromatinia Linhartiana.*

A Aspect extérieur de fruits momifiés. — B, Les mêmes coupés transversalement et montrant le décollement caractéristique du péricarpe couvert de poils. — C, Fruit plus grossi, coupé transversalement.

mycéliens qui les enlacent. En s'y multipliant et s'entrecroisant, ils forment à la place du tissu du fruit un stroma dense qui présente la structure ordinaire d'un sclérote (fig. 456).

(1) Woronine, *Die Sclerotienkrankheit der gemeinen Traubenkirsche und der Eberesche.* (Extrait du *Mém. de l'Acad. des Sc. de St-Pétersbourg*, 1892, p. 17).

Les jeunes fruits de Coignassier ainsi tués et momifiés par les filaments du parasite qui les imprègne sont bruns et desséchés. Ils ont, du reste, l'aspect ordinaire de jeunes fruits avortés; ils sont couverts d'un épais feutrage de poils d'un gris roussâtre, mais on reconnaît aisément qu'ils sont envahis par le stroma parasite; les poils n'adhèrent plus au fruit; leur point d'attache a été détruit et l'épaisse couche feutrée enveloppe le fruit momifié sans y adhérer (fig. 456 et 457).

Sur les arbres dont les feuilles ont été couvertes de taches brunes les jeunes coings avortent en quantité; ils tombent desséchés et momifiés et la récolte est à peu près nulle.

Les fruits momifiés tombés sur le sol y passent l'hiver, beaucoup sont détruits rongés par les insectes quand ils sont imprégnés d'humidité et tendres. Au printemps, au moment où les jeunes feuilles de Coignassier sortent du bourgeon et commencent à se développer, ceux qui ont été épargnés se couvrent d'apothécies d'une Pézize fort semblable à celle des *Sclerotinia Libertiana, Trifoliorum,* etc. mais plus trapues et d'une couleur plus foncée assez variable, du reste, passant du brun fauve au gris ardoisé avec une teinte un peu violacée.

La cupule d'abord en forme de grelot se développe en un plateau d'abord un peu concave, puis aplati, et finalement un peu convexe, de 1/2 à 1 centimètre de diamètre. Le pédicelle n'a guère que 1 à 1 centimètre et demi de long, pour les apothécies naissant sur les fruits momifiés à la surface du sol (fig. 458). L'hyménium qui tapisse la cupule est formé d'asques entremêlés de paraphyses sensiblement de même taille d'environ 168 μ. Les asques sont cylindriques; ils s'ouvrent au sommet par un pore, dont le bord se colore en bleu par l'iode. Ils contiennent des spores hyalines, ovales, ayant 12 μ de

long sur 7 à 7 1/2 μ de large. Les paraphyses ordinairement simples sont un peu renflées à leur partie supérieure.

Ces spores, placées dans l'air humide, germent tantôt
en donnant un tube de germination qui s'allonge en

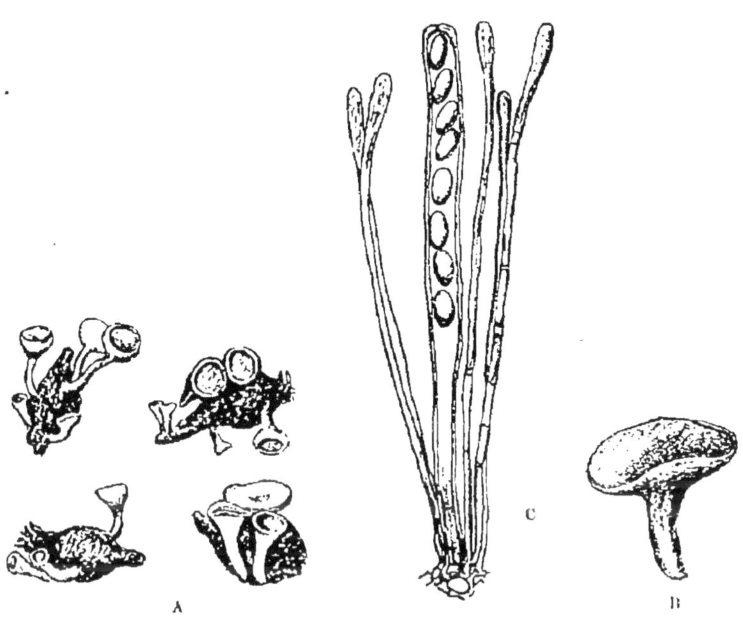

FIG. 458. — *Stromatinia Linhartiana.*

A, Apothécies poussant sur des fruits momifiés. — B, Une apothécie un peu grossie. — C, Asque
et paraphyses.

mycélium et peut pénétrer dans les tissus des jeunes
feuilles de Coignassier, tantôt en produisant de petites sporidies globuleuses; ces conidies apparaissent au
bout d'un filament court porté par la spore (fig. 459),
ou bien directement à l'extrémité de celle-ci. Ces sporidies, que l'on n'a encore jamais vues germer, sont
semblables à celles qui ont été déjà observées dans les
germinations du *Sclerotinia Trifoliorum* et des *Stro-*

matinia des fruits de *Vaccinium* d'après M. Woronine. Les conidies du *Monilia* du Coignassier germant dans l'eau pure en produisent aussi de semblables. Elles donnent un tube de germination seulement quand elles germent dans un milieu nutritif ou sur un stigmate, ce qui revient au même.

Des essais d'infection de jeunes feuilles de Coignassier par les ascospores du *Stromatinia* ont été réalisées avec un plein succès au Laboratoire de Pathologie de l'Institut agronomique au commencement d'avril. Des petits fruits momifiés de Coignassier qui avaient passé l'hiver sur une terrasse souvent couverte de neige portaient de nombreuses apothécies, en moyenne 4 à 5 par fruit. Placées sur le sable humide sous une cloche elles s'y épanouirent complètement. Quand on levait la cloche, il se développait un nuage de spores lancées par les asques. De jeunes rameaux de Coignassier placés de façon à recevoir ce nuage de spores furent infectés facilement. Les jeunes feuilles se couvrirent de taches brunes sur lesquelles on pouvait recueillir des spores de *Monilia*.

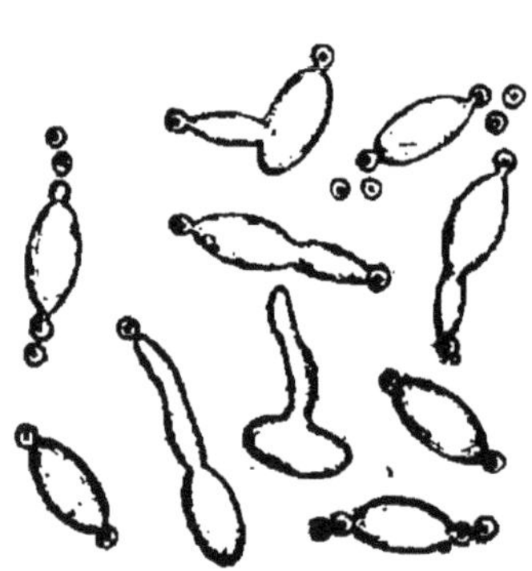

Fig. 459. — *Stromatinia Linhartiana.*
Ascospores germant.

La preuve que le *Stromatinia* et le *Monilia* sont bien deux formes du parasite du Coignassier est donc faite d'une manière complète.

Au moment où le *Stromatinia* du Coignassier et le *Monilia* correspondant ont été étudiés au Laboratoire de Pathologie végétale, on avait signalé, mais sans en donner de description précise, deux Pézizes à sclérotes qui paraissaient fort voisines de celle du Coignassier, l'une sur le *Prunus Padus*, le *Sclerotinia Padi* de Woronine, l'autre sur le *Sorbus Aucuparia*, le *Sclerotinia Aucupariae* de Ludwig. Ne pouvant établir si la Pézize du fruit du Coignassier était identique à l'une ou à l'autre de ces espèces nous l'avons (1) désignée provisoirement sous le nom spécial de *Stromatinia Linhartiana*. Depuis ce moment, M. Woronine a publié (2) une étude nouvelle et très complète sur le *Sclerotinia Padi* et le *Sclerotinia Aucupariae*. Il résulte de ses observations que bien qu'il conserve ces deux noms spécifiques, il considère la Pezize à sclérotes du Merisier à grappes et celle du Sorbier des Oiseleurs comme des formes d'une même espèce.

La forme du Coignassier paraît intermédiaire par la taille de ses spores, mais se rapproche tout particulièrement de la forme du Sorbier. Il semble naturel de rattacher ces formes diverses à une même espèce et de lui donner le nom de la forme qui a été signalée la première le *Sclerotinia Padi* Wor., tout en la rapportant au sous genre *Stromatinia* Boud.

Monilia fructigena.

Le Rot brun des fruits à noyaux.

Les fruits tant à noyaux qu'à pépins sont très fréquemment attaqués par un parasite de la forme *Monilia*, dont les fructifications ressemblent beaucoup aux chaînes de

---

(1) Prillieux et Delacroix, *Travaux du Laboratoire de Pathologie végétale*, Soc. Mycologique, t. IX, p. 196 (1893).

(2) Woronine, *Sclerotienkrankheit der gemeinen Traubenkirsche und der Eberesche*. Mém. de l'Acad. des Imp. des Sc. de Saint-Pétersbourg, (1885).

spores qui sont la forme conidienne des *Stromatinia* parasites des fruits de *Vaccinium* et de Coignassier, mais ces fruits brunis et desséchés par l'action des *Monilia fructigena* paraissent ne jamais produire d'apothécies de *Stromatinia* ; on n'en a du moins jamais observé et ce n'est que par analogie que l'on peut regarder ce parasite comme une Pezize réduite à sa forme imparfaite de fructification.

Le *Monilia fructigena* attaque principalement les fruits à noyaux : les dégâts qu'il cause en Europe paraissent assez restreints; ils sont certainement beaucoup moins graves qu'en Amérique, où la maladie du Rot brun cause dans les vergers de Pêcher des pertes énormes.

La maladie est caractérisée d'abord par le brunissement des fruits dont la chair se ratatine, se racornit et forme une couche dure et peu épaisse autour du noyau.

Dans cette chair racornie et momifiée se trouvent en quantité les filaments du mycélium qui sont gros, cloisonnés et ramifiés. Ils traversent les cellules de la pulpe du fruit et s'amassent en quantité sous la peau où ils s'entremêlent, se serrent les uns contre les autres pour former de place en place de petites masses de stroma qui pressent contre l'épiderme. Quand le temps humide favorise la végétation du parasite les cellules du stroma s'allongent perpendiculairement à la surface du fruit, en percent la pellicule et s'épanouissent en gerbe au dehors. Les hyphes sorties de l'intérieur du fruit deviennent fructifères et par des renflements et des étranglements successifs se transforment en files de spores ovoïdes, simples ou ramifiées, qui ressemblent beaucoup à celles de la forme *Monilia* des *Stromatinia*, mais qui cependant en diffèrent en ce qu'entre elles, il ne se forme pas de disjunctor.

A maturité, les chapelets de spores s'égrènent assez facilement. Chaque spore peut alors germer.

Leur germination diffère, selon qu'elles se trouvent dans un milieu nutritif ou simplement exposées à l'humidité.

Dans un milieu nutritif, elles produisent des tubes de germination qui se ramifient et deviennent des filaments de mycélium. A l'humidité, elles émettent un tube de germination qui porte des productions en, forme de bouteille d'où se détachent des sporidies globuleuses, comme cela a lieu pour le *Monilia* du *Stromatinia Padi*.

Dans des conditions favorables, les tubes de germination peuvent traverser la peau des fruits sains, aussi bien que celle des pistils dans les fleurs et pénétrer même dans les tissus des jeunes feuilles et des jeunes rameaux. M. Smith a infecté en laboratoire des pêches tout à fait saines en semant des spores de *Monilia fructigena* sur une goutte d'eau disposée à leur surface. L'infection se fait surtout bien et se propage rapidement dans un milieu très humide à une température d'environ 32° C. Une élévation de 6 à 8 degrés au dessus de la moyenne favorise beaucoup les progrès de la maladie (1).

Les blessures faites aux fruits rendent particulièrement aisée la pénétration du mycélium du *Monilia*. Les fruits piqués ou tombés sont très ordinairement couverts des touffes blanchâtres du *Monilia fructigena* qui apparaissent en lignes concentriques autour du point blessé, où est le centre de l'invasion. C'est ainsi essentiellement, dans notre climat, un parasite de blessure. Il attaque aussi bien alors les pommes et les poires que les fruits à noyaux. M. Smith a produit le Rot brun des poires et des pommes en les infectant avec des spores prises sur

_____

(1) Erwin Fr. Smith, *Journal of Mycology*, vol V, N° 3, 1889.

des prunes, celui des prunes et des cerises avec des spores prises sur des pêches. Il est bien certain que la même maladie attaque les fruits à pépins et les fruits à noyaux, mais c'est sur ceux-ci seulement qu'elle paraît pouvoir causer des dégâts importants et détruire les récoltes dans les climats chauds, quand la température y est humide.

Les fruits momifiés par le *Monilia* restent ordinairement attachés sur les branches, ou, s'ils tombent sur le sol, ils n'y pourrissent pas durant l'hiver. Au printemps suivant, comme l'a observé M. Smith, le mycélium du parasite qui était demeuré engourdi et à l'état de vie latente pendant la saison rigoureuse se ranime sous l'influence de la chaleur et de l'humidité ; il recommence à végéter et à produire des touffes grises de chapelets de spores. A la température ordinaire du laboratoire, un fruit momifié pris en avril sur une branche où il a passé l'hiver et placé à l'humidité se couvre en deux jours de fructifications de *Monilia*. Jamais on n'en a vu produire des apothécies de Pezize, mais les spores printanières de *Monilia* formées par le parasite qui a tué les fruits de la récolte précédente suffisent pour perpétuer le parasite et assurer l'infection des fruits nouveaux.

Sur les Pêchers, en Amérique, le *Monilia fructigena* attaque les jeunes rameaux et les grille. Parfois sur ceux de l'année précédente, le plus souvent sur les jeunes pousses au printemps, on voit des touffes de fructifications du parasite. Quand la saison est humide, le grillage des branches peut, d'après M. Smith, causer plus de mal même que le Rot des fruits, beaucoup de branches meurent et la récolte de l'année suivante est fort réduite.

Le remède que l'on a proposé en Amérique pour empêcher l'extension du mal dans les vergers de pêches, consiste à recueillir avec soin tous les fruits atteints par le Rot quand on fait la récolte. En outre, quand le temps est chaud et pluvieux, si les fruits commencent à brunir au lieu de mûrir, on doit immédiatement cueillir tous les fruits montrant trace d'altération. Ce travail doit être fait rapidement et complètement ; on devra le répéter au bout de 2 ou 3 jours. Tous les fruits atteints de Rot brun doivent être recueillis et enterrés ou brûlés avant qu'ils se soient couverts de touffes grises de chapelets de spores.

Enfin, à l'arrière-saison, à la fin de l'automne, quand les feuilles sont tombées, on fera une nouvelle visite du verger pour récolter et détruire tous les fruits momifiés qui sont sur les branches ou à terre.

Stromatinia temulenta Prill. et Del. — Endoconidium temulentum Prill. et Del.
Le Seigle enivrant.

On a signalé en France en 1891, d'abord dans le département de la Dordogne, puis dans celui de la Creuse des accidents causés par les Seigles de la dernière récolte. Du pain fabriqué avec de la farine de ce Seigle a rendu malades toutes les personnes qui en avaient mangé. Deux heures après leur repas, elles ont été atteintes d'un engourdissement général et se sont trouvées pendant 24 heures dans l'impossibilité de se livrer à aucun travail ; elles ont même été obligées de se coucher. Des hommes qui étaient allés travailler dans les champs après le repas du matin se sont sentis dans un état de malaise et de torpeur tel qu'on a dû les aller chercher pour les ramener chez eux ; ils étaient incapables de revenir seuls. Les animaux, chiens, porcs, volaille auxquels on avait donné de ce même pain sont devenus mornes, engourdis et ont refusé de manger et de boire pendant 24 heures.

Les effets produits par ce Seigle ne ressemblent pas à ceux que cause l'Ergot, mais plutôt à ceux de l'Ivraie, avec une action plus intense et plus rapide.

Ces grains vénéneux sont de fort médiocre apparence, petits, légers, et resserrés comme sont toujours ceux qui se dessèchent sans avoir pu atteindre leur complet développement.

Si on en fait une coupe transversale, on voit que la partie externe de l'albumen de ces grains est envahie par le mycélium d'un champignon qui forme une épaisse couche feutrée occupant la place du tissu normal qui est détruit. On ne trouve plus trace, le plus souvent de la couche externe qui dans le grain sain se distingue par la forme carrée de ses cellules et leur contenu constitué exclusivement par de fins grains protéiques. Les filaments du mycélium envahissent en outre les cellules internes de l'albumen qui contiennent le gluten et les grains d'amidon, sur lesquels ils exercent une corrosion bien visible. Dans les cellules les plus rapprochées de cette couche feutrée qui occupe la périphérie du grain de Seigle, les grains d'amidon sont de plus en plus petits; au contact même de cette couche, ce ne sont plus que de très fins granules colorables en bleu par l'iode. En traitant la coupe d'un grain de Seigle enivrant par l'iode, on distingue très bien la zone envahie par le champignon de la portion centrale, où il n'a pas pénétré et qui seule se colore en violet (fig. 460).

Cà et là quelques filaments du mycélium s'échappent de cette lame feutrée qui enveloppe tout l'albumen et

(1) Prillieux et Delacroix, *Travaux du Laboratoire de Pathologie végétale*, t. VII, p. 104 (1891) et t. VIII, p. 22 (1892).

pénètrent dans les téguments du grain. Si on place ces grains dans un milieu saturé d'humidité, on voit au bout d'une quinzaine de jours, par une température d'environ 15°, se développer à leur surface de petits coussinets de couleur blanchâtre prenant ensuite une nuance légèrement rosée; ils sont arrondis, un peu déprimés au sommet et varient de 1 à 1 millimètre et demi de diamètre. Une coupe transversale montre que ces coussinets ne sont rien autre chose que l'épanouissement au dehors du mycélium de l'intérieur du grain; ils sont formés de touffes pressées de filaments ramifiés, dont les branches aboutissant à la surface produisent des spores à leur extrémité (fig. 461).

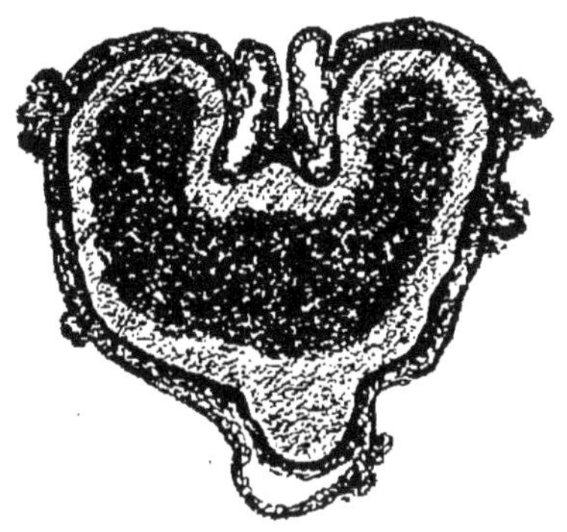

Fig. 460. — Coupe d'un grain de Seigle enivrant portant a sa surface des touffes d'*Endoconidium temulentum*.

(La coupe a été traitée par l'iode; les parties où il y a encore de l'amidon sont marquées en noir.)

La formation de ces spores présente une disposition très particulière et dont on ne connaît que d'assez rares exemples, mais qui ne sont pas sans analogie avec la formation des spores du *Monilia*. Elles sont produites non pas toutes à la fois, mais successivement à l'intérieur des rameaux fructifiés (fig. 461 B et C). Le plasma qui remplit le dernier article du rameau se différencie à sa partie terminale et s'organise en une spore qui s'isole complètement, s'entoure d'une membrane propre, puis sort par une ouverture qui se fait au sommet du tube qui la contenait. Celui-ci reste ouvert et béant après la sortie de la spore et on distingue sa paroi hyaline au delà du point où est le plasma. Ce dernier continue à produire à son extrémité, au fond du petit cylindre ouvert, une nouvelle spore, qui est expulsée au dehors comme la précédente. Il s'en forme ainsi successivement au moins trois ou quatre.

Cette organisation singulière est analogue à celle de la forme conidienne des *Thielavia* (v. p. 40, fig. 217).

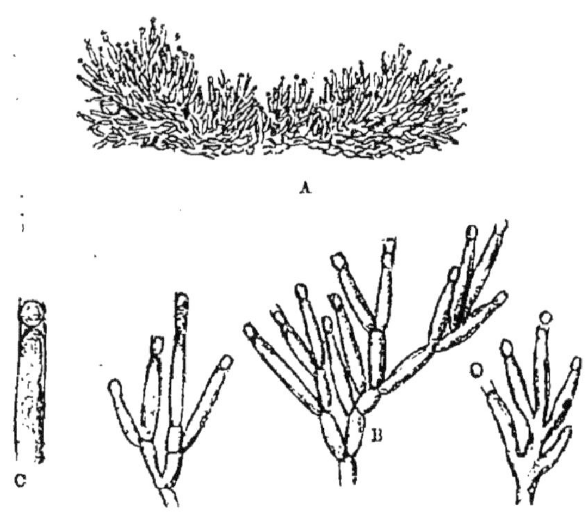

Fig. 461. — *Endoconidium temulentum.*

A, Touffe de fructifications un peu plus grossie que dans la fig. 460. —B, Rameaux fructifères plus grossis. — C, Extrémité d'un rameau fructifère encore plus grossie.

Observé sous cette forme avant qu'on sût qu'il pouvait produire des apothécies de *Stromatinia,* le parasite du Seigle enivrant a été d'abord considéré comme type d'un genre nouveau et désigné sous le nom d'*Endoconidium temulentum* Prill. et Del. (1).

Abandonnés dans le milieu humide où s'étaient formées les fructifications conidiennes, quelques-uns de ces grains de Seigle enivrant donnèrent naissance au bout

(1) *Bull. Soc. Bot.,* t. XXXVIII, 1891.

de plusieurs mois, les premiers dès la fin du mois d'octobre, les autres dans le mois de décembre à des apothécies d'une petite Pézize à cupule de couleur fauve pâle, de 5 à 7 millimètres de diamètre, portée par un pied assez long et presque blanc (fig. 462), de 7 à 10 mill. de long. Leur hyménium convexe ou un peu onduleux est formé d'asques cylindriques, légèrement

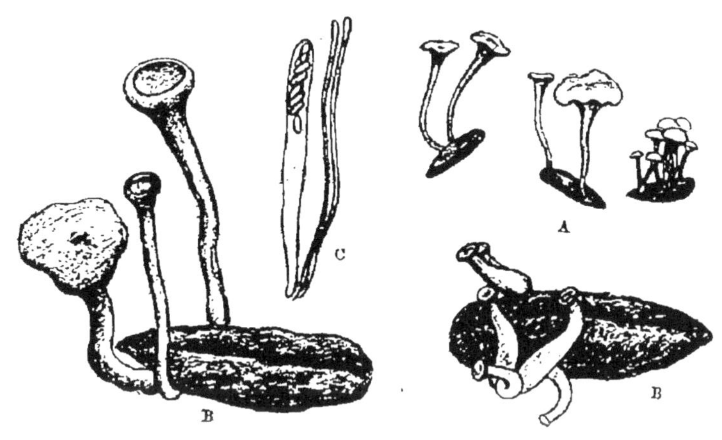

Fig. 462.

A, Grains de Seigle portant des apothécies de *Stromatinia temulenta*. — B, Deux grains semblables un peu grossis. Ils portent des apothécies à divers degrés de développement. — C, Asque et paraphyses de *Stromatinia temulenta*.

tronqués, contenant des spores hyalines, ovales-fusiformes, de 130 μ de long sur 5 μ de large (fig. 463); ils sont entremêlés de paraphyses filiformes, très légèrement épaissies en massue au sommet. Les ascospores ont 10 μ de long sur 4,5 μ de large; elles germent facilement en émettant à leurs extrémités un ou deux tubes de germination. Je ne les ai pas vues produire de petites sporidies comme les spores de *Stromatinia Padi*.

Chaque grain de Seigle peut porter plusieurs apothécies, j'en ai observé jusqu'à 7 sur un même grain. Cette Pézize appartient évidemment par la nature de son sclérote, ou plutôt du stroma condensé qui en tient lieu au sous-genre *Stromatinia* et a reçu le nom de *Stromatinia temulenta*. Prill. et Del. Mais elle diffère notablement des autres *Stromatinia* par sa forme accessoire de

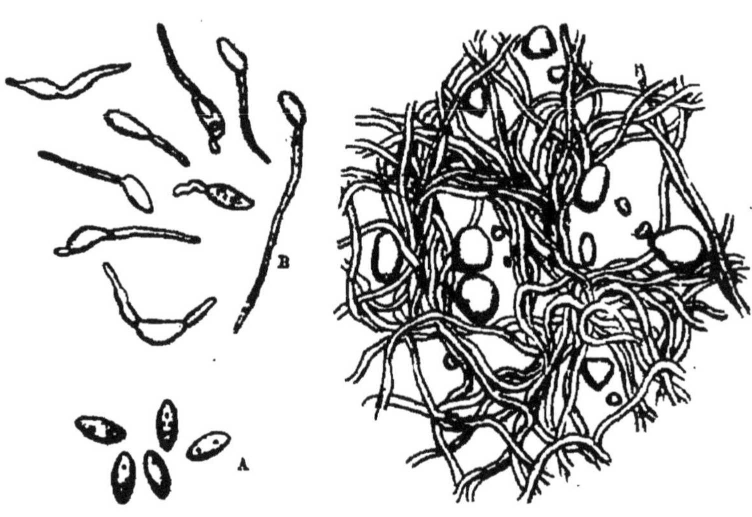

FIG. 463. — *Stromatinia temulenta.*

A, Ascospores mûres. — B, Ascospores germant.

FIG. 464.

Coupe d'un grain de Seigle cultivant ayant porté des apothécies de *Stromatinia temulenta*. Il est bourré de filaments mycéliens du parasite, au milieu desquels on voit quelques grains d'amidon corrodés.

fructification, puisqu'au lieu de fructifier en *Monilia*, c'est-à-dire d'émettre des hyphes fertiles qui se divisent en files de conidies se séparant les uns des autres à la maturité, elle se rapporte pour sa forme conidienne au type tout spécial d'*Endoconidium*, produisant ses conidies successivement à l'intérieur des rameaux fructifères.

En outre, le mycélium qui pénètre le grain de Seigle

enivrant n'a pas, à vrai dire, le caractère du stroma qui remplit les fruits momifiés du Coignassier et du *Vaccinium*. Ce n'est pas un tissu dense tout à fait comparable à celui d'un sclérote, dans lequel la vie est suspendue et qui sert de réserve alimentaire, mais un épais feutrage de filaments qui continuent de végéter depuis le moment où le champignon a fructifié en *Endoconidium*, jusqu'à celui où il produit des apothécies.

Quand les touffes des filaments conidiens se sont formées, le mycélium n'avait encore pénétré que dans les couches superficielles de l'albumen du grain de Seigle; au moment où apparaissent les apothécies, il a envahi le grain entier et remplit tout son intérieur de sa masse feutrée (fig. 464). Les grains de Seigle produisant les apothécies sont même, à cause de cela, plus renflés que les autres; ils sont bourrés par la masse filamenteuse du mycélium qui a consommé pour s'en nourrir les matières contenues dans le grain du Seigle; et, au milieu de ce lacis de filaments mycéliens, il ne reste plus que quelques petits grains d'amidon en partie corrodés.

Cette maladie des Seigles paraît peu répandue. On ne sait pas exactement comment elle se propage, mais il n'est pas douteux qu'elle soit reproduite par les ascospores des apothécies qui se développent sur les grains malades. Dans les localités où on signale la présence du seigle enivrant, on devra donc changer de semences et faire venir les graines à semer de régions où les Seigles ne sont pas contaminés.

HELVELLACÉES

Les Helvellacées se distinguent des Pezizacées en ce que l'hyménium y couvre la surface extérieure de réceptacles charnus qui présentent, du reste, des formes variées selon les genres.

Tantôt la surface entière du réceptacle est couverte par la couche hyméniale, c'est ce qui a lieu chez les Rhizines; tantôt la surface fertile ne couvre qu'une partie seulement du réceptacle, tels sont les *Rœsleria,* où la partie fertile en forme de tête est portée par un pied allongé.

Rhizina undulata Fries
Maladie ronde du Pin maritime.

Syn. : *Rhizina inflata* (Schaeff) Rees, Sacc. — *Elvella inflata* Schaeff. — *Helvella acaulis* Pers. — *Rhizina lævigata* Fries.

Dans bien des bois en France, mais tout particulièrement en Sologne, les peuplements de Pin maritime sont dévastés par une maladie, qui se propage de proche en proche et détruit des massifs entiers. On la désigne sous les noms de « maladie ronde » ou de « Rond ».

Elle paraît due à un champignon que l'on rencontre fréquemment dans les terrains sableux et dont on trouve le mycélium à l'intérieur des racines des Pins mourants ou morts (1). C'est le *Rhizina undulata,* champignon vivant en saprophyte et en parasite comme l'*Armillaria mellea* qui produit des Ronds semblables dans les peuplements de Pin sylvestre.

---

(1) Prillieux, *Compt. Rend. de la Soc. des Agriculteurs de France,* Séance du 9 février 1880, t. XI, p. 386.

R. Hartig, *Forstlich. Naturwiss. Zeitschrift,* 1892.

Le réceptacle du *Rhizina undulata* n'a pas de pied,
c'est une lame bombée, ondulée, à contours arrondis

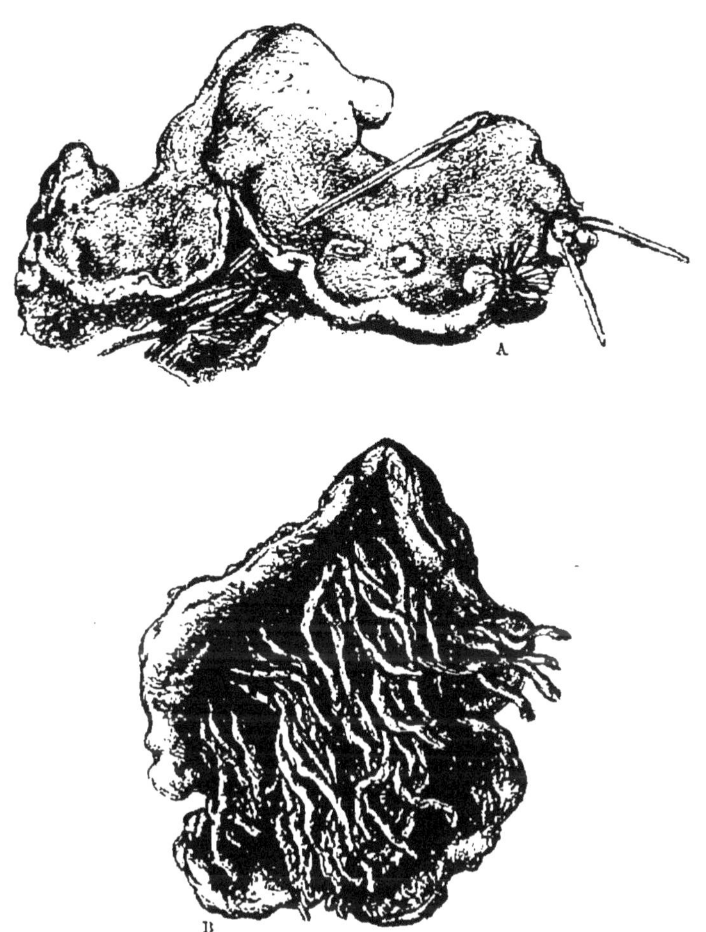

FIG. 465. — *Rhizina undulata.*

A, Vu en dessus. — B, Vu en dessous.

mais peu réguliers, dont la surface supérieure, couverte
par l'hyménium est de couleur brun chocolat et a un
aspect un peu velouté. Elle est entourée d'une bordure

plus pâle (fig. 465). Son diamètre varie entre 1 et 5 centimètres. Sa face inférieure d'une couleur plus claire porte des sortes de Rhizomorphes qui s'enfoncent en terre, à la façon de racines, et fixent la Rhizine à la surface du sol.

L'hyménium recouvre un tissu formé d'une sorte de parenchyme spongieux, composé de cellules irrégulières, parfois allongées en filaments. Cette couche sous-hyméniale renferme de longs tubes droits, non cloisonnés, remplis d'une matière brune, qui se continuent dans l'hyménium, le traversent et dépassent un peu sa surface.

L'hyménium est formé d'asques allongés, cylindriques, entremêlés de paraphyses filiformes, septées, très fines, mais renflées à leur extrémité. Elles sont un peu plus longues que les asques et sont agglutinées toutes ensemble par une matière brune répandue sur toute la surface de l'hyménium et que dépassent seulement les tubes secréteurs bruns (fig. 466).

Les spores contenues dans les asques sont fusiformes, avec un mucron aigu à chaque extrémité. Elles contiennent en général deux gouttelettes volumineuses et un certain nombre d'autres plus petites.

M. R. Hartig a essayé de faire germer des spores fraîches de Rhizine; il les a semées les unes sur de la gélatine, les autres sur un sol sableux, riche en humus. Ces dernières ne se développèrent pas, mais les spores semées sur la gélatine germèrent en quantité au bout de 24 heures dans des essais faits au mois de novembre.

Un tube de germination extrêmement épais sort du côté de la spore. A sa naissance, il égale en épaisseur la largeur de celle-ci; puis il devient plus mince. Au bout de 48 heures, il a déjà produit un mycélium cloisonné et ramifié, pareil à celui que l'on observe dans les racines récemment attaquées, ou dans les parties fortement at-

teintes et vers leur limite, aux endroits, où le mycélium
pénètre dans une portion encore saine du tissu cortical.

Si on arrache les arbres malades ou tués par la maladie ronde, on voit autour du chevelu de leurs racines les

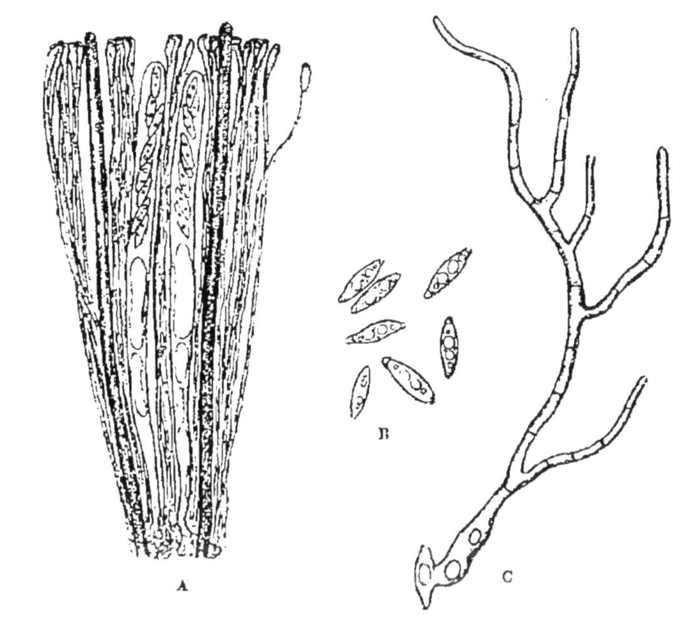

FIG. 466. — *Rhizina undulata.*

A, Coupe de l'hyménium montrant les asques, les tubes secréteurs et les paraphyses. — B, Spores.
— C, Spore en germination, depuis 48 heures. (D'après R. Hartig).

grains de sable retenus par de très nombreux filaments
d'un mycélium, sans qu'il y ait eu d'écoulement de résine. Sur des racines isolées, on peut observer des faisceaux de filaments mycéliens, semblables à des cordons
de Rhizoctone, qui sortent de l'écorce et à une distance
de 1 centimètre à 1 cent. 1/2, se ramifient et se résolvent
en un mycélium filamenteux.

Si on cultive dans l'air humide une de ces racines
coupées, on voit de pareilles formations mycéliennes

sortir en quantité soit de l'écorce, soit de la surface du bois mis à nu. Elles sont d'un blanc brillant.

Dans le parenchyme cortical, le mycélium de la Rhizine s'étend entre les cellules; dans le liber, il est tantôt intercellulaire et tantôt intracellulaire : souvent les tubes criblés sont remplis par d'épais filaments de ce mycélium.

Dans les tissus morts de l'écorce et du liber, on voit entre les éléments brunis et dissociés le mycélium de la Rhizine former un pseudoparenchyme, qui se détruit quand tout le tissu entre le bois et l'enveloppe subéreuse est entièrement décomposé.

En Sologne, la maladie ronde attaque principalement, on a dit même exclusivement, le Pin maritime. Selon M. Duchalais (1) les peuplements de Pin sylvestre ne sont jamais atteints, au moins directement, et ce n'est que quand les Pins sylvestres se trouvent entremêlés aux Pins maritimes dans une place infectée qu'ils peuvent être eux-mêmes envahis par la contagion. D'autre part, M. Seurrat de la Boulaye assure qu'il a vu des cas de maladie se développer dans des massifs uniquement composés de Pins sylvestres (2).

Il est certain que, dans les Ronds, les Pins sylvestres mélangés aux Pins maritimes résistent mieux à la maladie; mais ils meurent aussi et leurs racines présentent les mêmes symptômes d'altération que celles des Pins maritimes.

L'âge des Pins n'a pas d'influence sur le développement de la maladie, mais il est un fait qui paraît bien établi et qui est admis sans conteste par les propriétaires

(1) J. Duchalais, *Maladie Ronde des Pins maritimes.* Extrait du Rapport de la session de 1893 du Comité central agricole de Sologne.

(2) Seurrat de la Boulaye, *Mémoire sur la maladie Ronde*, p. 20. — Extrait des Mém. de la Soc. d'agric., sciences.... d'Orléans, 1879.

de Pins de la Sologne c'est que le mal débute toujours autour des foyers allumés par les bûcherons ou les rôdeurs dans les bois. La croyance que les Ronds ont pour cause première les feux allumés dans l'intérieur ou sur le bord de massifs résineux est très répandue chez les sylviculteurs des Landes, aussi bien que chez ceux de la Sologne. Cette influence maintes fois contrôlée des foyers sur le développement de la maladie ronde est bien d'accord avec l'expérience de M. R. Hartig qui n'a pu faire germer des spores de la Rhizine sur le sable mêlé d'humus, tandis qu'il en a obtenu rapidement de nombreuses germinations en les plaçant dans un milieu nutritif. Sans doute la cendre des foyers favorise le développement des spores de Rhizine qui, sans cela, demeurent le plus souvent sans germer sur le sable où poussent les Pins.

On a vu un fait analogue se rapportant à la germination des spores du *Merulius lacrymans*.

D'ailleurs, il est à remarquer que la faculté de végéter sur la terre imprégnée de cendre de bois et de matières empyreumatiques est partagée par beaucoup de petites Pézizes, et il est fréquent d'en rencontrer dans les forêts, sur les places occupées par des charbonnières abandonnées.

La maladie se propageant dans le sol des arbres atteints à ceux qui sont sur le bord du Rond infecté, il convient de cerner les places envahies par le parasite, d'un fossé fait à 3 ou 4 mètres au delà de son extrême limite apparente. Quand l'opération est bien faite et que le mal n'est pas trop généralisé, elle en arrête l'extension. En cernant ainsi d'un fossé tous les foyers que l'on trouve dans les bois de Pins, on se place, en effet, dans les meilleures conditions pour éviter que le mycélium ne gagne de proche en proche les racines des arbres voisins.

Le mélange d'arbres feuillus au Pin maritime paraît

être le meilleur moyen de mettre obstacle à l'invasion de la maladie ronde.

Rœsleria hypogæa Thüm et Pass.
Pourridié de la Vigne. — Morille de la Vigne.

Syn. : *Rœsleria pallida* (Pers). Sacc. — *Calicium pallidum* Pers. — *Embolus pallidus* et *stilbeus* Wallr. — *Coniocybe pallida* (Pers.) Körb. — *Pilacre subterranea* et *P. Friesii* Weinm. — *Vibrissea hypogaea* (Thüm et Pass.) Richon et Le Monnier.

On a constaté dans un grand nombre de vignobles à sous-sol argileux et humide, surtout dans l'Est et le centre de la France, une maladie des racines des Vignes qui produit des effets désastreux. On voit les pieds de Vigne frappés d'un irrémédiable épuisement, languir quelques années et succomber enfin souvent au bout de trois ou quatre ans au mal qui, après les avoir atteints, gagne de proche en proche les ceps voisins. Les places attaquées grandissent comme cela a lieu pour les taches phylloxériques et bien souvent on a attribué le mal au phylloxéra, mais toutes les recherches pour trouver le redoutable insecte demeuraient inutiles (1).

Les symptômes de dépérissement des Vignes dont les racines sont malades et pourrissent sont les mêmes, quelle qu'en soit la cause. Dans beaucoup de cas le pourridié qui se produit dans des terres argileuses et humides n'est dû ni à l'*Armillaria mellea* ni au très redoutable *Dematophora necatrix*. Dans le bois altéré des racines on trouve de nombreux filaments mycéliens qui ne présentent pas les caractères si particuliers du mycélium du *Dematophora* ; à la surface des racines tuées

(1) Ed. Prillieux, *le Pourridié des Vignes de la Haute-Marne (Ann. de Instit. agron.)* 1879-80.

apparaissent une quantité de petits réceptacles blancs qui varient assez de taille, mais dont les plus gros ne dépassent guère en hauteur 7 à 8 millimètres. Ils sont en forme de massue droite ou courbée. Le petit pied, d'un blanc pur, s'épaissit dans sa partie supérieure et porte à son extrémité une tête globuleuse ou un peu aplatie blanche ou d'un gris de cendre, selon l'état plus ou moins avancé de son développement.

Ce petit champignon qui paraît bien être parasite de la Vigne, quoiqu'on ne le voie jamais fructifier que sur les racines mortes, comme cela a lieu du reste pour le *Dematophora necatrix* et l'*Armillaria mellea* qui causent d'autres Pourridiés, a été d'abord observé sur les Vignes malades à Mulheim-en-Brisgau, par M. Roesler en 1868. Il a reçu de MM. von Thümen et Passerini le nom de *Rœsleria hypogaea*.

Il n'est pas exclusivement propre à la Vigne et a été aussi observé sur les racines de divers arbres.

La petite tête globuleuse du *Rœsleria* entièrement développée est couverte d'une épaisse couche pulvérulente d'un gris cendré ou un peu verdâtre qui est formée de spores globuleuses toutes libres et indépendantes les unes des autres. Rien n'indique plus alors leur origine; ce sont cependant des ascospores. Si on étudie le champignon à un degré de développement un peu moins avancé, on voit ces spores réunies par huit en file, comme les grains d'un chapelet, à l'extrémité d'hyphes dressées qui forment une couche fertile à la périphérie de la petite tête. A cet état, la véritable nature de ces spores n'apparaît pas encore clairement, mais si on examine une tête de *Rœsleria* plus jeune encore, on voit ces chapelets de spores entremêlés avec des asques tubuleux un peu rétrécis à leur partie inférieure et dans lesquels les spores globuleuses se forment à la file toutes à la fois et au nombre de 8 par asque. Le même filament produit en se ramifiant à la partie inférieure de l'hyménium plusieurs asques successivement et on peut aisément séparer de la couche hyméniale des bouquets présentant réunis et des chapelets de spores mûres et des asques à tout degré de développement. On voit bien nettement que les spores naissent isolées et fort au large d'abord dans les asques allongés et étroits, puisqu'elles en remplissent toute la largeur et qu'ensuite continuant de grossir elles pressent sur la paroi de l'asque pour se faire place. De tubuleux qu'il était, celui-ci devient ainsi moniliforme en se moulant sur la surface des spores qu'il renferme (fig. 467).

Quand les spores sont mûres, elles se séparent les unes des autres en rompant la mince paroi de l'asque qui les enveloppait et elles forment la couche de poudre grise qui couvre la petite tête du réceptacle; mais, à mesure qu'un chapelet s'égrène, il pousse du bas de l'hyménium de nouveaux asques qui se changent bientôt en chapelets à 8 grains et s'égrènent à leur tour, augmentant l'épaisseur de la couche pulvérulente qui peut acquérir ainsi une profondeur de 20 à 30 spores superposées et même plus. La couche pulvérulente est traversée tout entière par de longues paraphyses filiformes.

Les spores mûres sont toutes globuleuses, mais elles sont parfois séparées en deux moitiés par une cloison. Une partie seulement des spores est ainsi divisée; les spores simples sont toujours en plus grand nombre.

Simples ou cloisonnées, ces spores germent toutes également bien; placées dans l'eau, elles émettent au bout d'une vingtaine d'heures un ou deux tubes de germination, rarement trois. Ces tubes s'allongent, et se ramifient souvent.

Le mycélium du *Rœsleria hypogaea* pénètre tous les éléments anatomiques de la racine; sous son action corrosive les parois des fibres ligneuses s'amincissent d'un façon singulière. Dans les racines très altérées, elles sont réduites à une mince pellicule qui se colore en jaune par l'iodochlorure de zinc.

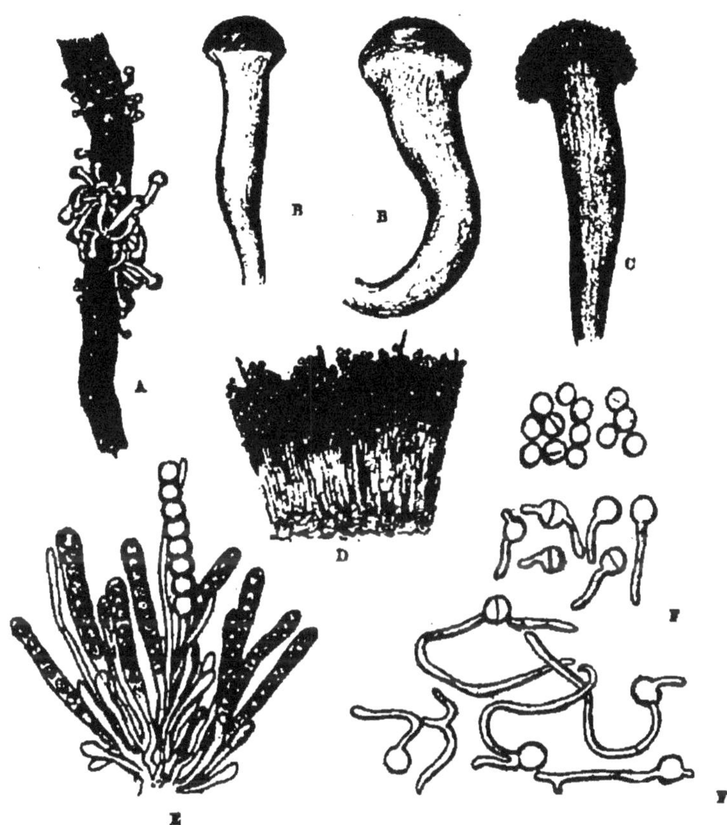

FIG. 467. — *Rœsleria hypogaea.*

A, Racine de vigne couverte de réceptacles. — B, Réceptacles du parasite un peu grossis. — C, Coupe longitudinale d'un de ses réceptacles. — D. Coupe de la couche fertile plus grossie. — E, Asques à divers états de développement, encore plus grossis. — F, F, Spores germant.

Le parasitisme du *Rœsleria hypogaea* a été fort contesté. L'altération des racines sur lesquelles il se montre étant fort semblable à celle que produit le *Demato-*

phora necatrix. M. Hartig a pensé que c'est en réalité le mycélium de ce dernier parasite qui cause les altérations que l'on a attribués au *Rœsleria*. Ce dernier se développerait en saprophyte sur des racines tuées par le *Dematophora*.

Le fait même du parasitisme du *Rœsleria* paraît cependant avoir été directement établi par l'infection d'une vigne saine opérée expérimentalement par le Dr Jolicœur (1).

Le *Rœsleria* vit certainement souvent en saprophyte; il est incontestable qu'il se montre sur des racines mortes qu'il n'a pas tuées, par exemple sur des racines qui ont succombé aux attaques du Phylloxéra, mais on doit admettre qu'il peut envahir aussi des Vignes languissantes peut-être, mais vivantes encore, dans des terrains humides où il végète avec vigueur.

L'humidité du sol ou du moins du sous-sol étant la condition indispensable du rapide développement du *Rœsleria hypogaea* l'assainissement du terrain des vignobles attaqués par lui est le premier et le plus efficace des moyens auxquels on devra recourir pour combattre le mal.

En outre, on devra comme pour tous les Pourridiés arracher les pieds infectés et extirper le plus complètement possible les racines mortes que l'on brûlera dans les trous mêmes qui auront été faits pour l'arrachage des souches.

(1) Jolicœur, *Rapports sur la maladie de la Vigne connue dans la Marne sous le nom de « Morille »*; Châlons-sur-Marne, 1881.

TROISIÈME PARTIE

PHANÉROGAMES PARASITES

Tandis que tous les champignons sont parasites ou saprophytes, il n'y a que peu de plantes Phanérogames qui puisent leurs aliments dans les tissus vivants ou morts d'autres plantes phanérogames.

Parmi les Phanérogames qui s'implantent soit sur les racines, soit sur les tiges des plantes nourricières et vivent en parasites à leurs dépens, beaucoup ont un aspect différent de celui des végétaux ordinaires. Leurs feuilles sont rudimentaires et ne se colorent pas en vert; telles sont les Cuscutes et les Orobanches; elles vivent des matériaux élaborés dans les feuilles vertes du végétal sur lequel elles sont greffées et l'épuisent beaucoup.

Certains, comme le Gui, qui puisent dans les arbres sur lesquels ils poussent tout le liquide chargé de substances salines que les plantes ordinaires tirent du sol, ont cependant des feuilles vertes et sont capables de former eux-mêmes des matières nutritives en décomposant l'acide carbonique de l'air sous l'influence de la lumière.

Il en est d'autres enfin qui ne sont qu'à demi parasites. Ne se distinguant en rien par leur aspect des plantes phanérogames qui vivent de la vie ordinaire, ils ont des feuilles vertes normalement développées et des racines qui s'enfoncent dans le sol ; mais ces racines vont souvent s'implanter sous terre sur les racines de plantes nourricières, d'où ils tirent une partie de leur nourriture. Telles sont diverses plantes parasites de la famille des Rhinantacées. Plusieurs s'attachent à des plantes cultivées, céréales ou fourragères.

PARASITES DES RACINES

Rhinanthacées.

On a longtemps considéré les Rhinanthes, les Euphraises qui se développent dans les prés, le Mélampyre qui pousse dans les Blés comme des mauvaises herbes nuisant seulement aux plantes voisines plus utiles qu'elles en détournant à leurs dépens pour s'en nourrir les matières alimentaires contenues dans le sol. Rien dans leur aspect ne faisait soupçonner qu'elles fussent parasites.

C'est Decaisne qui découvrit qu'elles ne peuvent vivre seules et qu'elles ont besoin de s'implanter sur les racines d'autres plantes. Voyant les tentatives qu'il faisait pour cultiver le *Melampyrum arvense* comme plante d'ornement dans les parterres rester toujours sans succès, les nombreux semis de cette plante dépérir constamment peu de jours après leur germination, les essais de transplantation des Pédiculaires, des Euphraises, échouer malgré tout le soin mis à les arracher dans la campagne et à les transplanter dans les jardins, il se demanda si les Rhinanthacées qui se montraient si rebelles à la culture et dont l'action nuisible sur les plantes voisines était d'ailleurs reconnue par les agriculteurs, n'étaient pas parasites. Il examina avec soin leurs racines et constata qu'elles portent, en grand nombre, sur leurs radicelles de petits corps à l'aide desquels elles se fixent sur les racines d'autres plantes et en tirent une partie des matériaux nécessaires à leur vie. Il désigna ces organes sous le nom de suçoirs ou de ventouses (1). La structure de ces suçoirs a été le sujet de très nombreuses études (2).

On peut très bien l'étudier sur les *Rhinanthus* si communs dans les prairies et qui contractent à l'aide de ces petits organes des adhérences avec les racines de plantes diverses, dicotylédones aussi bien que monocotylédones.

Si on arrache avec soin un pied de *Rhinanthus minor,* on peut voir çà et là sur ses radicelles de petits tubercules brunâtres de forme arrondie ou ovoïde; ils semblent être des dilatations latérales de la radicelle qui les porte; par leur sommet ils s'aplatissent et s'épatent sur la racine de quelque plante voisine à laquelle ils adhèrent. Si la racine nourricière est petite, le suçoir du Rhinanthe la déborde sur les côtés en l'emboîtant comme une selle sur un cheval, ainsi qu'on peut le voir pour les minces racines des graminées de prairie.

Sur une coupe transversale d'un tel suçoir, on voit que

(1) Decaisne, *Parasitisme des Rhinanthacées.* Ann. des sc. nat., série III, t. VIII, 1847.

(2) V. Chatin, *Anatomie comparée des végétaux,* 2ᵉ partie. Plantes parasites, 1856-1857,

Herman graf zu Solms-Laubach, *Ueber den Bau und die Entwickelung der Ernährungsorgane parasitischer Phanerogamen. Jahrb. f. wissenschaftl. Botanik,* VI (1867-1868).

L. Koch, *Ueber die directe Ausnutzung vegetabilischer Reste durch bestimmte Chlorophylhaltige Pflanzen (Berichte der deutsch. Bot. Gessellsch.,* t. V, 1887.

Leclerc du Sablon, *Recherches sur les organes d'absorption des plantes parasites. Ann. sc. nat,* 7ᵐᵉ série. Bot., t. VI, 1887.

Granel, *Sur l'origine des suçoirs de quelques Phanérogames parasites. Bull. soc. botan. de France,* t. XXXIV, 1887.

Maurice Hovelacque, *Recherches sur l'appareil végétatif des Bignoniacées, Rhinanthacées et Utriculaires,* Paris, 1888.

du milieu de l'épatement qu'il forme sur la racine nourricière émane un prolongement qui plonge à l'intérieur
de celle-ci. Il est parcouru selon son axe par une série de
cellules vasculaires qui mettent en communication le

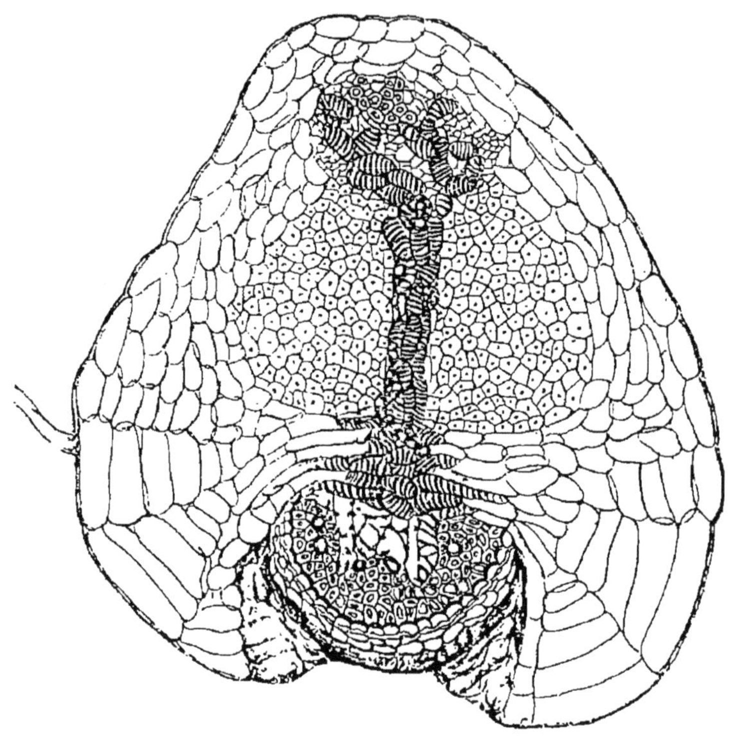

FIG. 468. — COUPE TRANSVERSALE D'UN SUÇOIR DE *Rhinanthus minor* SUR
UNE RACINE DE GRAMINÉE.

(D'après M. de Solms Laubach.)

système vasculaire de la radicelle de Rhinanthe avec le
corps ligneux de la racine nourricière (fig. 468).

La masse du suçoir est composée de parenchyme.
On y peut distinguer une portion extérieure ou corticale
qui, du côté de la racine nourricière, se dilate pour
former l'épatement qui l'enveloppe et une portion cen-

trale constituée par des cellules polygonales plus petites et remplies de protoplasma.

Le cordon vasculaire qui traverse le suçoir selon son axe est formé de cellules spiralées courtes, diversement liées les unes aux autres et dont les parois présentent ordinairement des épaississements réticulés. Près de l'extrémité du suçoir ce cordon devient plus épais et on y voit les cellules vasculaires disposées en rayonnant perpendiculairement à son axe. Dans la partie qui pénètre dans la racine nourricière, ces cellules sont moins lignifiées, plus longues et plus larges et ne présentent sur leurs parois que quelques bandelettes d'épaississement interrompues et réduites à des points isolés.

Quand les suçoirs se fixent sur des racines dicotylédones, les cellules vasculaires qui pénètrent dans la racine nourricière sont entourées d'une certaine quantité de cellules qui font le prolongement du tissu de la partie centrale du suçoir et elles constituent un cône qui pénètre à travers toute l'écorce de la racine nourricière et vient aboutir à la surface de son corps ligneux.

Dans les racines de graminées les cellules vasculaires du suçoir pénètrent seules, mais elles s'y enfoncent plus profondément, elles rompent l'assise de cellules protectrices et s'introduisent dans l'intérieur même du corps ligneux.

Les autres plantes de la famille des Rhinanthacées, les Pédiculaires, les Euphraises et les Mélampyres ont des suçoirs qui présentent la plus grande analogie avec ceux des Rhinanthes.

Toutes ces plantes ne sont, du reste, qu'en partie parasites. Elles ne puisent par leurs suçoirs qu'une portion, sans doute assez faible, de leur nourriture dans les racines des plantes voisines. Elles tirent, en outre, directement, elles-mêmes, par de nombreuses racines les substances nutritives contenues dans le sol à la façon des plantes ordinaires, et de plus elles sont parfois aussi saprophytes.

C'est le cas ordinaire du Mélampyre des prés dont les suçoirs, semblables à ceux qui s'implantent sur les racines vivantes, adhèrent le plus souvent à des organes morts et en voie de décomposition, tels que des débris de tiges, de feuilles et de racines et même à de petites masses d'humus.

La première formation d'un suçoir naissant a dans les Rhinanthacées son siège dans le parenchyme cortical de la racine. La petite protubérance qui révèle l'apparition d'un suçoir n'est formée que par un renflement latéral de l'écorce. Les cellules de parenchyme cortical s'y allongent radialement, puis se divisent par des cloisons de direction variable. Ce n'est que plus tard que ce cloisonnement se propage dans l'endoderme et le péricycle (1).

Ce suçoir très jeune se compose alors d'une masse à peu près homogène d'un parenchyme cellulaire dont les éléments se remplissent d'un protoplasme de plus en plus dense et dans l'axe duquel se différencie un faisceau vasculaire formé de cellules spiralées et de fines cellules libériennes. Souvent dans les Mélampyres il a l'apparence d'un petit tubercule radical et ce suçoir reste libre de toute adhérence avec une racine nourricière.

Quand le tubercule se fixe à une racine et joue véritablement le rôle de suçoir, ce sont, d'après les observations de M. Leclerc du Sablon, les cellules hypertrophiées de la couche superficielle du tubercule correspondant à la couche pilifère de la racine qui s'enfoncent dans les tissus de la racine nourricière et forment les files de cellules vasculaires qui s'introduisent entre les cellules de

(1) Leclerc du Sablon, *Bull. de la Soc. Bot. de France*. Séance du 22 avril 1887.

l'hôte en les dissociant. C'est l'hypertrophie de la partie corticale aussi bien que de l'assise superficielle du tubercule qui produit le disque adhésif, la ventouse, qui emboîte la racine nourricière.

Au moment de la floraison des Mélampyres on trouve sur leurs racines un très grand nombre de tubercules entièrement libres; ils ne jouent pas, ou ils ne jouent plus le rôle de suçoirs; M. Koch pense qu'ils servent alors de réservoirs d'eau et de matière azotée.

Le Mélampyre des prés, se nourrissant à la façon des plantes vertes ordinaires par des racines sans suçoirs et s'implantant aussi sur les racines des plantes voisines vivantes ou mortes, présente un remarquable exemple de transition entre la vie normale et la vie parasitaire; mais c'est surtout dans les débris morts des végétaux qu'il puise par ses suçoirs les éléments dont il se nourrit.

Orobanches.

Comme les Mélampyres et les Rhinanthes, les Orobanches sont des parasites de racines. Voisines des Rhinanthacées, elles sont bien plus complètement parasites et vivent exclusivement aux dépens de la plante sur laquelle elles se greffent. Elles n'ont pas de feuilles vertes, possèdent seulement des écailles jaunâtres, dépourvues de limbe et qui ne peuvent remplir les fonctions assimilatrices dévolues aux plantes vertes; elles manquent de racines normales capables de puiser dans le sol l'eau chargée de matières alimentaires, et n'ont que des racines porte-suçoirs, dépourvues de poils radicaux, et dont la partie terminale s'exfolie cellule à cellule.

La tige, dans l'Orobanche, est une hampe portant de courtes écailles et se terminant en un épi de fleurs; à sa base, elle est plus ou moins renflée en tubercule et directement implantée dans la racine d'une plante nourricière qu'elle épuise souvent tellement qu'au delà du point où est implantée l'Orobanche la racine meurt et que la base renflée de la tige du parasite paraît former la terminaison de la racine nourricière.

A l'organisation réduite et spéciale des organes de végétation de l'Orobanche, qui est liée à son mode de vie, correspond un état imparfait et rudimentaire de l'embryon contenu dans la graine.

Les graines des Orobanches sont extrêmement fines. Elles contiennent à l'intérieur d'un testa réticulé un petit endosperme jaunâtre qui entoure l'embryon; il est formé de cellules contenant des gouttelettes d'huile. L'embryon est tout à fait rudimentaire; c'est une petite masse cellulaire oyoïde où on ne peut distinguer ni radicule ni cotylédon. Pour saisir l'analogie d'organisation qu'il peut y avoir entre cet embryon d'Orobanche tel qu'on le trouve dans une graine mûre et prête à germer et celui d'une plante dicotylédone ordinaire non parasite, ce n'est pas à un embryon tout formé qu'il faut le comparer, mais à un rudiment d'embryon (fig. 469, B.), encore réduit à la forme globuleuse et dans lequel la différenciation en organes divers n'a pas commencé à se produire. On peut dire que l'embryon de l'Orobanche n'est pas encore arrivé au terme de son développement normal quand s'arrête la formation de la graine. Cependant il est déjà apte à germer quand il se trouve dans des conditions favorables.

Les graines des Orobanches ne germent qu'au contact des racines des plantes nourricières, à la surface desquelles elles sont portées dans le sol par l'eau qui les entraîne facilement grâce à leur extrême ténuité. Si elles ne rencontrent pas une racine d'une de leurs plantes nourricières, elles demeurent dans la terre sans germer, mais en y conservant pendant longtemps le pouvoir de le faire, si les conditions deviennent favorables, c'est-à-dire si elles se trouvent portées au contact de la racine d'une plante d'espèce convenable.

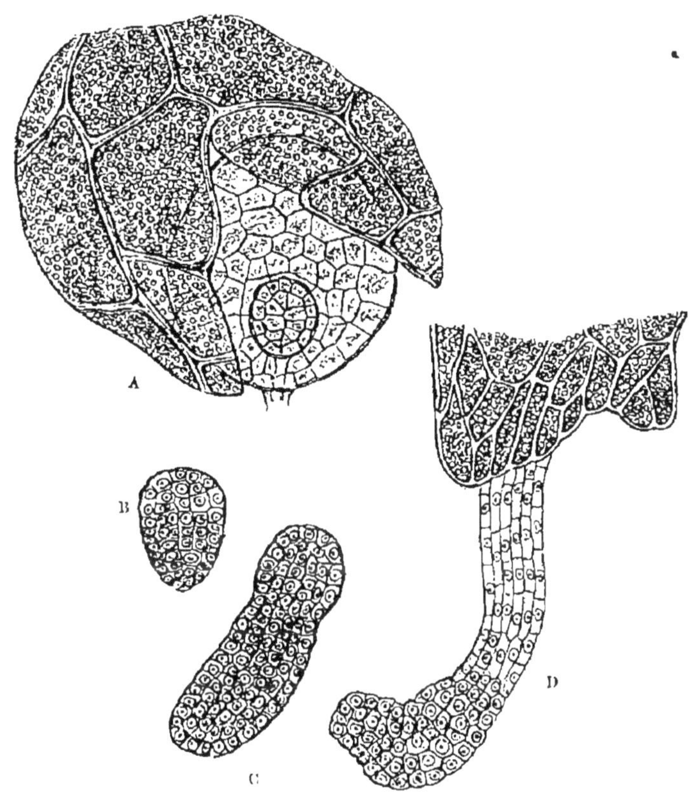

FIG. 469. — *Orobanche speciosa.*

A, Graine mûre. — B, Embryon. — C, Embryon commençant à germer. — D, Germination plus avancée. (D'après L. Koch.)

Quand la graine germe, l'embryon de globuleux devient cylindrique (fig. 469. C, D.); son extrémité supérieure demeurant à l'intérieur de la graine y puise des éléments nutritifs; il s'allonge par le côté opposé en se contournant plus ou moins.; c'est par l'extrémité inférieure, que l'on peut regarder comme radiculaire, que se fait la croissance. Les matières alimentaires s'y portent, elle continue de vivre et de l'allonger, tandis que l'extrémité opposée correspondant à la tigelle s'épuise, se vide et meurt.

Quand la partie terminale inférieure rencontre la surface d'une jeune racine nourricière, elle s'y implante et s'y enfonce, à la façon d'un coin, en dissociant les cellules qui à son contact s'hypertrophient et se décollent. Cette partie inférieure est un suçoir primaire qui pénètre en se ramifiant plus ou moins jusqu'aux faisceaux vasculaires de la racine nourricière.

Une fois fixée, la plantule grossit de plus en plus et s'épaissit en un petit tubercule celluleux, à l'intérieur duquel se forment bientôt des cordons de cellules vasculaires. La partie de l'embryon qui s'est introduite à l'intérieur du parenchyme cortical de la racine nourricière y croît et se fraye un passage jusqu'aux faisceaux vasculaires, sans produire dans les tissus de la racine nourricière aucune altération morbide. Les cellules du parasite se soudent intimement avec celles de la racine nourricière; elles forment ensemble une masse vivant d'une vie commune (fig. 470).

Nourri par la racine où il est implanté, le corps embryonnaire se développe tant à l'intérieur de la racine nourricière qu'à l'extérieur où il se gonfle en tubercule.

L'extrémité plumulaire de l'embryon, qui restait coiffée par l'enveloppe de la graine pendant la germination, meurt le plus souvent de bonne heure et c'est seulement de la partie inférieure du filament demeurée hors du tissu de la plante nourricière et renflée en tubercule, que vont émaner bientôt et les racines porte-suçoirs et les hampes florales.

Le suçoir primaire forme à l'intérieur de la racine

nourricière des sortes de ramifications; d'autre part
les tissus de celle-ci se multiplient aussi au contact
du parasite, à peu près comme cela a lieu pour les gref-
fes et plus généralement à la suite de toute blessure
quand il se forme
un bourrelet. Il en
résulte une soudure
tellement intime
qu'on a peine à dis-
tinguer les unes des
autres les cellules
entremêlées du pa-
rasite et de la plante
nourricière.

Bientôt toute la
partie inférieure et
moyenne du corps
embryonnaire ren-
flée en tubercule se
hérisse de points
saillants qui sont de
jeunes racines d'O-
robanche (fig. 471).
Elles ont un carac-
tère tout spécial, el-
les naissent pres-
que superficielle-
ment, à une très pe-

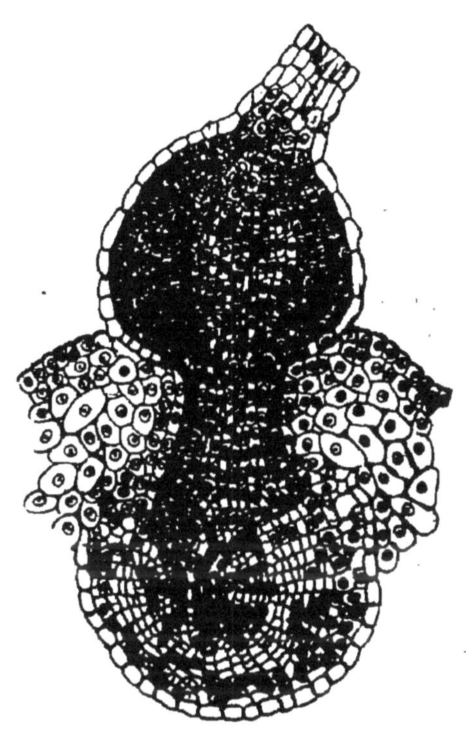

FIG. 470. — *Orobanche speciosa.*
Coupe longitudinale d'une jeune plantule d'Orobanche
implantée dans une racine. (D'après M.L. Koch)

tite profondeur au-dessous de l'épiderme. D'autre part,
vers le sommet du corps embryonnaire il se forme de
même très peu au-dessous de l'épiderme les premiers
rudiments des pousses florales.

Ces sortes de racines qui rayonnent tout autour du
petit tubercule de l'Orobanche obéissent peu à l'action de

la pesanteur. Elles sont nombreuses : elles ne s'allongent pas beaucoup; elles n'atteignent pas plus de 1 à 7 centimètres (fig. 472). Leur structure diffère notablement de celle des racines normales; elles n'ont pas de pilorhize nettement marquée, ni de poils radicaux; elles se ramifient peu; mais quand des ramifications s'y produisent,

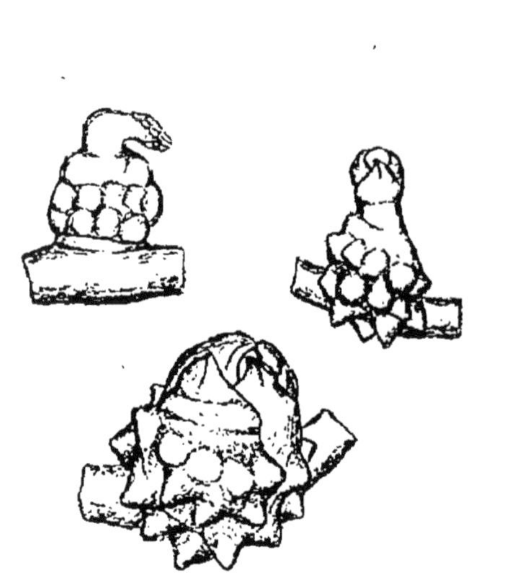

Fig. 471. — Jeunes plantules d'*Orobanche ramosa* commençant a se couvrir de racines.

(D'après M. L. Koch.)

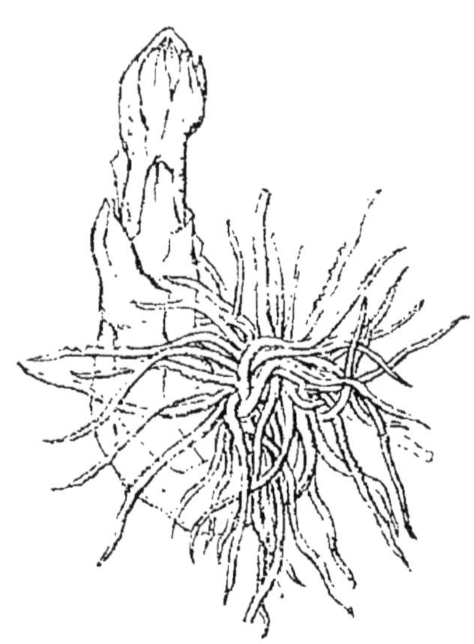

Fig. 472. — Jeune plant d'*Orobanche minor*.

(D'après M. L. Koch.)

elles sont à peine endogènes; ce n'est guère que l'épiderme qui les recouvre et qu'elles ont à percer et encore n'est-ce vrai que pour les ramifications qui naissent à quelque distance du point de végétation; celles qui se forment tout près de l'extrémité, là où l'épiderme est encore bien vivant, sont tout à fait exogènes.

Ces productions ne présentent donc pas les caractères ordinaires des racines. Elles n'ont pas une longue existence et meurent au moment de la floraison; leur rôle

principal consiste à produire des suçoirs secondaires
quand elles rencontrent sur leur passage des racines
nourricières : ce sont des porte-suçoirs. Au point de contact avec la racine étrangère, la racine de l'Orobanche
produit un mamelon de tissu qui naît au-dessous de
l'assise superficielle, comme une ramification de racine
et se renfle en s'appliquant intimement à la racine nourricière, à laquelle il adhère. C'est un suçoir qui pénètre
dans le corps de la racine nourricière en dissociant les
cellules de son parenchyme cortical et parvient jusqu'aux
faisceaux vasculaires, avec lesquels il s'abouche par l'intermédiaire d'un cordon de cellules trachéennes. Ce
cordon s'organise dans son axe et met en communication la racine nourricière et la racine de l'Orobanche.

M. Hovelacque, qui a fait des organes de végétation
des Orobanches une étude très complète, y a décrit des
suçoirs extrêmement réduits. Parfois une cellule hyper-
trophiée de la couche superficielle de la racine de l'Orobanche pénètre entre les cellules de la racine nourricière en les dissociant à la manière d'un filament de
mycélium et provoque leur hypertrophie, pénétrant jusqu'au faisceau vasculaire de la racine nourricière.
D'autres fois, plusieurs cellules contiguës de la racine de
l'Orobanche prennent un pareil développement et forment
un petit suçoir, dont la partie pénétrante est réduite à
quelques cellules. Mais ces cas sont rares et, le plus souvent, il se forme par multiplication des cellules du parenchyme cortical un mamelon qui s'applique sur la
racine nourricière. Les cellules superficielles de la périphérie de ce mamelon s'hypertrophient, ainsi que celles
du parenchyme sous-jacent, pour former un bourrelet
périphérique qui adhère fortement à la racine. A l'intérieur
du mamelon, les cellules se cloisonnent parallèlement à

son axe organique et le cloisonnement gagne la gaine et l'assise péricambiale de la racine.

L'adhérence étant produite entre le mamelon et la racine nourricière, les assises superficielles du milieu de la partie adhérente s'allongent et pénètrent en une seule masse dans la racine nourricière en en dissociant les cellules; elles forment un coin qui s'enfonce jusqu'au bois et dans l'intérieur duquel se différencient des files de cellules vasculaires. Assez souvent le suçoir est multiple; il s'y forme plusieurs coins et les cordons ligneux de chacun d'eux se jettent plus ou moins haut sur l'axe vasculaire qui occupe l'axe de la partie adhésive du suçoir.

Les pousses florales se forment sur la moitié supérieure du petit tubercule, dont la partie inférieure produit les racines. Ce sont des pousses adventives qui sont plus ou moins nombreuses selon l'espèce d'Orobanche et selon l'abondance de la nourriture que fournit la plante nourricière. Elles portent seulement des bractées et des fleurs qui produisent une quantité prodigieuse de graines d'une excessive ténuité.

Les Orobanches parasites des plantes annuelles ne peuvent survivre à leur plante nourricière; elles meurent avec elles. Telle est l'Orobanche rameuse qui vit sur le le Tabac, mais il n'en est pas de même des espèces qui s'implantent sur des végétaux vivant plusieurs années, comme le Trèfle, par exemple. Dans ce cas, les parties extérieures de l'Orobanche meurent bien encore à la fin de l'année, mais la portion du parasite qui est implantée dans la racine de la plante nourricière reste vivante; elle produit un bourrelet qui va jouer pour la seconde année le rôle du tubercule de la première année et donner de même naissance à des pousses florales et à des racines porte-suçoirs.

Ce n'est pas seulement le suçoir primaire, provenant originellement d'un embryon qui peut reproduire ainsi, la seconde année, un nouveau pied d'Orobanche ; les suçoirs secondaires jouissent de la même propriété ; chacun d'eux est capable de donner ainsi naissance à un nouveau pied d'Orobanche.

L'Orobanche du Trèfle, en particulier, se multiplie de cette façon sans intervention des graines. Sur la partie extérieure du suçoir se développe au commencement de la seconde année un petit tubercule qui donne naissance à la manière ordinaire à des racines porte-suçoirs et à des racines florales.

Il n'y a guère que deux espèces d'Orobanche qui présentent de l'intérêt au point de vue agricole, la petite Orobanche (*Orobanche minor*) et l'Orobanche rameuse (*Orobanche (Phelipea) ramosa*).

Orobanche minor.

Petite Orobanche. — Orobanche du Trèfle.

L'*Orobanche minor* peut se développer sur les racines d'un grand nombre de plantes différentes, mais c'est tout particulièrement comme parasite du Trèfle ordinaire (*Trifolium pratense*) qu'elle peut causer des dommages importants. C'est ordinairement seulement après la première coupe, c'est-à-dire durant la seconde année après le semis qu'elle produit un affaiblissement très notable de la végétation du Trèfle dont les pieds jaunissent, languissent et meurent après l'apparition de nombreuses pousses florales d'Orobanche.

Dans les cas les plus favorables le mal est limité à des places plus ou moins grandes qui ont été attaquées les premières, mais on a cité des cas où l'invasion est devenue générale et d'une violence extrême. Tel est l'exemple cité par M. Koch, où sur un espace d'environ un hectare et demi un champ de Trèfle était envahi à ce point par la petite Orobanche, que sur 4 mètres carrés on en comptait 406 inflorescences. Dans de pareils cas, la récolte est entièrement détruite, mais ils ne se présentent que sur des points où depuis longtemps l'Orobanche est commune et où on l'a laissée se développer sans rien faire pour enrayer son expansion.

La première année, quand le Trèfle commence à se développer, ordinairement à l'abri d'une céréale, il n'a encore poussé dans le sol que peu de racines. Les conditions pour la germination des graines d'Orobanche ne sont pas aussi favorables que plus tard, quand la terre est parcourue par un lacis de racines de Trèfle. Les pousses formées la première année sont assez rares; mais elles répandent autour d'elles des graines très légères, facilement disséminées par le vent, et qui, de plus, sont produites en quantités prodigieuses. On a évalué à plus de 100,000 le nombre des semences que peut donner un seul pied d'Orobanche. Les touffes primitives s'étendent, en outre, l'année suivante, par la production de tiges nouvelles émanant des suçoirs secondaires. Il est vrai que comme les racines porte-suçoirs sont courtes le foyer primitif ne grandit pas beaucoup par ce moyen.

Les repousses des pieds primitifs et des suçoirs secondaires, ainsi que les nouveaux pieds de semis forment leur hampe florale vers le moment de la première coupe du Trèfle, la seconde année. C'est seulement d'ordinaire à partir de cette époque que l'Orobanche s'est notablement multipliée et cause assez de perte pour qu'il y ait lieu de retourner le Trèfle.

L'*Orobanche minor* attaque aussi la Luzerne, mais

n'y cause pas de grands dommages. La Luzerne peut encore servir de plante nourricière à une autre Orobanche, l'*Orobanche rubens*, mais sans en souffrir non plus beaucoup. Cette résistance particulière de la Luzerne doit être attribuée à ce que ses racines pivotantes s'enfoncent à une grande profondeur et se trouvent ainsi à l'abri des attaques de ces parasites.

Orobanche ramosa.

Syn. : *Phelipea ramosa*

Orobanche rameuse du Chanvre et du Tabac.

L'Orobanche rameuse appartient au sous-genre *Phelipea* qui diffère des autres Orobanches en ce que les fleurs sont accompagnées de deux bractées latérales. Par l'ensemble de leur organisation elles ne diffèrent pas, du reste, des autres Orobanches. Comme l'indique son nom, ses hampes sont ramifiées; elles portent des fleurs jaunâtres, lavées de violet dans leur partie supérieure.

L'Orobanche rameuse peut se développer en parasite sur des plantes fort diverses, parmi lesquelles on a cité le Maïs, la Vigne, la Tomate, mais c'est sur le Chanvre et le Tabac qu'elle se montre le plus souvent dans les cultures et qu'elle cause le plus de dommages.

Sur le Chanvre.

Si on répand, comme l'a fait Ludwig, des graines de l'Orobanche rameuse sur le sol autour de jeunes pieds de Chanvre de 10 ou 15 centimètres de hauteur, on peut voir sortir de terre les hampes du parasite au bout de deux mois et demi.

Les touffes d'Orobanche poussent nombreuses et fortes près de la tige du Chanvre ; les jeunes parasites y trouvent à leur portée de nombreuses racines nourricières, d'où elles tirent leur nourriture en y portant leurs suçoirs secondaires. Un pied d'Orobanche rameuse peut donner ainsi une véritable touffe de 10 à 15 hampes. Si une graine germe sur une racine isolée, la petite Orobanche qu'elle produit reste faible. En général à une certaine distance des pieds de Chanvre, les touffes d'Orobanche moins bien nourries prennent un développement plus faible.

L'action de l'Orobanche est plus ou moins intense et pernicieuse, selon l'état de développement où est parvenu le Chanvre quand le parasite s'implante sur ses racines. Un pied dont la croissance est déjà avancée souffre peu de l'invasion du parasite, tandis qu'il en est tout autrement si c'est une plante jeune et peu avancée dans sa croissance qu'attaque l'Orobanche ; elle peut l'épuiser au point d'entraîner sa mort avant qu'elle ait dépassé une hauteur de 30 centimètres. Mais même quand le développement de la plante nourricière n'est pas très notablement entravé, la dessiccation prématurée des tiges est la conséquence de l'épuisement produit par le parasite et il en résulte un très notable dommage, car la production de la filasse en est considérablement diminuée en qualité et en quantité.

C'est quand le sol contient de nombreuses graines d'Orobanche rameuse que l'infection du Chanvre a lieu le plus tôt et qu'elle cause le plus de mal. L'alternance des cultures plaçant à la suite du Chanvre des plantes que l'Orobanche n'attaque pas et ne ramenant qu'à un long intervalle le Chanvre sur le terrain infecté est le meilleur moyen de prévenir l'invasion du parasite.

Le dommage atteint au contraire son maximum si au

Chanvre on fait succéder au bout de peu de temps la culture du Tabac qui est pour l'Orobanche rameuse une plante nourricière au moins aussi favorable que le Chanvre.

Sur le Tabac.

Le Tabac ne se cultive pas comme le Chanvre. On sème sur couche ses graines qui sont d'une grande ténuité et on repique ensuite les jeunes plants.

Il convient tout d'abord de veiller avec grand soin à ce que les semences de Tabac ne soient pas mélangées de graines d'Orobanche. Elles sont petites les unes et les autres, mais il y a cependant entre elles une grande différence de taille; les graines de l'Orobanche rameuse sont beaucoup plus ténues que celles du Tabac et on peut avec des cribles très fins les séparer sans difficulté.

On doit prendre grand soin aussi que la terrre des bâches ne soit point infectée par les graines d'Orobanche.

C'est au repiquage dans les champs, principalement en mai ou en juin que l'infection des jeunes plants se produit, quand le sol a porté précédemment des cultures qui ont été envahies par l'Orobanche rameuse, dont les graines demeurent longtemps en terre sans perdre la faculté de germer.

Dans les cas où l'infection atteint une intensité moyenne, on voit les inflorescences d'Orobanche apparaître autour de quelques pieds de Tabac vers le moment du deuxième binage, quand la plante a déjà parcouru la moitié de la durée de sa végétation. Les hampes apparaissent successivement. D'ordinaire, on ne les trouve qu'en petit nombre et isolées en août; elles peuvent échapper à l'observation, mais plus tard ces pousses isolées deviennent des touffes et se montrent plus nombreuses. Les feuilles du Tabac qui n'ont pas encore atteint leur grandeur normale commencent alors à jaunir et à se faner. Pour empêcher un dommage plus grand, il faut faire la récolte prématurément ; mais cela ne détruit pas le parasite qui continue de vivre sur les pieds dont on a récolté les feuilles. Il y fleurit et y mûrit ses graines qui infectent le sol, si on n'a pas soin d'arracher et de détruire les pieds de Tabac aussitôt après la récolte.

Même avant la récolte, dès qu'on s'aperçoit de l'apparition des hampes d'Orobanches il faut avoir grand soin de les récolter et de les détruire. Il faut empêcher le parasite de former et de répandre ses graines.

La Tomate peut, comme le Tabac, être envahie par l'Orobanche rameuse. Il faut donc avoir grand soin de ne pas cultiver la Tomate ou le Chanvre sur un champ où le Tabac a été attaqué par l'Orobanche. L'alternance rationnelle des cultures fournit toujours l'un des moyens les plus efficaces de protéger les plantes annuelles contre l'invasion des parasites.

PARASITES DES TIGES

Cuscutes.

Les Cuscutes sont essentiellement parasites. Dépourvues de feuilles vertes, sans racines, elles sont réduites à de longues tiges filiformes semblables à de fins cordons de soie qui s'enroulent autour des tiges des plantes d'où elles tirent leur nourriture par de nombreux suçoirs.

Trois espèces de Cuscutes causent aux cultures des dommages importants : la petite Cuscute nommée communément la Teigne (*Cuscuta epithymum* Murray — *C. minor* D. C.) qui dévaste souvent les champs de

Luzerne et de Trèfle ; la Cuscute du Lin (*Cuscuta densiflora* Soy. Willm. ou *C. epilinum* Weih.), qui peut détruire entièrement une culture de Lin et enfin la grande Cuscute (*C. Europaea* L. ou *C. Major* D. C.) qui attaque le Houblon et le Chanvre, mais y cause cependant moins de dommages.

Ces Cuscutes attaquent des plantes d'espèces diverses et se trouvent sur les plantes sauvages, aussi bien que sur celles de nos cultures.

Ainsi la petite Cuscute de la Luzerne et du Trèfle (*C. epithymum*) est parasite non seulement du Serpolet (*Thymus serpyllum*) comme son nom l'indique, mais du Genêt à balais (*Sarothamnus scoparius*), du Genêt des teinturiers (*Genista tinctoria*), du petit Ajonc (*Ulex nanus*), de diverses espèces de Bruyères (*Erica cinerea, Calluna vulgaris*), de l'*Achillea millefolium*, des *Galium, Helianthemum*, etc., elle attaque même des graminées, telles que le Ray-grass souvent semé dans les champs de Trèfle.

La Cuscute du Lin attaque peu d'autres plantes ; on l'a observée sur la Cameline.

La grande Cuscute se rencontre souvent sur l'Ortie (*Urtica dioica*), parfois aussi sur le *Daphne laureola*, le *Sambucus racemosa*, sur la Vesce (*Vicia sativa*) etc.

La graine des Cuscutes contient un embryon qui, tout en étant moins rudimentaire que celui des Orobanches, ne présente pas non plus l'organisation normale. On n'y distingue pas de cotylédons ; c'est un petit corps allongé, filiforme, qui ne porte pas trace d'appendices. Il est enroulé en spirale autour d'un albumen charnu (fig. 473).

Au moment de la germination, l'embryon allonge d'abord au dehors des téguments de la graine son extrémité radiculaire un peu renflée en massue ; l'autre

FIG. 473.
COUPE D'UNE
GRAINE DE *Cus-
cuta epithymum.*

extrémité reste contenue dans l'enveloppe de la graine et absorbe les matières alimentaires que renferme l'albumen, tandis que la partie intermédiaire, la tigelle, s'allonge et que la portion radiculaire se fixe dans le sol en s'y enfonçant de quelques millimètres (fig. 474).

Cette extrémité radiculaire renflée du corps de l'embryon de la Cuscute ne s'implante pas dans les tissus d'une plante nourricière comme celle de l'Orobanche, ce n'est pas un suçoir primaire. Elle absorbe dans le sol l'humidité nécessaire à la végé-

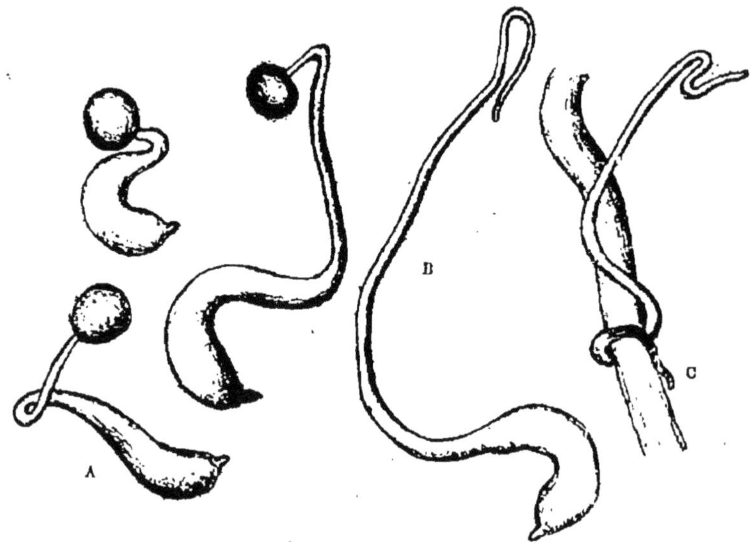

FIG. 474. — GERMINATION DE CUSCUTE A DIVERS DEGRÉS
DE DÉVELOPPEMENT.

tation de la Cuscute naissante; du reste, elle n'a qu'une existence fort courte, elle ne croît point et meurt de très bonne heure.

Elle est comme l'extrémité inférieure de l'embryon de l'Orobanche dépourvue de pilorhize.

La tigelle s'allonge et se dresse, ayant son extrémité courbée en crosse, coiffée par les téguments de la graine. Quand tout l'albumen a été absorbé par la petite plante et que celle-ci a atteint 3 à 4 centimètres de longueur, l'enveloppe vidée de la graine tombe (fig. 474 B). A partir de ce moment la plantule continue de s'allonger en consommant les matières mises en réserve dans l'extrémité radiculaire renflée et dans le bas de la tigelle. Ses parties inférieures s'épuisent et meurent à mesure qu'elle croît par son extrémité supérieure, en formant de nouveaux tissus aux dépens de ceux où la vie s'éteint, et cela jusqu'au moment où ayant consommé toutes les réserves et ne tirant rien du dehors elle finit par mourir, si elle n'a pu trouver à sa portée une plante nourricière sur laquelle elle soit parvenue à se fixer (1).

Dans un milieu humide, une plantule de Cuscute peut rester ainsi vivante pendant deux ou trois semaines sans puiser sa nourriture dans une plante étrangère.

La partie inférieure mourante de la tigelle est couchée sans soutien sur le sol; la partie vivante se redresse et, tout en s'allongeant, décrit des mouvements de nutation circulaire jusqu'à ce qu'elle ait atteint une plante nourricière ou qu'elle meure d'épuisement.

Aussitôt qu'elle rencontre la tige d'une plante capable de la nourrir, la jeune Cuscute l'enlace en s'enroulant autour d'elle à la façon d'une vrille (fig. 474 C), puis y enfonce des suçoirs, qui se forment seulement sur les points où sa tige touche la surface de la plante nourricière, jamais sur le côté libre. Ils naissent à la file, rap-

---

(1) L. Koch, *Untersuchungen über die Entwickelung der Cuscuten. Bot. Abhandl.* herausgegeb. v. d. Hanstein, Bd. II, Heft. 3, 1874.

prochés les uns des autres. Après avoir fait autour de la tige de la plante nourricière qu'elle a touchée plusieurs tours serrés sous lesquels se forment les suçoirs, la tige de la Cuscute naissante, dès lors fixée et nourrie, recommence à s'allonger en décrivant des mouvements de nutation circulaire, comme d'une tige volubile, n'entourant la plante nourricière que d'une façon lâche et ne portant pas de suçoirs. Puis bientôt elle recommence à serrer la tige ou une tige voisine qu'elle a rencontrée dans son circuit de tours pressés, à la façon d'une vrille, et en cette place elle produit une nouvelle série de suçoirs.

Au delà des places où la tige de la Cuscute presse la surface de la plante nourri-

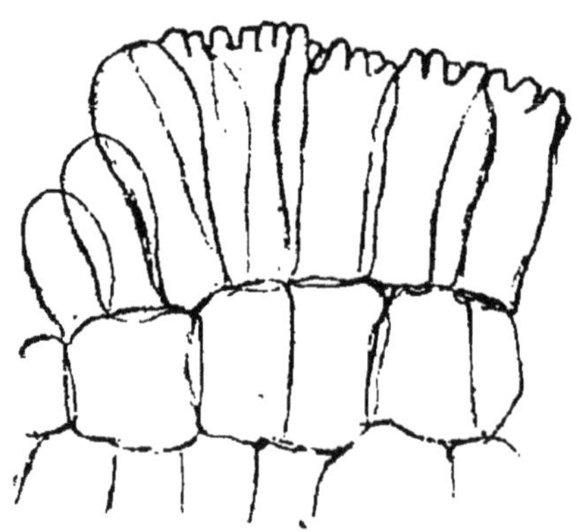

FIG. 475. — CELLULES ÉPIDERMIQUES DE LA PARTIE ADHÉSIVE D'UN SUÇOIR DE *Cuscuta epithymum.*

cière, elle porte assez souvent encore quelques suçoirs, mais ils restent rudimentaires et sans usage.

Au point où un suçoir va se former, il se produit d'abord un renflement des parties superficielles de la tige de la Cuscute, qui s'appliquent sur la plante nourricière en l'emboîtant par le côté. Les cellules épidermiques s'allongent dans le sens perpendiculaire à la surface, surtout celles de la périphérie de la petite protubérance; elles prennent bientôt la forme du disque, produit à la fois par l'allongement des cellules épidermiques et par la croissance et la multiplication des cellules sous-jacentes. Les cellules épidermiques du bord du disque

sont souvent indépendantes des voisines et forment des
poils courts. Sur l'extrémité des cellules épidermiques,
qui sont au contact de l'épiderme de la tige nourricière, se forment des sortes de petites papilles qui sans
doute rendent l'adhérence entre le disque adhésif et la
plante nourricière plus complète (fig. 475).

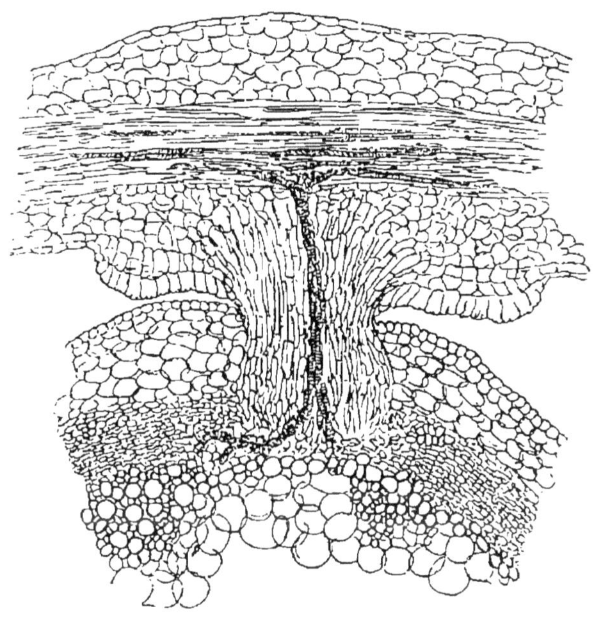

Fig. 476. — Coupe longitudinale d'un suçoir de *Cuscuta epithymum*.

L'axe du suçoir commence à apparaître dans le parenchyme cortical de la tige de la Cuscute. On distingue d'abord des cellules plus riches en plasma ; elles
sont la première origine du cylindre formé de files de
cellules s'allongeant perpendiculairement vers la tige
nourricière. Ces cellules traversent le disque adhésif dans
son milieu et pénètrent sans difficulté à travers l'épiderme de la plante nourricière, déjà altéré sans doute

par l'action des petites papilles de la surface du disque adhésif (fig. 476).

Ces cellules allongées du milieu du cylindre prennent le caractère de cellules vasculaires, leurs parois se marquent d'épaississements annelés ou réticulés. Au voisinage des faisceaux ligneux de la tige de la Cuscute, à la base de l'axe du suçoir, des cellules plus courtes prennent le même caractère et mettent en communication directe l'axe vasculaire du suçoir avec les vaisseaux de la Cuscute.

Les files de cellules de l'axe du suçoir croissent isolément quand elles ont pénétré dans l'intérieur de la plante nourricière, en se glissant entre les cellules de son parenchyme cortical. Les cellules vasculaires de cet axe vont s'appliquer contre les vaisseaux de la tige nourricière qui se trouvent ainsi reliés à ceux de la Cuscute (fig. 477).

Une fois implantée par ses suçoirs sur une plante nourricière, la jeune Cuscute a traversé la phase critique de son existence; elle prend des forces, se développe et se ramifie avec une vigueur et une rapidité fort dangereuses pour les cultures qu'elle attaque.

La tige de la Cuscute porte de petites écailles qui sont ses feuilles; de leur aisselle naissent plusieurs bourgeons produisant des ramifications, des pousses qui s'étendent dans tous les sens en s'enroulant autour des tiges des plantes situées à leur portée au voisinage. Le foyer d'infection où s'est fixée une germination de Cuscute grandit en s'étendant sur toute sa circonférence à la façon d'une tache d'huile; si on n'y prend garde, le champ entier sera bientôt couvert des filaments enlacés du parasite.

Les rameaux de Cuscute ne se cramponnent pas seulement aux plantes étrangères, ils s'unissent en outre

entre eux en s'enroulant les uns sur les autres et se
pénétrant de leurs suçoirs. Ils forment ainsi tous ensemble un lacis inextricable, une sorte de tissu lâche,
dont tous les fils sont solidaires les uns des autres et
vivent d'une vie commune. Cette union de tous les ra-

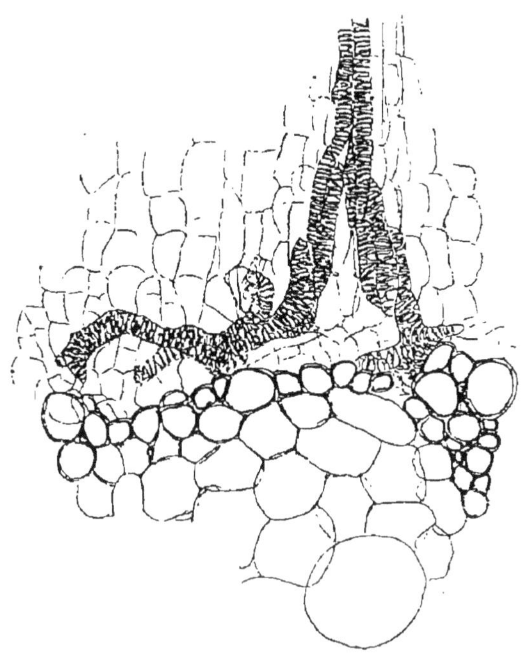

FIG. 477. — PARTIE DE LA FIG. 476 A UN PLUS FORT GROSSISSEMENT.

meaux de pousses différentes de Cuscute contribue
beaucoup à rendre la destruction de la plante plus difficile.

L'envahissement des cultures par la Cuscute n'est pas
dû seulement à l'allongement rapide et à l'incessante
ramification de ses tiges, il est beaucoup augmenté par
la formation de fines et nombreuses graines qui multiplient singulièrement les centres d'infection.

Les tiges de Cuscute portent de nombreux glomérules

de petites fleurs blanches ou d'un blanc rosé ayant un pistil à deux loges dont chacune contient deux ovules. A maturité, le pistil est devenu une capsule qui s'ouvre par déhiscence circulaire et laisse échapper les graines.

Les jeunes plantes que produisent ces graines rampant sur le sol avant de s'être fixées, peuvent être emportées par le vent et former à distance de nouveaux foyers d'infection.

Il en est de même des débris de tiges de Cuscute coupées ou arrachées au râteau; si on ne les détruit pas avec grand soin, ils peuvent fort bien envahir de nouveaux pieds de la plante nourricière. Les bourgeons de chaque tronçon se développent et de l'aisselle de chaque écaille partent plusieurs petites pousses qui se fixent aux plantes voisines et les envahissent rapidement.

Les Cuscutes n'ayant ni racines terrestres, ni feuilles vertes tirent toute leur nourriture des plantes dans lesquelles elles plongent leurs suçoirs, aussi les épuisent-elles beaucoup et très rapidement.

La première précaution à prendre pour éviter l'apparition de la Cuscute dans les champs est de veiller avec la plus grande attention à la pureté des graines que l'on sème. Il arrive, en effet, fréquemment que les graines de Trèfle et de Luzerne récoltés dans des champs où il y avait des taches de Cuscute contiennent des graines de ce parasite.

Les graines de Cuscute sont très petites : celles de *Cuscuta epithymum* varient entre $0^{mm},60$ et $0^{mm},80$. Elles sont donc beaucoup plus petites que les graines de Trèfle et de Luzerne et on peut les en séparer à l'aide de cribles et de tamis. On ne devra jamais semer que des graines bien contrôlées et sûrement sans mélange de graine de Cuscute.

Les graines de la *Cuscuta densiflora* sont plus grosses, elles ont de 2^{mm} à $2^{mm},10$; mais elles ne sauraient être confondues avec les graines du Lin, et il est bien aisé de les en séparer. Les graines de la grande Cuscute, *Cuscuta europaea* ont de 1^{mm} à $1^{mm},10$. Dans tous les cas, on peut aisément, en criblant les grains de Chanvre, de Houblon, de Lin, de Luzerne ou de Trèfle que l'on doit semer, s'assurer si elles sont ou non mélangées de graines de Cuscute.

Quand une tache de Cuscute apparaît dans un champ de Trèfle, de Luzerne ou de Lin, il convient de la détruire au plus vite avant qu'elle ait pu fleurir et produire des graines. Pour cela on doit cerner d'assez loin la place envahie pour être bien assuré de ne pas laisser en dehors un seul pied atteint. On peut verser sur les pieds attaqués du sulfate de fer ou les couvrir de paille arrosée de pétrole et y mettre le feu, mais il suffit de retourner à la bêche la portion envahie pour détruire le parasite si l'opération est bien faite.

On a proposé, dans les Luzernes où se trouvent des taches de Cuscute que l'on détruit, de semer des graminées sur la terre qui vient d'être labourée; cela permet d'obtenir un certain produit sur la place mise à nu qui se recouvre ainsi d'herbe. On risque peu de voir quelque rameau de Cuscute échappé à la destruction ou quelque graine germant dans le sol attaquer les graminées; cependant les graminées ne sont pas absolument à l'abri de l'invasion de la Cuscute et on peut voir parfois dans les Trèfles attaqués par la Cuscute, des tiges de *Lolium* dans lesquels s'implantent des suçoirs de *Cuscuta epithymum*.

La quantité de plantes sauvages qu'attaque la Cuscute du Trèfle et de la Luzerne est un danger qu'il est bon de signaler aux cultivateurs. Les Bruyères, les Genêts, les

Ajoncs couverts de Cuscute peuvent infecter des champs ensemencés de Légumineuses au voisinage; il y faudra veiller, et détruire, toutes les fois que cela sera possible, les plantes sauvages couvertes de Cuscute.

Viscum album.
Gui.

Le Gui (*Viscum album*) est un parasite des tiges des arbres. Muni de feuilles vertes épaisses et persistantes, il vit pendant des années sur les branches où il s'est implanté et sur lesquelles il forme de petites broussailles rondes qui restent vertes en hiver sur les arbres dépouillés de leur feuillage.

Le dommage que le Gui cause aux arbres est assez notable, bien qu'il ne les épuise pas beaucoup, puisqu'il peut assimiler lui-même directement l'acide carbonique de l'air à l'aide des organes verts dont il est chargé : il ne tue pas les arbres qui en sont chargés comme la Cuscute tue les Luzernes et les Trèfles, mais il en affaiblit notablement la végétation. Les Pommiers et les Poiriers sur lesquels on laisse les touffes de Gui se multiplier portent peu de fruits et se couvrent de bois mort. Les parties des branches situées au delà des points où sont implantées des touffes un peu fortes de Gui se dessèchent et meurent. En outre, quand les vieilles tiges de Gui meurent, la place par où elles s'enfonçaient dans le tronc de l'arbre devient souvent le centre d'une carie profonde du bois.

Le Gui est parasite d'une très grande quantité d'arbres fort divers; il pousse même fréquemment sur les Sapins comme sur les Peupliers, les Acacias, les Pommiers, etc., etc.

Les touffes rondes et toujours vertes que forme le
Gui sur les branches se couvrent à l'arrière-saison d'un
grand nombre de petites baies blanches contenant une
pulpe visqueuse. Les oiseaux qui en sont friands et
particulièrement la grive du Gui (*Turdus viscivorus*) se
chargent de propager le parasite en le ressemant sur les
branches où ils vont se percher et où se collent les
graines du Gui engluées de matière visqueuse qu'ils
emportent à leur bec ou à leurs pattes.

Les graines de Gui contiennent un, deux, parfois
même trois embryons. On a remarqué que quand le Gui
est parasite sur les arbres résineux il y reste toujours
plus chétif et il produit alors des graines à un seul embryon, tandis que sur les arbres feuillus et particulièrement sur le Peuplier noir où il atteint son plus puissant
développement, ses graines en renferment plusieurs (1).

L'embryon du Gui est bien développé. Il a une longue
tigelle parcourue par un faisceau vasculaire et deux
cotylédons bien formés. Il est logé dans un albumen.

Quand la graine germe, la tigelle de l'embryon en sort
sous forme d'une petite colonne verte qui se courbe en
fuyant la lumière, elle est négativement héliotropique
comme l'a bien montré Dutrochet en faisant germer
des graines de gui fixées par le mucilage qui les entoure
aux vitres d'une fenêtre dans une chambre. Le petit cylindre vert qui en sort n'obéit pas à la pesanteur comme
c'est la règle pour les racines, mais se dirige vers l'intérieur de la chambre qui est la partie moins éclairée.
Si on colle les graines sur un gros boulet de fonte
toutes les tigelles se dirigent vers le centre du boulet (2).

(1) Herman graf zu Solms Laubach, *Ueber den Bau und die Entwickelung
der parasitischer Phanerogamen.* Pringsheim's Jahrbücher, VI, 604, (1868).
(2) Dutrochet, *Mémoires pour servir à l'histoire des végétaux*, t. II, p. 63,
Paris 1837.

Cette propriété de la tigelle favorise l'implantation de la plantule sur les rameaux où germent les graines; elle s'allonge vers le centre de la branche où est collée la graine, quelle que soit sa position par rapport à la terre.

L'extrémité radiculaire de la tigelle est dépourvue de pilorhize comme l'extrémité radiculaire de l'Orobanche; elle présente un petit renflement en forme de bourrelet produit par les cellules épidermiques très allongées. C'est par là que la plantule se fixe et qu'elle adhère à la surface de la branche où elle va s'implanter. Puis la portion centrale de l'axe s'organise en un petit corps conique qui traverse l'épiderme ou le périderme et pénètre dans l'écorce de la branche nourricière.

Fig. 478. — Graine de gui germant.
(D'après H. Schacht.)

Durant la première année le petit cône pénètre jusque dans le bois du rameau, puis cesse de s'allonger.

Pendant ce temps, l'autre extrémité de la tigelle portant les cotylédons demeure enfermée dans la graine, dont l'albumen fournit les éléments nécessaires à la croissance de la plantule (fig. 478).

Semée généralement en hiver, la graine germe en mai. Une fois implantée dans la branche, la germination reste toute l'année dans le même état; quand l'automne arrive, elle recommence à végéter, mais ne fait pas ordinairement grand progrès dans le cours de la seconde année et ce n'est qu'au printemps de la troisième année que la plumule se relève; les cotylédons ne grandissent pas et restent rudimentaires, mais les deux premières feuilles caulinaires se développent (1).

____

(1) Jean Chalon, *Un mot sur la germination du Gui.* Tirage à part sans date ni indication de provenance.

La tige du Gui pousse indifféremment vers le haut ou
vers le bas selon la place où la germination s'est implantée sur la branche; si elle est fixée sur la face inférieure d'un rameau, c'est vers la terre qu'elle se dirige.
Du reste ses feuilles vertes ont les deux faces organisées
de la même façon : il n'y a pas de différence entre leur côté
supérieur et leur côté inférieur.

Si on enlève l'écorce d'une branche d'arbre, d'un Sapin
par exemple (fig. 479) où un pied de Gui s'est implanté,
on voit à la surface du
bois mis à nu des sortes
de veines vertes qui par-
tent du bas de la pousse
du Gui et courent dans
le liber et la couche
cambiale autour du cy-
lindre ligneux, en se di-
rigeant principalement
dans une direction pa-
rallèle à l'axe de la branche nourricière. Celles

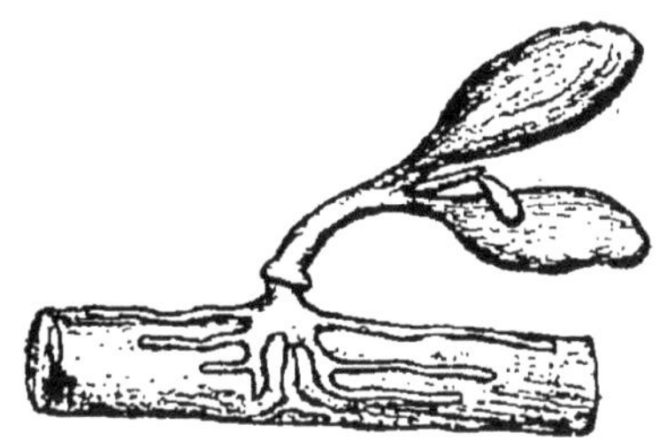

Fig. 479.

Jeune plant de Gui se développant sur une branche
de Sapin ; ses racines sous-corticales ont été mises
à nu. (D'après H. Schacht.)

qui, à leur origine, s'allongent perpendiculairement à la
longueur du rameau se recourbent bientôt pour prendre la même direction que les autres ou bien elles se divisent en deux branches qui poussent en sens opposé,
puis courent sans se ramifier parallèlement à la surface
du bois.

Ces sortes de racines sous-corticales du Gui paraissent
analogues aux racines porte-suçoirs qui naissent du bas
de la tige de l'Orobanche et vont dans la terre enfoncer
des suçoirs dans les racines voisines; mais, dans le Gui,
elles ne s'étendent pas hors de la plante nourricière,
elles s'allongent sous l'écorce au milieu des tissus du
liber et du cambium.

Elles sont composées d'un tissu cellulaire cortical; on n'y peut distinguer de véritable épiderme. Au centre se voit un faisceau vasculaire (fig. 480). Les couches externes adhèrent intimement aux tissus entre lesquels elles s'étendent. Elles s'allongent en s'accroissant par leur extrémité. De leur face inférieure, tournée vers le centre de la branche, partent des suçoirs ana-

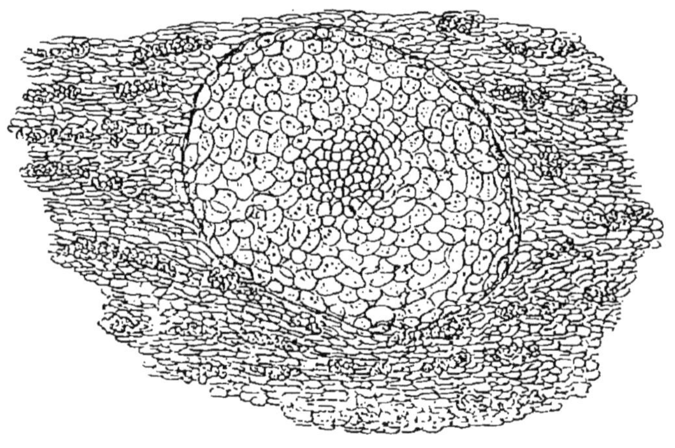

Fig. 480. — Gui.

Coupe transversale d'une racine sous corticale s'étendant dans le liber d'un Peuplier.

logues aux coins des Orobanches. Naissant à l'intérieur même de la plante nourricière ces suçoirs sont dépourvus de tout appareil adhésif. Ils s'enfoncent dans le bois par les rayons médullaires. Ils naissent à la file comme on l'a représenté sur le Sapin dans la fig. 481; souvent, dans le Peuplier par exemple, ils sont si rapprochés qu'ils se soudent par leurs bords et se confondent en une sorte de lame cannelée (fig. 484).

Sur une coupe transversale perpendiculaire à leur axe ces coins présentent une forme ovoïde quand ils sont isolés. Leur taille varie avec leur âge. Jeunes, ils sont

minces et ne traversent que peu de couches du bois de
la branche nourricière, mais à mesure que celle-ci grossit en formant de nouvelles couches annuelles, le coin
grandit aussi en s'allongeant et grossissant par l'organisation de tissus nouveaux à sa base, au niveau de la

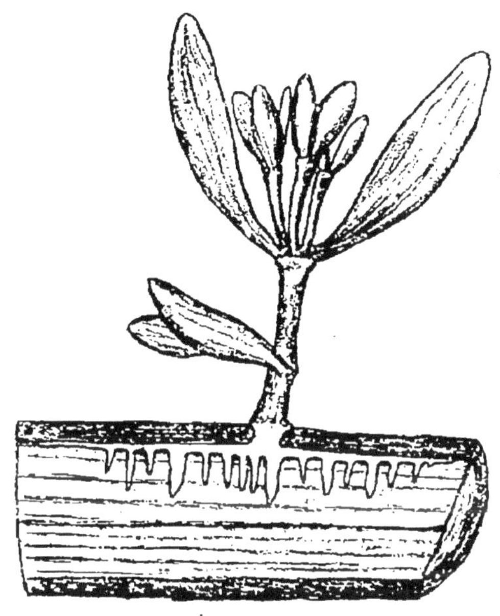

FIG. 481.

Coupe longitudinale d'une branche de Sapin montrant les coins d'un pied de Gui naissant à la file
d'une racine sous-corticale. (D'après H. Schacht).

couche cambiale. Il en résulte qu'à mesure que la
branche grossit en produisant du bois nouveau à sa
surface, la pointe du coin paraît plus profondément
enfoncée dans le bois et, elle est, de fait, de plus en plus
loin de la couche cambiale (fig. 482).

Les coins sont formés d'abord de parenchyme dans lequel se différencient ensuite des cellules vasculaires.

Sur une coupe faite parallèlement à l'axe organique

d'un coin et perpendiculairement à la racine sous-corticale (fig. 483), on voit dans la partie enfoncée dans le bois

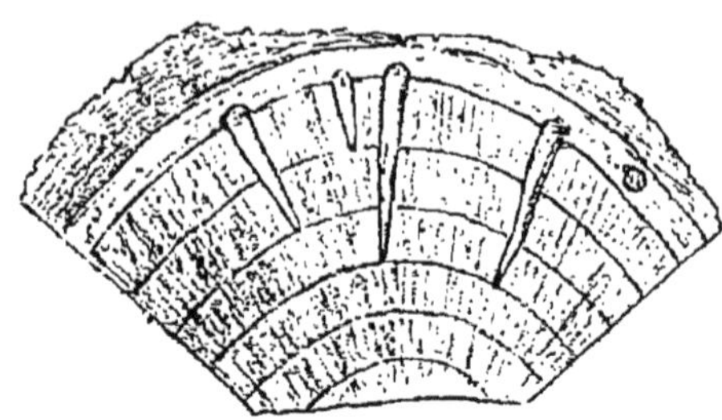

FIG. 482.

Coins de Gui s'enfonçant dans une branche de Peuplier
(vus sur une coupe transversale de la branche).

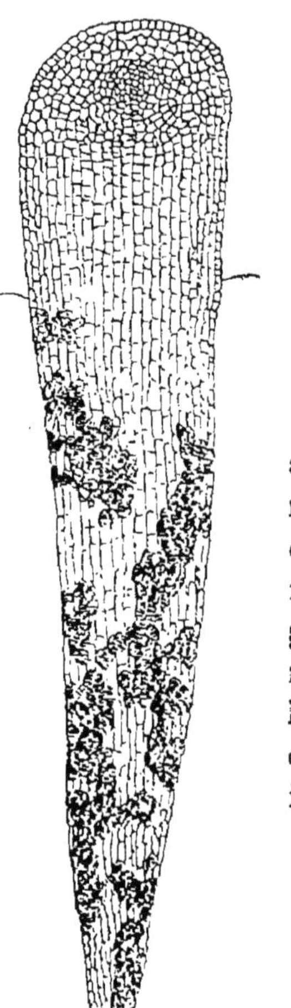

B

A

FIG. 483. — GUI.

Coupe longitudinale d'un coin, perpendiculaire à la direction de la racine sous-corticale. La ligne a, b, indique la limite du bois et du liber de la branche du Peuplier où le coin est implanté. — B Cellules vasculaires réticulées plus grosses.

au milieu d'une masse de cellules minces, allongées et disposées en file dans le sens du rayon de la branche nourricière des cellules vasculaires grosses et courtes dont les parois sont marquées d'épaississements annelés, réticulés et ponctués. Elles sont disposées de façons diverses et assez irrégulières, formant des anses vasculaires ou réunies en gros amas et se rapprochant en divers points de la surface du coin, où elles se mettent en communication directe avec les vaisseaux du bois, auquel le coin est intimement greffé.

Le coin fait corps avec le bois de la branche

nourricière sur laquelle est implanté le pied de Gui, et il croît avec lui par une sorte de couche cambiale qui est à sa base organique au-dessous de la racine corticale.

Au-dessus du niveau du bois, dans la partie qui correspond au liber et à la couche cambiale de la branche nourricière, le coin ne contient pas de cellules vasculaires différenciées et à parois réticulées, mais seulement des cellules à parois minces qui se divisent transversalement et s'allongent dans le sens de la longueur du coin.

Sur une coupe faite dans le bois perpendiculairement à l'axe organique des coins soudés plusieurs ensemble en une lame cannelée, on voit dans la figure 484 que les cellules vasculaires y forment aussi des anses et des bandes transversales qui se joignent aux vaisseaux du bois à la surface du coin.

Des racines sous-corticales du Gui peuvent naître de nombreux bourgeons adventifs capables de produire chacun une touffe nouvelle. C'est ce qui arrive d'ordinaire quand on coupe les pieds de Gui dans l'intention de les détruire; pour un enlevé

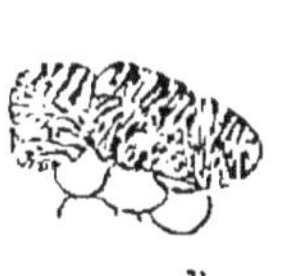

Fig. 484.

A, Gui, coupe transversale d'une lame formée de plusieurs coins pénétrant dans le bois d'une branche de Peuplier. — B, Une cellule vasculaire fibreuse plus grossie.

on en voit apparaître toute une file sur la branche.

Le Gui cause particulièrement aux Pommiers et Poiriers assez de dommage pour qu'il y ait grand intérêt à les en préserver. Il convient d'enlever chaque année avec soin, à l'hiver quand on émonde les arbres, toutes les branches qui portent des touffes de Gui. Il ne suffit pas d'enlever les touffes seules en cassant leur tige à sa base. On détruit ainsi, il est vrai, des pousses couvertes de fruits, et on entrave les réensemencements; mais les parties du parasite implantées sous l'écorce en donneront de nouvelles qu'il faudra détruire encore. On devra n'agir ainsi que pour les touffes portées sur le tronc ou sur de grosses branches que l'on ne peut couper sans danger pour l'arbre, mais si on a soin de visiter avec soin les arbres et d'enlever chaque année tous les jeunes rameaux qui portent des pieds de Gui, comme les germinations du parasite, incapables de pénétrer à travers l'épaisse écorce crevassée des grosses branches, n'infectent jamais que des rameaux jeunes, on préservera le verger de toute nouvelle invasion. Le Gui n'existant plus que sur les grosses branches des vieux arbres et dépouillé chaque année de ses touffes chargées de fruits ne tardera pas à disparaître.

Pour éviter toute nouvelle apparition de Gui sur les arbres à fruits, il serait bon d'enlever aussi les touffes de Gui dont sont chargés les Peupliers et divers autres arbres, car les oiseaux en rapportent les graines qui germent sur les arbres des vergers; mais cette destruction est souvent assez difficile.

Bien pratiquée, même seulement sur les arbres à fruits, la destruction du Gui est efficace et il est à souhaiter que les cultivateurs ne négligent pas de pratiquer chaque hiver cette utile opération.

EXPOSÉ SYNOPTIQUE DES CARACTÈRES GÉNÉRIQUES DES CHAMPIGNONS ÉTUDIÉS DANS CE LIVRE.

CHAMPIGNONS

Végétaux cellulaires parasites ou saprophytes, dépourvus de chlorophylle, ayant un mycélium filamenteux formé d'hyphes simples ou cloisonnées.

PHYCOMYCÈTES

Champignons munis d'un mycélium ordinairement non cloisonné. Parasites, rarement saprophytes, ayant une génération agame (zoospores et conidies) et une génération sexuelle (oogone et anthéridie ou zygospores).

CHYTRIDIÉES

Hyphes nulles ou mal développées et alors sporanges sans mycélium, reproduction agame par zoospores. Zoospores sortant par une ouverture du sporange. Sporanges à parois épaisses quiescents, se ranimant plus tard pour produire comme les autres des zoospores. Parfois union de deux sporanges et mélange de leur contenu pour former une oospore.

Olpidium.
(ÉTYM. : *Olpis*, vase à huile.)

Sporanges arrondis ou arrondis-allongés, vivant dans les tissus des plantes ou des animaux. Zoospores évacuées par des tubes cylindriques s'ouvrant au dehors, ellipsoïdes ou ovales, munies en devant d'un cil unique. Sporanges quiescents à membrane épaisse.

Olpidium Brassicae sur Chou (fig. 22-24).

PÉRONOSPORÉES

Hyphes le plus souvent dépourvues de cloisons, très rameuses. Conidies souvent zoosporipares, parfois produisant directement un tube de germination; reproduction, soit agame par zoospores ou conidies germant directement, soit sexuelle par oogones et anthéridies.

Pythium.

(ÉTYM. : *Pytho*, putréfaction.)

Mycélium très délicat, ordinairement saprophyte, quelquefois parasite, continuant de végéter et de produire ses organes de fructification dans l'eau. Conidies globuleuses. Zoosporanges globuleux se formant à l'extrémité de tubes qui y portent leur plasma. Zoospores elliptiques ou en forme de haricot portant deux cils vibratiles. Oogones ne produisant chacun qu'un seul œuf.

Pythium de Baryanum sur Cameline (fig. 25-27.)

Cystopus.

(ÉTYM. : *Cystis*, vessie et *Pous*, pied.)

Tubes mycéliens à parois épaisses et molles portant de nombreux suçoirs vésiculeux. Hyphes conidiophores simples, cylindriques ou en massue très obtuse naissant en touffes réunies en grand nombre et constituant des sores en forme de coussin où chaque conidiophore porte à son extrémité une série de conidies disposées en chapelet. Ces sores d'abord recouverts par l'épiderme de la plante nourricière, le crèvent ensuite et répandent au dehors les conidies mûres. Conidies blanches ou jaunâtres, germant ordinairement en produisant des zoospores. Œufs globuleux à épispore ordinairement réticulé ou verruqueux.

Cystopus candidus, sur Crucifères (fig. 28-30).
Cystopus cubicus, sur Salsifis (fig. 31-32).

Phytophthora.

(Étym. : *Phyton*, plante et *phtheiro*, j'altère.)

Mycélium parasite pénétrant entre les cellules de la plante nourricière qu'il tue, ne possédant que peu ou point de suçoirs. Hyphes conidiophores ordinairement peu rameuses, à rameaux se formant successivement et portant chacun une conidie à son extrémité. Conidies terminées en papille à leur sommet, produisant des zoospores. Œufs (quand il s'en produit) globuleux, à épispore un peu mince, lisse, brun.

Phytophthora omnivora, sur Hêtre (fig. 33-37).
Phytophthora infestans, sur Pomme de terre (fig. 38-40).

Peronospora.

(Étym. : *Perone*, sommet pointu, et *Spora*, spore.)

Mycélium parasite muni de suçoirs de formes diverses. Hyphes conidiophores dressées, ramifiées, sortant solitairement ou en touffe par les stomates. — Conidies se formant toujours à l'extrémité des dernières ramifications. Œufs globuleux, à enveloppe plus ou moins épaisse, se formant à l'intérieur des tissus de la plante nourricière.

Peronospora viticola, sur Vigne (fig. 41-49).
Peronospora nivea, sur Persil et Cerfeuil (fig. 50).
Peronospora gangliformis, sur Laitue (fig. 51).
Peronospora Schachtii, sur Betterave (fig. 52).
Peronospora effusa, sur Épinard (fig. 53).
Peronospora Schleideni, sur Oignon (fig. 54).
Peronospora Trifoliorum, sur Trèfle (fig. 55).
Peronospora Viciae, sur Pois (fig. 56).
Peronospora arborescens, sur Pavot (fig. 57).

USTILAGINÉES

Champignons à mycélium très étendu mais se détruisant très vite, croissant dans les tissus des plantes vivantes et s'y amassant en des points déterminés où il produit des ramifications fertiles. Spores se formant à l'intérieur des rameaux fertiles au milieu des tissus de la plante nourricière, qui sont souvent entièrement désorganisés et d'où sortent les spores mûres. Spores germant en produisant un promycélium qui porte des sporidies.

Ustilago.

(ÉTYM. : *ustus,* brûlé.)

Spores isolées. Hyphes fertiles ramifiées en touffes se gélifiant et se transformant en masses mucilagineuses, dans lesquelles se développent les spores disposées en lignes ou en groupes. Promycélium septé portant les sporidies latéralement et souvent aussi isolément à son extrémité. A maturité, les spores isolées forment une masse pulvérulente ou granuleuse qui se répand au dehors à travers les tissus déchirés de la plante nourricière.

Ustilago Avenae, sur Avoine (fig. 62-64).
Ustilago Panici-miliacei sur Millet (fig. 66).
Ustilago Maydis, sur Maïs (fig. 58, 59, 67).
Ustilago Sorghi, sur Sorgho (fig. 68).

Tilletia.

(Étym. : dédié à Tillet, auteur de mémoires sur la Carie.)

Spores se formant isolément dans l'extrémité des hyphes fertiles et formant à maturité des masses pulvérulentes. Promycélium non cloisonné portant à son extrémité les sporidies en couronne. Sporidies cylindriques ou fusiformes-allongées, ordinairement s'unissant par paires.

Tilletia Caries, sur Froment (fig. 69, 70).

Urocystis.

(Étym. : *Oura*, queue, et *Cystis*, vessie.)

Spores unies en glomérules composés d'une spore unique ou de plusieurs spores centrales plus grosses et à parois plus épaisses et de plusieurs spores périphériques minces et stériles. Spores centrales germant à la façon de celles des *Tilletia*.

Urocystis occulta (fig. 71), sur Seigle.
Urocystis Cepulae (fig. 72), sur Oignon.

Œdomyces.

(Étym. : *Oideo*, je gonfle, et *Myces* champignon.)

Mycélium à filaments très ténus intercellulaires, les rameaux sporifères portent une spore terminale sur un renflement vésiculeux. Spores rarement solitaires, le plus souvent groupées en grand nombre dans des alvéoles, épispore épais, brun, lisse. (Promycélium et sporidies non encore observées.)

Œdomyces leproïdes (fig. 73-77).

URÉDINÉES

Mycélium parasite dans les plantes vivantes. Spores formées à l'extrémité d'hyphes dressées, serrées les unes contre les autres et apparaissant ordinairement au dehors à travers l'épiderme déchiré. Spores communément de plusieurs sortes. Téleutospores germant en produisant un promycélium.

Uromyces.

(Étym. : *Oura,* queue, et *Myces,* champignon.)

Touffes de téleutospores plates ou en forme de coussin. Téleutospores unicellulaires, pédicellées, ayant au sommet un pore de germination; promycélium portant des sporidies ovoïdes ou aplaties d'un côté, hyalines.

Uromyces Fabae, sur Fève (fig. 92).
Uromyces Phaseoli, sur Haricot (fig. 93).
Uromyces Trifolii, sur Trèfle (fig. 94).
Uromyces Pisi, sur Pois (fig. 95).

Puccinia.

(Étym. : dédié à T. Puccini, professeur à Florence.)

Téleutospores pédicellées, réunies en touffes aplaties
ou en coussin, composées de deux cellules dont chacune
est munie d'un pore de germination. La cellule supérieure a ce pore de germination à son sommet; dans
l'inférieure il est placé latéralement immédiatement au-
dessous de la cloison séparative des deux cellules.

Puccinia graminis, sur céréales (fig. 85, 86).
Puccinia Rubigo-vera, sur céréales (fig. 89-90).
Puccinia coronata, sur Avoine (fig. 91).

Gymnosporangium.

(Étym. : *Gymnos,* nu et *Sporangium,* sporange.)

Téleutospores bicellulaires, portées par une masse gélatineuse qui les sépare de la plante nourricière. Chaque
cellule est munie de 2 à 4 pores de germination placés
latéralement près de la cloison séparative des deux loges.

Gymnosporangium Sabinae, sur *Juniperus Sabina*
(fig. 99-100).

Phragmidium.

(Étym. : *Phragma,* cloison.)

Téleutospores pédicellées, consistant en 3 à 6 cellules
superposées dont la supérieure a un seul pore de germination apical, les quatre autres chacune, placées latéralement.

Phragmidium Rubi Idaei, sur Framboisier (fig. 96).

Coleosporium.

(Étym. : *Coleos*, gaine et *Spora*, spore.)

Téleutospores composées de plusieurs cellules superposées, entourées d'une fine membrane et réunies en une couche submuqueuse orange ou jaune, se développant sur la plante nourricière encore vivante, germant à maturité en autant de promycéliums simples et indivis qui portent chacun à son extrémité une sporidie unique.

Coleosporium Senecionis, sur Séneçon (fig. 103).

Chrysomyxa.

(Étym. : *chrysos*, doré et *Myxa*, gélatine.)

Téleutospores formées d'une série de cellules superposées dont les inférieures sont stériles, formant une croûte plate ou faiblement saillante, orange ou rougeâtre. Les cellules supérieures germent en produisant chacune un promycélium multicellulaire qui porte de 3 à 4 sporidies, le plus souvent 4.

Chrysomyxa Rhododendri, sur Rhododendron (fig. 110.)

Chrysomyxa Abietis, sur Épicéa (fig. 111).

Cronartium.

(Étym. : douteuse, peut-être *Crossos*, frange et *artios*, entier. Dans ce cas le nom devrait être *Crossartium*.)

Téleutospores uniloculaires réunies en une columelle

cylindrique, allongée, s'élevant du milieu d'un pseudo-péridium dans lequel se développent aussi des urédospores, se formant sur la plante nourricière vivante. Promycélium produisant des sporidies globuleuses pâles ou hyalines.

• *Cronartium asclepiadeum*, sur Dompte-venin (fig. 107).

Melampsora.

(Étym. : *melas*, noir et *psora*, gale, efflorescence.)

Téleutospores unicellulaires, obovées-cunéiformes, formant sous l'épiderme de la plante nourricière une croûte compacte, dure, plane, noirâtre ou brune, germant en produisant un promycélium portant des sporidies.

Melampsora Tremulae, sur Tremble (fig. 114).
Melampsora betulina, sur Bouleau (fig. 113).

Calyptospora.

(Étym. : *Calypto*, je couvre et *Spora*, spore.)

Téleutospores se formant à l'intérieur des cellules épidermiques de la plante nourricière, divisées ordinairement en 4 loges par des cloisons longitudinales, formant une croûte étendue d'un brun intense, pâlissant plus tard, germant comme celles du *Melampsora.*

Calyptospora gœppertiana, sur Sapin (fig. 116).

FORMES SECONDAIRES DES URÉDINÉES.

Uredo.

(Étym. : *uro*, je brûle.)

Spores (*urédospores*) naissant à l'extrémité d'hyphes

fertiles, réunies en touffes ou sores, de couleur jaune orangé, non entourées de pseudopéridium. Spores germant en émettant un ou plusieurs tubes de germination (forme secondaire de divers genres d'Urédinées).

Uredo linearis, sur céréales (fig. 83-84).
Uredo Rubigo-vera, sur céréales (fig. 87-88).
Uredo appendiculata, sur Haricot (fig. 93).
Uredo Fabae, sur Fève (fig. 92).
Uredo Vincetoxici, sur Dompte-venin (fig. 107).
Uredo Tremulae, sur Tremble (fig. 114).

Æcidium.

(Étym. : *Accis*, morceau d'étoffe.)

Spores naissant au fond d'un pseudopéridium en forme de coupe ou de cloche plus rarement de cylindre. Ordinairement de couleur pâle, à bord souvent crénelé et recourbé. Spores (aecidiospores) globuleuses ou anguleuses, non septées, ordinairement jaune-orangé, lisses ou verruqueuses disposées en chapelet, germant comme les spores d'*Uredo*.

Æcidium Berberidis, sur Épine-vinette (fig. 80).

Rœstelia.

(Étym. : dédié à Rœstel, pharmacien à Landsberg).

Pseudopéridium allongé, le plus souvent cylindrique ou conique, bientôt divisé dans sa partie supérieure par des fentes longitudinales. Spores (*aecidiospores*) globuleuses, non cloisonnées, brunes ou orangées, disposées en chapelet.

Rœstelia cancellata, sur Poirier (fig. 97-98).

Peridermium

(Étym. : *Peri*, autour et *Derma*, peau.)

Pseudopéridium grand, en forme de sac ou de tube, s'ouvrant en se déchirant au sommet. Spores (*aecidiospores*) disposées en chapelet, s'égrenant de bonne heure bientôt libres, globuleuses, elliptiques ou oblongues, ou polyédriques, de couleur orangée, à épispore plus ou moins régulièrement chargé de petites saillies.

Peridermium oblongisporium, sur le Pin (fig. 101-102).

Peridermium Pini, sur le Pin (fig. 104-106).

Peridermium elatinum, sur Sapin (fig. 108-109).

Peridermium columnare, sur Sapin (fig. 115).

Cœoma.

(Étym. : *Caio*, je brûle.)

Spores (*aecidiospores*) non enfermés dans un pseudopéridium, de couleur orangée ou jaune, disposées en chapelet, formant des touffes ou sores superficielles ou érumpentes.

Cœoma pinitorquum, sur Pin (fig. 112).

BASIDIOMYCÈTES

Champignons à hyphes cloisonnées, ramifiées, qui s'entrelacent pour former le plus souvent de gros corps fructifères ou réceptacles. A l'extrémité de leurs dernières ramifications les hyphes fructifères se terminent en cellules sporigères ou basides qui sont ordinairement unies en une couche fertile ou hyménium. Les basides portent à leur sommet les spores (basidiospores) le plus souvent au nombre de 4, plus rarement de 2 ou de 6 à 8, à l'extrémité de fins supports en forme de poinçon (stérigmates).

(En outre des basidiospores quelques Basidiomycètes produisent aussi des conidies).

EXOBASIDIÉES

Basidiomycètes dépourvus de réceptacle hyménophore; mycélium cloisonné, à rameaux fertiles, dressés, se terminant en baside sporifère.

Exobasidium.

(Étym. : *Exo*, en dehors et *Basidium*, baside).

Mycélium parasite, délicat, déformant souvent les parties des végétaux dans lesquelles il s'étend. Basides stipitées en forme de massue étroite, portant au sommet des spores ordinairement au nombre de 4, quelquefois en nombre très variable. Spores ovales, oblongues, souvent inéquilatérales, non septées, hyalines.

Exobasidium Vitis, sur Vigne (fig. 117).

Hypochnus.

(Étym. : *hypo*, sous et *Chnoos*, duvet.)

Mycélium filamenteux, feutré, enveloppant son support et formant à sa surface une sorte de peau membraneuse. Hyphes filiformes très souvent rameuses et anastomosant, se terminant en basides claviformes portant 2, 4 ou 6 stérigmates et constituant un hyménium lâche, incolore et lisse; spores globuleuses ou ovoïdes, hyalines ou colorées.

Hynochnus Solani, sur Pomme de terre (fig. 118).

HYMÉNOMYCÈTES

Basidiomycètes à réceptacle membraneux, charnu, coriace ou ligneux, le plus souvent de dimensions considérables et de forme caractéristique, formé par l'entrelacement d'hyphes ramifiées. Basides unicellulaires. cylindriques ou en forme de massue, portant à l'extrémité de stérigmates le plus souvent 4, plus rarement 2 ou 6-8 spores. Hyménium recouvrant comme d'une peau certaines parties du réceptacle.

(La formation de conidies a été observée dans quelques espèces, mais d'une façon fort restreinte.)

CLAVARIÉES.

Réceptacle charnu ou devenant coriace, cylindrique, ou en forme de massue simple, ou ramifié, coralloïde. Hyménium lisse, enveloppant la surface du réceptacle; basides en massue. Spores incolores, lisses, rarement finement ponctuées.

Typhula.
(ÉTYM. : diminutif de *Typha.*)

Petit champignon délicat, simple ou ramifié, à stipe filiforme renflé en massue. Stipe distinct de la partie renflée. Hyménium céracé; basides portant 2 à 4 stérigmates.

Typhula variabilis, sur Betterave (fig. 119-120).

Hyménium couvrant la superficie ou la partie inférieure du réceptacle coriace ou céracé lisse. Basides
ordinairement en forme de massue, rarement globuleuses
portant 4 spores. — Spores non cloisonnées, hyalines ou
colorées.

Stereum.

(Étym. : *stereos,* solide, dur.)

Réceptacle coriace ou ligneux souvent zoné. Hyménium coriace, lisse, persistant, séparé de la partie stérile
par une couche intermédiaire fibreuse. Basides portant
4 spores. Spores ordinairement hyalines.

Stereum hirsutum, sur arbres divers (fig. 129-132).
Stereum frustulosum, sur Chêne (121-128).

Réceptacles de formes diverses portant à leur face inférieure des pointes, des dents, des crochets ou des papilles saillantes que recouvre l'hyménium.

Hydnum.

(Étym. : *Hydnon,* sorte de Truffe.)

Réceptacle de consistance et d'aspect très variables.
Hyménium faisant sur la partie extérieure du réceptacle
des saillies en forme de pointes libres.

Hydnum diversidens, sur le Chêne et le Hêtre (fig. 133,
134).
Hydnum Schiedermayri, sur Pommier (fig. 135, 136).

Réceptacles de formes diverses. — Hyménium recouvrant l'intérieur de tubes ou de cavités s'enfonçant dans la face inférieure du réceptacle.

Polyporus.

(ÉTYM. : *Polys*, nombreux et *Poros*, pore.)

Réceptacle de forme et de consistance fort diverses, en chapeau à deux faces ou résupiné, plus rarement pédiculé, charnu, flexible ou dur, rarement de consistance caséeuse. Hyménium tapissant l'intérieur de tubes plus ou moins larges dont l'orifice est rond ou anguleux, ou lacinié.

Polyporus annosus, sur Épicéa et Pin (fig. 137-139).
Polyporus Pini, sur Pin (fig. 140-141).
Polyporus Hartigii, sur Sapin (fig. 142-144).
Polyporus borealis, sur Sapin et Épicéa (fig. 145-146.)
Polyporus vaporarius, sur Épicéa et Pin (fig. 147-149.)
Polyporus Schweinitzii, sur Pin (fig. 150-152).
Polyporus sulphureus, sur arbres feuillus divers (fig. 153-155).
Polyporus hispidus, sur Pommier et Mûrier (fig. 156-161).
Polyporus igniarius, sur Chêne et Hêtre (fig. 162).
Polyporus fulvus, sur Pommier, Prunier (fig. 163).
Polyporus fomentarius, sur Hêtre (fig. 164).
Polyporus betulinus, sur Bouleau (fig. 165).

Merulius.

(Étym. : *Merula*, merle, probablement à cause de la couleur du
champignon.)

Réceptacle ordinairement étendu résupiné ou en
forme de croûte rarement en forme de chapeau à deux
faces, de consistance molle. — Hyménium céracé, mou,
recouvrant des plis mousses qui se relient en réseau les
uns aux autres et forment ainsi des pores incomplets
qui deviennent sinueux et dentelés.

Merulius lacrymans, sur charpentes (fig. 166, 167).

FORMES SECONDAIRES DES POLYPORÉES.

Ptychogaster.

(Étym. : *Ptyche,* pli, sinuosité et *Gaster,* estomac, cavité.)

Réceptacle subglobuleux ou en forme de chapeau
subsessile, charnu ou subéreux, creusé intérieurement
de logettes portant des spores sur leurs parois; extérieurement à surface inégale se couvrant aussi de spores; spores ovoïdes, hyalines ou de couleur pâle, non
cloisonnées (forme conidienne de diverses Polyporées.)

Ptychogaster sulphureus (fig. 155).

AGARICINÉES.

Réceptacle ordinairement charnu, plus rarement
membraneux, ou coriace, formant un chapeau tantôt sessile, tantôt porté sur un pied ou stipe central, excentri-
que ou latéral. Hyménium recouvrant des lames saillantes qui s'étendent sur la face inférieure du chapeau
en rayonnant du pied au bord et sont communément

de longueur différente, les lames courtes alternant avec les lames longues.

Armillaria.

(Étym. : *Armilla,* bracelet.)

Hyménophore contigu au stipe sans voile universel. Voile partiel annuliforme. — Anneau quelquefois remplacé par des fils partant des bords du chapeau ou des écailles entourant le pied. — Spores blanches.

Armillaria mellea, sur arbres divers (fig. 168-177).

ASCOMYCÈTES

Champignons produisant leurs spores (ascospores) à l'intérieur de cellules fertiles nommées asques ou thèques.

(Beaucoup d'Ascomycètes possèdent en outre d'autres formes de fructifications que l'on considère comme secondaires ou accessoires.)

EXOASCÉES

Ascomycètes ayant des asques libres produits directement par le mycélium et non portés sur ou dans un réceptacle ou fruit ascophore.

Exoascus.

(Étym. : *Exo,* extérieur et *Ascus,* asque.)

Mycélium vivace dans le tissu des tiges et des bourgeons produisant un mycélium superficiel, subcuticulaire, qui donne naissance aux asques. Asques contenant normalement 4-8 spores; mais paraissant en produire souvent un plus grand nombre par formation de spores secondaires à l'intérieur des asques. — Produisant des déformations de la plante nourricière.

Exoascus deformans, sur Pêcher (fig. 178-183).
Exoascus Pruni, sur Prunier (fig. 184-188).
Exoascus Cerasi, sur Cerisier (fig. 189).

Taphrina.

(ÉTYM. : *Taphre,* cavité.)

Mycélium entièrement subcuticulaire formé de cellules, les unes stériles, les autres produisant les asques, non vivace. Asques contenant 8 spores ou plus par formation de spores secondaires. — Produisant des taches et des hypertrophies sur les feuilles.

Carpoascées.

Ascomycètes portant des réceptacles ou fruits ascophores, à l'intérieur ou à la surface desquels sont produits les asques.

PYRÉNOMYCÈTES

Champignons munis de périthèces ou fruits ascophores à l'intérieur desquels se forment les asques — se développant le plus souvent sur des plantes vivantes ou mortes, rarement sur des animaux, jamais terrestres. (Plusieurs présentent des états secondaires divers).

Périsporiacées.

Pyrénomycètes à périthèces membraneux, coriaces ou

subcarbonacés entièrement clos et se déchirant irrégulièrement.

ÉRYSIPHÉES.

Vivant en parasites sur les plantes vivantes. — Mycélium superficiel, arachnoïde, blanchâtre. — Périthèces
munis d'appendicules de formes variées, presque globuleux, sans ouverture, minces, membraneux contenant un ou plusieurs asques.

Forme conidienne se rapportant au genre *Oïdium*.

A UN ASQUE.

Podosphaera.

(ÉTYM. : *Pous*, pied et *Sphaera*, boule.)

Mycélium étendu, arachnoïde, le plus souvent fugace.
Périthèces sphériques à un seul asque contenant 8 spores. Spores ovoïdes, non septées, hyalines; appendicules
peu nombreux (3-8) dichotomes, bruns, à extrémités
hyalines.

Podosphaera tridactyla, sur Prunier (fig. 210).

Sphaerotheca.

(ÉTYM. : *Sphaera*, boule et *Theca*, asque.)

Périthèces à un seul asque muni d'appendicules laineux
se distinguant peu des filaments mycéliens auxquels ils
s'entremêlent. — Asque globuleux à 8 spores. — Spores
ovoïdes non cloisonnées hyalines.

Sphaerotheca Castagnei, sur Houblon (fig. 213).
Sphaerotheca pannosa, sur Rosier et Pêcher (fig. 215).

A PLUSIEURS ASQUES.

Erysiphe.

(Étym. : Erysibe, rouille.)

Périthèces superficiels sphéroïdes ou hémisphériques entièrement fermés, d'abord jaunes, puis bruns et finalement noirs, petits, membraneux, munis d'appendicules laineux, simples ou vaguement rameux, jamais dichotomes qui se mêlent au mycélium. Asques ovoïdes ou subovoïdes brièvement pédicellés, contenus plusieurs dans chaque périthèce. — Paraphyses nulles. Spores ovoïdes, hyalines.

Erysiphe graminis, sur Froment (fig. 194).
Erysiphe communis, sur Pois, Trèfle, etc. (fig. 198).

Phyllactinia.

(Étym. : Phyllon, feuille et Actin, rayon.)

Périthèces globuleux déprimés, à plusieurs asques, assez gros, appendiculés; appendicules en forme d'épingles droites, rayonnantes, renflées en vésicule à la base; asques contenant 2-4 spores.

Phyllactinia suffulta, sur Noisetier et Frêne (fig. 205).

Uncinula.

(Étym : Uncus, crochet.)

Périthèces à plusieurs asques, à appendicules simples ou rameux, courbés en crochet à l'extrémité, hyalins. — Asques contenant de 2 à 8 spores; mycélium arachnoïde ou pruineux.

Uncinula americana, sur la Vigne (fig. 203).

Microsphaera.

(ETYM : *micros*, petit et *Sphaera*, boule.)

Périthèces à plusieurs asques; asques ovoïdes ou oblongs à 4-8 spores; appendicules dichotomes à l'extrémité; mycélium arachnoïde.

Microsphaera Grossulariae, sur Groseillier (fig. 207).

FORMES SECONDAIRES (CONIDIENNES) DES ERYSIPHÉES.

Oidium.

(ETYM : *Ooidion*, petit œuf.)

Se développant sur les plantes vivantes. Hyphes superficielles stériles, couchées, conidiophores dressés, ordinairement simples; conidies ovoïdes, en chapelet, se séparant de bonne heure, assez grosses, hyalines ou pâles.

Oidium monilioides, sur Froment (fig. 192).
Oidium ery̆siphoïdes, sur Pois (fig. 297).
Oidium Tuckeri, sur Vigne (fig. 202).
Oidium leucoconium, sur Pêcher (fig. 215).

PÉRISPORIÉES.

Parasites ou saprophytes. Périthèces globuleux, lenticulaires, piriformes ou cylindriques, sans ouverture, reposant sur un mycélium de Mucédinée ou de Dématiée.
Pas de forme conidienne du genre *Oïdium.*

Thielavia.

(ETYM : dédié à F. de Thielau.)

Périthèces sphériques petits, sans ouverture; asques

nombreux, ovoïdes, à 8 spores ; spores oblongues en forme de concombre, brunes ; mycélium conidiophore brun, septé et rameux, à rameaux se terminant en conidies. Sur le même mycélium naît aussi une autre forme conidienne qui est hibernante et a été rapportée au genre *Torula*.

Thielavia basicola, sur Lupin et Pois (fig. 218).

Capnodium.

(Étym. : *Capnos*, fumée.)

Mycélium diffus entourant les feuilles et les rameaux vivants, noir. Périthèces subcharnus ou carbonacés sessiles s'ouvrant en se déchirant au sommet ; asques obovoïdes, oblongs, contenant 8 spores ovoïdes, oblongues, cloisonnées transversalement et longitudinalement; (ordinairement 3 à 4 cloisons transversales et une seule longitunale) brunes.

(On a jusqu'ici rapporté au genre *Meliola* les espèces à périthèces sphériques. Les formes secondaires ont été rapportées aux genres *Antennaria*, *Fumago*, *Torula*, *Triposporium* et *Coniothecium*).

Capnodium salicinum, sur Mûrier, Houblon, etc. (fig. 221).

Capnodium elæophilum, sur Olivier (fig. 222).

Capnodium Citri, sur Oranger (fig. 223, 224).

Capnodium quercinum, sur Chêne (fig. 225).

Capnodium elongatum, sur Noisetier (fig. 226).

FORMES SECONDAIRES DES PÉRISPORIÉES.

Antennaria.

(Étym. : *Antenna*, antenne.)

Caractères du genre *Capnodium*, mais conceptacles tantôt simples tantôt rameux, allongés, sessiles ou rétrécis à la base, ne contenant pas d'asques. (Forme à pycnides des *Capnodium*).

Antennaria elæophila, sur Olivier (fig. 222).

Torula.

(Étym. : *Torulus*, petite corde.)

Hyphes stériles couchées, fertiles, courtes ou très courtes, à peine distinctes des conidies; conidies disposées en chapelet, se détachant isolément ou par séries, non cloisonnées, brunes ou noires, globuleuses, oblongues ou subfusoïdes.

Torula basicola (forme de *Thielavia*), sur Lupin et Pois (fig. 217).

Fumago.

(Étym. : *Fumus*, fumée.)

Hyphes couchées, entremêlées, souvent réunies en masses cellulaires (gemmes) cloisonnées, muriformes : formant fréquemment une croûte noire qui se détache. Hyphes fertiles (quand elles existent) dressées, rameuses; conidies ovoïdes, oblongues ou variant de forme, unies, ou biseptées, normalement disposées en chapelet.

Fumago vagans (forme de *Capnodium*), sur plantes diverses (fig. 219).

Coniothecium.

(Étym. : *Conia*, poussière et *Thece*, boîte.)

Conidies en forme de petites masses cloisonnées, à cloisons perpendiculaires ou radiées, souvent unies plusieurs ensemble et formant sur les feuilles et les bois des points ou des taches noires; conidies le plus souvent tellement variables qu'on les doit regarder plutôt comme des gemmes. La confusion est d'autant plus grande que l'on regarde souvent comme conidies les cellules constituantes de ces masses.

Forme des *Capnodium* fréquente sur beaucoup de plantes (fig. 219).

Triposporium.

(Étym. : Tripos, trépied et Spora, spore.)

Hyphes stériles rampantes, fertiles plus ou moins dressées noires, septées, portant à leur extrémité des conidies en étoile à trois ou quatre branches.

Forme conidienne des *Capnodium* sur diverses plantes (fig. 219 et 220).

Hypocréacées.

Pyrénomycètes à périthèces subcharnus ou céracés, membraneux, le plus souvent rougeàtres, jamais carbonacés s'ouvrant par un ostiole rond, à peu près central. Stroma, quand il existe, un peu mou, charnu, céracé, rarement filamenteux; asques contenant 4-8 spores ou plus, le plus souvent 8 spores; spores le plus souvent hyalines, rarement noires.

(Des formes secondaires ont été observées pour plusieurs genres).

Hypomyces.

Périthèces attachés à un mycélium filamenteux diffus, ordinairement parasites sur les Hyménomycètes et les

Discomycètes; de couleur claire, à ostiole raccourci; asques normalement à 8 spores, sans paraphyses; spores oblongues ou fusiformes, normalement uniseptées, hyalines.

Hypomyces ochraceus (fig. 228).

Sphæroderma

(Étym. : *Sphaera*, boule et *Derma*, peau.)

Perithèces sans bec, presque libres dans un mycélium, arachnoïde, sec, presque papyracé, globuleux, à cellules hexagonales, lâches, hyalines ou jaunâtres; asques à 4-8 spores; spores assez grandes, ellipsoïdes, non septées, brunes.

Sphaeroderma damnosum sur Froment (fig. 231).

Nectria.

(Étym. : *necto*, j'unis.)

Perithèces en groupes ou isolés, se formant ultérieurement sur un stroma bien défini, charnu, qui a été primitivement conidiophore, à ostiole le plus souvent en papille, charnus ou submembraneux, mous, de couleur claire; asques cylindriques ou en massue à 8 spores sans véritables paraphyses; spores oblongues, ellipsoïdes ou fusoïdes allongées, uniseptées, hyalines ou très rarement roussâtres.

Nectria ditissima, sur Pommier, Hêtre, etc (fig. 238 et 239).

Nectria cucurbitula (fig. 243).

Nectria cinnabarina, sur arbres divers (fig. 246, 249).

Polystigma.

(Étym. : *polys*, plusieurs et *Stigme*, point.)

Stroma subcharnu, étendu, pénétrant le parenchyme des feuilles, jaune ou rouge. Périthèces enfoncés dans le stroma. — Asques à 8 spores. — Spores ovales, non cloisonnées.

Polystigma rubrum, sur Prunier (fig. 252).
Polystigma ochraceum, sur Amandier.

Epichloe.

(Étym. : *epi*, sur et *Chloa*, gazon.)

Stroma sessile étendu, d'abord conidiophore, entourant les chaumes comme d'un bracelet, ordinairement de couleur claire, sub-charnu. — Périthèces enfoncés dans le stroma, à ostioles à peine saillants. — Asques à 8 spores. — Spores filiformes non septées ou pluriseptées, hyalines ou d'un jaune pâle.

Epichloe typhina, sur graminées de prairie (fig. 258).

Claviceps.

(Étym. : *Clava*, massue et *Ceps*, tête.)

Stroma stipité dressé, naissant d'un sclérote, capité. — Périthèces enfoncés dans la partie capitée du stroma, peu saillants. — Asques cylindriques. — Spores filiformes, non septées, hyalines.

Claviceps purpurea, sur Seigle (fig. 264).

Mycogone.

(Étym. : *Myces*, champignon et *Gony*, génération.)

Hyphes rameuses, entremêlées, à rameaux sporigères ordinairement latéraux ; spores inégalement biloculaires, loge supérieure plus grande, à surface souvent échinulée.

Mycogone perniciosa, sur Champignon de couche (fig. 230).

Verticillium.

(Étym. : *Verticillum*, verticille.)

Hyphes stériles rampantes. — Hyphes fertiles dressées, à rameaux et ramules verticillés assez longs, portant une seule spore à leur extrémité. — Conidies se détachant de bonne heure, globuleuses, ovoïdes ou oblongues, hyalines ou de couleur claire.

Verticillium (forme du *Mycogone perniciosa*), sur Champignon de couche (fig. 230).

Fusarium.

(Étym. : *Fusus*, fuseau.)

Stroma fertile en forme de coussin ou un peu étendu. — Conidies en forme de fuseau ou de faux, normalement pluriseptées à maturité, naissant à l'extrémité de fins conidiophores rameux.

Forme conidienne du *Sphaeroderma damnosum* sur Froment (fig. 232).

Tubercularia.

(Étym. : *tuberculum*, tubercule.)

Amas de stroma fructifère en forme de verrue ou de tubercules sessiles ou subsessiles, le plus souvent rougeâtres, céracés, glabres, très rarement ciliés sur le bord. Conidies ovoïdes ou oblongues, non cloisonnées, hyalines, réunies en couche à la surface du stroma.

Tubercularia vulgaris, forme conidienne du *Nectria cinnabarina*, sur l'écorce d'arbres de toutes sortes (fig. 245).

Sphacelia.

(Étym. : *Sphacelos*, sphacèle).

Couche fructifère presque plane, étendue sur un stroma de consistance de cire ou de sclérote. — Conidies ovoïdes, hyalines, naissant au sommet de conidiophores bacillaires.

Sphacelia typhina, forme de l'*Epichloe typhina*, sur graminées de prairie (fig. 255).

Sphacelia segetum formes du *Claviceps purpurea* sur Seigle (fig. 261).

Polystigmina.

(Étym. : *Polystigma*, dont il est une forme.)

Stroma, dans les feuilles, à peu près discoïde, planconvexe, charnu, d'un rouge vif, pluriloculaire intérieurement. — Spores filiformes, un peu courbées en crochet, non cloisonnées, hyalines.

Polystigmina rubra, forme du *Polystigma rubrum*, sur Prunier (fig. 251).

Sphaeriacées.

Pyrénomycètes à périthèces membraneux, coriaces ou carbonacés, distincts de la substance du stroma (quand il y a un stroma), noirs, s'ouvrant par un ostiole rond.

Rosellinia.

(ÉTYM. : dédié à Rosellini, botaniste de Pise.)

Perithèces presque superficiels, globuleux, munis de papille, sub-carbonacés, noirs, glabres ou velus ou entourés de filaments mycéliens. — Asques cylindriques, claviformes, munis de paraphyses, à 8 spores. — Spores globuleuses, ovoïdes ou cylindriformes, brunes, mutiques ou appendiculées.

Rosellinia quercina, sur Chéne (fig. 273).
Rosellinia aquila, sur Mûrier (fig. 275, 276).

Guignardia.

(ÉTYM. : dédié à M. Guignard, professeur de botanique à l'Ecole de pharmacie de Paris.)

Périthèces globuleux, enfermés dans les tissus de la plante nourricière, membraneux, noirs, s'ouvrant au dehors par un pore terminal. — Asques sans paraphyses, à 8 spores, souvent en forme de massue. — Spores ovoïdes, oblongues ou elliptiques, non cloisonnées, hyalines.

(Ancien genre *Laestadia* Auersw. dont le nom donné antérieurement à une plante phanérogame a dû être réformé.)

Guignardia Bidwellii, sur Vigne (fig. 298).

Sphærella.

(ÉTYM. : diminutif de *Sphaeria.*)

Périthèces membraneux, minces, nichés dans les tissus superficiels, couverts par l'épiderme ou érumpents, ordinairement globuleux, avec un simple pore au sommet, plus rarement avec un ostiole en forme de papille. — Asques réunis en touffe sans paraphyses, à 8 spores. — Spores elliptiques, biloculaires, incolores, plus rarement faiblement colorés.

Sphaerella Tulasnei, sur Céréale (fig. 350).
Sphaerella tabifica, sur Betterave (fig. 351).
Sphaerella Fragariae, sur Fraisier (fig. 354).
Sphaerella Mori, sur Mûrier (fig. 360).

Gnomonia.

(ÉTYM. : *Gnomon*, gnomon.)

Périthèces sans stroma se produisant dans l'intérieur des tissus et y restant cachés le plus souvent, rarement tardivement érumpents; ordinairement membraneux, rarement de consistance plus ferme, sphéroïdes, assez grands, à ostiole le plus souvent allongé en forme de bec cylindrique ou filiforme que l'on a comparé au style d'un cadran solaire, plus rarement court, sortant au dehors. Asques sans paraphyses, présentant au sommet un épaississement percé d'un pore. Spores simples ou 1-3 septées, incolores.

Gnomonia erythrostoma, sur Cerisier (fig. 308).

Didymosphæria.

(ÉTYM. : *didymos*, double et *Sphaeria*.)

Périthèces se formant à l'intérieur des tissus de la plante nourricière et en restant souvent couverts, souvent aussi en sortant, submembraneux, à ostiole ordinairement en forme de papille ou de cône, rarement simplement percés à l'extrémité. — Épiderme ou périderme de la plante nourricière souvent colorée autour de leur orifice. — Asques à paraphyses contenant 8 spores. — Spores bicellulaires, brunes ou incolores.

(Plusieurs espèces produisent des pycnides et des spermogonies.)

Didymosphaeria populina, sur Peuplier (fig. 315).

Gibellina.

(Étym. : Gibelli, professeur de botanique à l'Université de Turin.)

Stroma byssoïde, pénétrant le tissu de la plante nourricière, d'un gris noir, primitivement blanchâtre plus ou moins étendu, formé d'hyphes minces, brunâtres, transparentes, feutrées. Périthèces reposant sur le stroma ou enfoncés dans son intérieur, contigus, de consistance fibreuse, globuleux, allongés en un col presque aussi long, assez épais, droit ou devenant flexueux, érumpents. Asques allongés, claviformes, accompagnés de paraphyses, à 8 spores. — Spores oblongues, didymes, brunâtres.

Gibellina cerealis Pass. sur le Froment (fig. 311).

Leptosphæria.

(Étym. : *leptos*, petit et *Sphaeria*.)

Périthèces d'abord recouverts par l'épiderme, sphéroïdes, déprimés ou conoïdes, s'ouvrant par un pore simple ou un ostiole en papille, glabres, plus rarement couverts de filaments, coriaces-membraneux. — Asques cylindriques ou en massue ou en forme de sac, ordinairement à 8 spores, accompagnés de paraphyses. — Spores ovoïdes ou fusoïdes bi-ou multiseptées, olivâtres, jaunâtres ou brunâtres.

Leptosphaeria Tritici, sur Froment (fig. 376).

Acanthostigma.

(ÉTYM. : *Acantha*, épine et *Stigma*, point.)

Périthèces superficiels, membraneux, plus ou moins globuleux ou un peu ovoïdes, très petits, couverts de piquants ou de poils raides. — Asques accompagnés ou non de paraphyses, à 8 spores. — Spores septées, pluriloculaires, amincies aux extrémités, hyalines.

Acanthostigma parasiticum, sur le Sapin (fig. 319).

Herpotrichia.

(ÉTYM. : *herpo*, je rampe et *Trichos* (de thrix), poil.)

Périthèces globuleux ou semi-globuleux, de consistance assez dure, ligneuse, subéreuse ou même carbonacée, couverts sur toute leur surface, à l'exception le plus souvent du sommet, de longs poils bruns, ondulés, rampants, à sommet aplati, presque glabre, souvent de couleur différente, à ostiole très petit. Spores oblongues-fusiformes uni-ou pluriseptées, hyalines ou colorées. Paraphyses ordinairement nombreuses.

Herpotrichia nigra, sur Pin Mugho et Epicéa (fig. 323).

Pleospora.

(ÉTYM. : *pleon*, plus et *Spora*, spore).

Sans stroma. — Périthèces disséminés ou par groupes, sortant à travers l'épiderme ou enfoncés dans les tissus de la plante nourricière, ordinairement membraneux rarement durs, noirs, globuleux, à ostiole ordinairement muni d'une papille. — Asques globuleux ou cylindriques, claviformes, accompagnés de paraphyses, à 8 spores. — Spores ordinairement oblongues ou ovoïdes, parfois fusiformes, divisées par des cloisons transversales et longitudinales (muriformes), ordinairement jaunâtres ou brunâtres, rarement hyalines.

Pleospora herbarum, sur Ail (fig. 335).
Pleospora putrefaciens, sur Betterave (fig. 339).
Pleospora albicans, sur Chicorée (fig. 342).

Ophiobolus.

(Étym. : *Ophis*, serpent et *Bolos*, jet.)

Sans stroma. — Périthèces d'abord recouverts par l'épiderme, ne sortant que par leur ostiole ordinairement allongé, cylindrique ou conique, puis plus ou moins à découvert. — Asques très longs, cylindriques ou un peu claviformes, munis de paraphyses, à 8 spores. — Spores filiformes souvent coupées par de nombreuses cloisons transversales et parfois se désarticulant, le plus souvent colorées en jaune.

Ophiobolus graminis, sur Froment (fig. 333).

Dilophia.

(Étym.: *di*, deux et *Lophia*, soie).

Périthèces enfoncés dans le tissu de la plante nourricière et recouverts par lui, globuleux, à ostiole allongé en forme de papille. — Asques allongés à 8 spores. — Spores fusoïdes, filiformes, divisées par de nombreuses cloisons, jaunâtres ou incolores, se terminant aux extrémités en appendice filiforme.

Dilophia graminis, sur Céréales (fig. 329).

FORMES SECONDAIRES RAPPORTÉES SÛREMENT OU HYPOTHÉTIQUEMENT AUX SPHÆRIACÉES.

SPHÆRIOIDÉES

Conceptacles ne contenant pas d'asques, membraneux, carbonacés ou subcoriaces, noirs, jamais charnus ni de couleur claire, globuleux, coniques ou lenticulaires, enfoncés dans les tissus ou superficiels, (pycnides ou spermogonies).

Phyllosticta.

(ÉTYM. : *Phyllon*, feuille et *stictos*, ponctué.)

Conceptacles ponctiformes, couverts par l'épiderme, lenticulaires, finement membraneux, percés d'un pore ordinairement large, naissant sur des taches décolorées des feuilles, plus rarement des rameaux. — Spores petites ovoïdes ou oblongues, non septées, hyalines ou verdâtres — basides petites ou nulles.

Phyllosticta maculiformis, sur Châtaignier (fig. 356).
Phyllosticta viticola, sur Vigne.

Phoma.

(ÉTYM. : *phos*, pustule.)

Conceptacles sous-cutanés, puis érumpents, membraneux, subcoriaces ou subcarbonacés, globuleux ou déprimés, glabres, à ostiole petit non allongé en bec.

Spores ovoïdes fusiformes, cylindracées, plus rarement
globuleuses, non septées, hyalines, souvent biguttulées,
portées par des basides filiformes simples, rarement
bifurquées.

Phoma albicans, sur Chicorée (fig. 341).
Phoma uvicola, sur Raisins (fig. 295).
Phoma tabifica, sur Betterave (fig. 351).
Phoma Brassicae sur Chou (fig. 367).
Phoma solanicola, sur Pomme de Terre (fig. 369).

Coniothyrium.

(ÉTYM. : *Conis*, poussière et *Thyreos*, bouclier.)

Conceptacles recouverts par la peau de la plante nourricière ou superficiels, globuleux ou déprimés, membraneux ou subcarbonacés, noirâtres. — Spores globuleuses
ou elliptiques petites, non cloisonnées, brunes.

Coniothyrium Diplodiella, sur Vigne (fig. 303).

Fusicoccum.

(ÉTYM. : *Fusus*, fuseau et *Coccus*, cochenille.)

Stroma apparaissant à la surface en crevant les couches superficielles de la plante nourricière, convexe ou
conique, subcoriace, noir, plus ou moins distinctement
pluriloculaire à l'intérieur. — Spores fusoïdes, non septées, hyalines, ordinairement assez grandes et droites.
Fusicoccum abietinum, sur Sapin (fig. 362).

Ascochyta.

(ÉTYM. : *Ascos*, outre et *chytos de cheo*, je répands.)

Conceptacles naissant ordinairement sur les parties
décolorées des feuilles ou des rameaux, membraneux

ouverts par un pore central, globuleux-lenticulaires. — Spores ovoïdes ou oblongues, divisées par une cloison transversale, ordinairement hyalines, quelquefois un peu verdâtres.

Ascochyta Pisi, sur Haricot et Pois (fig. 371).

Diplodina.

(Etym. : *diplos*, double.)

Conceptacles recouverts par les couches superficielles de la plante nourricière ou apparaissant au dehors en les déchirant, globuleux, munis d'une papille, noirs, glabres. — Spores ellipsoïdes-oblongues, divisées en deux par une cloison, hyalines.

Diplodina Castaneae, sur le Châtaignier (fig. 364).
Diplodina parasitica, sur l'Epicéa (fig. 365).

Septoria.

(Etym. : *Septum*, cloison.)

Conceptacles sous-épidermiques naissant ordinairement sur des places décolorées des feuilles, globuleux-lenticulaires, ouverts par un pore, membraneux. — Spores bacillaires ou filiformes pluriseptées ou pluriguttulées, rarement sans guttules, hyalines. — Basides nulles ou petites.

Septoria Tritici, sur Céréales (fig. 373).
Septoria graminum, sur Céréales (fig. 372).
Septoria ampelina, sur Vigne (fig. 378).

Dilophospora.

(Étym. : *dis*, deux fois, *Lophos*, aigrette et *Spora*, spore.)

Conceptacles petits, enfoncés dans la masse du stroma qui les recouvre d'une croûte noire, disposés en file, globuleux, à ostiole ponctiforme, noirs. — Spores cylindriques, non septées, hyalines, terminées à chaque extrémité par une touffe de petites soies.

Dilophospora graminis, sur Froment (fig. 327).

MÉLANCONIÉES

Manquant de périthèces et d'asques. Réceptacle formé de petits amas de stroma fructifère sous-cutanés, puis finalement en partie mis à nu, le plus souvent mous, de couleur sale, grisâtre ou claire. Spores (conidies) portées sur des basides nées de l'assise proligère du stroma.

Glœosporium.

(Étym. : *gloios*, visqueux et *Spora*, spore.)

Petits amas de stroma fructifère, produits sous l'épiderme des feuilles ou des tiges, en forme de disque ou de coussinet apparaissant souvent ensuite à nu, pâles ou bruns. Conidies ovales-oblongues, plus rarement oblongues, non cloisonnées, hyalines, souvent agglutinées en fils ou en masses. Basides généralement bacillaires ou aciculaires, fasciculées.

Glœosporium ampelophagum, sur Vigne (fig. 382).
Glœosporium Ribis, sur Groseillier (fig. 384).
Glœosporium nervisequum, sur Platane (fig. 386).

Colletotrichum.

(Étym. : *colletos*. glutineux et *Thrix*, poil.)

Amas de stroma fructifère mis à nu par la déchirure des couches superficielles de la plante nourricière, disciformes ou allongés, noirs, entourés de poils longs, noirâtres. Conidies minces, fusoïdes, non cloisonnées, hyalines, portées par des basides courtes fasciculées.

Colletotrichum Lindemuthianum, sur Haricot (fig. 387).

Colletotrichum oligochœtum, sur Melon (fig. 390).

Cylindrosporium.

(Étym. : *Cylindros*, cylindre et *Spora*, spore).

Amas de stroma fructifère sous-épidermiques, blancs ou pâles, disciformes ou presque étalés. Conidies filiformes non-septées, hyalines, souvent flexueuses.

(C'est une sorte de *Glœosporium* à conidies filiformes.)

Cylindrosporium castanicolum, sur Châtaignier (fig. 357).

Cylindrosporium Mori, sur Mûrier (fig. 359).

Marsonia.

(Étym. : dédié à Marson, botaniste allemand.)

Amas de stroma fructifères se formant sur les plantes vivantes, couverts longtemps ou toujours par l'épiderme, globuleux, discoïdes, pâles. Conidies ovoïdes ou oblongues divisées en deux par une cloison, hyalines.

(C'est un *Glœosporium* à conidies uniseptées.)

Marsonia Juglandis, sur Noyer (fig. 392).

Septoglœum.

(Étym. : *Septum*, cloison et *gloios*, visqueux.)

Amas de stroma fructifère se formant sur les plantes vivantes, petits, sous-épidermiques, puis apparaissant à nu, pâles. Conidies oblongues, bi- ou pluriseptées, hyalines.

(C'est un *Glœosporium* à conidies pluri-septées). *Septoglœum Hartigianum*, sur Érable (fig. 393).

Coryneum.

(Étym. : *Coryne*, massue.)

Amas de stroma fructifère en forme de disque ou de coussin, d'abord sous-cutanés, puis se montrant à nu, noirs, compacts. Conidies oblongues ou fusoïdes, bi- ou pluriseptées, brunâtres, jamais expulsées en forme de fil. Basides bacillaires de longueur variable.

Coryneum Beyerinckii, sur Pêcher et Cerisier (fig. 396).

Pestalozzia.

(Étym. : dédié à Pestalozza, botaniste italien.)

Amas de stroma fructifère sous-cutanés, apparaissant ensuite à nu, en forme de coussins noirs. Conidies oblongues, tri- ou pluriseptées, colorées, du moins dans la partie moyenne, très rarement entièrement hyalines, portant au sommet un ou plusieurs cils hyalins, portées par des basides filiformes hyalines.

Pestalozzia Hartigii, sur Épicéa et Sapin (fig. 394).

HYPHOMYCÈTES

Ne présentant ni périthèces ascophores, ni autres conceptacles, ayant des hyphes plus ou moins développées et portant des conidies libres.

Trichosporium.

(Étym. : *Thrix*, poil et *Spora*, spore.)

Hyphes rampantes, vaguement rameuses, brunes ou pâles. Conidies globuleuses ou ovoïdes, lisses ou à peine rudes, insérées tant sur le côté qu'à l'extrémité des rameaux, brunes, rarement presque hyalines.

Trichosporium fulvum (forme conidienne du *Rosellinia aquila*), sur le Mûrier (fig. 274).

Dematophora.

(Étym. : *Dema*, cordon et *phoreo*, je porte).

Mycélium très étendu, blanc, floconneux ou en cordons formant tardivement de petits sclérotes. Conidiophores en forme de soies raides, composés de filaments agglomérés bruns, se ramifiant et s'épanouissant en gerbe au sommet; rameaux conidiophores isolés, portant latéralement sur de petites saillies de très petites conidies ovoïdes hyalines.

Dematophora necatrix, sur Vigne et arbres divers (fig. 278, 279).

Ramularia.

(Étym. : *Ramulus*, petit rameau.)

Hyphes simples ou brièvement et vaguement ramuleuses, portant des conidies ovales, cylindriques, ordi-

nairement bi-ou pluriseptées et parfois disposées, en file
hyalines rarement de couleur claire.

Ramularia Tulasnei, sur Fraisier (fig. 353).
Ramularia Cynarae, sur Artichaut (fig. 405).

Dematium.

(Etym. : *dema*, cordon.)

Hyphes stériles, rampantes, peu nombreuses; hyphes
fertiles, dressées, simples ou un peu rameuses, portant
sur leurs côtés des chapelets de conidies globuleuses ou
ovoïdes noirâtres.

Dematium pullulans de By. (forme du *Cladosporium
herbarum*) (fig. 347).

Hormodendrum.

(Etym. : *Hormos*, chapelet et *Dendron*, arbre.)

Hyphes stériles rampantes; hyphes fertiles, dressées,
septées, brunes, diversement rameuses, en forme d'arbres. Conidies en chapelet, globuleuses ou ovoïdes, olivâtres ou brunes, produites à l'extrémité des rameaux.

Hormodendrum cladosporioides Sacc. (forme du *Cladosporium herbarum* (fig. 346).

Cladosporium.

(Etym. : *Clados*, rameau et *Spora*, spore.)

Hyphes stériles, rameuses, entremêlées, couchées,
olivâtres; hyphes fertiles, dressées, portant aes conidies
d'abord globuleuses, sans cloison, puis ovoïdes, ordinairement uni-septées, et même plus tard bi-et triseptées,

souvent disposées en chapelets latéraux et ramiformes. Genre très polymorphe et sans limites précises.

Cladosporium herbarum, sur Froment et toutes sortes de plantes (fig. 343, 344).

Cladosporium fulvum, sur Tomate (fig. 408).

Scolecotrichum.

(ETYM. : *Scolex*, ver et *Thrix*, poil.)

Hyphes, subfasciculées, olivâtres non ramifiées, dressées. Conidies oblongues ou ovales, pleurogènes ou acrogènes.

Scolecotrichum melophthorum, sur Melon (fig. 410).

Fusicladium.

(ETYM. : *Fusus*, fuseau et *Clados*, rameau.)

Hyphes courtes, droites, peu septées, subfasciculées, olivâtres. Conidies ovoïdes ou presque en massue; longtemps sans cloison, mais souvent tardivement uni-septées, acrogènes, solitaires ou par deux.

Fusicladium pirinum, sur Poirier (fig. 401).
Fusicladium dendriticum, sur Pommier (fig. 403).

Cycloconium.

(ETYM. : *Cyclos*, cercle et *Conia*, poussière.)

Mycélium se développant en cercle épiphylle, intra-cuticulaire fugace, noir; conidies ovoïdes, uniseptées, colorées, naissant isolées immédiatement du mycélium. non disposées en chapelet.

Cycloconium oleaginum, sur Olivier (fig. 411).

Napicladium.

(Étym. : *Napus*, navet et *Cladon* , rameau.)

Hyphes fertiles courtes, assez molles, subfasciculées.
Conidies acrogènes solitaires, assez grandes, oblongue s,
bi- ou pluriseptées assez molles, lisses.

Napicladium Tremulae, sur Peuplier (fig. 316).

Cercospora.

(Étym. : *Cercos*, ver et *Spora*, spor e.)

Hyphes un peu molles simples ou rameuses noirâtres
se développant ordinairement sur les feuilles vivantes et
y produisant des taches. Conidies vermiculaires, noirâ-
tres-olivacées, rarement presque incolores.
Cercospora Apii, sur Céleri (fig. 406).
Cercospora beticola, sur Betterave (fig. 407).

Clasterosporium.

(Étym. : *Clasterion*, couteau et *Spora*, spore.)

Hyphes rampantes, portant çà et là des conidies fusoïdes ou cylindracées, dressées, bipluriseptées, brunes.

Clasterosporium putrefaciens, sur Betterave (fig. 339).

Polydesmus.

(Étym. : *polys*, nombreux et *Desmos,* lien.)

Hyphes stériles rampantes; hyphes fertiles, dressées,
simples ou rameuses, septées, transparentes. Conidies
fusiformes ou en massue, pluriseptées, opaques, disposées en chapelet avec des intervalles amincis.

Normalement les conidies ne sont pas partagées comme dans l'*Alternaria* par des cloisons transversales en divisions muriformes, mais il y a de nombreux passages entre ces deux types.

Polydesmus exitiosus, sur Colza (fig. 338).

Alternaria.

(ÉTYM. : *alternus,* alterne.)

Hyphes fertiles un peu dressées, ordinairement simples et courtes, portant des conidies en massue ou en gourde, septées, muriformes, disposées en chapelet et séparées les unes des autres par leur partie effilée (queue de la conidie) puis se séparant bientôt.

Alternaria tenuis, sur plantes de toutes espèces (fig. 336).

Alternaria Solani, sur Pomme de terre (fig. 337).

Macrosporium.

(ÉTYM. : *macros,* grand et *Spora,* spore.)

Hyphes subfasciculées, un peu molles, dressées ou ascendantes, presque simples ou rameuses, colorées et portant à leur sommet des conidies oblongues ou claviformes noirâtres, partagées par des cloisons transversales et longitudinales en divisions muriformes.

Macrosporium sarcinula, var. *parasiticum* Thüm, sur Ail et Oignon (fig. 334).

HYSTÉRIACÉES.

Périthèces se formant à l'intérieur des tissus et s'ouvrant par une fente plus ou moins étroite traversant toute leur face supérieure, oblongs ou linéaires, le plus souvent noirs. Asques le plus souvent accompagnés de paraphyses à 4-8 spores, rarement plus.

(Petite famille intermédiaire aux Pyrénomycètes et aux Discomycètes.)

Lophodermium.

(Étym. : *Lophos*, crête et *Derma*, peau.)

Périthèces se formant le plus souvent dans des places décolorées des tiges et des feuilles et faisant saillie au dehors, allongés le plus souvent, simples, rarement fourchus, contenant une couche fertile recouverte d'un couvercle noir membraneux qui s'ouvre par une mince fente longitudinale. Asques claviformes le plus souvent terminés en pointe mousse à 8 spores. Spores filiformes, incolores, disposées parallèlement. Paraphyses filiformes, septées, incolores, souvent courbées en crochet ou en tire-bouchon à l'extrémité.

Lophodermium macrosporum, sur Épicéa (fig. 415).
Lophodermium Pinastri, sur Pin (fig. 418).
Lophodermium nervisequuum, sur Sapin (fig. 421).

Rhytisma.

(Étym. : *Rhytis*, ride.)

Périthèces se formant au milieu d'un stroma de consistance presque crustacée noir à l'extérieur, blanc à l'intérieur, arrondis ou allongés, d'abord clos, le couvercle se crevassant plus tard par des fentes flexueuses ou droites, longitudinales ou transversales. Asques claviformes terminés en pointe mousse à 8 spores filiformes ordinairement simples, incolores, disposées parallèlement. Paraphyses filamenteuses incolores souvent courbées à l'extrémité.

Rhytisma acerinum, sur Érables (fig. 426, 427).

FORMES SECONDAIRES DES HYSTÉRIACÉES.

(A SPERMOGONIES).

Leptostroma.

(ÉTYM. : *leptos*, ténu et *Stroma*.)

Conceptacles presque superficiels ou d'abord couverts par une pellicule, aplatis, allongés, noirs, souvent brillants, marqués d'un sillon ou d'une crête longitudinale plus ou moins prononcée, hystériformes. Petites spores ovoïdes-oblongues ou en forme de saucisse, subhyalines.

Leptostroma Pinastri, sur le Pin (fig. 419).

Melasmia.

(ÉTYM. : *Melasma*, noirceur.)

Conceptacles plans, nombreux, noirs, s'ouvrant par des fentes ; naissant dans un stroma étendu, noirâtre, le plus souvent dans une feuille. Petites spores en forme de saucisse, subhyalines, portées par des basides souvent bacillaires.

Melasmia acerina, sur Érable (fig. 425).

Placosphaeria.

(ÉTYM. : *Plax*, plaque et *Sphaeria*.)

Stroma étendu, noir, souvent couvert par l'épiderme, divisé intérieurement en logettes plus ou moins distinctes contenant de petites spores oblongues, fusoïdes ou cylindracées, continues.

Placosphaeria Onobrychidis, sur Sainfoin (fig. 428).

DISCOMYCÈTES

Champignons à réceptacles (apothécies) de formes diverses en massue, en tête, en forme d'assiette, etc., tantôt primitivement fermés et s'ouvrant bientôt en portant l'hyménium sur la face primitivement intérieure qui s'épanouit en disque ou cupule, tantôt revêtu de l'hyménium sur sa surface qui dès l'origine est extérieure ou seulement sur la partie supérieure de celle-ci.

Peʒiʒacées.

Apothécies en forme d'assiette ou de disque plat rarement renflées, vésiculeuses, stipitées ou sessiles, terrestres ou épiphytes. Cupule charnue ou céracée. Asques contenant 8 spores rarement plus ou moins.

Pseudopeziza.

(ÉTYM. : *pseudes*, faux et *Peʒiʒa* (de *Peʒa* plante du pied.)

Apothécies naissant en groupe dans des places décolorées, sous l'épiderme qu'elles déchirent pour apparaître au dehors : d'abord fermées globuleuses, s'épanouissant, en cupule plate, plus tard un peu bombées, finement bordées de couleur claire, lisses à l'extérieur, de consistance céracée-charnue. Asques claviformes, à sommet arrondi, à 8 spores. Spores ovoïdes ou elliptiques, incolores. Paraphyses le plus souvent filiformes, plus rarement fourchues au sommet, épaissies à l'extrémité, incolores.

Pseudopeziza Trifolii, sur les Trèfles (fig. 431).

Dasyscypha.

(ÉTYM. : *dasys,* poilu et *Scyphos,* coupe.)

Apothécies à pied distinct, globuleuses, s'ouvrant en cupule ordinairement aplatie en forme de soucoupe finement bordée ; extérieurement couvertes de poils incolores ou colorés, droits ou contournés, ordinairement longs, de consistance céracée. Asques cylindriques ou claviformes ordinairement arrondis au sommet à 8 spores. Spores oblongues, elliptiques ou fusiformes, droites ou un peu courbes, non cloisonnées ou rarement et tardivement uniseptées. Paraphyses filiformes, incolores, dépassant ordinairement les asques.

Dasyscypha Willkommii, sur le Mélèze (fig. 436, 437).

Ciboria.

(ÉTYM. : *Ciborium,* ciboire, sorte de coupe.)

Apothécies de taille moyenne, d'abord fermées, s'ouvrant en une cupule en forme dé gobelet ou d'entonnoir et enfin de soucoupe plate, finement bordée, le plus souvent de couleur claire, à pédicule mince, ordinairement long et lisse, de consistance céracée, glabre. Asques cylindriques-claviformes, arrondis au sommet, à 8 spores. Spores ovales ou elliptiques ou lancéolées, droites ou un peu courbes, incolores. Paraphyses filiformes, un peu épaissies au sommet, incolores ou faiblement colorées.

a), Pédicule de l'apothécie naissant d'un sclérote : (sous-genre *Sclerotinia*).

Sclerotinia Libertiana, sur Haricot, Topinambour, etc. (fig. 443, 444).

Sclerotinia Trifoliorum, sur Trèfle (fig. 446).

Sclerotinia Fuckeliana, sur Vigne (fig. 449).

b), Pédicule naissant d'un stroma étalé (sous-genre *Stromatinia*.

Stromatinia Padi, sur Merisier à grappes et Cognassier (fig. 458).

Stromatinia temulenta, sur Seigle (fig. 462).

FORMES SECONDAIRES DES PEZIZACÉES.

(FORMES CONIDIENNES).

Botrytis.

(ÉTYM. : *Botrys*, grappe.)

Hyphes stériles rampantes; hyphes fertiles dressees, vaguement en forme d'arbres, rameuses. Ramules tantôt fins et aigus à l'extrémité (*Eubotrytis*), tantôt épais et obtus (*Polyactis*), tantôt renflés à l'extrémité (*Phymatotrichum*), tantôt terminés en crête (*Cristularia*). Conidies agrégées de diverses façons près de l'extrémité des rameaux, non cloisonnées, globuleuses, ellipsoïdes ou oblongues, hyalines ou de couleur claire.

Botrytis cinerea, sur Vigne et plantes de toutes sortes (fig. 450).

Botrytis Douglasii, sur *Abies Douglasii.*

Monilia.

(ÉTYM. : *Monile*, chapelet.)

Hyphes dressées, vaguement rameuses, formant souvent des touffes denses rarement diffuses portant çà et là des denticules sporophores. Conidies assez grosses unies d'abord en chapelet.

Monilia Linhartiana, sur Cognassier (fig. 453).

Endoconidium.

(Étym. : *endon*, intérieur et *Conidium*, conidie.)

Filaments fructifères hyalins, rameux, formant des coussinets blanchâtres. Conidies hyalines arrondies produites successivement à l'intérieur des rameaux et sortant par leur extrémité.

Endoconidium temulentum., sur grains de Seigle (fig. 461).

Helvellacées.

Couche fructifère revêtant la surface d'un réceptacle ordinairement grand, charnu et dressé.

Rhizina.

(Étym. : *Rhiza*, racine.)

Réceptacle charnu formant une lame sessile, aplatie irrégulièrement et bombée en dessus par places : face inférieure concave portant des cordons rhizoïdes qui s'enfoncent dans le sol. Hyménium lisse, couvrant la face supérieure du réceptacle. Asques cylindriques claviformes arrondis au sommet à 8 spores. Spores fusiformes, épaissies et terminées en mucron aux extrémités, non cloisonnées, incolores. Paraphyses filiformes septées, dilatées au sommet et agglutinées les unes aux autres au-dessus des asques.

Rhizina undulata, sur racines de Pin (fig. 466).

Rœsleria.

(Étym. : dédié à Rœsler, viticulteur et botaniste autrichien.)

Réceptacles stipités, capités, à consistance de cire, formés d'hyphes ramifiées à leur partie supérieure et se terminant en asques minces à 8 spores. Spores renfermées en file dans chaque asque, formant un chapelet qui s'égrène par la rupture de la paroi de l'asque. Les spores séparées couvrent la portion capitée du réceptacle d'une couche poudreuse traversée par des filaments stériles dressés. Spores globuleuses ou ellipsoïdes presque incolores.

Rœsleria hypogea, sur racines de Vigne et d'arbres divers (fig. 467).

TABLE DES FIGURES

TABLE DES MATIÈRES

DEUXIÈME PARTIE (*Suite*).

CARPOASCÉES

Chapitre VIII. — PÉRISPORIACÉES

Pages.

CHAPITRE XI. — HYSTÉRIACÉES

Chapitre XII. — DISCOMYCÈTES

TROISIÈME PARTIE

PHANÉROGAMES PARASITES

TABLE GÉNÉRALE DES MATIÈRES

DES PREMIER ET DEUXIÈME VOLUMES

D.

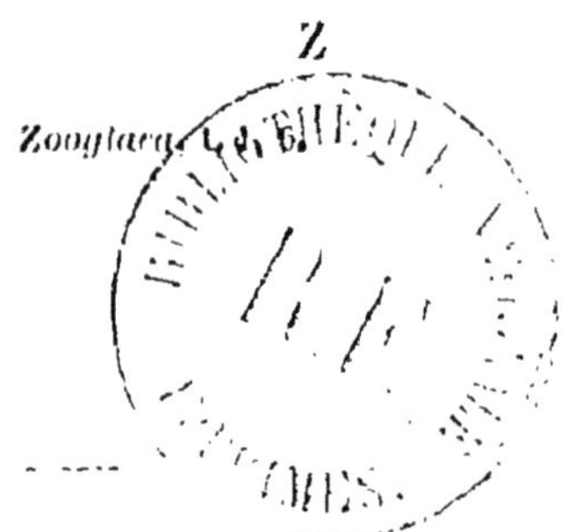

BIBLIOTHÈQUE DE L'ENSEIGNEMENT AGRICOLE

Prix de chaque volume, sauf indications : Broché, 6 fr.; cart. 7 fr.

OUVRAGES PUBLIÉS

Herbages et Prairies. — Volume de 759 pages avec 120 figures dans le texte, par M. Boitel. Broché, 8 fr., cart. 9 fr.

Les Plantes vénéneuses considérées au point de vue de l'empoisonnement des animaux de la ferme. — Volume de 524 pages, avec 60 figures dans le texte, par M. Cornevin.

Les Engrais : Tome I. Alimentation des plantes, fumiers, engrais de villes et engrais végétaux. — Volume de 580 pages, avec figures dans le texte, par MM. Muntz et A.-Ch. Girard.

Les Engrais : Tome II. Engrais azotés et engrais phosphatés. — Volume de 603 pages, par MM. Muntz et A.-Ch. Girard.

Les Engrais : Tome III. Engrais potassiques, engrais calcaires, etc. Achat, transport, contrôle, essais des engrais. — Volume de 627 pages, par MM. Muntz et A.-Ch. Girard.

Méthodes de Reproduction en Zootechnie : croisement, sélection, métissage. — Volume de 500 pages, avec 67 figures dans le texte, par M. Baron.

Le Cheval considéré dans ses rapports avec l'économie rurale et les industries de transport : Tome I. Alimentation, écuries, maréchalerie. — Volume de 483 pages, avec 89 figures dans le texte, par M. Lavalard. Broché, 8 fr., cart. 9 fr.

Le Cheval : Tome II. Choix et achat. Utilisation du cheval. Situation actuelle de la production chevaline. — Vol. de 426 p. avec 45 fig. dans le texte, par M. Lavalard. Br. 8 fr., cart. 9 fr.

Les Irrigations : Tome I. Les eaux d'irrigation et les machines. — Vol. de 720 pages, avec 192 fig. dans le texte, par M. Ronna.

Les Irrigations : Tome II. Canaux et systèmes d'irrigation. — Vol. de 618 pages, avec 360 fig. dans le texte, par M. Ronna.

Les Irrigations : Tome III. Les cultures arrosées. L'économie des irrigations. Histoire, législation et administration. — Volume de 810 pages, avec 22 figures dans le texte, par M. Ronna.

Législation rurale. — Volume de 831 pages, par M. Gauwain.

Agriculture générale. — Volume de 607 pages, par M. Boitel.

Les Industries du lait. — Volume de 647 pages avec 112 figures dans le texte, par M. Lezé.

Des Résidus industriels dans l'alimentation des animaux de la ferme, vol. de 552 p. avec 40 fig. dans le texte, par M. Cornevin.

L'Alimentation de l'homme et des animaux domestiques : Tome I. La Nutrition animale. — Volume de 404 pages, par M. L. Grandeau.

Le Matériel agricole moderne : Tome I. Instruments d'extérieur de ferme. — Volume de 531 pages avec 370 figures dans le texte, par M. Tresca.

Le Matériel agricole moderne : Tome II. Instruments d'intérieur de ferme. Volume de 410 pages avec 210 gravures dans le texte, par M. Tresca.

Les Céréales : Volume de 816 pages, avec 272 figures dans le texte, par M. Garola. Broché, 8 fr., cart. 9 fr.

Les Maladies des Plantes agricoles : Tome I, 437 pages, avec 100 figures dans le texte, par M. Prillieux.

Les Maladies des Plantes agricoles : Tome II, 568 pages, avec 483 figures dans le texte par M. Prillieux.

Les Vignes américaines, adaptation et culture : Volume de 400 pages avec 147 fig. dans le texte, par M. Viala.

Pour paraître incessamment :

Cultures méridionales, par M. Viala.

L'Alimentation de l'homme et des animaux domestiques : Tome II, par M. Grandeau

Typographie Firmin-Didot et Cⁱᵉ. — Mesnil (Eure). — 6471